铁矿石检验技术丛书

铁矿石国际标准制定及应对策略

山　巍　于群利　梁　均　主审
应海松　陈贺海　付冉冉　编著

北　京
冶金工业出版社
2009

内容提要

本书共分8章，主要介绍了国际标准化组织（ISO）的历史、现状和TC102的简要情况；ISO的结构、职责、相关人员职位的功能、义务和要求；ISO标准制定、修订程序；现行有效的ISO铁矿石标准内容及这些标准的历史演变；铁矿石ISO标准的编写规则、样板和制定、修订技巧及范例；一些正在制定、修订和废除的铁矿石ISO标准情况，以及目前正处在研究组、工作组和在研究阶段、征求意见阶段、报批阶段等各程序阶段的标准草案情况；我国近几年参与ISO/TC 102工作的经验；国际标准对我国经济发展的影响，及如何通过积极参与国际标准制定、修订以维护国家利益，今后我国在铁矿石国际标准制定竞争中的应对策略等。附录介绍了ISO项目开发阶段表格、图及常用的表格。

本书可供钢铁企业、检验检疫系统、质量监督系统、外贸行业、标准制定等领域的研究人员、技术人员和管理人员阅读，也可作为大专院校冶金、矿业专业师生的教学参考书。

图书在版编目（CIP）数据

铁矿石国际标准制定及应对策略／应海松，陈贺海，付冉冉编著．—北京：冶金工业出版社，2009.3
（铁矿石检验技术丛书）
ISBN 978-7-5024-4819-6

Ⅰ．铁…　Ⅱ．①应…　②陈…　③付…　Ⅲ．铁矿物—国际标准—研究　Ⅳ．TF521-65

中国版本图书馆CIP数据核字（2009）第018169号

出版人　曹胜利
地　　址　北京北河沿大街嵩祝院北巷39号，邮编100009
电　　话　（010）64027926　电子信箱　postmaster@cnmip.com.cn
组稿编辑　张　卫　责任编辑　李　梅　美术编辑　李　心
版式设计　葛新霞　责任校对　王贺兰　责任印制　牛晓波
ISBN 978-7-5024-4819-6
北京兴华印刷厂印刷；冶金工业出版社发行；各地新华书店经销
2009年3月第1版，2009年3月第1次印刷
787mm×1092mm　1/16；21印张；501千字；318页；1-3000册
56.00元

冶金工业出版社发行部　电话：（010）64044283　传真：（010）64027893
冶金书店　地址：北京东四西大街46号（100711）　电话：（010）65289081
（本书如有印装质量问题，本社发行部负责退换）

《铁矿石检验技术丛书》编写委员会

序

为突破国外技术壁垒，我国自20世纪八九十年代起开始采用国际标准和国外先进标准以提高产品质量，大大促进了国民经济和对外贸易的发展。随着“科学发展观”的贯彻落实和国家“可持续发展战略”的实施，我国将拥有一批自主知识产权，为我国经济社会发展提供强大的科技支撑。党中央和国务院高度重视标准化工作，随着社会主义市场经济体制的逐步完善和加入世贸组织所面临的新形势，标准化工作愈来愈显示出它不可替代的重要作用。随着我国的标准化建设从“采标”向“制标”转变，由我国主导制定国际标准和实现我国标准国际化显得尤其重要。目前我国经济实力的不断增强已经为我国标准化发展奠定了坚实的基础。我国铁矿石标准化技术工作者应该为国际标准化事业的发展做出贡献，提高我国在国际标准化领域的地位，通过参与铁矿石国际标准化活动来赢得主导权。作为ISO/TC102中国工作委员会委员单位和SAC/TC317全国铁矿石与直接还原铁标准化委员会副主任委员单位，宁波出入境检验检疫局铁矿检测中心的技术专家参与国际标准化活动已有近二十年的历史，提出并承担了我国首项ISO铁矿石标准制定和修订项目，积累了不少经验。由宁波检验检疫局技术专家编著的《铁矿石国际标准制定及应对策略》一书，将为我国广大铁矿石标准工作者参与国际标准化活动提供良好的工作基础。

国家质量监督检验检疫总局

副局长

2009年1月

前言

18 世纪 60 年代第一次产业革命产生的近代标准化使人类的生产效率大为提高，随着现代经济社会的全球化，标准化已成为现代化生产的必要条件。由于科学技术的迅猛发展，标准化不仅在转化新技术和形成新的生产力方面扮演着越来越重要的角色，而且已经突破了原有的工业领域，其内容包括产品、工艺、管理、方法、服务等标准。从保证产品质量和规格的一致性到为人类社会的可持续发展和规范经济活动及社会秩序提供准则，标准化无处不在。

在我国加入 WTO 后，对外贸易发展迅速，所有的贸易活动都必须以有关法规及世贸规则为基础。由于标准化是国际间贸易关系的重要准则，经济全球化的结果导致关税措施的影响力大为降低，而非关税因素的技术壁垒的影响力却大大提高，这些技术壁垒措施的主体就是标准。ISO 和 IEC 已经出版发布现行有效的标准有 17000 多项，但其中由我国起草已发布的和由我国主导起草并正在进入标准制定、修订程序的国际标准仅 50 ~ 60 项，只占总数的千分之三，这与我国的世界第三贸易大国的地位极不相称。我国是世界铁矿石生产大国，又是铁矿石进口大国，到目前为止，在已发布的 70 项铁矿石国际标准中尚无一项由我国主导制定。自 20 世纪 80 年代起，随着我国开始从国外进口铁矿石的规模越来越大，我国在铁矿石国际标准转化方面做了大量的工作，我国的进口铁矿石贸易及其国内外品质验收手段进一步与国际接轨，一定程度上规范了进口铁矿石的贸易秩序。由于产品的国际标准不仅直接关系到产品输出国与输入国的利益，也关系到与国际标准内容密切相关者的利益，因此发达国家往往利用自身的技术优势纷纷争夺国际标准制定和修订控制权，以获得更多的经济利益。我国如果不加任何甄别而照搬国际标准也有其不利的一面，如所采纳的国际标准不符合我国国情，影响我国的经济安全，或者有些是我国根本不需要的标准，等等。这一点与我国同属铁矿石输入国的日本做得较好，在其自身标准体系建立过程中，既考虑了国际协调一致性，又考虑到了标准发展背景及国情，同时又积极把握国际标准制定和修订权。

过去我们强调以市场换技术，现在我们已经成为世界最大的铁矿石买方市场，而我们却还没有足够的话语权，关键问题就在于我们在技术领域的影响力还不够，其中也包括标准方面。目前中国虽然已经进入 ISO 的常任理事国，但在

ISO/TC102 铁矿石与直接还原铁技术委员会及 SC1、SC2、SC3 三个分技术委员会中的主席、秘书职位尚无中国专家担任，由我国参与制定的国际标准也不多，国内尚缺乏能参与铁矿石国际标准制定的复合型人才，广大钢铁企业、大专院校、科研院所及质量监督管理机构对参与国际标准制定、修订的热情还没有充分发挥出来，对国际合作中出现的新问题研究不够，还缺乏国际标准制定、修订的经验，因此在技术标准方面缺乏主导力和标准制定、修订参与力不够导致我国在有关铁矿石利益的国际竞争中处于劣势。

众多专家认为，目前铁矿石国际标准制定领域已经超越各国钢铁、矿业企业的利益之争，其中还增加了国外一些政府相关机构及行业协会的干预，仪器制造商及研究机构的参与。随着近几年我国钢铁工业的迅速发展，我国钢铁原料准备和验收水平已经大大提高，一些新建钢铁企业或一些老钢铁企业扩建工程的技术水平已经达到国际先进水平，所拥有的试验检测设备与过去相比也已不可同日而语，对于配置以前尚未配备的设备也没有多少难度。至于人才，目前众多钢铁企业、大专院校、科研院所及质量监管系统都不缺乏不同专业的专家。因此，在各方面的基础均有所提高的前提下，我们已经具备参与国际标准制定和修订的条件。

我国自 1982 年起开始参与 ISO/TC102 铁矿石与直接还原铁的国际标准化活动，派中国代表参加了历次 ISO/TC102 国际会议，也对以往一些铁矿石国际标准的制定、修订进行过一些评议，但直至 2003 年的瑞典会议期间才开始在 ISO 铁矿石标准制定、修订领域有所突破。目前除我国 ISO/TC102 技术归口单位冶金工业信息标准研究院外，宁波出入境检验检疫局、天津出入境检验检疫局、宝钢股份有限公司等单位在实质性参与国际标准制定、修订和对标准草案的评议方面已经做了大量的工作，也赢得了一些 TC102 成员国专家的尊重，但是参与的力度还远远不够，还不足以形成足够的影响力。为促进我国技术标准整体水平的提高，推动技术标准战略的有效实施，我国通过科技部重大项目“国际标准研制”开展对国际标准的制定、修订，以持续增强我国主导制定国际标准的能力，力争在国际标准中实质性地反映我国的技术和经济利益，进一步加大参与国际标准的基础研究与制定、修订力度，同时扩展我国参与国际标准制定、修订的深度与广度。

虽然我国实质性参与国际标准制定、修订已经得到了政府相关部门的高度重视，广大标准化科技工作者也有强烈的参与意识，但毕竟起步较晚，经验积累还不够。为了让广大有关科技工作者参与 ISO/TC102 活动有一定的工作基础，有必要对铁矿石国际标准制定、修订的一些知识及必要的工作内容进行介绍，包括国际标准化组织的历史、现状以及 ISO/TC102 简要情况；ISO 组织的结构、职责、相关人员职位的功能、义务、要求；ISO 标准制定、修订程序；现行有效的

ISO铁矿石标准内容及这些标准的历史演变;一些正在制定、修订、废除的铁矿石ISO标准情况,以及目前正处在研究组、工作组和在研究阶段、征求意见阶段、报批阶段等程序阶段的标准草案情况;我国前几年参与ISO/TC102工作的经验;国际标准对我国经济发展的影响,及如何通过积极参与国际标准制定和修订以维护国家利益,今后我国在铁矿石国际标准制定竞争中的应对策略。

参与编著本书的作者是多年参与ISO/TC102铁矿石国际标准制定和修订活动的专家,本书相关内容基本上选自编著者多年收集的一些资料及参与国际标准化活动的一些经验、一些公开发布的规范规定。其中应海松负责编著第1、2、3章、第6章第2、3、4节,第7、8章,并承担全书的统稿工作;第4、5章由陈贺海编著;第6章第1节由付冉冉编著。本书的编写得到了宁波检验检疫局局长山巍、国家质检总局检验监管司化矿危险品检验监管处处长于群利、国家认监委科技与标准管理部标准管理处副处长梁均等领导的关心和大力支持,他们还担任本书的主审工作。本书的出版还得到了宁波检验检疫局铁矿检测中心(国家级重点实验室)的资助,也得到了ISO/TC102秘书处、ISO/TC102中国工作委员会及冶金工业出版社的大力支持。在此,对领导、专家的关心及各位资料提供者表示诚挚的感谢。在编写过程中,本书参考和引用了他人一些著作、网页的部分内容,在此也谨向其作者表示感谢。

由于编著者水平有限,不当之处请读者批评指正。

编著者
2009年1月

目　录

1 国际标准化组织及 TC102 介绍

1.1 国际标准化组织(ISO)的历史演变及机构

国际标准化组织(International Organization for Standardization,简称 ISO)是组织编制世界通用国际标准最大的、最有权威性的非政府官方国际标准化专门组织。ISO 也称为“技术联合国”,由各国国家标准化团体(National Standardization Body,简称 NSB)组成,总部设在瑞士日内瓦,至 2008 年初其下设有 202 个技术委员会(Technical Committee,简称 TC)。每个技术委员会又设多个分技术委员会(Subcommittee,简称 SC)。总共 542 个分技术委员会的秘书处分布于世界各地(38 个秘书国),具体负责不同领域的国际标准制定和修订工作。每个技术委员会或分技术委员会根据标准制定、修订项目的情况,下设多个工作组(Working Group,简称 WG)或研究组(Study Group,简称 SG),目前工作组有 2287 个,特别研究组(Ad Hoc Study Groups)63 个。ISO 已编制出版超过 17000 项国际标准。根据 ISO 的组织章程,其团体成员分为正式成员(Member Body)、观察员(Correspondent Member)和订户(Subscriber Member)。正式成员是指代表国家或地区参加的标准化组织。观察员(也称通信成员)是指尚未建立完善的全国或地区性标准化组织的国家或地区的代表。观察员一般不参与 ISO 的技术工作,但可参会了解工作进展,条件成熟时,可以通过一定程序成为正式成员。订户主要是指可以交纳较少的费用获取国际标准的一些小国家的标准化组织代表。ISO 现有成员国 157 个,其中积极成员 104 个,观察员 43 个,订户 10 个,我国以积极成员(Participating Country,即 P 成员)参加技术委员会和分技术委员会达 500 多个,以观察成员(Observing Country,即 O 成员)参加的有近 200 个。ISO 技术活动的最终成果是其出版的国际标准(International Standards),其他主要技术文件有:新项目提案(NP)、工作草案(WD)、建议草案(DP)、委员会草案(CD)、国际标准草案(DIS)、国际标准最终草案(FDIS)和技术报告(DTR 或 TR)等。

1.1.1 标准的概念及国际标准化组织的历史演变

1.1.1.1 标准化概念

标准是标准化活动的成果,国际标准化专家桑德斯在 1972 年发表的《标准化目的与原理》一书中把“标准化”定义为:标准化是为了所有有关方面的利益,特别是为了促进最佳的经济,并适当考虑产品的使用条件与安全要求,在所有有关方面的协作下,进行有秩序的特定活动所制定并实施各项规定的过程。标准化以科学技术与实践的综合成果为依据,它不仅奠定了当前的基础,而且还决定了将来的发展,它始终与发展的步伐保持一致。

ISO 和 IEC 在 1996 年联合发布的 ISO/IEC 第 2 号指南《标准化与相关活动的基本术语及其定义》中,对“标准化”作了如下定义:“标准化是对实际与潜在问题作出统一规定,供共同和重复作用,以在相关领域内获取最佳秩序的效益活动。”并对此定义作了两个注解,即:实际上,标准化活动由制定、发布和实施标准所构成;标准化的重要意义在于改进产品、过程和服务的使用性,以便于技术协作,消除贸易壁垒。

1983 年,我国在 GB 3935—83《标准化基本术语》中定义“标准化”为:在经济、技术、科学及管理等社会实践中,对重复性事物或概念,通过制定、发布和实施标准,达到统一,以获得最佳秩序和社会效益。1996 年后,我国在 GB 3935. 1—1996 中“标准化”已采用国际标准定义。

上述对“标准化”的定义,尽管文字各不相同,但内涵基本一致,都侧重于对标准化的对象、过程及结果作出描述,体现的是标准及标准化在普遍意义上的积极作用。但当我们站在新的国际经济和科技发展的角度去审视标准时,却看到标准在当今所扮演的不同角色。

1. 1. 1. 2　ISO 标准化组织的历史溯源

国际标准化组织的最初雏形可追溯到 1870 年由法国召集的一个国际会议,该会议讨论采纳米制作为国际计量制度,并成立国际米制委员会。在 20 世纪初,电工技术开始迅速发展。当时,该领域的领导者们感到迫切需要把世界不同地区产生的新概念、术语和符号进行国际的协调和统一。因此,1904 年国际电工委员会(IEC)就成立了,该委员会规定先于各国国家标准化出现之前形成国际标准化,以便于国际协调一致性。另一个于 1897 年成立的国际性组织是国际材料试验协会(IATM),该协会宗旨是对制定试验方法和统一试验方法标准的情报和观点进行交流,但该组织因第二次世界大战的爆发而停止,以致最后不复存在。而米制条约被普遍接受,IEC 则被认为是电气与电子工业领域标准化的最高国际权威。

在第一次世界大战后的 10 年里,部分国家出现了国家标准化组织。这些机构成立以后不久,就开始意识到通过共同协作可达到标准的国际性协调与统一。1921 年,比利时、加拿大、荷兰、挪威、瑞士、英国和美国 7 个国家达成协议,定期交流关于标准的情报。最后,导致在 1926 年成立国际标准化协会(ISA)。该协会有 14 个国家的标准团体参加,即奥地利、比利时、加拿大、捷克斯洛伐克、法国、德国、意大利、日本、荷兰、挪威、瑞典、瑞士、英国、美国。国际标准化协会应该是国际标准化组织的前身。但第二次世界大战的爆发迫使 ISA 中断工作。从 1943 年至 1947 年,该协会临时由联合国标准协调委员会(UNSCC)代替。该委员会由美国、苏联、中国等 18 个同盟国家组成。战争结束后,大环境为工业的恢复提供了条件,于是在 1946 年 10 月 14 日,来自 25 个国家(包括 UNSCC 和 ISA 全体成员国,另外还有巴勒斯坦、南斯拉夫、以色列)的标准化机构的 64 名代表聚会伦敦,讨论成立国际标准化组织,并把这个新机构称为 ISO,该组织继承了联合国标准协调委员会的职能与工作。会议一致通过了 ISO 章程的议事规则,因此 10 月 14 日也成为目前每年一度的“世界标准日”(国际标准化组织理事会于 1969 年 9 月发布了第 1969/59 号决议)。ISO 的目标是:在世界范围内促进标准化工作的制定以增进国际间商品和设施的交流,扩大国际间在知识、科学、技术以及经济活动中的互相协作。主要活动是制定国际标准,协调国际范围的标准化工作,组织各成员国进行情报交流,与其他国际组织进行合作,共同研究标准化问题。

1947 年 2 月 23 日, ISO 章程得到 15 个国家标准化团体的认可,ISO 宣告正式成立。第一任主席为美国的 Howard Coonley 先生。不久,ISO 就被正式承认为联合国经济社会理事会和联合国各专业机构的非官方咨询组织。1970年被获准拥有对联合国工业发展组织(UNIDO)的咨询资格。1947年,IEC作为一个电工部门并入ISO,同时ISO与IEC达成协议,使IEC成为ISO的一个电气部分,并保持其完整和独立的地位。1976年IEC又从ISO中分离出来。但为了方便合作,ISO的中央秘书处和IEC中央办公室同处一幢大楼内。为了避免两个组织各自推荐的标准相互矛盾,两个组织在许多方面密切联系与协调,同时也与其他委员会建立广泛的联系。有些关键问题,如机构重叠、工作重复,则由两组织的秘书长共同商议解决,必要时也可通过两个组织的秘书处解决,但一些更高层的复杂问题则需要提交到两个组织共同建立的权力机关——ISO/IEC联合协调委员会,由该委员会同时向两个组织提出报告。但ISO与IEC毕竟是两个不同的国际组织,它们最大的区别是工作模式的不同。ISO的工作模式是分散型的,技术工作主要由各国承担的技术委员会秘书处管理,ISO中央秘书处负责协商,只有到了国际标准草案(DIS)阶段ISO才予以介入。而IEC采取集中管理模式,即所有的文件从一开始就由IEC总部负责管理。

原先ISO的工作涉及除电工标准以外的各个领域。进入20世纪90年代以后,随着通信技术得到普遍发展,这个领域的标准化工作也成为国际标准化的重要组成部分。国际电信联盟(ITU)与ISO、IEC这三大既有分工、又有密切合作的组织联合形成了国际一级标准化工作的核心。ISO与IEC还共同制定了规定从机构设置到人员任命以及各人员职责的一系列细节的指南——《ISO/IEC技术工作导则》。在信息技术方面,ISO与IEC成立了联合技术委员会(JTC1)负责制定信息技术领域中的国际标准,秘书处由美国标准学会(ANSI)担任,它是ISO、IEC最大的技术委员会。该委员会经ISO、IEC理事会授权使用特殊的标准制定程序,因此标准制定周期短,发布标准快,但标准的寿命也短。该委员会下设20多个分委员会,其制定的最有名的OSI(开放系统互联)标准,成为各计算机网络之间进行接口的权威技术,为信息技术的发展奠定了基础。IEC与ISO使用共同的情报中心,为各国及国际组织提供标准化信息服务,相互之间的关系越来越密切。虽然,今天除部分联合国专门机构、其他一些国际组织和地区性国家组织承担一定的国际标准化工作和分别采用不同的观点处理国际标准化问题外,ISO、IEC、ITU的活动范围在某种程度上涵盖不同经济领域。

ISO的一切活动本身同样也是标准化过程。ISO中央秘书处于1994年向瑞士质量管理协会(SQA)申请ISO 9000质量体系认证,于1996年获得ISO 9002认证证书。ISO的组织机构和工作管理十分严密,其突出的特点是严格的岗位责任制,岗位级别根据工作的复杂性、责任大小、对外影响重要程度和给本组织带来的效益情况而定。ISO的经费来源于成员交纳的会费和出版物的销售,理事会或各成员团体都可对财务情况进行监督。

技术标准作为沟通国际贸易和国际间经济合作的技术纽带,已成为世界各国发展贸易、保护产业、规范市场、推动技术进步和实现高新技术产业化的重要手段,在一国乃至全球的技术、经济和社会发展中发挥着越来越重要的作用。

1.1.2 国际标准化组织的机构

ISO组织的机构分为非常设机构和常设机构。主要机构有全体大会、理事会、技术管理局、技术委员会和中央秘书处。ISO的非常设机构为ISO的最高权力机构,即ISO全体大会(General Assembly)。常设机构包括理事会(Council)和各技术委员会(Technical Commitee)。另外,ISO 的组织机构还包括:成员团体、通信成员、捐助成员、政策制定委员会、合格评定委员会(CASCO)、消费者政策委员会(COPOLCO)、发展中国家事务委员会(DEVCO)、特别咨询组等(见图 1-1)。

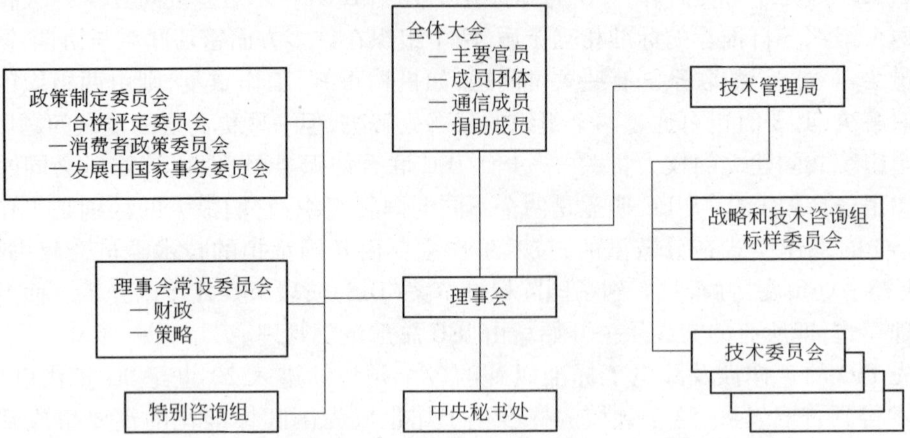

图 1-1　ISO 组织机构图

1.1.2.1　ISO 全体大会

1994 年以前,全体大会每 3 年召开一次。全体大会召开时,所有的 ISO 成员团体、通信成员、注册成员与 ISO 有联络关系的国际组织均派代表参会,但只有成员团体有表决权。每个成员有 3 个正式代表的席位,多于 3 位以上的代表以观察员的身份与会,全体大会的规模大约 200~260 人。大会的主要议程包括年度报告中涉及的有关项目的行动情况、ISO 的战略计划以及财政情况等。1991 年应中小发达国家 ISO 成员的意见,ISO 理事会修改 ISO 章程和议事规则,1994 年开始执行新章程后,全体大会改为 1 年 1 次,并定于每年 9 月召开。会议地点安排为,3 年中有两年在日内瓦召开,一年安排在日内瓦以外。每次会期 3 天,全体大会的工作会议只限于 ISO 成员国参加,会期两天。另一天用于专题公开研讨会,任何对该专题感兴趣的人员均可参加。ISO 中央秘书处承担全体大会、4 个政策制定委员会、理事会、技术管理局和通用标准化原理委员会的秘书处的工作。ISO 团体成员必须是一个国家或地区中最具有代表性的全国(或全地区)标准化机构,通信成员是指尚未建立全国(或全地区)标准化机构的发展中国家(或地区),后者可以了解国际标准化组织的工作进展情况,但不参加技术工作。当条件成熟时,通信成员可以申请转为成员团体。

1.1.2.2　ISO 理事会

理事会是 ISO 的管理机构,也是 ISO 的实权机构。理事会下设政策制定委员会、理事会常设委员会和特别咨询组。通常理事会每年召开 3 次会议,分别在每年的 1 月、5 月、10 月,理事会会议由 ISO 主席主持,也可以委托 ISO 副主席(政策)主持。理事会会议使用英、法两种工作语言,配备由日内瓦公共翻译公司提供的同声翻译。理事会由 ISO 主要官员,即主席、副主席、司库、秘书长和全体大会选出的 18 个成员团体组成。理事会成员任期 2 年,不能连任,被当选的理事国要指定一固定人员作为代表参加理事会的会议。到目前为止,ISO 理事会的代表均为理事国的标准化机构的工作人员,通常都是标准化机构的负责人,参加会议人员需要具备较好的语言沟通能力,特殊情况下需要翻译等人员陪同时,须事先得到主席批准。

理事会的主要任务是:任命ISO司库;任命秘书长,规定秘书长的权限和工作范围,制定秘书长处理中央秘书处工作的规则;选举技术管理局(TMB)的成员,并确定技术管理局的职权范围和职责;任命政策制定委员会主席;审查并决定ISO中央秘书处的财务预决算。

理事会的成员根据任期的不同分为3组,每年都有三分之一成员要进行改选。由出席全体大会的各成员国代表团团长采取不记名投票的方式进行选举。选票在选举前发给每一位团长,如果某国代表团不能出席会议,可以委托另一个成员国家代其投票,但是一个国家只能接受一个委托。1994年以前,只要被选上的国家均可担任理事,因此除了美、英、法、德、日和前苏联这6个常任理事国以外,还有一些常被选举连任的常任理事国。为使更多的国家有机会参与ISO的管理,并使进入理事会的成员国达到最大限度的平衡,应中小国家的要求,ISO于1991年提出了机构改革建议,并于1992~1993年对ISO章程的议事规则进行了修改,ISO理事会的产生办法也发生了变化,经理事会提议并经全体大会批准,对理事国的选举制定了严格的准则。新准则于1994年开始执行,每3年复审一次。

新准则具体内容主要有三点。第一,应交纳会费的多少(占60%的比重);第二,承担的TC/SC秘书处数目的多少(占20%的比重);第三,以积极成员(P)身份参加的TC/SC的数目的多少(占20%的比重)。也就是说对ISO做出的贡献越大,得分越多,名次排列就越前,进入ISO理事会的机会也就越多,对ISO相关事务的发言权就越大。对排位列入前5名者,就是ISO的事实常任理事国,从第6名到第20名者,选出5名代表,从第21名到第50名者,选出5名代表,第51名以后者,选出3名代表参加理事会。采取这种办法,可以考虑到大国和小国、发达国家和不发达国家都有机会进入理事国。

在2008年10月16日结束的第31届ISO大会,由于通过修改ISO章程,会议作出扩大ISO常任理事国数的决议,使得按ISO贡献率排名第六的中国(超过了俄罗斯),正式成为了ISO的常任理事国,取得标准制定永久话语权。这是我国自1978年加入ISO 30年来首次进入国际标准化组织高层的常任席位,它标志着我国标准化工作实现了历史性的重大突破,也使我国成为ISO常任理事国的目标提前12年得以实现。中国成为ISO常任理事国普遍被认为是国际技术界对中国在标准化领域的承认和认可。但在我国成为ISO常任理事国的同时,还应清醒地看到我国的标准化工作与国际先进水平还存在着一定的差距。我们要充分利用我国成为ISO常任理事国的大好契机,进一步大力推进我国实质性参与国际标准化活动的步伐,进一步夯实参与国际标准化活动的基础,巩固并提升我国在ISO中的地位,为实现国民经济的可持续发展和建设和谐社会做出应有的贡献。

1.1.2.3 ISO政策制定委员会

ISO政策制定委员会(Policy Development Committees)隶属于ISO理事会,是全体大会的咨询机构,政策制定委员会主席由理事会任命,任期3年,可以被连任两届。目前,ISO设有3个政策制定委员会,即:合格评定委员会(Committee on Conformity Assessment,简称CASCO)、消费者政策委员会(Committee on Consumer Policy,简称COPOLCO)、发展中国家事务委员会(Committee on Developing Country Matters,简称DEVCO)。感兴趣的P成员和O成员都可成为这些委员会成员,也可以O成员身份加入通信成员。

A ISO 合格评定委员会

ISO 合格评定委员会(CASCO)成立于1970年,现有76个P成员,30个O成员。已出版26个国际标准。其主要任务是:根据适当的标准或其他技术法规,研究对产品、加工过程、服务和质量体系进行合格评定的方法;制定有关产品、加工和服务的测试、检验、认证的国际指南和国际标准,以及有关质量体系、实验室、检验机构、认证机构、认可机构及其活动和接收的国际指南、国际标准;促进国家间、地区间合格评定体系的相互承认和认可,以及促进测试、检验和认证等方面的国际标准的应用。1971年,ISO 成立了“认证委员会”(CERTICO),1985年,易名为现在的“合格评定委员会”。目前,合格评定委员会的工作由9个分技术委员会和工作组承担。其他一些国际组织如世界贸易组织(WTO)、联合国欧洲经济委员会(UN/ECE)、国际实验室认可合作组织(ILAC)和国际认可论坛(IAF),地区性组织如欧洲电工委员会(CENELEC)、欧洲测试和认证组织(EOTC)、北美自由贸易协会(NAFTA)、东南亚联盟质量体系认可委员会(ASEAN/ACCSQ)等都参加合格评定委员会的工作。

B ISO 消费者政策委员会

ISO 消费者政策委员会成立于1978年,现有61个P成员,42个O成员。已出版6个国际标准。其主要任务是:研究消费者从标准化中取得收益的方法,以及帮助消费者积极参加国家和国际间的标准化活动;从标准化的角度为消费者开展信息服务和人员培训;为消费者提供一个论坛,以便于交流标准制定和实施的经验,以及消费者感兴趣的国家和国际标准化问题;代表消费者的利益与 ISO 其他有关机构保持联系;在本职范围内开展研究活动。目前,消费者政策委员会的工作由9个分技术委员会和工作组承担。除上述主要任务外,鉴于服务国际标准对国际贸易的影响日益增强,自1995年起,消费者政策委员会的工作开始涉及服务性标准的制定。

C ISO 发展中国家事务委员会

ISO 发展中国家事务委员会(DEVCO)成立于1961年,现有84个P成员,47个O成员。他的主要任务是:了解发展中国家在标准化及有关领域(如质量控制、计量和认证等)的需求;监督为发展中国家制定的 ISO 行动计划有效落实;针对上述需求和要求,提出满足这些要求的办法;为发展中国家提供一个论坛,讨论标准化各方面的问题,在发达国家与发展中国家、发展中国家之间交流经验。在开展这些活动时,需要与 CASCO、COPOLCO、技术管理局和其他相关国际机构密切合作。DEVCO 还设立了由 ISO 理事会任命的地区联络官,以协助 ISO 秘书长维护 ISO 在各地区的利益。发展中国家事务委员会每3年制定1个发展计划,同时确定 DEVCO 的工作计划。执行计划的经费来源主要靠外部,如联合国开发计划署、联合国工业发展组织、各国政府的援助以及发展中国家自己筹集的资金等。ISO 中央秘书处只负责管理 DEVCO 发展计划的工作人员的工资和差旅费。

1.1.2.4 ISO 理事会常设委员会

ISO 理事会常设委员会(Council Standing Committees)下设理事会常设财务委员会(Council Standing Committee on Finance,简称 CSC/FIN)和理事会常设战略委员会(Council Standing Committee on Strategy ,简称 CSC/STRAT)。

A 理事会常设财务委员会(CSC/FIN)

CSC/FIN 的主要任务是:根据 ISO 章程和议事规则中对司库责任做出的规定和理事会的相关决定,以咨询委员会的资格向司库提出建议;随时了解中央秘书处(ISO/CS)管理层财务方面的问题,并就有关从 ISO/CS 到 ISO 全体成员、TCs 和 SCs 以及 ISO 管理机构和政策制定委员会提供的服务进行评定,向秘书长和理事会提出建议;当有要求时,就其他方面的财务问题向理事会提出建议;在理事会上作财务报告。CSC/FIN 由司库和被选入理事会的成员团体代表组成,成员团体代表最多 9 名,并由理事会任命,任期两年,而且须在理事会任期内。CSC/FIN 主席也从这些成员中选举产生。

B 理事会常设战略委员会(CSC/STRAT)

CSC/STRAT 的主要任务是:向理事会提出适宜的政策和战略建议,并提出所有相关问题;在理事会审批之前准备年度战略执行计划;每隔 5 年对 ISO 战略计划进行 1 次修订,该战略计划由理事会签署和被全体大会通过;1 年至少向理事会报告 1 次。CSC/STRAT 由被选入理事会的成员团体代表组成,成员团体代表最多 9 名,并由理事会任命,任期两年,而且须在理事会任期内;各政策制定委员会主席作为非正式委员。CSC/FIN 由 ISO 副主席(政策)领导。

1.1.2.5 ISO 特别咨询组

ISO 特别咨询组(Ad Hoc Advisory Groups)由对国际标准化非常感兴趣的其他组织的执行官组成。这些小组的成员应受主席之邀请以个人身份参加,而不是以成员团体代表身份参加。目的是为了建立 ISO 的战略目标和制定达到目标的方案。

1.1.2.6 ISO 技术管理局

ISO 技术管理局(Technical Management Board,简称 TMB)是负责 ISO 技术管理和协调的最高管理机构,对整个国际标准化活动进行宏观控制。TMB 具有下列职能:任命技术委员会主席,配置或调配技术委员会秘书处,批准技术委员会的名称、范围和工作计划,批准技术委员会的解散,协调技术委员会间的工作,监督技术工作进度,审查新技术领域的工作并进行规划,维护技术工作的 ISO 导则及其他规则,研究各国家团体提出的原则性事项及有关新工作项目的建议和处理对委员会草案的申诉等。技术管理局的成员由 1 名主席和理事会任命或选举的 12 个成员团体组成。在理事会成员的任命或选举时,考虑到地理分布上和工业发展的平衡,不可连选连任。技术管理局每年召开 3 次会议,一般安排在 1 月、5 月和 9 月。会议的参加者只限于 TMB 成员,会期一般两天左右。参加 TMB 会议的代表通常是各国标准化机构主管技术工作的负责人。目前,TMB 直接负责出版的 ISO 标准有 25 项。所属分技术委员会和工作组有 7 个。

TMB 的主要任务是:

(1) 就 ISO 全部技术工作的战略计划、协调、项目、运作和管理问题向理事会报告,并在需要时向理事会提供咨询;

(2) 审查 ISO 新工作领域的建议,批准成立或解散技术委员会(TC),修改技术委员会工作的导则;

(3) 代表 ISO 复审 ISO/IEC 技术工作导则,检查和协调所有的修改意见并批准有关的修订文本;

(4) 在技术工作已有政策的框架内,就下列事项采取行动:监督技术委员会的工作;颁布技术委员会工作导则;批准技术委员会的名称、工作范围和工作计划;任命技术委员会主席;指定或重新指定担任技术委员会或分技术委员会秘书处工作的成员团体;对技术委员会或分技术委员会的行动或非行动提出反诉;对 ISO 技术委员会之间、ISO 与 IEC 之间、ISO 与其他国际组织或地区组织之间的技术协调问题作出决议;就 ISO 与 IEC 之间的技术接口问题和与其他标准化国际组织之间的合作问题向秘书长提供咨询;

(5) 任命国际标准执行的注册机构和维护处;

(6) 建立(或解散)技术咨询组(TAG)并指定这些小组的成员和主席;

(7) 建立(或解散)标准化原理委员会并指定这些组织的成员和主席。

为了既保持 ISO 技术工作的连续性,又能使各成员团体都有机会参与 ISO 高层次的管理工作,ISO 在技术管理局成员的选举方法从 1995 年起有了变化,即:ISO 的成员团体按照得分的多少排队,排队之后再把他们按顺序分为 3 个组,第 1 名到第 4 名是事实上的常任 TMB 成员,第 5 名到第 50 名中产生 4 个代表,第 51 名之后产生 4 个代表,即类似于理事会成员产生的办法。TMB 成员选举时,各国排名的原则是交纳会费占 25% 的比重、承担 TC/SC 秘书处工作的多少占 50% 的比重、以“P”成员身份参加 TC/SC 的数量占 25% 的比重,没有承担 TC/SC 秘书处工作的国家无资格参加 TMB 的工作。TMB 的日常工作由 ISO 中央秘书处承担。

1.1.2.7 战略与技术咨询组、标样委员会

A 战略咨询组

战略咨询组(Strategic Advisory Groups,简称 SAG)由技术管理局建立,为特殊领域提供咨询和战略预见,并探索新领域标准化的机会和可能性。战略咨询组的秘书处由 ISO 中央秘书处承担。

B 技术咨询组

技术咨询组(Technical Advisory Groups,简称 TAG)由技术管理局建立,必要时负责基础问题、专业问题和跨专业问题的协调、统一计划和新领域的工作。技术咨询组的秘书处由 ISO 中央秘书处承担。当该小组的业务涉及 IEC 时,则设立 ISO/IEC 联合技术顾问组(ISO/IEC/TAG)。在 IEC 方面,由 IEC 执行委员会(IEC Committee of Action)负责。TAG 的任务完成之后将予以解散,新成立的 TAG 不取代已经使用过的 TAG 编号。

C 标准样品委员会(REMCO)

标准样品委员会(Committee on Reference Materials,简称 REMCO)成立于 1975 年,它是一个关于标准样品的 ISO 相关指南开发的专业委员会,尤其在术语、标样生产与使用。该委员会由技术管理局(TMB)负责管理。在 ISO 技术出版物中,它为 ISO 委员会编制相关材料提供指南。每年召开 1 次年会,在各成员国轮流举行。REMCO 现有 P 成员 31 个,O 成员 38 个。直接负责出版国际标准已有 7 项。凡是对 REMCO 工作感兴趣的成员团体,都可以以积极成员(P)或观察员(O)的身份参加,通信成员只能以观察员的身份参加。

REMCO 的主要任务是:确定标准样品的定义、等级和分类,编制目录,供 ISO 使用;确立标准样品的形式结构;制定在 ISO 文件中使用的标样来源选择准则(包括法制方面);为 ISO 技术委员会制定在 ISO 文件中引用标样的准则;必要时为 ISO 提出在标样方面采取行动的建议;在职责范围内处理与其他国际组织之间有关标样方面的事物,并向技术管理局提出采取行动的建议。

REMCO 现有主席咨询组 1 个、特别咨询组 1 个、工作组 8 个、研究组 2 个。并与 AOAC、ILAC、IUPAC、WHO 等多个国际组织有联系。

1.1.2.8 技术委员会

为开展具体标准的制定、修订研究工作,ISO 规定,有关方提出一项标准制定工作的要求,多数成员团体同意后,即成立 1 个专门技术委员会(TC)进行研究,TC 下可设分技术委员会(SC)和工作组。每个 TC 或 SC 均由 ISO 成员团体承担秘书处工作。ISO 所有技术委员会都由技术管理局管理。TC 的设立由理事会决定,其工作范围由 TC 代表理事会批准。目前,有来自 38 个成员团体约 500 人承担了 TC 和 SC 的管理和技术服务。

技术委员会和分技术委员会秘书处,经 ISO 批准可承担某些领域标准的编制工作。秘书处的职责包括:遵循 ISO 导则和理事会、技术管理局的决议、及时执行下列事项:编写委员会草案、安排分发并处理收到的意见、准备会议(包括制定会议日程,分发全部文件,记录会议决议,起草会议纪要,起草给技术管理局的报告)、起草国际标准草案。秘书处的工作必须与该委员会或分委员会的主席保持密切联系。秘书处必须以纯粹的国际公平立场进行工作。秘书处的一切活动应与总执行官(CEO)办公室和委员会的成员国保持密切联系。ISO 是国际组织,所有国家团体均有权参加技术委员会和分委员会的工作,承担对国际标准草案投票表决的义务,并尽可能参加会议。

技术委员会和分委员会的主席分别由相应的秘书处提名并分别由技术管理局和技术委员会任命,任期 6 年,其职责是:负责对技术委员会包括分委员会和工作组的全面管理,他(她)应放弃本国的观点,纯粹以国际立场处理工作,因此不能同时是其国家团体的代表。他(她)负责指导委员会秘书处的工作,指导会议,使对委员会的草案达成协议,保证在会议上提出的所有观点都能恰当地进行总结并形成决议。在批准阶段,他(她)应做出合适的决定;对技术委员会的重要事项,经秘书处向技术管理局提出建议等等。

另外,ISO 更具体的标准管理工作者是项目领导人和工作组(包括特别工作组)的召集人,根据工作需要,技术委员会秘书处和主席协商可任命项目领导人,其职责是负责开发该项目,并正式召集和主持工作组会议,并可邀请工作组中的一名成员做秘书协助工作,项目领导人在 ISO 总执行官办公室注册,及时向技术委员会或分技术委员会报告工作,技术委员会和分委员会为完成特定的任务可以成立工作组,并任命工作组的召集人。工作组由有限数目的专家组成,在秘书组织下,或在项目召集人的组织下开展标准的研究和起草。工作组内的专家以个人身份参加工作,也作为 P 成员的官方代表,与 P 成员或组织保持密切联系。工作组的成员应由 P 成员指派,技术委员会或分委员会可设立特别工作组,研究某些特定的问题,其成员在委员会代表中遴选。特别工作组在其参加的会议上提出报告后,即自动解散。

1.1.2.9 ISO 中央秘书处

ISO 中央秘书处(ISO Central Secretariat,简称 ISO/CS)是理事会、理事会的各委员会及其附属部门(Subsidiary Committees)的办事机构,承担全体大会、3 个政策制定委员会、理事会、技术管理局、标准样品委员会和通用标准化原理委员会秘书处的工作。目前由 ISO 中央秘书处直接出版的 ISO 标准有 52 项。ISO 中央秘书处设在瑞士日内瓦,目前有全职人员 153 人(来自 23 个国家)。

A 国际标准化组织信息网(ISONET)

ISONET 是国际标准化组织信息网的简称,它是由 ISO 原信息系统和服务委员会(INFCO)建立的信息网,是 ISO 各成员国标准化机构之间达成的一项协议,目的是将 ISONET 成员的信息中心链接成一个协调一致的信息系统，协调和引导有关国际和国家标准、技术法规和标准类文件的信息交流。每个ISONET成员都有责任在其国家内或在其权限内传递有关信息，同时成为其他ISONET成员的标准和技术法规信息咨询点。

ISO信息系统和服务委员会（INFCO）原先是技术管理局下属的一个政策制定机构，其主要职责是标准信息的管理和标准出版物的销售等业务，目的是为统一标准文献的分类，促进国际、区域和国家间标准文献的交换与传播。1991年INFCO负责编制了《国际标准分类法》（ICS），ISO标准已从1994年起采用了ICS分类，WTO/TBT规定标准化机构在进行通报时，要使用ICS。2000年，按照ISO理事会第26号决议，INFCO于2000年12月31日正式解散，其工作完全转交给ISO中央秘书处，其中包括ISONET工作。转交后的ISONET工作目的及其性质未发生任何变化。由ISO秘书长负责建立一个由12人组成的商业政策指导小组，该小组成员将在原有INFCO管理委员会成员基础上增加一些市场营销人员。原INFCO所开展的ICS维护、ISONET手册维护、WSSN的维护、检索员的培训及成员团体销售统计工作可由ISO中央秘书处中专业人员直接解决。

按照ISONET的原则，一个国家参加ISONET的机构只能有一个，大多是ISO成员团体，该成员团体对内负责在国内开展标准化及其管理活动，对外作为ISONET成员，将其标准化知识最大限度地向外宣传，与其他国家的同行分享关于标准化的知识及其经验，并广泛交流信息。ISONET成员信息系统之间的电子链接是通过世界标准服务网（WSSN）实现的。

ISONET成员可分为三类：国家成员、协作成员和国际成员。ISONET的国家成员应是ISO成员团体或通信成员，也可以是由ISO国家成员指定的另一主管机构。无论是哪个国家团体都要签署ISONET协议。ISONET的国家成员如果认为在其国内指定其他组织作为协作成员有助于其实现ISONET的目标，则可以指定其他组织作为协作成员。ISONET第三种类型的成员是国际成员，这些国际成员是对ISONET感兴趣的国际组织或区域组织，它们是受ISO秘书长的邀请参加的。ISONET Directory（ISONET名录）中列有所有在ISONET的成员名单。

ISO中央秘书处通过各种ISONET出版物和信息支持活动为各成员国之间的标准、技术法规及相关事项的交流搭建了一个平台。为了保护ISO标准及其出版物，ISO中央秘书处制定了一系列保护ISO版权的文件，诸如《ISO出版物版权、版权使用权和销售的政策和程序》（简称ISOPOCOSA），为了使各成员国之间在统一标准分类和统一标准记录格式的环境下充分利用ISONET这个平台交换有关标准、技术法规等相关信息。1999年ISONET完成了《ISONET手册》。2001年ISONET完成了对1999年版《国际标准分类法》（ICS）的修订，2004年又完成了对2001年版的《国际标准分类法》的修订。为了规范ISONET成员国标准信息中心的运作程序，ISONET出版了《ISONET指南》、《ISONET原则及程序》，为ISO信息网提供了组织和职能指南；《ISONET名录》是一个超文本链接（HTML），列出了所有ISONET信息中心的清单，包括联络信息、各成员国信息中心可提供的各种信息及其服务详情。名录中还列有ISO成员、IEC成员及WTO咨询点等内容。《ISONET通报》一年出版两次，其主要的阅读对象是ISONET的国家成员、协作成员及其国际成员，以及那些对推动标准、技术法规、认证制度和相关事宜感兴趣的机构及人员。2001年ISO/CS又完成了对《ISON手册开发数据库指南》的编写工作。2002年ISO/CS完成了对《对内部使用ISO电子版标准授予版权使用权的规则》等许多文件的编制工作。

目前我国的ISONET管理工作由国家标准化管理委员会负责,中国标准化研究院具体负责ISONET有关政策的跟踪和研究工作。为了保护ISO标准及标准类出版物的版权,国家标准化管理委员会目前已发布《ISO、IEC标准、标准类文件及其出版物版权保护管理办法》;为了及时跟踪研究ICS的发展变化,国家标准委成立了“国际标准分类法跟踪研究及在标准对外通报中的应用”课题组,对ICS进行了深入的研究和跟踪。除此之外,我国还对《ISONET手册》及有关版权政策进行深入研究。总之,深入开展对ISONET有关政策的跟踪研究是推动我国积极制定和实施与国际接轨的标准化信息政策的重要举措。

自INFCO解散后,2001年ISO将原INFCO研讨会改名为“ISO网络大会”(ISO Networking Conference),“ISO网络大会”每一年半举行一次。大会将大家聚集在一起,提出新问题,由ISO各成员国专家提出新办法。随着经济全球化的深入发展,标准化的地位不断提高,但同时又面临各种新挑战。ISO以“ISO网络大会”的形式将各国的标准化人员及非标准化人员(企业代表等)组织在一起,给ISO出谋划策。在许多国家中,ISONET的信息中心与WTO咨询点是同一个。即使是建立了不同的信息中心,ISONET成员与WTO咨询点之间也是充分合作,使其能够及时获取现有的标准及各种专门文件及信息处理技术的全部信息。

B 标准化原理委员会(STACO)

ISO于1952年成立了标准化原理研究委员会(Standing Committee for the Study of Principles of Standardization,简称STACO),它的首要职责是在标准原理、方法和技术方面充当ISO理事会的顾问,在考虑标准化经济问题的同时,使ISO的标准化活动取得最佳效果,这对标准化理论的研究工作起到了相当的推动作用。STACO一直致力于标准化基本概念的研究,先后以“指南”的形式给“标准”的定义作出统一规定,1991年,ISO与IEC联合发布第2号指南《标准化与相关活动的基本术语及其规定(1991年第六版)》。标准化的基本原理是有意识地努力简化、减少目前和预防以后的复杂性。

C ISO/IEC联合技术顾问委员会(JTAB)

ISO/IEC联合技术顾问委员会(Joint Technical Advisory Board,简称JTAB)。主要作用是:应ISO或IEC任何一方的要求并经另一方同意,就涉及ISO和IEC技术合作的专门问题提出建议;审查新的技术领域,以便就该领域应设在哪个组织的问题提出建议,或者作为一项最终方案,成立一个联合的技术机构以保证有效的合作,进而就该机构的名称、工作范围和工作计划向技术管理局(TMB)提出建议;就ISO/IEC技术工作导则的维护提出建议。

D ISO/IEC主席联合协调小组(JPCG)

ISO/IEC主席联合协调小组(ISO/IEC Joint Presidents' Coordination Group,简称JPCG)是为了建立以ISO和IEC为基础的自愿性的国际标准体系,加强ISO和IEC之间的合作并与国际电信联盟(ITU)在适当的级别、适当的领域建立合作关系,ISO和IEC于1992年共同成立了ISO/IEC主席联合协调小组。某些涉及ISO和IEC的组织机构问题也提交该小组讨论。JPCG经ISO和IEC理事会授权还紧急处理任何下一级机构不能及时处理的技术问题。

1.1.2.10 ISO主要官员

ISO的主要官员有5人。其中,主席(President)1人、副主席(Vice President)2人(分别分管政策(Policy)和技术(Technical Management))、司库(Treasurer)和秘书长(Secretary

General)各 1 人。

A　ISO 主席

ISO 主席由大会选举产生,任期 3 年,不能连选连任。通常,由国家标准化机构的主席(工业界知名人士、不担任标准化机构的执行长官)担任。第一年称为当选主席,不主持工作,但参加大会,是与本届主席学习交接的时期。第二年和第三年称为主席,主持全体大会和理事会会议。在他担任主席的第二年,ISO 秘书长根据 ISO 章程提请各成员国提名下一届候选人。大会选举一般只定一名候选人。在多名候选人出现的情况下,由 ISO 主要官员组成的提名小组进行协调电工标准以外的各个领域。ISO 主席的选举,考虑了地理位置的平衡等各种因素,由欧洲、北美、亚洲、大洋洲等地区的代表轮流担任。

B　ISO 副主席(政策)

ISO 副主席(政策),由理事会选举产生,任期 3 年,可以连选连任。该副主席协助主席管理 ISO 的 4 个政策委员会的工作,通常由成员团体的执行长官担任。

ISO 副主席(技术),由理事会选举产生,任期 3 年,可以连选连任。该副主席负责管理 ISO 技术管理局的工作,由国家标准化机构的执行官员担任。

C　ISO 司库

ISO 司库是一个必须由 ISO 以外的人员担任的职务。司库本人必须是瑞士某审计公司的现职人员。司库由理事会选举产生,对 ISO 账目的准确性负责,并保证账目中没有不符合财务制度的现象。

D　ISO 秘书长

ISO 秘书长由理事会任命,终身任期。但是,在特殊情况下理事会可以罢免或更换秘书长。

1.2　ISO/TC102 的发展历史

ISO/TC102 是铁矿石和直接还原铁(Iron ore and direct reduced iron)ISO 技术委员会,是国际标准化组织中负责制定铁矿石和直接还原铁国际性协调一致标准的技术委员会,其工作范围是研究制定铁矿石及直接还原铁领域的名词术语、取制样、粒度水分测定、化学分析和物理试验等国际标准。

1.2.1　ISO/TC102 的发展简史

ISO/TC102 成立于 1961 年。首先成立取样分技术委员会(Sampling,即 SC1)和分析化学分技术委员会(Chemical Analysis,即 SC2)。1966 年 6 月在巴黎召开的 TC102 第 2 次会议成立一个工作组,即 WG2,该工作组由英国承担秘书处,工作内容为铁矿石粒度的测定 ISO 标准制定,1967 年 5 月完成标准草案第一稿,1968 年 9 月完成草案第二稿。之后完成两个文件,分别为“自然态和加工形态铁矿石及其他材料粒度筛分分布,第一部分:4 mm 及以上的材料”和“自然态和加工形态铁矿石及其他材料粒度筛分分布,第一部分:4 mm 以下的材料”,作为 WG2 制定草案的第三版。1970 年 4 月,由 ISO 理事会作出决议,TC102 日本秘书处决定将物理测试(WG1)和粒度测试(WG2)分别升格为分技术委员会,即:由 WG1 升格为铁矿石物理测试分技术委员会(Physical Testing of Iron Ores,即 SC3);由 WG2 升格为铁矿石粒度测试分技术委员会(Size Determination of Iron Ores,即 SC4)。1978 年 SC4/WG2 分别形成 DP4701 和 DP4702，这两个文件分别涉及到粒度普通筛分和粒度干/湿超细材料筛分。1980 年 10 月在南非召开的 TC102 秘书处/主席联席会议提出，如果 WG2 没有任何新的进展，建议取消 SC4，将原 SC4 的工作归属 SC1 管理。1982 年 9 月加拿大渥太华会议正式决议解散 SC4，SC1 接管铁矿石粒度标准的制定，同时建立一个新的分技术委员会，即直接还原铁金属化程度分技术委员会（Degree of Metallization of DRI，即 SC5），SC5 之后演变为直接还原物理试验分技术委员会（Physical Testing of Direct Reduction Feedstock and DRI）。2003 年瑞典第 11 次 TC102 会议决定把 SC3、SC5 进行合并，由原 SC3 承担 SC5 的工作，ISO 技术管理局发布有关撤销 SC5、合并 SC3 和 SC5 的 2003 年第 44 号决议。SC3 名称为物理试验分技术委员会（Physical Testing of Blast Furnace Feedstock）。因此，目前下设分技术委员会为 SC1、SC2、SC3，一个编辑委员会（EDC）和一个直属工作组（WG）、一个顾问组（AG）。

1.2.2 ISO/TC102 的现状

ISO/TC102 是铁矿石和直接还原铁 ISO 技术委员会，现任秘书国为日本，秘书国成员团体为日本工业标准委员会（Japanese Industrial Standards Committee，简称 JISC）。秘书处设在日本钢铁联盟（The Japan Iron and Steel Federation，简称 JISF）标准化中心。现有成员国 42 个，其中 P（积极）成员国 20 个：阿尔及利亚、阿根廷、澳大利亚、巴西、加拿大、中国、埃及、德国、印度、意大利、日本、韩国、朝鲜、荷兰、俄罗斯、南非、瑞典、乌克兰、英国、委内瑞拉。O（观察）成员国 22 个：奥地利、保加利亚、古巴、捷克、法国、希腊、匈牙利、印度尼西亚、伊朗、爱尔兰、马来西亚、墨西哥、蒙古、巴基斯坦、波兰、罗马尼亚、沙特阿拉伯、塞尔维亚、叙利亚、特立尼达和多巴哥、突尼斯、土耳其。现任主席为日本钢铁联盟标准化中心的社长里茨武原先生（至 2010 年），秘书为该中心安田素郎先生。目前，ISO/TC102 已经制定的现行有效 ISO 标准有 68 个和指南 1 个，包括术语、取制样、粒度分析、化学分析、物理试验以及质量管理等领域。

1.2.2.1 ISO/TC102/SC1 取样分技术委员会

ISO/TC102/SC1 是 ISO/TC102 的取样分技术委员会，现任秘书国为日本，秘书处设在日本工业标准委员会。现有成员国 26 个，其中 P（积极）成员国 15 个：澳大利亚、巴西、加拿大、中国、埃及、德国、印度、意大利、日本、韩国、俄罗斯、南非、乌克兰、英国、委内瑞拉。O（观察）成员国 11 个：阿根廷、保加利亚、法国、匈牙利、马来西亚、墨西哥、荷兰、波兰、罗马尼亚、塞尔维亚、瑞典。现任主席为澳大利亚联邦科学研究院（CSIRO）的里夫·霍尔默斯博士（至 2010 年），现任秘书为日本钢铁联盟的伊势常宽先生。目前，ISO/TC102/SC1 已经制定的现行有效 ISO 标准有 8 个。ISO/TC102/SC1 与其他分技术委员会 ISO/TC 69/SC 1、ISO/TC 69/SC 6 有联络关系。

ISO/TC102/SC1 秘书处承担单位日本工业标准委员会原先由成立于 1921 年日本工程标准委员会（The Japanese Engineering Standards Committee，简称 JESC）发展而来。1949 年，日本国家标准化法颁布，日本工业标准委员会（JISC）随之成立，该委员会作为一个咨询组织以部长级名义主管日本工业标准（JIS）制定、修订和从 JIS 标志到标准产品的管理。该委员会由理事会、两个局和委员会组成，成员来自包括生产销售商、使用消费者、高等院所等相关部门，所制定的法定标准涉及除医药、农药、化肥之外的所有工业、矿产领域。

1.2.2.2　ISO/TC102/SC2 分析化学分技术委员会

ISO/TC102/SC2 是 ISO/TC102 的分析化学分技术委员会，现任秘书国为澳大利亚，秘书处设在澳大利亚标准协会(Standards Australia Limited,简称 SA)。现有成员国 26 个，其中 P(积极)成员国 16 个：澳大利亚、巴西、加拿大、中国、德国、印度、意大利、日本、韩国、荷兰、波兰、俄罗斯、南非、瑞典、乌克兰、英国。O(观察)成员国 10 个：阿根廷、保加利亚、法国、匈牙利、爱尔兰、马来西亚、墨西哥、罗马尼亚、塞尔维亚、叙利亚。现任主席为澳大利亚力拓集团皮尔巴拉铁矿的本·施格拉先生(至 2010 年)，现任秘书为澳大利亚标准协会的鲍伯·梅纳德先生。目前，ISO/TC102/SC2 已经制定的现行有效 ISO 标准有 41 个、指南 1 个。ISO/TC102/SC1 与其他分技术委员会 ISO/TC 17/SC 1、TC 47、TC 69、TC 69/SC 6 有联络关系。

ISO/TC102/SC2 秘书处承担单位澳大利亚标准协会(SA)是一个独立的非赢利组织，该协会被澳大利亚联邦政府层面的协议确认为最高层次的非政府标准开发团体，并作为政府成员团体参加 ISO 和 IEC。其成员来自致力于标准和相关产品开发、应用、服务的成员代表组成，成员共有 69 个。自从 2003 年被委于认证、出版等业务以来，SA 已经把其业务范围聚焦于标准开发、提出并通过澳大利亚设计奖(Australian Design Awards,即 ADA)支持澳大利亚的创新设计。在澳大利亚，大多数的标准化活动由 SA 承担，同时它也被其他澳大利亚相关组织确认为自身的标准开发组织(Standards Development Organizations,SDOs)，通过一个自治性质的标准认可团体进行管理，一些组织已经获益匪浅。

1.2.2.3　ISO/TC102/SC3 物理试验分技术委员会

ISO/TC102/SC3 是 ISO/TC102 的物理试验分技术委员会，现任秘书国为巴西，秘书处设在巴西标准协会(Associação Brasileira de Normas Técnicas,简称 ABNT)。现有成员国 25 个，其中 P(积极)成员国 16 个：阿根廷、澳大利亚、巴西、加拿大、中国、德国、印度、意大利、日本、朝鲜、荷兰、俄罗斯、南非、瑞典、乌克兰、英国、委内瑞拉。O(观察)成员国 10 个：保加利亚、埃及、法国、马来西亚、波兰、罗马尼亚、塞尔维亚、特立尼达和多巴哥。现任主席为德国技术经济研究院(SGA)的里茨博士(至 2009 年)，现任秘书为巴西标准协会(ABNT)的 Thásia M. de Freitas 女士。目前，ISO/TC102/SC2 已经制定的现行有效 ISO 标准有 17 个。

ISO/TC102/SC3 秘书处承担单位 ABNT 成立于 1940 年，是一个从事巴西国家标准开发的非赢利组织。1962 年，巴西联邦第 4150 号法律授予 ABNT 以公益性组织地位，1973 年巴西联邦第 5966 号法律创立了由巴西工商部主导的计量、标准化、工业质量的国家体系，根据第 1992 号政府决议，在这个体系中，ABNT 被公布为国家唯一的标准化论坛，并主管巴西国家标准化工作。ABNT 是 ISO 创建成员团体，同时也是 1940 年起的 IEC 成员团体。ABNT 还致力于泛美标准委员会(COPANT)的创立，参加 MERCOSUL 标准化协会(AMN)的确立，并承担其执行秘书处。ABNT 还是全球 Ecolabelling 网络(GEN)成员。1950 年后，ABNT 开始活跃在产品认证领域，开发了巴西众多企业所关心的项目。ABNT 建立和管理能与应用在强制和非强制性产品认证项目的标准相符的标识，该组织还是一个质量体系、环境管理体系和一些产品的认可注册机构。

1.2.2.4　编辑委员会和一个直属工作组

ISO/TC102/EDC 是 ISO/TC102 的编辑委员会，目前由澳大利亚 SA 召集。ISO/ TC102/

WG3 为 ISO/TC102 的一个直属工作组，该工作组专门制定、修订铁矿石术语国际标准，由英国 BSI 召集，BSI 是英国标准协会（British Standards Institution）的简称。

直属工作组的召集单位英国标准协会（BSI）建立于 1901 年，1923 年英国的一个皇家宪章准予 BSI 的任务包括：通过开发普通工业标准促进贸易；通过简化生产与配送减少浪费；通过与产品一致的认证标识的使用保护消费者利益。BSI 于 1931 年来一直采用此名称，是建立在英国政府谅解备忘录框架下被确认为英国国家标准化的团体。作为 BSI 的组成部分，英国电子技术委员会（BEC）代表英国参加 IEC。BSI 为标准化、体系认可、产品认证、培训与咨询服务领域提高相应服务。

1.3　我国参加 ISO 及 TC102 活动的历史及相关规定

1.3.1　我国参加 ISO 及 TC102 活动简史

1.3.1.1　我国参加 ISO 活动简史

中国是 ISO 创始成员国之一，也是最初的 5 个常任理事国之一。由于当时的台湾当局（新中国成立前由中华民国政府代表中国参加 ISO）未交纳会费，1950 年被 ISO 停止会籍。1978 年 9 月 1 日，我国以中国标准化协会（CAS）的名义重新进入国际标准化组织。1985 年和 1988 年分别改由中国国家标准局和中国国家技术监督局（CSBTS）参加。2001 年起，在 ISO 代表中华人民共和国的成员团体是国家标准化管理委员会（SAC，以下简称国家标准委）。1982 年 9 月，我国被当选并连任理事国成员（1983～1994 年，1996～1997 年），1991 年 9 月在 ISO 第 45 届理事会和第 15 届全体大会上中国再次当选为理事国，任期为 1992～1994 年，并首次担任电子微束分析技术委员会秘书国。目前我国仍是 ISO 理事国成员（2008～2009 年）。原国家标准局局长程传辉曾当选为 ISO 执行委员会成员（1986～1988 年）；原国家技术监督局局长徐志坚、副局长李瑞曾分别当选为 1988～1991 年和 1993～1995 年 ISO 技术管理局成员；2001 年原国家质量监督检验检疫总局党组成员、国家标准委主任李忠海为技术管理局成员。1988 年 9 月 ISO 第 42 届理事会第 14 次全体会议在我国召开。1999 年 9 月，我国在北京承办了 ISO 第 22 届全体大会。

2008 年 9 月，我国进入 ISO 常任理事国。2008 年 10 月，国际标准化组织选举出 2009～2011 年技术管理局成员，我国继担任 2006～2008 年 ISO/TMB 成员后，再次成功当选新一届 ISO/TMB 成员。国家标准委国际合作部副主任李玉冰继续担任 ISO 新一届 TMB 代表。

1.3.1.2　我国参加 TC102 活动简史

自我国恢复参加 ISO/TC102 铁矿石国际标准化活动之后，我国组团参加的 TC102 历次国际会议有：1982 年加拿大渥太华第 2 次会议；1986 年日本东京第 3 次会议；1988 年巴西贝洛奥里藏特第 4 次会议；1990 年英国伦敦第 5 次会议；1992 年英国伦敦（顾问小组、术语和 ISO9000 研究组）；1992 年澳大利亚帕斯第 6 次会议；1994 年加拿大渥太华第 7 次会议；1996 年南非开普敦第 8 次会议；1998 年中国北京第 9 次会议，该次会议由我国承办；2000 年巴西萨尔瓦多第 10 次会议；2003 年瑞典基律纳第 11 次会议；2005 年澳大利亚帕斯的费里曼特尔第 12 次会议；2007 年的加拿大魁北克第 13 次会议；2009 年计划在日本东京召开第 14 次会议。ISO/TC102 全会一般与各分技术委员会同时召开，因此我国参会代表除组团单位代表和国家主管部门代表外，一般还有来自钢铁企业、质量监管部门的技术专家、管理人员作为参会代表，其专业范围涵盖铁矿石取制样、物理试验、化学分析、冶金性能分析。由于TC102每次会议的议程为先召开TC102开幕全体会议、分技术委员会平行会议、闭幕全体会议，因此每次TC102会议我国代表团一般同时派出的技术专家的专业范围须同时包括取制样、化学分析、物理测试，团组人员一般5~10个。2007年的加拿大魁北克会议中国代表团派出了由冶金标准、钢铁企业、检验检疫系统组成的13名代表。

ISO/TC102的国内技术归口单位为冶金工业信息标准研究院，为统一协调、管理铁矿石国际标准制定、修订工作，1998年成立ISO/TC102铁矿石中国工作委员会，秘书处设在冶金工业信息标准研究院。2007年11月国家标准委成立全国铁矿石及直接还原铁技术委员会(SAC/TC317)，对口ISO技术委员会为TC102，秘书处设在冶金工业信息标准研究院。冶金工业信息标准研究院始建于1963年3月，前身为冶金工业部科技情报产品标准研究所，于1992年11月更名为冶金工业部信息标准研究院，1999年7月更为现名。

1.3.2 我国标准化管理机构

2001年4月，随着我国国务院机构改革的深入，全国人大将原国家技术监督局和原国家出入境检验检疫总局合并，成立中华人民共和国质量监督检验检疫总局(AQSIQ，或简称国家质检总局)，同时成立国家标准化管理委员会(SAC)和国家认证认可管理委员会(CNCA)。

中国国家标准化管理委员会(中华人民共和国国家标准化管理局)为国家质检总局管理的事业单位，是国务院授权履行行政管理职能、统一管理全国标准化工作的主管机构。国家标准化管理委员会全面主管国家标准化工作的协调、监督与管理的职能。参与起草、修订国家标准化法律、法规的工作及拟定和贯彻执行国家标准化工作的方针、政策、法律、法规和规章制度；负责组织ISO和IEC中国国家委员会的相关活动，代表国家参加ISO、IEC和其他国际或区域性标准化组织；负责组织ISO、IEC中国国家委员会的工作，批准和组织国家合作及标准化项目交流；负责组织、协调和编制国家标准(含国家标准样品)的制定、修订计划，负责组织国家标准的制定、修订工作，负责国家标准的统一审查、批准、编号和发布，管理国家标准制定、修订经费和标准研究、标准化专项经费，管理和指导标准化科技工作及有关的宣传、教育、培训工作；负责协调和管理全国标准化技术委员会的有关工作；协调和指导行业、地方标准化工作，负责行业标准和地方标准的备案工作；负责管理国内各部门、各地区参与国际或区域性标准化组织活动的工作，负责签定并执行标准化国际合作协议，审批和组织实施标准化国际合作与交流项目，负责参与与标准化业务相关的国际活动的审核工作。

1.3.3 我国参加ISO活动相关规定

1.3.3.1 我国参加ISO活动概况

自1979年以来，我国已派出近450多个团(组)，近1700人次参加了国际标准化组织(ISO)召开的700多个技术会议。有近60名专家，以个人身份参加了ISO/TC/SC工作组(WG)或研究组(SG)的工作。ISO在我国召开过35个技术委员会或分技术委员会会议，各国与会代表750多人。上述活动推动了我国标准化工作和质量保证工作的发展，也加强了我国与ISO的联系。通过标准化的国际合作，有利于进一步推动我国同各国的技术交流，促进技术进步,增加我国在标准化领域的话语权,维护我国国家经济利益。

为规范我国参加国际标准化组织相关活动,原国家标准局曾以国标发[1986]087 号文颁发过《参加国际标准化组织技术活动的管理办法》。之后,原国家技术监督局于 1992 年 10 月 20 日又颁布了《参加国际标准化组织(ISO)和国际电工委员会(IEC)技术活动的管理办法》。最近,国家质检总局和国家标准委将联合颁布《参加国际标准化活动管理办法》,其修订草案正在征求意见。

我国参加国际标准化活动的目的是为了加强我国参加国际标准化活动的管理,推动以龙头企业为主体参与国际标准化活动,增进国际标准化合作与交流,提高我国标准技术水平,实现以自主创新为重点的国际突破,促进我国对外贸易的健康发展,维护国家利益。相关法律依据为《中华人民共和国标准化法》及有关规定。

1.3.3.2 *我国参加 ISO/IEC 活动管理机构*

我国规定国家标准化管理委员会(以下简称标准委)代表中国参加国际标准化活动,并统一管理国内参加国际标准化活动的各项工作。国家鼓励我国企业积极参加国际标准化活动,参与国际标准的起草工作,承担 ISO、IEC 的 TC、SC 秘书处工作。国家标准委承担 ISO、IEC 中国国家委员会及秘书处,管理我国承担的 ISO、IEC 的 TC、SC 秘书处的工作,制定并组织落实我国参加国际标准化工作的政策、规划、计划,组织对国际标准、国外先进标准和与我国有密切贸易关系国家的国家标准的采集与研究,组织协调和审批全国专业标准化技术委员会或 ISO、IEC 国内技术对口组织参加国际标准化活动,联系境外标准化组织和民间机构在我国设立的分支机构或办事处,管理和监督境外标准化机构和专家参与我国的标准化活动。

国务院各有关行政主管部门、行业协会分工业务指导本部门、本行业参加国际标准化活动,提出本部门、本行业所属技术机构作为 ISO、IEC 的 TC、SC 的国内技术对口组织建议、成员身份建议,指导对 ISO、IEC 工作文件评议和投票工作,参加和承办国际标准技术会议和标准培训班,业务指导所属国内技术对口组织提出的国际标准提案建议、ISO/IEC 新技术工作领域提案建议,审查新技术工作领域提案内容,提出参与国际标准制定工作组、项目组和顾问组的专家名单建议,并向国家标准委报告参与情况。

各地方质量技术监督部门协助管理本行政区域内参加国际标准化活动,包括联系和组织本地区企业开展有关国际标准化工作;联系本地区的 ISO/IEC 国内技术对口组织,了解相关工作情况,并向国家标准委报告参与情况。

1.3.3.3 *我国参加 ISO/IEC 活动执行机构*

国内技术对口组织具体承担 ISO、IEC 的 TC、SC 国内技术对口工作,分发 ISO、IEC 的国际标准、国际标准草案和文件资料、目录;结合国内工作需要,对国际标准的技术内容进行必要的研究、试验、验证,并提出处理意见和建议;组织对国际标准的新工作项目提案(NP)、委员会草案(CD)、国际标准草案(DIS/CDV)以及国际标准最终草案(FDIS)等文件进行研究并提出投票意见;提出国际标准提案建议;提出 ISO、IEC 新技术工作领域提案建议;组织专家参加对口的 TC、SC、WG、PT、AG 的国际会议;经 ISO、IEC 中国国家委员会秘书处同意,可委托其他单位代表本技术对口组织参加国际标准化活动;每年年底向 ISO、IEC 中国国家委员会秘书处报送上年度工作报告,同时抄报国务院各有关部门或行业协会;根据工作情况,适时向 ISO、IEC 中国国家委员会秘书处提出对参加单位的调整意见;直接或通过主管部门向国家标准化管理委员会提出参加 ISO 或 IEC 的 TC、SC 成员身份的建议；提出参加 ISO、IEC 国际标准制定 WG、PT、AG 专家的名单建议。

ISO、IEC 的国内技术对口组织原则上应由全国专业标准化技术委员会承担；也可采用竞争的方式确定国内技术对口组织；没有对口全国专业标准化技术委员会的，则由本专业生产、使用、科研、教学和监督检验等方面技术水平高、力量强的单位或企业承担。国内技术对口组织应设立专门机构负责国际标准化工作，积极组织相关的单位参加本专业国际标准化活动。国内技术对口组织应设国际标准化工作专家组，负责本专业领域参与国际标准化活动的技术工作。

参加 ISO、IEC 的 TC、SC 活动的身份有积极成员（P 成员）和观察成员（O 成员）两种。凡与国家经济、技术利益关系重大，能经常出席国际会议（包括以通信方式参加）和及时处理有关事宜的，可申请为 P 成员。不具备上述条件者，可申请为 O 成员。国家鼓励国内技术对口组织积极承担 P 成员工作。参加 ISO、IEC 的 TC、SC 的成员身份，由国内技术对口组织提出建议，经主管部门审查后报国家标准化管理委员会审定。没有主管部门的国际技术对口组织，由行业协会负责审查。既无行业主管部门，也无行业协会的可直接报国家标准化管理委员会审定。经审定后，由国家标准化管理委员会统一向有关国际组织申报。国家标准化管理委员会可根据工作情况适时调整国内技术对口组织参加 ISO、IEC 的 TC、SC 的成员身份。对工作开展不力的，国家标准化管理委员会将调整参加身份，或直接取消其参加资格。

各国内技术对口组织应向国家标准化管理委员会提出国际标准化新技术工作领域、新国际标准提案的建议。经征求主管部门或行业协会意见后，由 ISO、IEC 中国国家委员会秘书处对外报出。各国内技术对口组织应在规定时间内向 ISO、IEC 中国国家委员会秘书处报送对新工作项目建议（NP）、委员会草案（CD）、国际标准草案（DIS/CDV）、国际标准最终草案（FDIS）和国际标准修订、补充及复审的投票意见等，同时要抄送主管部门或行业协会。主管部门或行业协会如有不同意见应在规定时间向 ISO、IEC 中国国家委员会秘书处提出。已建立直接对外工作联系的 ISO 国内技术对口组织，除对国际标准最终草案（FDIS）、国际标准草案（DIS）的投票外，其他表态文件直接寄 ISO 相应的 TC、SC 秘书处，同时抄送主管部门或行业协会。主管部门或行业协会如有不同意见应在规定时间内向 ISO、IEC 中国国家委员会秘书处提出。

对于参加 ISO、IEC 国际标准会议，国内技术对口组织或其委托单位应根据 ISO、IEC 的 TC、SC 的会议预报和工作需要，申请派专家参加国际标准会议。申请参加国际标准会议的单位应通过国内技术对口组织按行政隶属关系向本单位主管部门提出申请。无隶属关系的直接报国家标准化管理委员会。派出单位负责对所派人员进行政审，并将参加国际会议的有关文件报送 ISO、IEC 中国国家委员会秘书处，由中国国家委员会秘书处统一向 ISO、IEC 的 TC、SC 秘书处及会议东道国办理报名手续。未经国家标准化管理委员会批准，任何单位或个人不得代表中国出席国际会议，由此产生的后果由派出单位负全部责任。派出单位或派出单位的主管部门负责办理护照、签证等出国审批手续。国内技术对口组织负责提出团长人选建议，并报国家标准化管理委员会审批。代表团回国后应及时将会议资料和书面总结交国内技术对口组织，同时报送 ISO/IEC 中国国家委员会秘书处。需要时，抄送主管部门或行业协会。国内技术对口组织应及时将会议资料印发各参加单位。组织对会议议案进行研究、提出意见并进行交流。

对于我国参加的 TC、SC,国内技术对口组织应积极创造条件选派专家参加 ISO、IEC 有关项目工作组或项目组,和担任工作组或项目组召集人。国内技术对口组织提出参加工作组或项目组的人员名单,经国内技术归口组织的挂靠单位批准,报国家标准化管理委员会审核后,由国家标准化管理委员会统一对外报名。由 ISO、IEC 指定的工作组或项目组的我国召集人应来自国内技术对口组织,并应将有关情况及时通报国家标准化管理委员会。经批准参加工作组的专家可以个人名义直接与工作组或项目组及其成员联系。工作组专家参加工作组会议后,应在一个月内向国内技术对口组织提交会议总结。工作组或项目组专家每年 1 月底前应向国内技术对口组织书面汇报上一年工作情况。工作组或项目组解散后,国内技术对口组织应及时将有关情况报告国家标准化管理委员会。

如申请在我国召开 ISO、IEC 或其他标准化国际会议,拟承办单位应与 ISO、IEC 的有关 TC、SC 秘书处初步协商后经国家标准委批准,方可承办有关国际会议。会议承办单位负责会议的会务工作,会议经费以承办单位自筹为主。会议承办单位原则上不得收取会议代表注册费等类似性质的费用。在我国召开 ISO、IEC 国际会议,我国代表团名单仍应按规定时间报 ISO、IEC 有关 TC、SC 秘书处。

1.3.3.4 我国参加 ISO/IEC 活动执行机构及人员要求

承担 ISO、IEC 的 TC、SC 秘书处的单位,应有固定的办公地点和必要的办公设备,能按照 ISO、IEC 的规定,履行秘书处的职责;具有从事标准化工作多年,熟悉本专业技术和 ISO、IEC 业务的人员;每年定期向 ISO、IEC 中国国家委员会秘书处报送上一年度工作报告,需要时,抄送主管部门或行业协会。

参加国际会议、工作组或项目组、承担秘书处的人员应具备熟练的英语听、说、读、写能力,并能使用英语独立开展工作。国内技术对口组织的活动经费应列入国务院各有关部门和各行业协会及本单位的经费预算。对于承担起草国际标准的单位、承担 ISO、IEC 的 TC、SC 秘书处的单位、参与重要国际标准制定任务的单位,国家标准化管理委员会、各有关部门、行业协会可给予适当补助。

国家标准化管理委员会将给予能及时完成技术对口工作任务、提出重要提案并为 ISO、IEC 所采纳成为正式国际标准的单位和部门(包括参加单位和部门)、技术对口工作成绩显著、有重要议案提交国际会议讨论的单位表彰和奖励。

1.3.3.5 关于港澳台参加 ISO、IEC 活动的规定

原国家技术监督局还于 1998 年发布过《正确处理在国际标准化活动中涉及香港、台湾和澳门问题的通知》。《通知》规定中华人民共和国 ISO 和 IEC 的正式成员(Member Body and National Committee),是代表中国参加上述组织的唯一合法代表。但由于历史原因,中国台湾省、中国香港地区和中国澳门地区在不同时期、以不同身份曾经和正在参加不同国际标准化组织的各种活动。鉴于中国香港特别行政区、中国澳门特别行政区和中国台湾省是中国领土不可分割的组成部分,为发挥这些地区技术专家在国际标准化活动中的作用,在不涉及国家主权和领土完整的前提下,原则允许中国香港特别行政区、中国澳门特别行政区和中国台湾省以各自不同身份参加 ISO、IEC 及各技术委员会和分委员会的活动。根据我国有关法律、我国外交部关于对中国香港特别行政区、中国澳门特别行政区和中国台湾省在国际活动中身份的规定、ISO 及 IEC 章程和我国有关部门与 ISO、IEC 在此问题上达成的协议等,

中国香港特别行政区是 ISO 的通讯成员，只能以上述身份参加 ISO 大会及有关技术委员会和分委员会的活动，在上述技术组织中可以发表意见，但均没有表决权。中国香港特别行政区不是 IEC 的成员，不能独立参加该委员会的活动，中国香港技术专家如果要参加活动可以向国家有关主管部门提出申请，经批准后可作为中国代表团成员参加有关活动。中国香港特别行政区在国际标准化组织活动中及各种会议文件、统计资料、标识（桌牌等）和代码中的正式称谓是：中国香港特别行政区或中国香港，英文为：The Hong Kong Special Administrative Region of China 或 Hong Kong, China。中国澳门类同中国香港。中国台湾省不是 ISO 和 IEC 的成员，也不能独立参加上述组织的各项活动。如有需要，中国台湾省的技术专家可以以“中国台湾省”或“中国台北”名义向我国有关主管部门提出申请，经批准后可作为中国代表团成员参加 IEC 工作组和 ISO 技术委员会和分委员会的有关活动。中国台湾省在国际标准化组织各种统计资料和代码中的正式称谓是：“中国台湾省”或“中国台北”，英文为：Taiwan Province of China 或 Chinese Taipei。国内各有关技术归口单位及其行政主管部门在各自归口范围的国际标准化活动中遇到类似事件，须事先请示国家标准委同意并按照上述有关规定方可处理有关事项，同时将有关处理情况报告外交部。

2 现行铁矿石 ISO 标准系列

本章主要介绍现行有效的 ISO 铁矿石标准内容，以及这些标准的历史演变。为便于分类，把所有 ISO 铁矿石标准按其分技术委员会归属分为三部分，即铁矿石 ISO 取制样标准、铁矿石 ISO 成分分析标准、铁矿石 ISO 物理及冶金性能试验标准。由于现行有效标准一直在动态管理中，每年每月其 TC102 麾下的铁矿石标准在不断地发布和撤回，数量在不断变动，因此本章介绍的 TC102 铁矿石 ISO 标准共有 68 个、指南 1 个，时间为 2008 年 4 月。

2.1 现行铁矿石 ISO 取制样标准

2.1.1 铁矿石 ISO 取样标准演变

早在 20 世纪 70 年代，ISO/TC102 就已发布铁矿石取制样国际标准第一版，即ISO 3081 ~ 3086，且先后于 1973 ~ 1975 年发布，当时出版有：

ISO 3081: 1973 铁矿石 - 份样取样 - 手工法；

ISO 3082: 1973 铁矿石 - 份样取样和制样 - 机械法；

ISO 3083: 1973 铁矿石 - 制样 - 手工法；

ISO 3084: 1974 铁矿石 - 品位波动评定实验；

ISO 3085: 1974 铁矿石 - 取样精度检验的实验法；

ISO 3086: 1974 铁矿石 - 取样偏差检验的实验法。

1986 ~ 1987 年，ISO 3081 ~ 3086 又相继修订了第二版。1995 ~ 1998 年，ISO/TC102 陆续修订铁矿石取制样第三版，第三版取消了 ISO 3081、ISO 3083，将 ISO 3082 整合了 ISO 3081、ISO 3083，同时 ISO 3082 本身也进行了篇幅比较大的修订，ISO 3082 第三版在 2000 年又进行过一次篇幅不大的修订。目前，ISO 取制样系列标准又进入第四版的修订期，第四版 ISO 3082 的修订将合并 ISO 10836《铁矿石物理实验样的取制样方法》，并成立一个研究组（SG12），就横向皮带刮取式取样机（锤式取样机）开展研究。ISO 3085 的修订版于 2002 年出版，ISO 3086 的修订版于 2006 年出版。ISO 10835《直接还原铁 - 取制样 - 还原球团及块矿》的 1995 年版的修订已于 2007 年完成。

交货批水分检测 ISO 标准与取制样标准一起在 1973 年就出版第一版，即 ISO 3807: 1973，1987 年又修订了第二版，1998 年修订了第三版，目前 ISO 3087 正处在系统复审阶段，有意见提出：为了加快试样干燥，是否可以考虑将 ISO 3087 标准中的干燥温度由 105℃提高到 140℃，而温度过高是否会影响铁矿石的物理性能，澳大利亚就此正在开展试验研究。

ISO 4701《铁矿石—筛分法测定粒度分布》于 1985 年出版第一版，1999 年修订第二版，2005 年修订第三版。在第三版修订过程中，巴西操作人员证明第三版标准草案中规定的关于使用叠筛对小于22.4 mm 的试样进行手工筛分的要求是不切实际的。经 ISO/TC102/SC1

各成员国讨论,认为标准的手工筛分方法可以作为参考筛分方法,但手放矿粒过筛的方法由于与实际手筛或机筛方法存在差异,不宜作为参考筛分方法。对于工作组草案中以 2% 的绝对值作为筛分试验结果重复性要求的规定也认为是不科学的。因此,第三版的修订工作组第二稿草案就此进行了修改。

2.1.2 铁矿石 ISO 现行取样标准

铁矿石 ISO 现行取样标准及其目前所处在的状态见表 2-1。其中 ISO 10836 在 ISO 3082第四版修订后将被取消,原因是新的 ISO 3082 内容涵盖 ISO 10836。

表 2-1 TC102/SC1 铁矿石 ISO 现行取样标准

ISO 标准编号	标准名称	目前状态
3082:2000 第三版	铁矿石—取制样程序 Iron ores—Sampling and sample preparation procedures	第四修订版 WD(N928E)第一稿已于 2003-04 讨论,2005-08-04 进入修订,2007-06-30CD 投票终止
3084:1998 第三版	铁矿石—品质波动评定的试验方法 Iron ores—Experimental methods for evaluation of quality variation	2008-04-15 进入复审期
3085:2002 第四版	铁矿石—校核取样精密度的试验方法 Iron ores—Experimental methods for checking the precision of sampling	系统复审于 2007-06-18 终止,2007-07-04 被确认
3086:2006 第四版	铁矿石—校核取样偏差的试验方法 Iron ores—Experimental methods for checking the bias of sampling	已于 2006-04-19 出版
3087:1987 第三版	铁矿石—交货批水分测试 Iron ores—Determination of moisture content of a lot	2007-12-20,第四版已开始修订
4701:2005 第二版	铁矿石—筛分法测定粒度分布 Iron ores—Determination of size distribution by sieving	2005-01-27 进入修订,2005-06-30DIS 第三版投票终止
10835:2007 第二版	直接还原铁—取制样—还原球团和块矿手工法 Direct reduced iron—Sampling and sample preparation—Manual methods for reduced pellets and lump ores	已于 2007-02-08 出版
10836:1994 第一版	铁矿石—物理试验样取制样 Iron ores—Methods of sampling and sample preparation for physical testing	于 2005-08-19 确认,今后不再修订

2.2 现行铁矿石 ISO 化学分析标准

TC102/SC2 承担的已出版 ISO 国际标准 42 个,技术报告 1 项,另外由 SC2 开发的 TC102 技术委员会报告(TCR)4 项(TCR 将在第七章介绍),所有这些标准根据需要随时进行复审或修订。

2.2.1 铁矿石 ISO 分析化学标准演变

2.2.1.1 水的测定

涉及水的测定有两个标准,即 ISO 2596《吸湿水的测定》和 ISO 7335《化合水的测定》。前者目前的版本是 1994 年版的修订版,该版比原先版多了一种测量方法,即包含 4 种测量方法:(1) 重量法;(2) 卡尔费休容量法;(3) 卡尔费休库仑法;(4) 质量损失法。这 4 种方法可以通用,但它们不适合于:含金属铁的加工矿、硫含量超过 0.2% 的天然或加工矿、灼烧减量大于 2.0% 的天然或加工矿。该版由澳大利亚主持修订，经测试，方法(4)甚至比经典的重量法有更好的精密度，但同时参与比对的烘箱干燥法的结果却偏高，原因是烘箱干燥法更容易导致灼烧减量成分的损失。后者为 1987 年出版的第一版。

2.2.1.2 铁的测定

在 ISO 铁矿石标准系列中，铁含量的测定涉及全铁、亚铁、金属铁。全铁含量测定的标准原先涉及三种技术，即 ISO 9507《三氯化钛还原法》、ISO 9508《银还原滴定法》、ISO 2597-1《氯化亚锡还原后用滴定法》。ISO 9508 是一项最初源于美国 ASTM 标准的国际标准，由于该标准步骤繁琐、试验成本高，2000 年，TC102 经过对该标准的复审，有个别国家要求取消，由于目前很少有人使用该标准，TC102 决定取消。ISO 2597-1 使用汞会对环境产生污染，因此正逐步被淘汰，有个别国家提出对该标准予以保留，TC102 于 2006 年对 1994 版进行了修订。目前国际上普遍使用的是于 1990 年发布的 ISO 9507，该版将于 2008 年 3 月完成复审。金属铁的测定有 ISO 5416，该标准已于 2006 年修订 1997 版，该版的修订从 1998 年 ISO/TC102 北京会议开始，主要工作是将三氯化铁分解滴定法加入到 ISO 5416 中，一个标准两种方法，ISO/CD 16878 就是三氯化铁分解滴定法草案，经过对方法的评估，认为：无论三氯化铁法，还是溴甲醇法，对各种含低碳化物的铁矿样品(包括 HBI)都适用，结果也一致；但发现，对于高碳化物的铁矿样品，溴甲醇法结果偏高，磁搅拌、高浓度溶液、长时间反应会导致结果偏高；加热的三氯化铁法结果偏得更高；研磨 5 ~ 76 μm 试样会导致试样氧化(金属铁偏低 0.8%)。相比来说，三氯化铁法简单、易用，容易被人接受，但只能用于实验室内部试验。酸溶亚铁测定标准有 ISO 9035，该标准于 2005 年开始对 1989 版进行修订。

2.2.1.3 硅含量的测定

铁矿石中有关硅含量测定技术主要有重量法、光度法和多元素分析法，前两者的标准分别为 ISO 2598-1、ISO 2598-2，ISO 2598-1 目前 1992 版为 1992 年 12 月已撤销的 ISO 2598:1980 版的修订；ISO 2598-2 目前 1992 版为 1992 年 12 月已撤销的 ISO4686:1980 版的修订。

2.2.1.4 磷含量的测定

铁矿石中有关磷含量的测定技术主要有滴定法、光度法和多元素分析法，前两者的标准分别为 ISO 2599、ISO 4687-1，ISO 2599 目前的 2003 版为 2003 年 3 月 4 日已撤销的 1983 版(第二版)的修订版；ISO 4687-1 目前的 1993 版为 1992 年 4 月已撤销的 1984 版(第一版)的修订版。

2.2.1.5 铝含量的测定

铁矿石中有关铝含量测定技术主要有原子吸收法、EDTA 滴定法和多元素分析法，前两者的标准分别为 ISO 4688-1:2006、ISO 6830:1986，ISO 4688-1:2006 为 1992 版的修订版；ISO 6830:1986 尚未被修订。

2.2.1.6 碳硫的测定

TC102 系列 ISO 标准有关碳硫测定标准涉及铁矿石和直接还原铁。关于铁矿石的有重量法、燃烧滴定法、燃烧红外法及多元素分析法，即 ISO 4689:1986、ISO 4689-2:2004、ISO 4689-3:2004，这些标准单测硫；直接还原铁的有 ISO 9686:2006，可同时测定碳硫。ISO 4689:1986 尚未被修订。ISO 4689-2:2004 为已于 2004 年 3 月 2 日撤销的 ISO4690:1986 的修订版，与原版相比，新版在技术上没有大的变化。ISO 4689-3:2004 为日本主持开发的一项新标准，1996 年，在 ISO/TC102 南非开普敦会议，日本提出把高频燃烧红外吸收技术加到 ISO 4690 中,1998 年北京会议 SC2 工作组把该方法列入研究阶段,专门成立工作组 WG4,2000 年巴西会议形成正式决议,对铁矿石中硫含量的检测进行重新布局。把原先的 ISO 4690 进行修订,并更改标准名为 ISO 4689-2,同时建立一个新的标准 ISO 4689-3,两个标准分别是滴定法和红外吸收法测定硫,两者的测量范围一样,但后者不适合化合水大于 3.0% 的铁矿,巴西会议形成两个标准的 DIS 版,并于 2004 年 4 月 1 日同时出版这两个标准。在 2003 年瑞典会议中,中国提出一些建议(N1554),希望 ISO 4689-3 在试行后下次修订时予以考虑,内容为拓展 ISO 4689-3 测量范围到 1.00%(*m/m*);适用范围可包括化合水含量 3.0% ~10%,但试验需在 800℃灼烧并进行该温度下的烧损校正;对附件中设备的燃烧头加热装置配置要求进行修改;对氧气的纯度、坩埚的预处理进行技术要求及一些文字性的修改。同时,对 ISO/DIS 4689-2 的气体纯度、瓷舟的预处理也提出了一些要求。可同时测定直接还原铁中碳硫的标准 ISO 9686:2006 为 1992 版的修订版。

2.2.1.7 钛的测定

铁矿石中有关钛含量测定技术主要有光度法和多元素分析法,前者标准为 ISO 4691:1985,目前该标准正进行修订,其 DIS 版投票将于 2008 年 6 月 6 日开始,5 个月内结束。

2.2.1.8 氟含量的测定

铁矿石中有关氟含量测定技术主要采用离子选择性电极法,标准为 ISO 4694:1987,该标准尚未被修订。

2.2.1.9 铜含量的测定

铁矿石中有关铜含量的测定技术主要有光度法和原子吸收法,标准分别为 ISO 5418-1:2006、ISO 5418-2:2006。ISO 5418-1:2006 为 1994 版的修订版;ISO 5418-2:2006 为已于 2006 年 12 月 1 日撤销的 ISO 4693:1986 的修订版,新旧版技术方面无重大差别。

2.2.1.10 化学分析样预干燥

铁矿石中有关化学分析样预干燥标准为 ISO 7764:2006,该版为 1985 版的修订版。

2.2.1.11 砷含量的测定

铁矿石中有关砷含量测定标准为 ISO 7834:1987,采用的是光度法技术。该标准尚未被修订。

2.2.1.12 X 荧光光谱法

X 荧光光谱法是一种多元素分析法,涉及标准有 ISO 9516-1:2003。原先的 ISO 9516:1992 已被撤销。鉴于各国非常关注 X 荧光仪的强度漂移对铁矿石检测结果的影响,有关国家提出使用相关监视器校正该漂移,因为第二代以上的 X 荧光仪都有漂移校正的硬、软件,因此应用该项技术并无困难。也有国家提出制作铁矿石合成校正样,该合成校正样可包含 24 种元素,用以日常校正仪器漂移。ISO 9516-1 将可测元素由 ISO9516 的 9 个扩展到 24 个。

2.2.1.13 水溶氯的测定

水溶氯的测定标准为 ISO 9517:2007,该版为 1989 版的修订版。新版将老版的测定范围 0.005% ~0.1%(*m/m*)修订为 0.007% ~0.1%(*m/m*)。

2.2.1.14 锰含量的测定

铁矿石中有关锰含量测定标准为 ISO 9682-1:1991 、ISO 9682-2:2006,前者采用技术为原子吸收法,目前正在修订,其 DIS 稿于 2008 年 6 月开始投票,5 个月内结束。ISO 9682-2:

2006 为 2006 年 12 月撤销的 ISO3886:1986 的修订版。锰含量还有多元素测定法。

2.2.1.15 钒含量的测定

铁矿石中有关钒含量测定技术主要有光度法、原子吸收法和多元素分析法，前两者的标准分别为 ISO 9683-1:2006、ISO 9684:1991。ISO 9683-1:2006 为 2006 年 12 月撤销的 ISO 9683:1991 的修订版。ISO 9684:1991 目前正在修订，2008 年 6 月 6 日开始 DIS 投票，5 个月内结束，修订后的标准将为 ISO 9683-2。

2.2.1.16 镍铬的测定

铁矿石中有关镍铬含量测定技术采用原子吸收和多元素测定技术，前者标准为 ISO 9685:1991，目前其修订版尚未进入 DIS 阶段。在 1996 年南非开普敦会议，SC2 成立 WG21，对 ISO 9685 进行复审，经过召集人的研究，发现加大稀释倍数可以改善镍和铬的检出限，而且铁的背景影响也不大。目前，镍的测定方法委员会草案 ISO/CD 15633 和铬的测定方法委员会草案 ISO/CD 15634 已经修改至最终版，这两个元素实际上是用火焰原子吸收分光光度计一次同时测定的。数据说明，铬的测定数据没有问题，镍的测定数据不能说明该方法和经典方法没有显著性差异。TC102 已同意把 ISO/CD 15634(铬)作为仲裁方法上升到征询阶段，但认为 WG45 应利用 ICP 测定 WG21 所测定过的样品中的镍含量，另外，巴西和澳大利亚将探讨利用同位素稀释质谱法测定镍的可能。除非 WG21 的结果和经典方法的一致，否则，ISO/CD 15633(镍)不会被作为仲裁方法。因此目前铬的标准 ISO 15634:2005 已经发布。

2.2.1.17 钙镁的测定

铁矿石中有关钙镁含量测定技术采用原子吸收和多元素测定技术，钙为 ISO 10203:2006，镁为 ISO 10204:2006。ISO 10203:2006 目前正在修订，其 CD 版已经于 2006 年 8 月被注册为 DIS。ISO 10204:2006 目前也正在修订，其 CD 版已经于 2006 年 8 月被注册为 DIS。

2.2.1.18 使用酸消化和碱熔的推荐程序

铁矿石中使用酸消化和碱熔的推荐程序为 ISO 技术报告，该报告为 ISO/TR 11422:1996，目前尚未被修订。

2.2.1.19 化学分析用有证参考物质－准备和认证

铁矿石化学分析用有证参考物质－准备和认证标准为 ISO 11459:1997，目前尚未被修订。

2.2.1.20 钴含量的测定

铁矿石钴含量的测定标准为 ISO 11533:1996，采用原子吸收技术。目前该标准正在进行修订，2008 年 6 月开始 DIS 投票，5 个月内结束。

2.2.1.21 锡含量的测定

铁矿石锡含量的测定标准为 ISO 11534:2006，采用原子吸收技术。该版为 1998 版的修订版。

2.2.1.22 电感耦合等离子发射光谱法

电感耦合等离子发射光谱法也是一种多元素测定技术，标准为 ISO 11535:2006，该版为 1998 版的修订版。该标准采用碱熔法，测定铁矿石铝、钙、磷、镁、锰、硅和钛元素，该标准于 1998 年发布后在国际上进行试用，巴西多家公司采纳该标准作为生产、贸易的检测依据。

但该标准在使用过程中也发现一些问题,如由于采用碱熔,在等离子中碱性元素对其有严重干扰,且所检测元素太少。因此,有必要对该标准进行改进。其实早在 1996 年,当 ISO 11535 还在 FDIS 阶段,TC102 就在南非开普敦会议成立研究组 SG12,研究酸溶法的 ICP 方法。该工作组研究了三种酸溶方法。第一种方法为试样 1 g,盐酸溶解,然后用硝酸 - 硫酸混合酸处理,残渣经氢氟酸处理后用硼酸钠、四硼酸钠熔融,但该方法采用了硫酸(黏度大)会减弱 ICP 雾化器的雾化效果;第二种方法为采用 30 mL HCl + 30 mL H_3PO_4 混合酸,然后用 HF 处理,但该法引入大量 H_3PO_4 会使铁矿中磷的检测变为不可能;第三种方法为微波溶样,该项工作由 SG8 承担,但 SG8 已经撤销。利用 ICP 技术的另一个标准正在制定,即 ISO/WD 22682,该草案适用于目前贸易的各种铁矿石,测定的元素有 P、V、Pb、Cu、Ni、Ti、Cr、Ba、Co、Zn、Na、K 共 12 个。用盐酸、抗坏血酸、硝酸溶解,加 HF 蒸干除硅,加 HCl、H_3BO_3 再次蒸干,加 HCl 溶解,残渣用 $Li_2B_4O_7$ 熔融,HCl 溶解并入主液,定容后测定。

2.2.1.23 锌含量的测定

铁矿石锌含量的测定标准为 ISO 13310:1997,采用原子吸收技术。该版本为 1997 年 7 月撤销的 ISO8753:1987 铁矿石—铅锌的测定—火焰原子吸收光谱法的修订版。

2.2.1.24 铅含量的测定

铁矿石铅含量的测定标准为 ISO 13311:1997,采用原子吸收技术。该版本为 1997 年 7 月撤销的 ISO8753:1987 铁矿石 - 铅锌的测定 - 火焰原子吸收光谱法的修订版。

2.2.1.25 钾钠含量的测定

铁矿石中有关钾钠含量测定技术采用原子吸收技术,钾为 ISO 13312:2006,钠为 ISO 13313:2006。ISO 13312:2006 为 1997 版的修订版。ISO 13313:2006 也是 1997 版的修订版。

2.2.1.26 有证参考物质使用指南

铁矿石有证参考物质使用指南为 ISO 16042:2007,是一项新发布的标准。

2.2.1.27 委员会技术报告

TC102 委员会技术报告主要是 TCR4(试验项目导则)和 TCR5(试验项目结果统计分析),都由巴西专家主导制定,TCR4 正进行修订,TCR5 的修订版正向 TC 69/SC 6 征询意见。

2.2.2 铁矿石 ISO 现行分析化学标准

铁矿石 ISO 现行分析化学标准及其目前所处在的状态见表 2 - 2。

表 2 - 2 TC102/SC2 铁矿石 ISO 现行化学分析标准

标准号	标准名称	状态
ISO 2596:2006 第五版	铁矿石—分析样品的吸湿水测定—重量、卡尔费休、质量损失法 Iron ores—Determination of hygroscopic moisture in analytical samples—Gravimetric, Karl Fischer and mass—loss methods	已出版,2006-05-10
ISO 2597-1:2006 第二版	铁矿石—全铁含量测定—第一部分:氯化亚锡还原滴定法 Iron ores—Determination of total iron content—Part 1: Titrimetric method after tin(Ⅱ)chloride reduction	已出版,2006-04-27
ISO 2598-1:1992 第一版	铁矿石—硅含量测定—第一部分:重量法 Iron ores—Determination of silicon content—Part 1: Gravimetric methods	2007-12-18 结束复审

续表 2－2

标准号	标准名称	状态
ISO 2598-2:1992 第一版	铁矿石—硅含量测定—第二部分:硅钼酸还原光度法 Iron ores—Determination of silicon content—Part 2:Reduced molybdosilicate spectrophotometric method	2007-12-18 结束复审
ISO 2599:2003 第三版	铁矿石—磷含量的测定—滴定法 Iron ores—Determination of phosphorus content-Titrimetric method	2008-01-15 进入复审期
ISO 4687-1:1992 第一版	铁矿石—磷含量的测定—第一部分:钼蓝光度法 Iron ores—Determination of phosphorus content—Part 1: Molybdenum blue spectrophotometric method	2007-12-18 结束复审
ISO 4688-1:2006 第二版	铁矿石—铝含量的测定—第一部分:火焰原子吸收光谱法 Iron ores—Determination of aluminium—Part 1: Flame atomic absorption spectrometric method	已出版,2006-03-22
ISO 4689:1986 第一版	铁矿石—硫含量的测定—硫酸钡重量法 Iron ores—Determination of sulfur content—Barium sulfate gravimetric method	2007-12-18 结束复审
ISO 4689-2:2004 第一版	铁矿石—硫含量的测定—第二部分:燃烧/滴定法 Iron ores—Determination of sulfur content—Part 2: Combustion/titration method	2007-06-20 结束复审
ISO 4689-3:2004 第一版	铁矿石—硫含量的测定—第三部分:燃烧/红外法 Iron ores—Determination of sulfur content—Part 3: Combustion/infrared method	2007-06-20 结束复审
ISO 4691:1985 第一版	铁矿石—钛含量的测定—二氨替吡啉光度法 Iron ores—Determination of titanium content—Diantipyrylmethane spectrophotometric method	2006-08-18 开始修订
ISO 4694:1987 第一版	铁矿石—氟含量的测定—离子选择性电极法 Iron ores—Determination of fluorine content—Ion—selective electrode method	2007-12-18 复审结束
ISO 5416:2006 第三版	直接还原铁—金属铁的测定—溴甲醇滴定法 Direct reduced iron—Determination of metallic iron—Bromine-methanol titrimetric method	已出版,2006-04-06
ISO 5418-1:2006 第二版	铁矿石—铜含量的测定—第一部分:2,2'－联喹啉光度法 Iron ores—Determination of copper—Part 1:2,2'-Biquinolyl spectrophotometric method	已出版,2006-12-01
ISO 5418-2:2006 第一版	铁矿石—铜含量的测定—第二部分:火焰原子吸收光谱法 Iron ores—Determination of copper—Part 2:Flame atomic absorption spectrometric method	已出版,2006-12-01
ISO 6830:1986 第一版	铁矿石—铝含量的测定—EDTA 滴定法 Iron ores—Determination of aluminium content—EDTA titrimetric method	2003-12-05 被确认
ISO 7335:1987 第一版	铁矿石—结合水的测定—卡尔费休滴定法 Iron ores—Determination of combined water content—Karl Fischer titrimetric method	已完成复审,2007-12-18
ISO 7764:2006 第二版	铁矿石—化学分析预干燥试样的准备 Iron ores—Preparation of predried test samples for chemical analysis	2007-10-02 被确认
ISO 7834:1987 第一版	铁矿石—砷含量的测定—钼蓝光度法 Iron ores—Determination of arsenic content—Molybdenum blue spectrophotometric method	2007-12-18 结束复审

续表 2 - 2

标准号	标准名称	状态
ISO 9035:1989 第一版	铁矿石—酸溶铁(Ⅱ)的测定—滴定法 Iron ores—Determination of acid—soluble iron(Ⅱ) content—Titrimetric method	2005-11-25 标准修订
ISO 9507:1990 第一版	铁矿石—全铁含量的测定—三氯化钛还原滴定法 Iron ores—Determination of total iron content—Titanium(Ⅲ) chloride reduction titrimetric methods	于 2008-03-18 复审结束
ISO 9516-1:2003 第一版	铁矿石—各种元素测定 X 射线荧光光谱法—第一部分:综合程序 Iron ores—Determination of various elements by X—ray fluorescence spectrometry-Part 1: Comprehensive procedure	2008-04-15 进入复审期
ISO 9517:2007 第二版	铁矿石—水溶氯的测定—离子选择性电极法 Iron ores—Determination of water—soluble chloride—Ion—selective electrode method	已出版,2007-01-18
ISO 9682-1:1991 第一版	铁矿石—锰含量的测定—第一部分:火焰原子吸收光谱法 Iron ores—Determination of manganese content—Part 1: Flame atomic absorption spectrometric method	2006-08-18 开始修订
ISO 9682-2:2006 第一版	铁矿石—锰含量的测定—第二部分:高碘酸盐光度法 Iron ores —Determination of manganese content — Part 2: Periodate spectrophotometric method	已出版,2006-12-06
ISO 9683-1:2006 第一版	铁矿石—钒含量的测定—BPHA 光度法 Iron ores—Determination of vanadium—BPHA spectrophotometric method	已出版,2006-12-01
ISO 9684:1991 第一版	铁矿石—钒含量的测定—火焰原子吸收光谱法 Iron ores—Determination of vanadium content—Flame atomic absorption spectrometric methods	2006-08-18 开始修订
ISO 9685:1991 第一版	铁矿石—镍和铬的测定—火焰原子吸收光谱法 Iron ores—Determination of nickel and/or chromium contents—Flame atomic absorption spectrometric method	2001-01-30 被确认
ISO 9686:2006 第二版	直接还原铁—碳硫测定—高频燃烧红外测量法 Direct reduced iron—Determination of carbon and/or sulfur—High frequency combustion method with infrared measurement	已出版,2006-04-27
ISO 10203:2006 第二版	铁矿石—钙含量的测定—火焰原子吸收光谱法 Iron ores—Determination of calcium—Flame atomic absorption spectrometric method	2006-08-20 开始修订
ISO 10204:1992 第二版	铁矿石—镁含量的测定—火焰原子吸收光谱法 Iron ores—Determination of magnesium content—Flame atomic absorption spectrometric method	2006-09-28 开始修订
ISO/TR 11422:1996 第一版	铁矿石—铁矿石使用酸消化和碱熔的推荐程序 Iron ores—Recommended procedures for iron ore dissolution using either acid digestion or alkali fusion	已出版,1996-02-22
ISO 11459:1997 第一版	铁矿石—化学分析用有证参考物质—准备和认证 Iron ores—Certified reference materials—Preparation and certification for use in chemical analysis	2007-12-18 复审结束
ISO 11533:1996 第一版	铁矿石—钴含量的测定—火焰原子吸收光谱法 Iron ores—Determination of cobalt content—Flame atomic absorption spectrometric method	2006-08-18 开始修订
ISO 11534:2006 第二版	铁矿石—锡含量的测定—火焰原子吸收光谱法 Iron ores—Determination of tin—Flame atomic absorption spectrometric method	已出版,2006-11-14

续表 2－2

标准号	标准名称	状态
ISO 11535:2006 第二版	铁矿石—各种元素的测定—电感耦合等离子发射光谱法 Iron ores—Determination of various elements—Inductively—coupled plasma atomic emission spectrometric method	已出版,2006-12-04
ISO 13310:1997 第一版	铁矿石—锌含量的测定—火焰原子吸收光谱法 Iron ores—Determination of zinc content—Flame atomic absorption spectrometric method	2007-12-18 复审结束
ISO 13311:1997 第一版	铁矿石—铅含量的测定—火焰原子吸收光谱法 Iron ores—Determination of lead content—Flame atomic absorption spectrometric method	2007-12-18 复审结束
ISO 13312:2006 第二版	铁矿石—钾含量的测定—火焰原子吸收光谱法 Iron ores—Determination of potassium—Flame atomic absorption spectrometric method	已出版,2006-05-17
ISO 13313:2006 第二版	铁矿石—钠含量的测定—火焰原子吸收光谱法 Iron ores—Determination of sodium—Flame atomic absorption spectrometric method	已出版,2006-05-12
ISO 15634:2005 第一版	铁矿石—铬含量的测定—火焰原子吸收光谱法 Iron ores—Determination of chromium content—Flame atomic absorption spectrometric method	2008-04-15 进入复审期
ISO 16042:2007 第一版	铁矿石—有证参考物质使用指南 Iron ores—Guidelines for the use of certified reference materials(CRMs)	已出版,2007-01-17

2.3　现行铁矿石 ISO 物理试验标准

属 ISO/TC102/SC3 负责制定、修订的已出版铁矿石物理试验标准有 17 项,这些标准包括原属 SC5 负责管理的标准。

2.3.1　铁矿石 ISO 物理试验标准演变

2.3.1.1　转鼓指数的测定

涉及转鼓指数的测定标准有两个:(1) 铁矿石转鼓指数的测定标准为 ISO 3271:2007,该版本为 1995 版的修订版,最早版本为已于 1985 年 2 月撤销的 1975 版,与前版相比,目前版的应用范围有所拓宽;(2) 直接还原铁的测定标准为 ISO 15967:2007,该版本为 2000 版的修订。

2.3.1.2　堆密度的测定

铁矿石堆密度的测定标准为 ISO 3852:2007,该版本为 1988 版的修订版,最早版本为已于 1988 年 11 月撤销的 ISO5464:1980 版。与前版相比,目前版的应用范围有所拓宽。

2.3.1.3　还原性测定

铁矿石还原性的测定标准为 ISO 3852:2007,主要测定还原速率,该版本为 1995 版的修订版,最早版本为已于 1995 年 11 月撤销的 ISO 3852:1984 版。与前版相比,目前版的应用范围有所拓宽,而且对名称的定义更加明确。另一个标准为 ISO 7215:2007,主要测定最终还原度,该版本为 1995 版的修订版,最早版本为已于 1995 年 11 月撤销的 1985 版。另外还有一个 ISO 7992: 2007，属荷重还原测定，该版本为 1992 版的修订版。

2.3.1.4　低温还原粉化测定

低温还原法测定标准有三个：

（1）ISO 4696-1: 2007，该标准为 1996 版的修订，最早版为 1998 年 7 月撤销的 ISO 4696:1984。

（2）ISO 4696-2: 2007，该标准为 1998 版的修订，最早版同样为 1998 年 7 月撤销的 ISO 4696: 1984。这两个标准的还原气有所不同。

（3）ISO 13930: 2007，该标准为 1998 版的修订。前两个为静态法，第三个为动态法。

2.3.1.5　膨胀指数测定

膨胀指数测定标准为 ISO 4698: 2007，该标准为 1994 版的修订，原版于 2007 年 10 月撤销。

2.3.1.6　压溃强度的测定

压溃强度的测定标准为 ISO 4700: 2007，该标准为 1996 版的修订，最早版为 1996 年 9 月撤销的 1983 版。

2.3.1.7　烧结试验结果的表达方式

粉铁矿烧结试验结果的表达方式的标准为 ISO 8371: 1994，该版尚未被修订。

2.3.1.8　热裂指数测定

块铁矿热裂指数测定标准为 ISO 8371: 2007，该标准为 1994 版的修订。

2.3.1.9　团聚试验

团聚试验标准为 ISO 11256: 2007，该标准为 1998 版的修订。

2.3.1.10　粉化指数和金属化率等的测定

这些标准主要针对直接还原原料铁矿，标准有两个：（1）ISO 11257: 2007，为 1998 版的修订；（2）ISO 11258: 2007，为 1999 版的修订。

2.3.1.11　表观密度和吸水率的测定

ISO 15968: 2000 为直接还原铁表观密度和吸水率的测定，目前正开始修订。

2.3.2　铁矿石 ISO 现行物理试验化学标准

铁矿石 ISO 现行分析物理试验标准及其目前所处的状态见表 2－3。

表 2－3　TC102/SC3 铁矿石 ISO 现行物理试验分析标准

标准号	标准名称	状态
ISO 3271: 2007 第四版	高炉和直接还原原料铁矿石—转鼓指数的测定 Iron ores for blast furnace and direct reduction feedstocks—Determination of tumble strength	已出版，2007-10-01
ISO 3852: 2007 第三版	高炉和直接还原原料铁矿石—堆密度的测定 Iron ores for blast furnace and direct reduction feedstocks—Determination of bulk density	已出版，2007-08-23
ISO 4695: 2007 第三版	高炉原料铁矿石—通过还原速率指数的还原性测定 Iron ores for blast furnace feedstocks — Determination of the reducibility by the rate of reduction index	已出版，2007-10-30

续表 2 - 3

标准号	标准名称	状态
ISO 4696-1:2007 第二版	高炉原料铁矿石—低温还原粉化—静态法—第一部分：和 CO，CO_2，H_2 和 N_2 的反应 Iron ores for blast furnace feedstocks Determination of low—temperature reduction-disintegration indices by static method—Part 1: Reduction with CO, CO_2, H_2 and N_2	已出版，2007-10-31
ISO 4696-2:2007 第二版	高炉原料铁矿石—低温还原粉化—静态法—第二部分：和 CO 和 N_2 的反应 Iron ores for blast furnace feedstocks—Determination of low—temperature reduction—disintegration indices by static method—Part 2: Reduction with CO and N_2	已出版，2007-10-31
ISO 4698:2007 第二版	高炉原料铁矿球团—自由膨胀指数测定 Iron ore pellets for blast furnace feedstocks—Determination of the free—swelling index	已出版，2007-10-30
ISO 4700:2007 第三版	高炉和直接还原原料铁矿石—压溃强度的测定 Iron ore pellets for blast furnace and direct reduction feedstocks—Determination of the crushing strength	已出版，2007-08-23
ISO 7215:2007 第三版	高炉原料铁矿石—通过还原指数最终度测定还原率 Iron ores for blast furnace feedstocks—Determination of the reducibility by the final degree of reduction index	已出版，2007-10-30
ISO 7992:2007 第二版	高炉原料铁矿石—荷重还原性测定 Iron ores for blast furnace feedstocks—Determination of reduction under load	已出版，2007-10-30
ISO 8263:1992 第一版	粉铁矿—烧结试验结果的表达方式 Iron ores fines—Method for presentation of the results of sintering tests	2005-07-15 复审结束
ISO 8371:2007 第二版	高炉原料铁矿石—热裂指数的测定 Iron ores for blast furnace feedstocks—Determination of the decrepitation index	已出版，2007-11-19
ISO 11256: 2007 第二版	直接还原原料铁矿球团—团聚指数的测定 Iron ore pellets for shaft direct—reduction feedstocks—Determination of the clustering index	已出版，2007-10-30
ISO 11257: 2007 第二版	直接还原原料铁矿—低温还原粉化指数和金属化率的测定 Iron ores for shaft direct—reduction feedstocks—Determination of the low—temperature reduction—disintegration index and degree of metallization	已出版，2007-10-31
ISO 11258: 2007 第二版	直接还原原料铁矿—还原指数、最终还原度、金属化率的测定 Iron ores for shaft direct—reduction feedstocks—Determination of the reducibility index, final degree of reduction and degree of metallization	已出版，2007-10-30
ISO 13930:2007 第二版	高炉原料铁矿石—低温还原粉化测定—动态法 Iron ores for blast furnace feedstocks—Determination of low-temperature reduction-disintegration indices by dynamic method	已出版，2007-10-30
ISO 15967: 2007 第二版	直接还原铁—热压块转鼓、研磨指数的测定 Direct reduced iron—Determination of the tumble and abrasion indices of hot briquetted iron(HBI)	已出版，2007-09-24
ISO 15968: 2000 第一版	直接还原铁—热压块表观密度和吸水率的测定 Direct reduced iron—Determination of apparent density and water absorption of hot briquetted iron(HBI)	2002-11-06 开始修订

3 正在或计划制定和修订的铁矿石ISO标准

本章主要介绍ISO/TC102商务计划和铁矿石一些正在制定、修订的,或已废除的ISO标准情况,以及目前正处在研究组、工作组,在研究阶段、征求意见、报批阶段等各阶段标准草案情况。截至2008年4月,ISO/TC102已经制定发布了近69个标准。但随着铁矿石国际贸易的需要及新技术的应用和贸易形势的变化,近几年来一些国家陆续提出了新标准制定、修订的提案,另外已发布的铁矿石ISO标准需要进行5年一次的复审,如果经复审后某些标准不适应技术或市场要求,则就要进行修订或废除,涉及现行标准有30多个。因此,这几年有近50%的标准已经或正在修订。鉴于国际标准制定和修订的时效性,这里主要介绍2005~2007年底的铁矿石国际标准制定和修订情况。

3.1 ISO/TC102商务计划与秘书处承担项目

3.1.1 技术委员会(TC)商务计划介绍

ISO技术委员会的商务计划(Business Plan)是为技术委员会内、外的商业、技术、环境、社会等领域的重要利益相关者提供一个简而新的ISO工作计划,其内容包括ISO技术委员会标准开发发展方向分析及目前标准开发与超前领域关系的解析,也包括技术委员会下属分技术委员会的活动内容。这里的利益相关者主要指标准开发人及组织、标准使用人、校准人、感兴趣的人群。

ISO为技术委员会的商务计划提供了一个标准模板,该模板规定了文本结构,制定者可以直接在模板中录入商务计划相关内容,另一些如工作项目、项目目标日期、已出版标准的目录、委员会机构等,模板设有专门的超级链接,可动态连接ISO官方网站以便直接获取相关信息。标准模板还包括一些商务计划起草说明。

新成立的技术委员会须在临时机构成立后18个月内在标准开发启动的同时准备商务计划,新技术委员会的商务计划需被技术管理局审查和认可。对于已经成立的技术委员会商务计划,则应该在年会的每次全会或每年进行一次审核,即对商务计划进行再确认或修订,但确认版或修订版不需要技术管理局认可。一个新的或修订的商务计划必须被P成员以简单多数票支持,并以可修改文本或PDF形式提交给技术管理局秘书。所有被核准的商务计划都被ISO中央秘书处在ISO官方网站公布,向相关人员通报,并进行评议。

3.1.2 TC102商务计划

TC102商务计划内容涉及铁矿石和直接还原铁专业领域、技术委员会从事的市场环境概况,通过标准制定和修订实现委员会工作目标、前景、期望利益。2007年8月发布的商务计划是 TC102 最新版的商务计划，至此 TC102 已发布 5 版商务计划。

3.1.2.1 TC102 商务计划概况

铁矿石开采业是钢铁工业及其世界经济的重要组成部分，TC102 涉及的产品范围包括天然铁矿石、精选和烧结加工矿、直接还原铁，涉及的利益相关方包括铁矿石生产厂商、钢铁制造企业、检验机构、船运公司、贸易公司等，全世界共有 36 个国家每年生产铁矿石 10.9 亿 t，有 41 个国家每年贸易铁矿石为 5.8 亿 t(2005 年)。化学成分(主要为全铁)和物理特性是评价铁矿石的品质两个重要方面。由 TC102 开发的国际标准规定了包括铁矿石的取制样在内的化学和物理特性测定方法。控制铁矿石和钢铁的质量，可确保 WTO/TBT 期望的公平贸易，促进钢铁工业稳步发展，使钢铁经济对世界经济做出贡献。TC102 原先任务是为相关国家提供公平有效的铁矿石和直接还原铁国际标准。随着生产厂商对安全和环保的重视，矿产资源和技术革新备受社会关注，TC102 及其分技术委员会与时俱进，积极及时有效地为贸易关系人提供新的标准。

3.1.2.2 TC102 的商务环境

A 商务环境的描述

TC102 的商务环境包括相关工业、产品、材料等涉及政治、经济、技术、规范、法律和社会各方面，这些环境会影响标准的制修订和内容。铁矿石指的是：(1)以块矿和粉矿形式的天然铁矿石；(2)以精选和团聚(烧结和球团)形式的加工矿；(3)直接还原铁(DRI)，一种用于钢铁冶炼业的高等级炉料，它不需要达到熔融就可从天然或加工铁矿石中还原，主要形式为热压块(HBI)。

TC102 的服务对象为铁矿石和 DRI 生产者、消费者、检验机构、运输公司和贸易公司。其中生产者包括：(1)铁矿石生产商主要在南美(巴西、委内瑞拉、智利、秘鲁)、澳大利亚、前苏联(乌克兰、俄罗斯、哈萨克斯坦)、北美(美国、加拿大、墨西哥)、中国、印度、南非、瑞典；(2)DRI 生产商主要集中在石油生产国，假如煤炭替代天然气，则生产商还可向其他国家扩展。目前煤基 DRI 的生产已占 DRI 生产总量的 20%。另外，高铁含量的炉尘用作 DRI 原料不失为既环保又实用的好方法。消费者市场包括：钢铁生产大规模集约化发达国家。DRI 可直接在电弧炉使用，它的生产过程无需高炉，因此投资较少，但产量规模也少，世界上约有 110 家 DRI 生产厂，大多数 DRI 生产厂生产的 DRI 仅用于钢铁厂自身用料。

铁矿石和 DRI 的消耗与世界经济增长有很大关系，消费者希望生产商为他们供应品位持续的铁矿石，如何维持所需品质的铁矿石供应？目前比较紧迫的任务是开发新矿山资源和对基础设施、港口设施的投资。大部分 DRI 作为生产国内部使用，DRI 没有被大规模船运和出口的主要原因是因再氧化而产生的高运输成本。近几年，许多非产天然气国家利用煤炭替代天然气大大发展了 DRI 生产，促进了 DRI 的国际贸易。为减少运输成本，标准化的热压块成为 DRI 贸易的主要形式。基于建设成本和环保，以及为保护铁资源，诸如使用非炼焦煤的直接还原和熔融还原等新工艺替代高炉，已被越来越多的发达国家应用，DRI 也可替代高品质废钢铁用于电炉炼钢，因此大大拓展 DRI 的市场。

鉴于以上观点，TC102 的标准制定、修订趋向应为以下几个方面：

(1) 加快制定快速、低成本和环境友好的取样、分析方法；

(2) 标准开发和修订不仅要遵循检测技术的变化，而且还要遵循资源、生产技术、数量需求；

(3) 加快制定热压块国际标准，吸收 DRI 生产厂商和消费者参与 TC102 活动。

B 商务环境的量化指标

作为钢铁工业的原料——铁矿石和 DRI，其产量的稳步增长导致钢产量的上升。近几年，铁矿石产量大幅上升，从 2001 年至 2007 年，上升量达 60%，主要缘由是中国经济的快速增长。铁矿石主要是高炉原料，尤其在大型钢铁企业的高炉和转炉中应用较多；DRI 是铁矿石从高等级原料部分还原或几乎完全还原成金属铁的直接还原的产品，作为电弧炉替代高品位废钢的原料。

2006 年，世界铁矿总产量有 14.83 亿 t(包括球团矿)，其中 7.59 亿 t 铁矿石从 36 个国家出口到 24 个国家，相当于铁矿石总量的 51%。铁矿石贸易数量增长 70%，即从 1995 年的 4.46 亿 t 上升到 2006 年的 7.59 亿 t。酸性和自熔性球团矿也被用作高炉原料，2006 年的球团矿产量有 3.48 亿 t，占铁矿石总量的 23%，主要产区为北美(27%)、南美(26%)和独联体(19%)。

2006 年，铁矿石主要生产国为巴西(3.186 亿 t)、中国(2.764 亿 t)、澳大利亚(2.751 亿 t)、印度(1.65 亿 t)、俄罗斯(1.039 亿 t)、乌克兰(0.731 亿 t)、美国(0.529 亿 t)、南非(0.412 亿 t)、加拿大(0.341 亿 t)、瑞典(0.233 亿 t)、委内瑞拉(0.221 亿 t)、哈萨克斯坦(0.186 亿 t)、伊朗(0.181 亿 t)、毛里塔尼亚(0.111 亿 t)、墨西哥(0.107 亿 t)，其中前 15 个国家生产的铁矿石总数量占全球总产量的 97%。

2006 年，铁矿石主要输出国为澳大利亚(2.484 亿 t)、巴西(2.466 亿 t)、印度(0.868 亿 t)、加拿大(0.277 亿 t)、南非(0.274 亿 t)、俄罗斯(0.228 亿 t)、乌克兰(0.202 亿 t)、瑞典(0.182 亿 t)、哈萨克斯坦(0.15 亿 t)、毛里塔尼亚(0.107 亿 t)、美国(0.083 亿 t)、秘鲁(0.07 亿 t)、智利(0.06 亿 t)、委内瑞拉(0.056 亿 t)、墨西哥(0.021 亿 t)，其中前 15 个国家输出的铁矿石总数量几乎占全球总贸易量的 100%。

2006 年的球团矿总输出量为 1.36 亿 t，相当于大约铁矿石总生产量的 18% 和占球团矿总产量的 39%。球团矿输出国为巴西(0.468 亿 t)、加拿大(0.2 亿 t)、俄罗斯(0.132 亿 t)、瑞典(0.11 亿 t)、乌克兰(0.086 亿 t)、哈萨克斯坦(0.085 亿 t)、美国(0.082 亿 t)、印度(0.08 亿 t)、巴林(0.037 亿 t)、智利(0.03 亿 t)、秘鲁(0.024 亿 t)、澳大利亚(0.014 亿 t)。这 12 个国家占据几乎 100% 的世界球团矿贸易。

另外，有 41 个国家和地区输入铁矿石。2003 年，前 15 位的输入国和地区或经济体为中国(3.26 亿 t)、日本(1.344 亿 t)、德国(0.449 亿 t)、韩国(0.439 亿 t)、法国(0.199 亿 t)、意大利(0.178 亿 t)、英国(0.164 亿 t)、中国台湾省(0.155 亿 t)、美国(0.115 亿 t)、比利时 - 卢森堡 (0.114 亿 t)、荷兰(0.113 亿 t)、俄罗斯(0.106 亿 t)、波兰(0.086 亿 t)、捷克(0.076 亿 t)、加拿大(0.076 亿 t)。这 15 个国家和地区或经济体进口了 6.87 亿 t 铁矿石，相当于世界贸易总量的 89%。主要进口铁矿石地区为东亚(70%)、欧洲(22%)。

DRI 工业相对较年轻，但该产品的世界总产量一直在增长，从 1970 年的 100 万 t 到 1980 年的 700 万 t、1990 年的 1860 万 t、2000 年的 4380 万 t、2003 年的 4950 万 t、2006 年的 5980 万 t。2006 年 DRI 的世界产能大约 6900 万 t，大约有 21 个国家共 110 家企业在生产 DRI，年产量超过 100 万 t 的前 13 位生产国家有印度(1474 万 t)、委内瑞拉(861 万 t)、伊朗(685 万 t)、墨西哥(617 万 t)、沙特阿拉伯(358 万 t)、俄罗斯(328 万 t)、埃及(310 万 t)、特立尼达和多巴哥(208 万 t)、阿根廷(195 万 t)、南非(175 万 t)、利比亚(163 万 t)、马来西亚(154 万 t)、印度尼西亚(129 万 t),这些产量代表世界总量的 95%。许多 DRI 生产国位于天然气供应充足的富石油区域,因此 DRI 基本上集中在南美(32%)、亚洲(30%)、中东(19%)、非洲(11%)、俄罗斯(5%)。大部分 DRI 为生产国自用,仅有 1460 万 t 以热压块形式或 DRI 进入世界贸易市场,约占总量的 24%。以热压块形式贸易的有 680 万 t,以 DRI 贸易的有 780 万 t。

3.1.2.3 TC102 所代表的利益

铁矿石和 DRI 需要评估其粒度、水分、全铁含量、其他化学成分及其物理特性。铁矿石的价格通常取决于全铁量,铁矿石贸易的发货人需要在发票中明确全铁、水分、总数重量。因此,为了全球范围内的公平贸易,取制样方法的建立必须基于科学原理,以便一个交货批的铁矿石中具有代表性的样品能够采取和制备,以及能采用相关标准对全铁、水分进行检测。换言之,确保取样、化学分析、物理试验的铁矿石国际标准是维护全球公平贸易的基础。为此,对于铁矿石、DRI 和热压块,TC102 成立 SC1、SC2、SC3 分别负责取样、化学分析、物理试验方法的建立。

在高炉还原过程中,铁矿石物理特性会随高温变化。假如在高炉低、高温还原中,其物理特性不那么理想,麻烦就随之而来。对高炉炉料进行物理测试,评估铁矿石的物理特性,是确保高炉安全生产的需要。在直接还原领域,用物理试验手段评估铁矿石直接还原和产品的质量也极其重要,物理试验方法可测定铁矿石不同的物理特性,可帮助评估和选择直接还原炉料以确保有效的直接还原加工,确保产品质量。对于 DRI 产品,尤其是热压块已变成国际贸易的主流形式,因此需要建立系列国际标准以供全球生产使用,目前部分标准已经建立。

TC102 技术委员会本身也是铁矿石及其 DRI/HBI 术语标准制定和修订召集人。术语和定义的标准化对于 TC102 各分技术委员会、工作组、研究组以及生产厂家、消费者之间交流和避免误解非常必要。TC102 十分注重标准应用对环境的影响和对操作者安全、健康的影响。TC102 所期待的利益有:

(1) 在大多数经济、科学、实践方式中开发可接受的、有效的标准方法;

(2) 消除、缓解由于标准的不同所引起的铁矿石、DRI 贸易障碍,同时实现 WTO/TBT 的最终目标。

(3) 铁矿石加工和钢铁工业技术的快速发展导致新标准制定及标准修订能力的提高,包括为检测品质特性而开发的仪器设备的发展。

(4) 通过建立精确评估原料品质方法,TC102 以期对高炉冶炼、直接还原加工的安全可靠做出贡献。

3.1.2.4 TC102 的代表、参与者

TC102 的代表和参与者为 ISO 委员会"P"成员、"O"成员的国家和 ISO 成员体,"P"成员、"O"成员时有变化,最新成员可见第一章或 ISO 官方网站。大多数在 TC102 活动中比较活跃的参与者是来自"P"成员国铁矿石生产厂商和消费厂家的专家,这些专家有 77% 来自生产领域,90% 来自出口国,61% 来自进口国,另外还有检验机构参与。主要 DRI 生产国也是"P"成员国,但较之来自铁矿石生产国的参与者,DRI 生产国在积极参与者中还是少数。可以这么说,TC102 的主要参与者是来自铁矿石进出口国,这意味着 TC102 成员组织是为确

保公平国际贸易而起草国际标准的比较合适的群体。然而，仅约三分之二的"P"成员正常参加和积极参与 TC102、分技术委员会、工作组、研究组会议的各项活动，召集人也常常仅来自同样的 4 个或 5 个国家。

3.1.2.5 TC102 的目标和成就战略

A TC102 的目标

基于以上阐述，TC102 建议今后的工作目标和战略方向如下：首先是为铁矿石和 DRI 国际贸易市场提供公正的国际标准。及时开发低成本、安全、环保，并具有精密度、可靠性好的标准满足铁矿石和钢铁工业质量需求和生产实践；采用仪器分析手段，在世界范围内使不同铁矿石和 DRI 生产、消费国的国家标准达到国际一致；通过在国际贸易伙伴中应用可接受的国际标准，帮助规范铁矿石和 DRI 国际市场秩序。其次起草国际标准应基于满足铁矿石、钢铁生产工业需要的工业实践和科学原理。开发和修订国际标准应考虑能检验品质特性的新技术、新仪器；能快速适应铁矿石、DRI 不断的环境变化，积极对标准市场的制定、修订需求做出反应，对标准的开发要考虑恰当超前性。

B 战略目标确认

TC102 为标准开发建立分技术委员会、工作组和研究组，这些团队被赋予 TC102 范围内的特殊领域和标准化任务相应的职责，包括专业技术和特殊实验室设施。

首先是加强标准起草组织的项目管理功能：根据标准化需求和目标按优先次序筛选、精选任务，以会议形式确认基本方针（市场需求、可行性、工作的特殊性、成员国作用、目标日期）；以会议形式，按照标准化需求、目标判断标准制修订的进程；加强工作组管理，尤其是国际协同试验，工作组需要精心安排相关工作。工作内容：利用电子化工具，如 ISO 模板、ISO 技术委员会服务器；举行技术委员会全会和分技术委员会会议；为协调同一活动召开 SC 联席会议；安排 4 年期间内的会议计划、会议地点；建立明确的组织机构网络（秘书处、成员体委员会、专家）；通过编辑委员会起草相关意见（为了格式统一和与其他标准的可比性）。

其次是发展国际标准市场。通过聚焦市场需求，在工业演变中开发铁矿石和 DRI 标准。鼓励 DRI 生产厂商和消费厂家参与 ISO 标准化活动，为国际贸易而提供专业技术并开发标准；及时更新标准以确保其持续有效。加强已出版标准的修订以适应当前需求，应多考虑高质量、环境友好和安全。TC102 开发的 ISO 标准采用情况调查，对 TC102 开发的 ISO 标准采用情况进行统计；为确认 TC102 开发的 ISO 标准水平，对成员国不使用的标准进行原因分类；基于采用调查提出相应的措施及建议。

再者，推广 TC102 国际标准化活动，广泛寻求工业界的支持。建立一个国际论坛，确定论点、优化方法、建立目标日期，确保标准开发积极参与者足够的能力水平，满足铁矿石与 DRI 生产实践的需要；提升生产者、使用者、专家的合作水平，通过共同努力，开发可靠性强的商业应用标准，尤其在 DRI 领域；与涉及散装矿产品取样、粒度测试、化学分析的其他技术委员会建立联络。

最后，顾问组的建立不能违背 TC102 总方针原则；顾问组须参与 TC102 重要工作并对各分技术委员会提供技术咨询。

3.1.2.6 TC102 工作项目的执行和完成

在国际经济和科技领域，只有 ISO 才能协调国际合作。尽管各成员国能对标准制定、修订的专业技术和实验室设施提供保障,但国际标准化工作还是没有在相应的实验室得到绝对优先权,也很少得到公共组织和私人机构的支持和赞助,国际标准化工作完全依赖于成员国技术专家的业余时间和自愿行为。一个测试方法的完成需要成本、时间、专业实验室设施、专业科技能力。由于大部分专家从事着大量的日常工作,导致他们所承担的标准化工作进展缓慢。当然,为寻求国际上广泛认可也会导致一项可靠的、能被普遍接受的测试方法反而变得复杂和高成本。一些参加到 TC102 工作组的成员团体专家,尤其是以个人名义加入到工作组的专家,由于工作变化、退休等,他们所承担的标准项目经常不能延续,专家的缺乏也导致技术会议和项目参与人员极其有限。重重原因使工作组任务不能及时、有效完成。

3.1.3 TC102 秘书处承担项目

3.1.3.1 铁矿石与直接还原铁术语

在 2005 年澳大利亚佩斯会议,TC102 成立一个修订 ISO11323 的工作组(WG3),ISO11323 是一个关于铁矿石与直接还原铁术语的标准,召集人为 TC102 秘书处的日本专家安田素郎,澳大利亚、巴西、加拿大、中国、日本、瑞典参与,WD 初稿与 WD 第一稿分别于 2007 年 5 月和 8 月在成员之间流转征询评议。ISO11323 是一个非常重要的标准,它可使标准使用者更好地理解和正确应用其他铁矿石与直接还原铁相关标准,可避免贸易纠纷。本次修订涉及一些因技术发展而产生的新名词和在 TC102 系列标准中易混淆的概念的增补和修正。

3.1.3.2 技术委员会报告

在国际标准制定、修订工作中,任何标准的制定、修订必须按照 ISO/IEC 导则进行实施,因此标准的制定、修订程序有严格规定,一旦一个标准项目被立项,它就必须按照规定的程序、目标日期运作。然而,ISO/IEC 导则是针对所有 ISO 或 IEC 标准的制定和修订,而对 TC102 的特殊性却没有完全考虑,因此 TC102 制定了一套补充 ISO/IEC 导则的规范,以技术委员会报告(TCR)形式出版,主要涉及 TCR4、TCR5、TCR12、TCR13。TCR4 内容主要涉及分析化学的 SG 和 WG 运作程序;TCR5 内容涉及分析化学国际试验结果评估与统计程序;TCR12 内容涉及仲裁和非仲裁方法分类程序;TCR13 内容涉及分析化学国际试验结果重新评估的精密度数据汇总。详见第 7 章。

3.2 铁矿石取样国际标准制定和修订(SC1)

铁矿石取样 ISO 标准的制定、修订由 TC102 铁矿石取样分技术委员会承担,本节主要介绍目前正处在研究组、工作组阶段的标准制定、修订和目前已经进入征询意见阶段(DIS)和正在批准阶段(FDIS)的标准开发。

3.2.1 ISO/TC102/SC1 正在制定和修订的工作项目(2005 ~ 2007 年)

目前 SC1 处在研究组的项目有 4 个,处在工作组的项目有 4 个,研究组和工作组编号、项目名称、召集人见表 3 - 1。

表 3-1 SC1 研究组和工作组情况(2005~2007 年)

WG / SG 编号	项 目 名 称	召 集 人	备 注
WG 3	取制样程序(ISO 3082 修订) Sampling and sample preparation procedures (Revision of ISO 3082)	R. J. Holmes 博士(澳大利亚)	
WG 4	筛分法粒度分布的测定(ISO 4701 修订) Determination of size distribution by sieving (Revision of ISO 4701)	N. Albina 女士(澳大利亚)	
WG 6	校核取样偏差试验方法(ISO 3086 修订) Experimental methods for checking the bias of sampling (Revision of ISO 3086)	L. Joncew 女士(巴西)	WG 6 将被取消
WG 10	直接还原铁和热压块取制样(ISO 10835 修订) Sampling and sample preparation of DRI and HBI (Revision of ISO 10835)	R. J. Holmes 博士(澳大利亚)	WG 10 将被取消
SG 7	实际获得的取制样精密度收集和分析 Collection and analysis of data on the precision of sampling and sample preparation actually obtained in practice	Marcio V. de Castilho 先生(巴西)	
SG 10	取制样系统检验指南 Guide to inspection of sampling system	R. J. Holmes 博士(澳大利亚)	
SG 12	横向皮带取样 Gross belt sampling	M. Nel 女士(南非)	续 W. Hefer 先生(南非),2007-07
SG 13	浆状样取样 Sampling of slurries	R. J. Holmes 博士(澳大利亚)	佩斯会议建立

3.2.1.1 工作组阶段

A 取制样程序(WG3)

该工作项目为 ISO3082 的修订。早在 2000 年巴西会议就有将新修订的铁矿石取制样标准合并 ISO 10836(铁矿石物理实验样的取制样方法)的决议,WG3 的任务就是将这两项标准的内容进行整合。同时还决定成立一个研究组(SG12),就横向皮带取样机开展研究。WG3 在修改后草案的基础上,提前对 ISO 3082 进行修订。在 2005 年 9 月的澳大利亚会议中,作出如下决议:(1)对取制样程序修订稿工作组草案第二版进行讨论;(2)将取制样程序修订稿工作组草案第二版进行进入 CD 阶段的投票;(3)给 SC3/SG12 提供有关制样精密度和物理测试精密度数据,澳大利亚、巴西、加拿大、中国、德国、印度、日本表示愿意提供。该项目修订稿第二版的 CD 阶段投票于 2007 年 3 月 19 日起至 6 月 19 日终止。如 ISO3082 修订版最迟在 2007 年 12 月 31 日前不能进入下一个阶段,则 ISO 中央秘书处将自动注销该项目。各成员对 ISO/CD3082 进行了审核并提出评议。2007 年的魁北克会议讨论了意见并形成了决议,同意由召集人根据会上讨论的情况对 SC1 N 1002E 号文件进行修改,然后由 SC1 秘书处在 2007 年 11 月底之前将修改后的文件提交给 ISO/CS 注册为 DIS 3082。

B 筛分法测定粒度分布(WG4)

该工作项目为 ISO4701 的修订。在 2003 年瑞典会议,巴西代表向会议提交了一份录像,录像中操作人员按照标准草案中的条文进行手工筛分试验,结果证明标准草案中规定的关于使用叠筛对小于 22.4 mm 的试样进行手工筛分的要求是不切实际的。会议还讨论了参考筛分方法的问题,代表们同意标准的手工筛分方法可以作为参考筛分方法,但手放矿粒过筛的方法由于与实际手筛或机筛方法存在差异,不宜作为参考筛分方法。对于工作组草案中以2%的绝对值作为筛分试验结果重复性要求的规定,代表们经过讨论后认为是不科学的,之后完成草案第二稿。在2005年9月的澳大利亚会议中,对WG4做出如下决议:(1)ISO4701(文件号SC1N979E)将应用于除热压块之外的铁矿石和直接还原铁;(2)巴西、日本将给WG4召集人提供平均粒度计算方法,该方法将被ISO4701作为规范性附录;(3)第四修订稿工作组草案将在会议中进行讨论;(4)将该工作组草案进行评估和进入CD阶段的投票。该项目修订稿第四版的CD阶段投票于2006年4月13日起至7月14日终止。DIS阶段投票于2007年1月10日起,至6月10日终止。项目于2007年7月16日以全票认可。对该项目,印度在加拿大会议进行了评议,提出了一些意见。会议要求SC1秘书处根据会上的讨论情况对SC1 N 999E号文件进行修改,并将修改后的文件提交给ISO/CS以作为正式的国际标准ISO4701出版(由于DIS4701表决获得全票通过,因此根据ISO的规则可以不再进行FDIS的投票程序)。至此,WG4的工作已全部完成,WG4解散。

C 校核取样偏差的试验方法(WG6)

该工作项目为ISO3086的修订。在2005年9月的澳大利亚会议中,经过讨论后的修订版DIS稿将递送至中央秘书处进行FDIS注册,FDIS阶段投票于2006年1月16日起,至3月16日终止,于2006年4月15日出版。

D 直接还原铁和热压块取制样(WG10)

该工作项目为ISO10835的修订。在2003年瑞典会议,讨论了中国提交的关于HBI钻屑制样方法的报告(文件编号:SC1 N 932E)。在2005年9月的澳大利亚会议中,经过讨论后的修订版CD稿将递送至中央秘书处进行DIS注册,DIS阶段投票于2005年12月17日起,至2006年5月8日终止,于2007年2月15日出版,WG10解散。

E ISO3087的修订(WG11)

日本在2007年魁北克会议上对ISO3087提出了修订建议(见文件SC1 N 997E),会议根据讨论情况决定成立工作组(WG11)对ISO3087进行修订。日本表示愿意作为该工作组的召集人,参加的成员有澳大利亚、巴西、加拿大、中国、德国、日本、韩国和南非。

F 近几年来已撤销的工作组

由于新的ISO3082将涵盖原先ISO10836内容,因此SC1取消了ISO10836进一步修订的工作,因此也撤销了WG9工作组,原先WG9工作组成员被邀加入WG3。由于ISO 3085的修订(WG7)已经完成,修订后的标准已于2002年3月份出版,因此WG7解散。

3.2.1.2 研究组阶段

A 实际获得的取制样精密度收集和分析(SG7)

该研究组的任务是收集和分析各成员国提供的铁矿石取制样精密度数据,由于SC1成员提交的数据较少,SG7的工作进展不大,但该研究组的工作比较重要,此项工作的重要意义是:为ISO 3082的修订提供基础性数据;研究取制样精密度与铁矿石品位之间的关系;研究取样精密度与矿石的矿物组成之间的关系。为此,要求各国的铁矿石的生产商或消费者提供取制样精密度数据,并要求研究组召集人每隔六个月对收集到的精密度数据更新发布一次。在2005年9月的澳大利亚会议中,对WG4做出如下决议:(1)SG7继续工作,优先为

ISO 3082 表 1 的修订建立基础，澳大利亚、巴西、加拿大、中国、德国、印度、日本、韩国、南非同意提供数据；(2) 每年实时更新在取制样中获得的精密度数据。2007 年魁北克会议召集人提交了一份报告（SC1 N 1007E），对各成员提交的近 40 套数据（中国提交了 1 份）进行了分析，并据此对 ISO 3082 中的表 1 提出了修订建议。会议经过讨论后认为 SG7 应继续开展工作，澳大利亚、巴西、加拿大、中国、德国、日本和南非表示将继续提供数据。SC1 要求研究小组对以往的数据做进一步的分析，以分别计算取样、制样和测定精密度，同时要求新提交的数据最好是通过 ISO 3085 中的方法 1 和方法 2 获得的。

B　取制样系统检验指南（SG10）

该研究组的任务是起草一份铁矿石取样系统的检验指南，目标是要将其作为 ISO 的技术报告出版。2003 年瑞典会议，召集人提交了一份草案，与会代表经过讨论后认为应对草案进行裁减，使其内容仅涉及铁矿石和直接还原铁领域。但考虑到作为 ISO 的技术报告出版必须获得其他相关技术委员会和 ISO 首席执行官的批准，会议建议将指南作为 TC102 的技术报告出版。SC1 各成员国应于 2005 年 12 月 31 日对文件 N983E 提出意见以便修订文件 N983E，并注册作为技术委员会报告（TCR）发布征求意见和表决。在 2007 年魁北克会议，召集人提交了一份报告（SC1 N 1006E），要求各成员国于 2007 年 12 月底之前将反馈意见提交 SG10 的召集人。召集人计划将报告进行修改，在 2008 年 3 月底之前提交 SC1 秘书处作为技术报告注册。

C　横向皮带取样（SG12）

这是 2003 年瑞典会议提出的一项研究工作，目的是为了补充 ISO3082 的取样方法。德国、印度、南非为该项研究提供了数据。2005 年澳大利亚会议决议：(1) 更新文件 N980E，使之符合 ISO3086 的规定；(2) 继续进行 SG12 研究工作，召集人将准备更综合的报告，以便发布数据获得说明书。巴西也加入到提供数据的行列。2007 年的魁北克会议召集人对研究进展作了口头汇报，并表示将在 2007 年 12 月底之前准备一个工作计划，提交给巴西和 SC1 的主席征求意见。

D　浆状样取样（SG13）

该研究组目的是为了开发一新的 ISO 取样标准，即对浆状的铁矿石样品进行取样，随着铁矿石管道输送技术的发展，迫切需要解决管道输送过程中的样品采取问题。参加国家有：澳大利亚、巴西、加拿大、印度和南非，研究组于 2005 年成立。2007 年魁北克会议召集人向会议作了口头汇报，并提交了一份报告（SC1 N 1009E），要求各成员国于 2008 年 3 月底之前将反馈意见提交给 SG13 的召集人。召集人将计划对报告进行修改，然后分发给各成员进一步征求意见。

E　化学分析试样的研磨粒度（SG14）

在 2007 年魁北克会议，SC1 决定成立一个研究组（SG14），就化合水含量在 2.5% 以上的铁矿石的化学分析试样应研磨到 0.1 mm 还是 0.16 mm 的问题进行研究，并开展试验收集有关数据。巴西表示愿意作为该研究组的召集人，参加的成员有澳大利亚、巴西、加拿大、中国、德国、日本和南非。

F　水分测定的温度、时间和终点判定（SG15）

2007 年魁北克会议决定成立一个由 SC1 和 SC2 的专家组成的联合研究小组，对水分测定的温度、时间和终点判定标准等有关问题进行研究,以便为 ISO3087 标准的修订提供支撑。

G 其他研究项目

其他研究项目如下:

(1) 可视化粒度分析技术(SG9)。该研究组的任务是对国际范围内的可视化粒度测定技术进行调查,以确定该技术是否已发展到可以标准化。研究组召集人于 2003 年在瑞典会议提交了一份研究报告,介绍目前国际上应用的几套在线可视化粒度分析系统,并做了比较。最后得出结论认为,目前对该技术进行标准化还为时太早。对于该技术的应用 SC1 将继续给予关注。鉴于该研究组的任务已经完成,SG9 研究组已被解散。

(2) 在线水分测定方法的评估(SG11)。该研究组的任务是对国际范围内的在线水分测定技术进行调查,以确定该技术是否已发展到可以标准化。2003 年瑞典会议,研究组召集人介绍了目前国际上应用的几套在线水分测定系统,并做了比较。最后得出结论认为,由澳大利亚开发的一款低频微波水分分析仪对于皮带上的块矿或粉矿的水分分析精度最高。但与会代表认为目前对该技术进行标准化还为时太早。SC1 将继续关注该技术的应用。鉴于该研究组的任务已经完成,SG11 研究组已被解散。

(3) 标准的系统复审。由于 ISO 3084 和 ISO 3087 正处在系统复审阶段,因此 SC1 主席提议:为了加快试样干燥,是否可以考虑将 ISO 3087 标准中的干燥温度由 105℃提高到 140℃,巴西代表提出了反对意见,认为温度过高会影响铁矿石的物理性能,澳大利亚将就此开展研究。会议决定在研究结果未出来之前,不考虑修改 ISO 3087 中干燥温度的建议。ISO3085 将进行系统复审,投票于 2007 年 1 月 15 日起,至 6 月 18 日终止,最终结果为确认。

(4) 密度和粒度的定义(Definition of density and size)。巴西和澳大利亚代表提出当前标准中对密度和粒度的相关定义比较混乱,建议修改 WD4701(4th)以表观密度代替平均密度(比重)并协调 ISO3082 的内容。经讨论建议 TC102 修订的 ISO11323 包含新的铁矿石表观密度、名义上限粒度和平均粒度的定义,同时建议 SC3 为确定铁矿石表观密度的测定制定 ISO 标准。

3.2.2 ISO/TC102/SC1 发布和即将发布的标准(2005~2007 年)

ISO/TC102/SC1 发布和即将发布的标准为:

ISO 3086:2006 铁矿石－校核取样偏差的试验方法(Iron ores-Experimental methods for checking the bias of sampling);

ISO 10835:2007 直接还原铁和热压块－取制样(Direct reduced iron and hot briquetted iron-Sampling and sample preparation);

ISO/DIS 4701:2007 铁矿石－筛分法测定粒度的分布(Iron ores-Determination of size distribution by sieving)。

3.2.3 ISO/TC102/SC1 发布文件目录

ISO/TC102/SC1 在 2005~2007 年间发布文件目录见表 3－2。

表 3-2 ISO/TC102/SC1 发布文件目录(2005~2007 年)

文件编号	文件名称
SC 1 N 971E	佩斯会议秘书处报告,2005-07-15
SC 1 N 972E	CD10835 第二稿,2005-08-02
SC 1 N 973E	DIS3086 评议和秘书处观察资料,2005-08-04
SC 1 N 974E	DIS 3086 修订版,2005-08-04
SC 1 N 975E	ISO 3082 系统复审结果,2005-08-04
SC 1 N 976E	ISO 10836 系统复审结果,2005-08-04
SC 1 N 977E	ISO3082 工作组草案第二稿,2005-08-04
SC 1 N 978E	巴西和日本对 WD4701(N957E)第三版的评议,2005-08-08
SC 1 N 979E	WD4701 修订版 4,2005-08-08
SC 1 N 980E	SG12 召集人报告, 2005-08-26
SC 1 N 981E	SG 7 召集人报告,2005 Perth 2005-08-29
SC 1 N 982E	WG6 召集人报告,2005-08-30
SC 1 N 983E	机械取样系统检验指南,2005-10-14
SC 1 N 984E	浆料样取样指南, 2005-10-14
SC 1 N 985E	2005 年佩斯 TC102/SC1 第 25 次会议决议,2005-11-14
SC 1 N 986E	2005 年佩斯 TC102/SC1 第 25 次会议最终报告,2005-12-22
SC 1 N 987E	表 7 CD4701,2006-04-13
SC 1 N 988E	表 8 CD4701 投票, 2006-04-13
SC 1 N 989E	CD 4701,2006-04-13
SC 1 N 990E	CD 4701 投票结果,2006-10-17
SC 1 N 991E	CD 4701 修订版,2006-10-17
SC 1 N 992E	ISO/CD3082 修订版,2007-03-19
SC 1 N 993E	表 07 CD3082 封面页,2007-03-19
SC 1 N 994E	表 08 CD3082 投票,2007-03-19
SC 1 N 995E	ISO3085 系统复审结果,2007-07-04
SC 1 N 996E	TC102/SC1 会议日程,2007-07-11

3.2.4 ISO/TC102/SC1 相关决议(至 2007 年 10 月)

ISO/TC102/SC1 相关决议(至 2007 年 10 月)如下:

(1)决议 4~5(魁北克 2007)。与会代表同意解散 WG6(ISO3086 修订-校核取样偏差试验方法),因为该工作组工作已经完成。SC1 成员感谢召集人和 WG6 成员及他们的工作。同意解散 WG10(ISO10835 修订-直接还原铁和热压块取制样),因为该工作组的工作已经完成。SC1 成员感谢召集人和 WG6 成员及他们的工作。

(2)决议 6~8(魁北克 2007)。与会代表同意接受 SG7(实际获得的取制样精密度收集和分析)召集人报告(N1007E)。同意 SG7 继续工作,澳大利亚、巴西、加拿大、中国、德国、日本、南非同意提供数据,数据将按照 ISO3085 方法 1、方法 2 要求产生。同意 SG7 将重新对原提交数据进行调查,以测定取样、制样、测量独立的精密度。

(3) 决议9(魁北克2007)。与会代表同意接受SC1主席在全会的口头报告,声明所有SC1标准仍然遵循当前相关和有效的原则,SC1将继续建立研究组在进入工作组之前开展新工作项目。

(4) 决议10~11(魁北克2007)。与会代表同意接受WG3召集人的自从2005年佩斯会议以来进展的口头报告。同意按会议讨论修订文件N1002E(铁矿石-取制样过程),SC1秘书处将递交文件给中央秘书处,使其在2007年11月底注册为DIS3082。

(5) 决议12(魁北克2007)。与会代表同意建立工作组SG14(化学分析样研磨),对含结合水超过2.5%的铁矿石,为化学分析样研磨至100~160 μm,需要将生产的数据进行收集。巴西愿意承担召集工作,澳大利亚、巴西、加拿大、中国、德国、日本、南非同意参加。

(6) 决议13~15(魁北克2007)。与会代表同意SC1秘书联系印度,感谢他们为DIS4701提供评议,并要求他们提供关于ISO4701修订版中粒度小于45 μm粉矿的湿筛的数据支持。同意SC1秘书根据会议讨论意见修订文件SC1 N999E(铁矿石和直接还原铁-筛分法测定粒度分布),然后将此修订版提交给ISO中央秘书处作为ISO 4701进行出版,而不经过FDIS投票。同意解散WG4(ISO4701修订),因为其工作已经完成,SC1成员感谢召集人和WG4成员及他们的工作。

(7) 决议16~18(魁北克2007)。与会代表同意接受SG10(机械取样系统检验指南)召集人在2005年佩斯会议后进展的口头报告。同意SC1成员对文件N1006E(铁矿石和直接还原铁-机械取样系统检验指南)进行复审,至2007年11月底前向召集人提交评议。同意SG10召集人按照收到的评议和会议意见修订文件N1006E,在2008年3月前提交SC1秘书处作为TCR注册。

(8) 决议19(魁北克2007)。与会代表同意接受SG12(横向皮带取样)召集人口头报告,召集人同意在2007年11月底准备一工作项目,提交到巴西和SC1主席进行评议。

(9) 决议20~22(魁北克2007)。与会代表同意接受SG13(浆状样取样)召集人在2005年佩斯会议后进展的口头报告。同意SC1成员对文件N1009E(浆状样取样)进行复审,至2008年3月底前向召集人提交评议。同意SG13召集人按照收到的评议和会议意见修订文件N1009E,然后再次在SC1成员中进行流转评议。

(10) 决议23(魁北克2007)。与会代表同意建立SG15(水分测试)以研究烘干温度和时间的影响以及按ISO 3087进行水分测定终点标准,澳大利亚同意参加该研究组,澳大利亚、巴西、加拿大、中国、德国、日本、韩国、南非参加,SG将联系SC2询问该分技术委员会成员的加入。同意对ISO 3087(铁矿石—交货批水分含量的测定)进行早期修订,建立一个新的工作组(WG11),日本愿意承担召集,澳大利亚、巴西、加拿大、中国、德国、日本、韩国、南非参加。

3.3 铁矿石分析化学国际标准制定和修订(SC2)

铁矿石分析化学ISO标准的制定和修订由TC102铁矿石分析化学分技术委员会承担,化学分析分技术委员会SC2是TC102参与人数比较多的一个分技术委员会,其所涉及的研究组、工作组活动及其变化频繁。铁矿石近几年的激烈贸易竞争,在此标准化领域也可见一斑。另外,分析化学领域技术发展的日新月异也导致铁矿石分析化学标准的发展,一些高精度、快速检测仪器的出现使铁矿石多元素同时分析、低含量元素分析、快速法标准的开发成为可能。本节同样介绍相关研究组、工作组阶段的标准制定、修订和目前已经进入征询意见阶段(DIS)和正在批准阶段(FDIS)的标准开发情况。

3.3.1 ISO/TC102/SC2 正在制定和修订的工作项目(2005~2007 年)

目前 SC2 在研项目有 14 项。处在研究组的项目 6 项,处在工作组的项目 8 项,其中 6 个项目将是新的国际标准,1 个为技术规范,其余为现有标准的复审。研究组和工作组编号、项目名称、召集人见表 3-3。

表 3-3 SC2 研究组和工作组情况(2005~2007 年)

WG/SG 编号	项 目 名 称	召集人
WG 27B	各种元素测定-XRF 光谱法 Various elements-XRF spectrometry	澳大利亚
WG 33A	灼烧减量的测定 Determination of loss on ignition	澳大利亚
WG 40	计算法测定全铁 Total iron by calculation	澳大利亚
WG 42 A	XRF 法测定氯 Chlorine by XRF	澳大利亚
WG 43	各种元素测定-XRF 光谱压片法 Various elements-Pressed powder XRF	巴 西
WG 45	等离子光谱法测定痕量元素 Trace elements by plasma spectrometry	巴 西
WG 47	试验样预干燥 Pre-dried test samples	日 本
WG 48	钙和镁测定 Calcium and magnesium	日 本
SG 9	内部方法调查 Survey of in-house methods	澳大利亚
SG 15	全铁测定-XRF 光谱法 Determination of total iron by XRF	澳大利亚
SG 16	钠的测定-XRF 光谱法 Determination of sodium by XRF	澳大利亚
SG 17	非完全氧化矿灼烧减量的测定 Loss on ignition of non-fully oxidized ores	澳大利亚
SG 18	砷的测定 Determination of arsenic	中 国
SG 19	还原铁测定 Determination of reduced iron	澳大利亚

3.3.1.1 工作组阶段

A X 荧光光谱法分析(WG27)

该工作组承担 ISO9516-1 简化法(Simplified XRF procedure for determination of various elements in iron ores)标准的制定。该方法只能作"实验室内用",不能作为仲裁分析。该简化方法(ISO 9516-2)可同时测定 20 种元素,即 Fe、Si、Ca、Mn、Al、Ti、Mg、P、S、K、Sn、V、Cr、Co、Ni、Cu、Zn、As、Pb、Ba,使用漂移检查片(重校正片)对仪器进行校准,得到强度和浓度的关

系,以此来测量样品。

与 ISO 9516 相比,该方法简化了校准曲线的制备方式,扩大了测量元素的范围(ISO 9516 只测量其中的 10 个元素),很适用于在实验室内做全分析。该方法的其他条款和 ISO 9516 一致。召集人完成该项目的 CD 版后,于 2007 年 8 月提交各国投票,投票截止日期为 2007 年 11 月 10 日。该项目收到来自中国和日本的评议。中国提出的评议涉及该标准草案熔融制样过程采用的是 105℃烘干的样品,在数据处理等过程中均未考虑灼烧减量对测试结果准确度的影响;日本提出的评议对该项目 CD 版中"简介"内容提出质疑。巴西赞同中国评议的有关内容,认为应当采用 1000℃灼烧后样品制备熔融样片;对于 CD 版中"简介"相关内容的提法,ISO 中央秘书处标准化部项目经理 Stephane Sauvage 先生从 ISO 标准管理的角度提出了看法。项目召集人同意采纳评议意见,表示将调整 CD 版有关内容,重新分发验证样品。

但该项目在投票截至日期 2007 年 11 月 10 日,无法完成协同试验,因此 SC2 决定中止 WG27 工作,取消该项目 CD 版的注册。新成立一个工作组修订 ISO 9516-1,使其内容能涵盖该项目组的成果。

B 灼烧减量测定(WG33)

该项目为灼烧减量测定方法的研究。项目召集人原先提交的草案为 ISO/CD 11536。该草案规定了测定全氧化铁矿灼烧减量的方法,灼烧温度为 1000℃。测量范围为 0.1% ~ 12.00%,但该草案不适用于含金属铁的加工矿、硫含量高于 0.2% 的天然或加工矿、磁铁矿含量大于 0.97% 的天然或加工矿。

巴西提出评议建议修改:(1)测量范围改为 0.01% ~10.00%;(2)增加关于称量瓶的要求;(3)用空气平衡样品测定时,同时测定吸湿水含量;(4)其他文字性修改意见。2005 年召集人提交报告陈述了结合水大于 2.5% 铁矿石的 LOI 测定方法的开发方法,方法对样品的处理以烧损 2.5% 为界,分别采用 ISO 7764 和 ISO 2596 考虑水分影响。从 22 次会议以来,该项目开展了样品收集工作,并发函进行国际协同试验,虽然因参加该项测试的实验室未能达到规定的数量而未能开展国际协同试验,但在澳大利亚有多家实验室开展了测试工作,并取得了一些实验数据。巴西也就灼烧减量、吸附水等方面作了评议,强调现有标准对一些矿种的水分不能完全烘干,建议采用差热重分析仪(TGA)测试水分和灼烧减量,因温度控制方面存在问题,SC2 不赞同在现有条件下采用 TGA。

经讨论,SC2 决定撤销该工作组,同时成立了一个新的研究组,开展吸附水和铁矿石热分解方面的研究。

C 计算法测定全铁含量(WG40)

该项目工作组承担《铁矿石 - 全铁含量测定 - 第三部分:计算法》(ISO/ CD 2597-3)的制定。该方法适用于亚铁小于 0.50%、硫小于 0.050%、铁含量在 50% ~70% 的天然铁矿。其基本原理是,首先通过实验确定某一类型的天然铁矿的分析总量 T,T 应在 99.80% ~ 100.00% 之间,是各元素氧化物的总和加烧失量,其次是准确测定其中的 21 个项目——Si、Al、Ca、Mn、Ti、Mg、P、S、K、Sn、V、Cr、Co、Ni、Cu、Zn、As、Pb、Ba、Na、LOI,用 T 减去以上各元素氧化物含量及烧失量即得 Fe_2O_3 质量分数,进而计算出 Fe 质量分数。该方法作为实验室的日常检测用,不作为仲裁分析方法。

该方法的基础是使用多元素分析仪器可以方便地测定上述 20 个元素。提交的文件分析了该方法的测试数据，得出实验室内标准偏差为 0.025%，实验室间标准偏差为 0.109%，平均值同化学法及 XRF 法的结果非常一致。来自各成员国专家对该方法进行了评议，巴西专家认为某些样品采用计算铁不适合于 ISO/CD 2597-3 所规定的范围；澳大利亚专家表明该法尚存在技术上和操作上的问题。召集人参考相关评议意见后对计算铁法进行修订，同时提出新 ISO/CD 2597-3 修订版。巴西不支持该方法成为 ISO 标准，但建议该方法成为 TCR 出版。SC2 认为该方法只能等到灼烧减量标准出版后才能有所突破。

之后，召集人将工作重点转向灼烧减量项目研究，同时利用 SG9 提供的结果进行了计算法准确度和精密度研究。中国专家利用多年对计算法研究的经验，提出了计算法对一些矿种存在偏差较大的问题，建议该项目开展针对主要铁矿石产区和品种研究其准确性和可靠性。SC2 经讨论决定延长该项目至灼烧减量标准正式发布后再进行准确度和精密度测试。

D XRF 法测定氯（WG42）

该项目是 2001 年的一份新标准提案，即《铁矿石－氯和钠含量的测定－X 射线荧光光谱法》，ISO/WD 16043 是 WG42 工作组的草案。测定氯的主要问题是在熔融时有损失，通过不同熔剂、不同炉子和不同温度的比较研究，发现用 $Na_2B_4O_7$ 在 1000℃ 的电炉中熔融 10 min，氯的损失为 1.1% ±0.003%，而用其他的熔融方法损失都在 7% 左右，但用 $Na_2B_4O_7$ 熔融不能用来测定钠，而且 $Na_2B_4O_7$ 也很容易被钾污染，因此，问题是要找到更为合适的（价格和纯度）熔剂。因为 2003 年瑞典会议决定 WG42 开发的 ISO/WD 16043 的工作范围仅限定于氯的测定。经过对氯测定试验和国际间协作试验表明，多次熔片制样无氯损失，控制熔样温度可以避免氯在高温熔融过程中的挥发。工作组将获得相关精密度后将其并入 ISO/WD 16043。该工作组将延长两年，在 A 阶段继续开发氯含量的测定方法。之后的主要工作有：完成了准备阶段工作，组织了国际协同试验，针对铁矿石有证标准物质中仅有 1 个样品给出了氯含量定值的问题，采用同位素稀释中子活化分析对一些标准物质进行氯含量定值，从中选取了 4 个标准物质作为测试样品。B 阶段的项目任务是在 2006 年 11 月进行国际间精密度试验，来自 4 个国家 11 个实验室参加，但最终结果只有 3 个国家返回结果。该项目主要问题是参与的国家未达到 5 个，且分析的样品数量不足。项目计划 2006 年 8 月完成工作组草案，CD 的目标日期为 2007 年 11 月。

E 各种元素测定－XRF 光谱压片法（WG43）

该项目利用粉末压片 X 荧光光谱法测量铁矿中的 Fe、Si、P、Al、Mn、Ti、Ca、Mg 的方法。该方法详细规定了样品粒度、压片技术（包括黏结剂、衬材、压力、时间等）、校准样品的要求、测量条件等方法参数。虽然该方法操作简便，但在元素测量个数及测量范围方面并不具备优势。该方法适用于所有类型的铁矿，但要求制备和测试样品结构类似的具有相应浓度范围的 6～8 个校准样品，这一点比较难以做到。由于样品的制备困难，该方法的国际测试进行得很不顺利。该工作组要求各个参加成员提供本国的样品，以便完成测试工作。2003 年，工作组完成了工作组草案第二稿 ISO/WD 16879.2。

2003 年后，SC2 决议将 WG43 承担的 ISO/WD 16879 开发为一个非仲裁方法，之后，澳大利亚和巴西对此进行了评估，澳大利亚、巴西、中国提供了测试样品。根据新的 TCR4，工作组将重新安排试验。2007 年，中国宝山钢铁公司提交了一份试验报告。召集人表示，该项目寄出了协同试验测试样品，但大多数实验室均未反馈结果。经 SC2 讨论决定该项目继续开展工作。

F 等离子光谱法测定痕量元素(WG45)

该工作组承担《ICP测定微量元素的方法》(ISO/WD 22682)草案制定。它适用于目前贸易的各种铁矿石,测定的元素有P、V、Pb、Cu、Ni、Ti、Cr、Ba、Co、Zn、Na、K 12个。方法用盐酸、抗坏血酸、硝酸溶解,加HF蒸干除硅,加HCl、H_3BO_3再次蒸干,加HCl溶解,残渣用$Li_2B_4O_7$熔融,HCl溶解并入主液,定容后测定。该方法与ISO 11535不同之处是采用酸溶。项目于2003年6月完成草案修订,2003年11月前分发方法草案和测试样品,进行第一次国际测试,至2004年7月完成数据汇总和处理。由于召集人原因使该项目工作在之后中断研究而未获任何进展,2005年工作组由巴西另一位专家Souza小姐担任召集,WG45延长两年,继续完成ISO/WD 22682的制定。该项目的新召集人在2007年加拿大会议上口头汇报了工作情况,主要工作包括准备了10个CRMs样品,准备分发进行协同试验。主要问题是对高含量的锌和铬测定存在问题。经SC2讨论决定撤销该工作组,同时成立研究组开展工作。

G 试验样预干燥(WG47)

该工作组承担《分析测试预干燥样品的制备》项目,项目的目的是为了修订ISO 7764,标准采用在105℃干燥至恒重即制得预干燥样品的方法,但该方法不适合于:(1)含金属铁的加工矿;(2)硫含量高于0.2%的天然或加工矿;(3)化合水高于2.0%的天然或加工矿。在这种情况下,应用空气平衡样品进行化学分析,同时按ISO 2596测定吸湿水。该标准的修订已进入DIS阶段,即《铁矿石-化学分析预干燥试验样的准备》,ISO/DIS7764,但日本对该DIS投了反对票,原因为:新DIS删除了"当被测组分的分析值大于10%,本法不适用",日本认为有关该法的适应范围在SC2中尚未进行足够讨论。日本针对预干燥含大量结合水的矿有重新吸水现象提出一个新的称量方法(日本称量法JWM)和改良质量损失法,认为除非新DIS考虑这两种方法,才同意预干燥标准的修改。SC2认为可考虑日本称量法后将该DIS进入出版阶段。对于日本提出的有关样品预干燥项目议案,2005年SC2成立一个新工作组WG47,由日本承担召集,该议案提出了三种预干燥方法,可选择使用。ISO中央秘书处标准化部项目经理Stephane Sauvage先生在2007年加拿大会议提出,ISO 7764于2006年刚刚修订完毕并将予以发布。如WG47研究证实ISO 7764需要有较大的改动,则首先要撤销ISO 7764,然后再由WG47召集人报告。经会议讨论表决,保留ISO 7764,取消WG47工作组。

H 钙和镁测定(WG48)

该工作组承担ISO 10203、ISO 10204的修订。日本在2005年澳大利亚会议中反对将ISO 10203及ISO 10204的钙、镁原子吸收法的应用范围进行修改。ISO 10203钙原来范围为0.01%~10.0%,修订版为0.07%~4.5%;ISO 10204镁原先为0.01%~3.0%,修订版为0.25%~3.5%,中国也认为钙、镁下限不应改高,该两项标准应用范围尚需进行进一步确认。由此成立了一个新工作组WG48对该两项标准的应用范围进行研究,日本承担召集,日本、澳大利亚、加拿大、中国、巴西、瑞典参加。至2007年10月,该项目召集人准备对这两个标准的检测范围、测试溶液稀释比等进行修订,并正在进行有5个国家,7个实验室参与的7份样品测试工作,且已完成了两个标准修订的WD版本,SC2接受了召集人报告,决定该项目延长两年,待测试完成后提交报告。

I　其他工作项目

a　有证标准物质(Report on Iron Ores CRMs)

2003 年瑞典会议决定,需对目前国际上现有的有证标准物质进行一次统计复审,项目致力于研究现行铁矿石有证标准物质定值的可靠性。该项目召集人为澳大利亚的 Mark Frit 先生,召集人向 15 个国家 74 位参与者以及 SG9 发了一份问卷,询问他们使用 CRM 的种类,是否对有些 CRM 的值有疑问,同时也索要了 CRMs 的证书复印件,收到 38 份回复。少于 10% 的实验室对所报告的 CRM 数据进行了评价,但先前认为实际值与证书值不一致的 CRM,如 NR29 和 ASCRM,尽管 4 个实验室使用 NR29,但没有一个实验室报告测量值与证书值有矛盾,而使用 SACRM 的 17 个实验室中的 4 个报告测量值与证书值有矛盾,统计调查结果已在《铁矿石 CRMs 审查报告》中汇总。大多数铁矿石 CRM 没有按照 ISO11459《铁矿石 - 有证标准物质 - 化学分析用标准物质的制备与认证》第 7 款要求提供必要的信息,因为该标准不是强制执行的。经对 ISO 有关有证标准物质相关材料的研究及与铁矿石有证标准物质制造商联系,并对一些现行有证标准物质国际比对试验结果的统计分析,发现一些有证标准物质的定值需要修订。项目召集人提议向有证标准物质制造商提供有关 ISO 文件,使其认识到有证标准物质对最终使用者的重要作用,从而促进其主动修订有证标准物质定值。会议要求该工作主持人澳大利亚 CSIRO 的 Fritz 把统计结果尽快告知提供数据的单位,最终数据将以技术报告形式发布。

b　WG41-CRMs 使用指南

《铁矿石 - 有证标准物质(CRMs)使用指南(ISO/CD16042)》是一个新项目议案,包括其委员会草案。会议同意该草案进入征询阶段并进行注册。

c　ISO/TC102/TCR4—总铁测定偏差试验所需样品数量研究(Number of samples necessary for the detection of bias Fe analysis)

该项目召集人为巴西的 Marcio Castilho 先生。该项目旨在修订 ISO/TC102/TCR4,研究全铁测试标准国际协同试验需要的最少样品数量。前版本规定在制定国际标准过程中应最少使用 15 个有证标准物质验证全铁测定的准确度。该项目目前的研究结论为:(1)制定全铁测定标准至少需要使用 18 个有证标准物质进行国际协同试验,以确定方法的准确度(偏差);(2)作为全铁测定标准,协同试验选择的样品水平范围为 30% ~72%,并应涵盖这两个极限值样品;(3)参加协同试验的实验室数量必须达到满足规定的标准偏差要求;(4)提请考虑 0.1% 的全铁测定偏差能否满足贸易或标准本身要求,如不能满足,应确定可接受偏差为多少。SC2 决定请 Marcio Castilho 先生对全铁测定偏差为 0.05% 时准确度试验样品数量要求进行研究,同时对硅、铝、磷、镁和钾测试可接受的偏差进行研究。

d　统计评估

TCR4、TCR5 原先由 WG12 召集人开发,自 1998 年的北京会议就已开展这项工作。本项目所涉及报告内容涉及离群值的判定方法、精密度计算、两种方法的比对、测定次数及平均值的置信区间、自由度等。提出对 TCR4——工作组操作程序的修订,TCR4 描述了如何开展实验室间的比对测试的方法,它要求有不少于 15 个实验室参与评估,每个样品至少做 4 个平行结果,至少需要 6 个在方法测定范围内的标准物质用于测试,以期望取得精密度、精确度结果。这个要求是比较严格的,与此同时的 IUPAC 和 AOAC 要求至少 8 个实验室参与评估。也提出对 TCR5——实验室测试数据的统计方法的修订,该报告包含了以下内容,离群值的判定方法、最终结果的计算方法及每个样品的测量精密度、回归分析精密度和浓度的关系、将得到的精密度曲线和其他资料对比分析、评估精确度和真值(包括置信区间和自由度)等。项目召集人通过 SC2 国际间多个实验室获得的项目结果的重新评估对化学分析标准的精度数据进行复审,将工作报告提交秘书处作为 TCR 出版,可作为 SC2 内部实验室测试数据以备参考。新的 TCR4、TCR5 修订版草案与以前相比,对标准制定、修订程序有所改变,该修订版作为一个新 TCR4、TCR5 提交秘书处。当该 TCR 最终完成后,还将报送 ISO/TC69/SC6 进行评估,巴西的 De Castilho 先生作为两个技术委员会的联系人。同时召集人还提交了《仲裁和非仲裁分析方法分类程序》TC102 工作报告草案,这份报告也将作为一个新的 TCR 提交秘书处。发布这些技术报告的目的是:随着 ISO 相关导则、指南和统计技术的发展,需要对 TC102 相关工作报告进行修订、复审、补充,以适应国际间试验数据的统计处理和相关工作,这些文件要求在 TC102 分技术委员会下的各工作组或研究组在国际环境下进行合适的试验设计,以求确保标准方法的持续品质。巴西 CVRD 公司的 De Castilho 先生专门推荐了一套巴西 KYMI 公司开发的化学分析方法评估软件。

e 新的技术委员会报告

由巴西专家 M Castilho 主持的新的两项 TCR 已提交 TC102,一项为测试结果和精密度的编辑,另一项为仲裁方法。

J 近几年撤销的和新增的工作组

a WG21 镍和铬的测定(Ni and Cr determination by FAAS)

该项目召集人为日本的 Takizawa。原先铬、镍作为同一个标准进行测定,作为铬的标准,所有工作都已完成,但对于镍的标准,其工作组活动在最近 2 年处于停顿阶段,近期无最新相关信息获得,也未能确定近期能否有相关信息获得,因此召集人建议铁矿石中镍测定方法在成为技术规范三年后进行复审,ISO/CD15633 进行投票后作为非仲裁方法进入到征询阶段,然后出版 ISO15633(ISO9686:1996 将被撤销)。该项目采用火焰原子吸收测定镍和铬含量,主要工作包括完成了 DIS 版的投票工作,没有反对票,召集人建议进入 FDIS 版。鉴于 WG21 工作已完成,2007 年经讨论决定撤销该工作组。

b WG39 全铁的测定(Total iron titration by Ti chloride reduction)

工作组任务是制定 ISO/CD 2597-2,其实该方法是 ISO9507:1990 的修订版。该项目召集人为日本的 Takizawa。ISO/CD 2597-2 为无汞测定方法。方法提供了 3 种分解方法——酸溶解、碱熔酸化、碱熔沉淀物酸溶,分别适用于不同钒、钼、铜含量的铁矿,溶液中的 Fe(Ⅲ)用 $SnCl_2$ 和 $TiCl_3$ 还原,过量的 $TiCl_3$ 以 $K_2Cr_2O_7$ 氧化(方法 1)或以高氯酸氧化(方法 2),两种方法都适合于铁含量在 30% ~72% 的各种铁矿。本方法建立的目的主要为避免使用汞这一环境污染元素。实验数据显示:当钒含量高时,标准样品的测定值和标准值存在显著性差异,尽管所用的标样比较老,但没有证据表明该定值有错误。中国宝钢对该方法进行了验证,指出:熔融坩埚的容量至少 50 mL,较小容量的坩埚可能由于样品溅出而导致偏差。通过分别研究钒含量对酸溶、碱熔、碱熔—过滤的影响,证明只有碱熔—过滤法钒几乎无影响,前两种都有显著影响且给予正向结果偏差,因此方法去掉碱熔法。因为全铁是主要的计价元素,贸易双方都对此非常关注。目前已完成了 DIS 版的投票工作,没有反对票,召集人建议进入 FDIS 版。鉴于 WG39 工作已完成,2007 年经讨论决定撤销该工作组。

c WG44 HBI/DRI 中金属铁的测定(Metallic iron in HBI/DRI)

WG44 承担《直接还原铁和热压块－金属铁含量测定－三氯化铁滴定法》制定，ISO/CD 16878 为委员会草案，该项目召集人为巴西的 R. Penna 女士。在 A 阶段，巴西投反对票，认为根据目前 ISO 发布的相关准则，该方法暂时不能作为标准出版，而以技术规范（TS）出版为好。会议同意该方法进行再一次修订后作为 TS 进入征询阶段。在 B 阶段，方法草案 ISO/CD 16878 提供的原理为，用 $FeCl_3$ 将 Fe 氧化为 Fe^{2+}，然后用 $K_2Cr_2O_7$ 标准溶液滴定。在该项目的第一次国际联合测试中，共有 4 份含量在 11% ~85% 的 －150 μm 样品分发给 19 个实验室，结果显示，在 95% 的置信水平下，平行测量差 R_D 最大为 0.46%，实验室间偏差 P 最大为 0.47%。同时，有一个实验室指出在分析其中的一个高碳样品时没有观测到终点，另一个实验室则说所有样品都没有观测到终点而且 $FeCl_3$ 发生水解，分析认为可能是溶解时温度过高。巴西对草案 ISO/CD 16878 作出文字性修改，并对该工作组近年来开展的工作进行了回顾。2007 年经讨论决定撤销该工作组，同时成立研究组，开展方法研究。

d　WG46A　砷含量的检测（Determination of arsenic by HG-AAS）

目前国际贸易的铁矿石的砷含量一般在 0.0001% 以下水平，而国际标准 ISO 7834 的测定下限是 0.0001%，已不适用。我国提出来两种砷的测定方法，氢化物原子吸收法和原子荧光法。这两种方法都具有两个明显的优点：一是灵敏度高，测量下限低；二是操作简便。它废弃了在 ISO 7834 采用的萃取富集的步骤（ISO 7834 的检测灵敏度使它不得不这么做），从而缩短了检测时间，提高了工作效率。氢化物原子吸收法是我国在 2003 年瑞典会议提出并由我国召集的工作组项目，该项目草案被注册为 ISO/WD17992。工作组由巴西、日本、荷兰、中国、波兰、南非、英国相关专家组成。2005 年，日本对该方法提出评议认为：（1）ISO/WD17992 所设计的溶样方法会有少量残渣不能溶掉，应当在草案中规定残渣处理方法；（2）国际上的实验室拥有原子吸收氢化物发生器有多种形式，而草案只规定了一种装置，因此该方法在国际间试验时会遇到困难。荷兰专家对草案提出编辑性意见及与日本同样的观点。SC2 认为，低含量的砷检测难度大但十分必要，根据新的 TCR4 规定的程序，草案注册为 ISO/PWI17992，WG46 终止，工作转到新成立的 SG18 继续进行研究工作，仍由中国任召集人。

e　WG 4　燃烧法测定硫含量（Determination of sulphur）

硫是铁矿石和钢铁中污染环境的有害元素，硫的检测一直受到重视。2003 年提交的 ISO/DIS 4689-2、ISO/DIS 4689-3 是两个标准草案，分别是滴定法和红外吸收法测定硫，二者的测量范围一样，但后者不适合化合水大于 3.0% 的铁矿。各成员均同意接受这两个标准草案。中国提出的一些建议，不是对该草案进行修改，只是希望在下次修订时予以考虑，内容涉及到测量范围和化合水含量的限制问题。由于标准已经出版，该工作组撤销。

3.3.1.2　研究组阶段

A　内部方法调查（SG9）

SG9 是由澳大利亚召集的一项实验室内部检测方法的调查，项目参加实验室对所选样品以两个月两个样品的频度进行 Fe、SiO_2、CaO、Mn、Al_2O_3、TiO_2、MgO、P、S、K_2O、Sn、V、Cr、Co、Ni、Cu、Zn、As、Pb、Ba、Na_2O、Cl 和 LOI 等检测，也可以说是一种实验室的能力验证，但该项目的目的更多意义在于调查各成员国对铁矿石检测方法的使用情况，为标准制定和修订提供数据支持。到目前为止已有 61 个来自 15 个国家或地区（澳大利亚、巴西、加拿大、中国、印度、印度尼西亚、意大利、荷兰、新西兰、波兰、南非、瑞典、中国台湾省、英国）的实验室参与，我国的天津检验检疫局、宁波检验检疫局参加了前几轮的工作。SC2 提请项目召集人考虑立项初衷，核算成本并依据 ISO 导则开展统计分析工作。经讨论决定该项目继续进行。

B 全铁测定 – XRF 光谱法(SG15)

SG15 是承担利用 XRF 法测定铁矿石中全铁的研究组，方法是利用铽(Tb)元素为内标测定全铁的一个仲裁方法。原先使用比较多的是用钴(Co)做内标，其缺点是铁矿中含有的 Co 往往导致较大的偏差。而铽(Tb)在铁矿含量极微，可以做到定量添加。该方法适用于所有种类的铁矿，测量时只测量 FeKα 和 TbLα 线的峰值而没有必要校正其重叠峰，这使得测量较为简单。

已验证 Mn、Ti、Ca、Pb、Si、Na 等元素对此没有干扰，Ni 有影响，但它在铁矿中含量太小可以忽略。用纯 Fe_2O_3 测试该方法，100% 含量的标准偏差为 0.033%；用 53 个 CRMs 测试该方法，测定值和标值的平均偏差为 0.035%，标准偏差为 0.19%。该方法用 99.999% 的 Fe_2O_3 或纯铁试剂作校准片，以 $Li_2B_4O_7$ 或 $Na_2B_4O_7$ 或 $Li_2B_4O_7$ 和 $LiBO_2$ 的混合物作熔剂，$NaNO_3$ 作氧化剂，NH_4I、NaI、NH_4Br、NaBr 作脱模剂。2005 年，经过澳大利亚 CSIRO 设在阿德莱得的研究所先期的研究工作和国际间熔片试验，分析了留在玻璃熔片表面微量铁、不同铽含量的熔剂、测量系统、制样重现性、仪器参数对误差的影响，得出误差与测量无关，与制样有关。报告提出今后的工作将继续研究制样方法，包括配方、熔剂批次、熔片尺寸、温度、冷却速度、氧化剂的存在与否、脱模剂的存在与否及时间、是否使用煤气炉还是电炉，另外分析条件将进行优化，如使用更小或更大的面罩。

由于该方法的样品制备重现性和再现性存在问题，按照第 22 次会议决议，召集人对熔融制样方法给出了更加详尽的指导意见书。在该指导意见的帮助下，有 10 个实验室参加了熔融制样精密度测试工作，并取得了成功。随即该项目进入了 B 阶段，安排了有 5 国 10 个实验室参加的 8 个样品测试工作，最后有 8 个实验室报出了数据，经统计，结果略有偏差，召集人将进一步研究产生偏差的原因。SC2 决定请巴西的 Marcio Castilho 依据 TCR5 对该项目数据进行统计分析。

C 钠的测定 – XRF 光谱法(SG16)

原先 SG16 的工作是捆绑在 WG42 的，但以往 ISO/WD16043 标准制定的工作仅涉及氯的测定，鉴于对钠检测的需要，2003 年后，SC2 成立了一个研究组 SG15，专门研究钠的测定。由于灵敏度不够，测量精度不太好，标准偏差为 $(13 \sim 122) \times 10^{-4}\%$，测量范围在 $100 \times 10^{-4}\%$ 以上，因此 XRF 方法测定钠没有更深的进展。随着新 XRF 仪器的开发和氯的测定项目的进展，另外氯测定项目所采用的熔片同样可兼用作钠测定项目的研究，到时继续启动钠项目的研究和积累数据。期间，研究组还进行了一些研究，评估了各生产厂家生产的最新型仪器的灵敏度，研究结果表明采用大电流、薄铍窗的新型仪器能够开展钠的测定，研究组与仪器生产商进行了合作，由三家仪器生产商协助制备了标准样片和空白样片，进行了测试条件试验、校准方法研究和谱线重叠校正研究。今后的工作将聚焦样品背景介质的影响和镁对检测的影响。项目将延长两年。

D 非完全氧化矿灼烧减量的测定(SG17)

SG17 是中国针对 WG33 制定的 LOI 检测方法范围(未包括磁铁矿)而提出一个解决方法的研究组。中国提出思路的缘由是因中国磁铁矿的进口量增加导致 LOI 检测结果的不一致出现的频度增高，方法的原理是建立一个校正公式，利用 FeO 校正测定磁铁矿灼烧减量，从而解决磁铁矿 LOI 结果负值问题。该工作组由中国召集，联合召集人为澳大利亚的 Mark

Fritz 先生。2005 年，Mark Fritz 对该项目做了细致的研究，重点对铁矿中非氧化元素在灼烧减量测试条件下的变化情况进行了研究，并对铁矿石灼烧减量数值分布情况进行了测试、统计，找出非全氧化矿物形式和元素，采用现代技术手段跟踪其在不同温度下的变化情况。具体从分析矿石的矿物组成着手，研究集中在亚铁、低价锰、挥发性元素等方面，利用 X 射线衍射仪检测了磁铁矿、赤铁矿、针铁矿、硅石、高岭土、水铝矿、金红石、锐钛矿等，也分析了碳、硫、锰矿的挥发、氧化机理，得出结论为：(1)铁矿石内含 3 种在 1000℃灼烧 1 h 不能完全被转化的矿物种类；(2)在先前版的 ISO/CD 11536 规定的时间、温度可完全氧化还原锰化合物；(3)在 1000℃灼烧 1 h 可完全氧化 Fe(Ⅱ)到 Fe(Ⅲ)，这个结果与上次会议中国提出的方法、数据相吻合；(4)LOI 的检测条件有能力分解白云石，在灼烧中，还原态的硫会以 SO_3 气体形式挥发。之后召集人换成中国的谷松海，Fritz 先生提供技术上的支持。最终提交的报告表明：自然态铁矿石中非全氧化物质在灼烧减量测试条件下均能够完全转化为氧化态，并建议将全氧化铁矿灼烧减量测试条件用于非全氧化铁矿石，即依据测试分析结果扩展 ISO/CD 11536 的测试范围，并使该标准囊括非全氧化铁矿石。SC2 要求 WG33 召集人修订 ISO/CD 11536，使其适用于全氧化和非全氧化铁矿石灼烧减量测定，同时委托 Mark Frit 先生安排含全氧化和非全氧化铁矿石灼烧减量的国际协同试验。鉴于 SG17 已完成了其工作任务，SC2 于 2007 年 10 月撤销该研究组。

E 砷的测定(SG18)

由于 WG46 未能在目标日期内完成各成员国一致接受的工作组草案，为继续完成《砷含量测定氢化物发生原子吸收法》标准制定工作，2005 年佩斯会议决定成立 SG18 继续从事方法研究，项目召集人为中国的应海松。根据 22 次会议日本、荷兰等国对该项目提出的建议，该项目之后研究了残渣中残留砷的状况，方法适用的仪器扩展到不同形式的氢化物发生器，重新准备了标准草案。在 2007 年加拿大会议中，与会代表同意该项目进入 CD 阶段，标准草案注册为 PWI，要求召集人尽快组织国际间精密度试验，完成委员会草案(CD)。

F 还原铁测定(SG19)

SG19 承担的项目是修订 ISO9035，即还原铁的测定，项目召集人为澳大利亚。该项目准备对该标准的检测下限及低含量还原铁测试方法等进行修订。目前该项目研究成果有：对低含量还原铁可以采用返滴定方法解决指示剂不能显色的难题；讨论矾、铜、钼的干扰，结论为其不干扰测定，但影响指示剂显色；研究了空白测定问题，得出了空白值；提议进一步开展电位滴定法研究。SC2 提请项目召集人考虑采用电位滴定法进行对比研究。

G 其他研究项目

a SG14－精密度(Precision)

SG14 是 2000 年巴西萨尔瓦多会议成立的研究组，目的是为了重复原先 SG5 的比较化学法和 XRF 法测定全铁结果值的工作项目，那时 XRF 法测定全铁和湿化学法测定全铁就表明两者结果有偏差的证据。本项目提供的报告回顾分析了研究全铁测定精密度的历史。

(1) XRF 法。1990～1992 年 XRF 测定值同标样值的平均偏差为 0.24%。之后，进行了 50 多个 CRMs 测定，平均偏差为－0.1%。1992～1994 年日本和澳大利亚用 10 个 CRMs 进行了 XRF 法和化学法的对比测定，两种方法的平均偏差为－0.058%，但 XRF 法和标值的偏差仍为 0.137%，标样的定值似乎偏高。1996 年在南非的会议上，文件 N1281 指出，除 NBS 的一个标样 XRF 的测定值偏高 0.07%外，其他所有样品均偏低，平均为 0.13%。

(2) $TiCl_3$ 还原法。问题集中在高钒铁矿的碱熔融法上,部分样品的测定结果存在显著性差异,澳大利亚的 NORRISH 博士认为应进行盲样及 15 个 CRMs 的进一步测试,以避免部分标样定值不准,巴西的 DE CASTILHO 认为高钒铁矿的国际贸易量很小,提出是否有必要进一步测试该方法。作为召集人的日本提供的数据仍然显示高钒铁矿的结果存在显著性差异,但日本表示将继续进行实验。该方法中的酸溶解法没有问题,可以作为仲裁方法使用。

(3) 计算法。计算法的精密度在上面已讨论,它可以作为实验室内的非仲裁方法使用。

报告认为,XRF 法不能作为仲裁方法使用;部分 CRMs 的定值,特别是高钒样品,应该重新确认,WG27 和 WG39 均支持这一观点。关于本研究组的报告所形成的决议为 20 号决议。SG14A 负责湿化学法测定全铁部分,SG14B 负责 XRF 法测定全铁部分。材料分别汇总了 SG14A、SG14B 的国际间试验数据,但未对比较结果作偏向性意见。鉴于召集人无意继续进行这项工作,SC2 同意撤销 SG14A。

b SG8 - 微波溶样法(Digestion of microwave oven)

微波溶样是一个研究了较长时间的课题,目前有几点已成定论:磷酸不能用,因为不能测定磷,尽管它有很好的溶解性;因为安全的原因,高氯酸不能用;硫酸也被淘汰,因为硫酸能影响 ICP 的原子化,而且硫酸盐也不好溶解;样品量应为 1 g。现在在研究利用抗坏血酸和盐酸并添加硝酸的方法溶解铁矿。中国宝钢提供了一个用盐酸、氢氟酸、双氧水溶解的方法,巴西代表建议该方法应添加一碱熔处理残渣的步骤,南非代表表示要和中国代表对这项课题加强联系。由于在瑞典会议后,召集人无任何新的报告提交,且该项目近几年无任何进展,SC2 同意按程序撤销 SG8。

c SG13-HBI/DRI 中微量元素(Trace elements of HBI/DRI)

WG44 和 SG13 的进展报告陈述了热压块中金属铁和碳、硫、脉石元素的罗宾实验结果与评论,SG13 所研究的元素测定,采用红外碳硫仪、XRF、ICP,个别元素如磷采用了光度法。鉴于该工作近几年无任何进展,会议决定撤销 SG13。

d 良好实验室规范(Good laboratory practise)

澳大利亚的 Mark Frit 先生提出了一套建立良好实验室规范的报告,重点阐述了 XRF 实验室的规范化管理问题,SC2 建议该项目的目标是作为 TC102 技术报告。

e SG20 - 电位滴定法测定全铁(Determination of total Fe—Potentio-metric titration)

这是 2007 年加拿大会议提交的新标准提案,原理为利用电位滴定法测定铁矿石中全铁。SC2 成立一研究组,召集人为中国应海松,目前草案注册为 PWI,项目组正在继续进行预阶段国际间验证试验。

3.3.2 ISO/TC102/SC2 废除、发布和即将发布的标准(2005 ~ 2007 年)

3.3.2.1 ISO/TC102/SC2 废除的标准

ISO/TC102/SC2 废除的标准如下:

(1) 取消所有比色法铁矿石标准(根据 2007 年加拿大会议决议 31)。

(2) 取消当前国际贸易矿石技术报告(ISO/TR11945:1998 修订)。原先关于当前贸易铁矿所检测项目的技术报告为 ISO/TR 11945,由于涉及粒度、水分、化学分析等信息已经过时,需要对该 TR 进行修订,但多数成员国认为有些信息涉及商业秘密,除非出口商自愿提供,ISO/TR 11945 修订才能继续进行下去。会议同意 ISO/TR 11945 在地区贸易市场环境下不切实可行,因此撤销该技术报告。

(3) ISO 9685:1996 铁矿石－镍和铬的测定－原子吸收光谱法被取消。

3.3.2.2 ISO/TC102/SC2 确认和复审的标准(2005~2007年)

ISO/TC102/SC2 确认和复审的标准如下:

(1) ISO 9035:1989 铁矿石－酸溶铁含量的测定－滴定法(Iron ores-Determination of acid-soluble iron(Ⅱ) content-Titrimetric method);

(2) ISO 10204:1992 铁矿石－锰含量的测定－原子吸收光谱法(Iron ores-Determination of magnesium content-Flame atomic absorption spectrometric method)。

3.3.2.3 ISO/TC102/SC2 新出版的标准(2005~2007年)

ISO/TC102/SC2 新出版的标准如下:

(1) ISO 2596:2006 铁矿石－分析样吸湿水测定－重量、卡尔费休、质量损失法(Iron ores-Determination of hygroscopic moisture in analytical samples-Gravimetric, Karl Fischer and mass-loss methods)。

ISO 2596:2006 标准的修订已进入 DIS 阶段,即《铁矿石－分析样的吸湿水测定－重量、卡尔费休和质量损失法》,原先的 ISO 2596 只有重量、卡尔费休法,此次修订版增加了质量损失法。N1726E 是巴西提供的一份采用质量损失仪器测定吸湿水所得测试结果,上次会议后巴西从澳大利亚接受了测试仪器进行相关工作,由于 ISO 2596 与 LOI 的专家是同一人,两者结果可以共享,经过巴西专家的测定,只对仪器的复杂性和操作及维护难度进行了评述,但对质量损失法的结果却很有信心。因此该 DIS 版可继续进入出版阶段。

(2) ISO 2597-1:2006 铁矿石－全铁含量测定－第一部分:氯化亚锡还原滴定法(Iron ores-Determination of total iron content-Part 1: Titrimetric method after tin(Ⅱ) chloride reduction)。

(3) ISO 4688-1:2006 铁矿石－铝含量测定－第一部分:原子吸收光谱法(Iron ores -Determination of aluminium-Part 1: Flame atomic absorption spectrometric method)。

(4) ISO 5416:2006 直接还原铁－金属铁测定－溴甲醇滴定法(Direct reduced iron-Determination of metallic iron-Bromine-methanol titrimetric method)。

(5) ISO 5418-1:2006 铁矿石－铜含量测定－第一部分:2,2′－联喹啉分光光度法(Iron ores-Determination of copper-Part 1: 2,2′-Biquinolyl spectrophotometric method)。

(6) ISO 5418-2:2006 铁矿石－铜含量测定－第二部分:原子吸收光谱法(Iron ores-Determination of copper-Part 2: Flame atomic absorption spectrometric method)。

(7) ISO 7764:2006 铁矿石－分析化学样预干燥(Iron ores-Preparation of predried test samples for chemical analysis)。

(8) ISO 9517:2007 铁矿石－水溶氯－离子选择电极法(Iron ores-Determination of water-soluble chloride-Ion-selective electrode method)。

(9) ISO 9682-2:2006 铁矿石－锰含量测定－第二部分:高碘酸盐分光光度法(Iron ores-Determination of manganese content-Part 2: Periodate spectrophotometric method)。

(10) ISO 9683-1:2006 铁矿石－钒含量测定－BPHA 分光光度法(Iron ores-Determination of vanadium-BPHA spectrophotometric method)。

(11) ISO 9686:2006 直接还原铁－碳硫的测定－高频燃烧红外检测法(Direct reduced

iron-Determination of carbon and/or sulfur-High frequency combustion method with infrared measurement)。

(12) ISO 10203:2006 铁矿石－钙含量测定－原子吸收光谱法(Iron ores-Determination of calcium-Flame atomic absorption spectrometric method)。

(13) ISO 11534:2006 铁矿石－锡含量测定－原子吸收光谱法(Iron ores-Determination of tin-Flame atomic absorption spectrometric method)。

(14) ISO 11535:2006 铁矿石－各种元素的测定－电感耦合等离子发射光谱法(Iron ores-Determination of various elements-Inductively-coupled plasma atomic emission spectrometric method)。

(15) ISO 13312:2006 铁矿石－钾含量测定－原子吸收光谱法(Iron ores-Determination of potassium-Flame atomic absorption spectrometric method)。

(16) ISO 13313:2006 铁矿石－钠含量测定－原子吸收光谱法(Iron ores-Determination of sodium-Flame atomic absorption spectrometric method)。

(17) ISO 16042:2007 铁矿石－有证参考物料使用指南(Iron ores-Guidelines for the use of certified reference materials (CRMs))。

3.3.3 ISO/TC102/SC2 发布文件目录

ISO/TC102/SC2 在 2005～2007 年间发布的文件目录见表 3－4。

表 3－4 ISO/TC102/SC2 发布文件目录(2005～2007 年)

文件编号	文件名称	时间
N1718 E	ISO/CD 2597-2 全铁－三氯化钛法 ISO/CD 2597-2 (Total iron-Titanium(Ⅲ) chloride reduction)	2005-09
N1719 E	22 次会议 WG43 召集人报告 WG 43 Convener report to 22nd meeting	2005-09
N1720 E	ISO/CD 16878 评议概要 Summary of comment on ISO/CD 16878 (DRI/HBI -Metallic iron)	2005-08
N1721 E	有证参考物料调查报告 CRM survey report	2005-08
N1722 E	ISO/WD 16879.2XRF 压片法 ISO/WD 16879.2 (Pressed powder XRF)	2005-08
N1723 E	22 次会议 WG40 召集人报告 Report of WG 40 Convener to 22nd meeting	2005-08
N1724 E	ISO/TR 11945 贸易铁矿石建议修订报告 Report on proposed revision of ISO/TR 11945 (Traded international ores)	2005-08
N1725 E	22 次会议项目状况报告 Project status report to 22nd meeting	2005-08
N1726 E	巴西质量损失项目报告 Report on mass loss programme by Brazil	2005-09
N1727 E	ISO/TC 102/TCR 5 修订 Revision of ISO/TC 102/TCR 5	2005-09
N1728 E	ISO/TC 102/TCR XX 参比方法 ISO/TC 102/TCR XX Referee methods	2005-09
N1729 E	22 次会议以来签署的文件 Documents issued since the 22nd meeting	2005-09

续表 3－4

文件编号	文件名称	时间
N1730 E	日本对 N1723 的评议 Japanese comments on N1723	2005-09
N1731 E	日本对 N1687 的评议 Japanese comment on document N1687	2005-09
N1732 E	日本对国际标准编辑性修订的评议 Japanese comments on editorial revision of International Standards	2005-10
N1733 E	使用铽测定全铁 Determination of total iron using terbium	2005-09
N1734 E	重新计算铁的统计分析 Statistical analysis of re-calculated iron values（WG 40）	2005-09
N1735 E	22 次会议决议 Resolutions of the 22nd meeting	2005-10
N1736 E	22 次会议简要报告 Brief report of the 22nd meeting to TC 102	2005-10
N1737 E	22 次会议报告草案 Draft report of the 22nd meeting	2005-10
N1738 E	WG27 参加 2005 年工作的问卷 WG 27 participation questionnaire 2005. doc	2005-10
N1739 E	WG33 参加 2005 年工作的问卷 WG 33 participation questionnaire 2005. doc	2005-10
N1740 E	WG40 参加 2005 年工作的问卷 WG 40 participation questionnaire 2005. doc	2005-10
N1741 E	WG42 参加 2005 年工作的问卷 WG 42 participation questionnaire 2005. doc	2005-10
N1742 E	WG43 参加 2005 年工作的问卷 WG 43 participation questionnaire 2005. doc	2005-10
N1743 E	WG45 参加 2005 年工作的问卷 WG 45 participation questionnaire 2005. doc	2005-10
N1744 E	SG9 参加 2005 年工作的问卷 SG 09 participation questionnaire 2005. doc	2005-10
N1745 E	SG15 参加 2005 年工作的问卷 SG 15 participation questionnaire 2005. doc	2005-10
N1746 E	SG16 参加 2005 年工作的问卷 SG 16 participation questionnaire 2005. doc	2005-10
N1747 E	SG17 参加 2005 年工作的问卷 SG 17 participation questionnaire 2005. doc	2005-10
N1748 E	SG18 参加 2005 年工作的问卷 SG 18 participation questionnaire 2005. doc	2005-10
N1749 E	SG19 参加 2005 年工作的问卷 SG 19 participation questionnaire 2005. doc	2005-10
N1750 E	ISO/CD 15633 NWI 阶段复原 NWI Reinstatement of ISO/CD 15633（nickel）	2005-11
N1751 E	ISO/CD 15633 复原投票 Vote on reinstatement of ISO/CD 15633. rtf	2005-11
N1752 E	ISO/WD 16879NWI 阶段复原 NWI Reinstatement of ISO/WD 16879（pressed powder XRF）	2005-11
N1753 E	ISO/WD 16879 复原投票 Vote on reinstatement of ISO/WD 16879	2005-11

续表 3－4

文件编号	文件名称	时间
N1754 E	ISO/CD 2597-2 NWI 阶段复原 NWI Reinstatement of ISO/CD 2597-2	2005-11
N1755 E	ISO/CD 2597-2 复原投票 Vote on reinstatement of ISO/CD 2597-2. rtf	2005-11
N1756 E	ISO/WD 22682 NWI 阶段复原 NWI Reinstatement of ISO/WD 22682 (plasma)	2005-11
N1757 E	ISO/WD 22682 复原投票 Vote on reinstatement of ISO/WD 22682	2005-11
N1758 E	ISO/PDTS 16878 NWI 阶段复原 NWI Reinstatement of ISO/PDTS 16878 (metallic iron)	2005-11
N1759 E	ISO/PDTS 16878 复原投票 Vote on reinstatement of ISO/PDTS 16878	2005-11
N1760 E	预干燥试样 NWI 提案 NWI proposal for predried test samples	2005-12
N1761 E	预干燥试样 NWI 投票 Vote on NWI for predried samples	2005-12
N1762 E	钙－AAS 法 NWI 提案 NWI proposal for calcium by FAAS	2005-11
N1763 E	钙－AAS 法 NWI 投票 Vote on NWI for calcium. rtf	2005-11
N1764 E	镁－AAS 法 NWI 提案 NWI proposal for magnesium by FAAS	2005-11
N1765 E	镁－AAS 法 NWI 投票 Vote on NWI for magnesium. rtf	2005-11
N1766 E	还原铁 NWI 提案 NWI proposal for reduced iron	2005-11
N1767 E	还原铁 NWI 投票 Vote on NWI for reduced iron. rtf	2005-11
N1768 E	ISO 4691 复审 Review of ISO 4691	2005-12
N1769 E	ISO 9682-1 复审 Review of ISO 9682-1	2005-12
N1770 E	ISO 9684 复审 Review of ISO 9684	2005-12
N1771 E	ISO 11533 复审 Review of ISO 11533	2005-12
N1772 E	氯－XRF 法 NWI 提案 NWI Chlorine by XRF	2006-02
N1773 E	氯－XRF 法 NWI 投票 Ballot on NWI Chlorine by XRF	2006-02
N1774 E	22 次会议最终报告 Final report of the 22nd meeting	2006-02
N1775 E	WD 16879 复原投票结果 Result of ballot on reinstatement of WD 16879	2006-08
N1776 E	WD 16403 复原投票结果 Result of ballot on reinstatement of WD 16403	2006-08
N1777 E	WD 22682 复原投票结果 Result of vote on reinstatement of WD 22682	2006-08

续表 3 – 4

文件编号	文件名称	时间
N1778 E	CD 2597-2 复原投票结果 Result of vote on reinstatement of CD 2597-2	2006-08
N1779 E	预干燥试样复原投票结果 Result of vote on NWI for predried test samples	2006-08
N1780 E	CD 15633 复原投票结果 Result of vote on reinstatement of CD 15633	2006-08
N1781 E	PDTS 16878 复原投票结果 Result of vote on reinstatement of PDTS 16878	2006-08
N1782 E	钙 NWI 投票结果 Result of NWI Ballot for calcium	2006-08
N1783 E	镁 NWI 投票结果 Result of NWI ballot for magnesium	2006-08
N1784 E	还原铁 NWI 投票结果 Result of NWI ballot on reduced iron	2006-08
N1785 E	ISO 4691 系统复审结果 Result of systematic review of ISO 4691	2006-08
N1786 E	ISO 9682-1 系统复审结果 Result of systematic review of ISO 9682-1	2006-08
N1787 E	ISO 9684 系统复审结果 Result of systematic review of ISO 9684	2006-08
N1788 E	ISO 11533 系统复审结果 Result of systematic review of ISO 11533	2006-08
N1789 E	工作组成员 Working group membership (2006)	2006-09
N1790 E	全铁 – XRF 法提案 NWIP Total iron by XRF	2006-12
N1791 E	全铁 – XRF 法投票 Vote on N1790 (total iron by XRF)	2006-12
N1792 E	ISO/CD 9682-1 (锰) ISO/CD 9682-1 (manganese)	2006-12
N1793 E	ISO/CD 9682-1 投票 Vote on ISO/CD 9682-1	2006-12
N1794 E	ISO/CD 9683-2 (钒) ISO/CD 9683-2 (vanadium)	2006-12
N1795 E	ISO/CD 9683-2 投票 Vote on ISO/CD 9683-2	2006-12
N1796 E	ISO/CD 4691 (钛) ISO/CD 4691 (titanium)	2006-12
N1797 E	ISO/CD 4691 投票 Vote on ISO/CD 4691	2006-12
N1798 E	ISO/CD 11533 (钴) ISO/CD 11533 (cobalt)	2006-12
N1799 E	ISO/CD 11533 投票 Vote on ISO/CD 11533	2006-12
N1800 E	ISO/CD TS 16878 (金属铁) ISO/CD TS 16878 (metallic iron)	2006-12
N1801 E	ISO/CD TS 16878 投票 Vote on ISO/CD TS 16878	2006-12

续表 3-4

文件编号	文 件 名 称	时 间
N1802 E	WG27 ISO 9516-2 统计结果(简化法) WG 27 Statistical results of ISO 9516-2 (simplified procedure)	2007-05
N1803 E	CD 9516-2 复原草案 CD 9516-2 re-instatement draft	2007-08
N1804 E	魁北克会议日程注意事项 Notice of Meeting/Draft Agenda-Quebec City	2007-07
N1805 E	CD 9516-2 复原投票表 - 表 5 CD 9516-2 re-instatement ballot form-Form 05	2007-08
N1806 E	22 次会议以来的秘书处报告 Secretary's report since the 22nd meeting	2007-09
N1807 E	23 次会议 SG9 召集人报告 Report of SG 9 Convener to the 23rd meeting	2007-09
N1808 E	23 次会议 WG42 召集人报告 Report of WG 42 Convener to the 23rd meeting	2007-09
N1809 E	23 次会议 SG15 召集人报告 Report of SG 15 Convener to the 23rd meeting	2007-09
N1810 E	23 次会议 SG16 召集人报告 Report of SG 16 Convener to the 23rd meeting	2007-09
N1811 E	23 次会议 SG17 召集人报告 Report of SG 17 Convener to the 23rd meeting	2007-09
N1812 E	23 次会议 SG19 召集人报告 Report of SG 19 Convener to the 23rd meeting	2007-09
N1813 E	23 次会议铁矿石 CRMs 报告 Report on iron ores CRMs for the 23rd meeting	2007-09
N1814 E	CRM 值表单 CRM values spreadsheet	2007-09
N1815 E	23 次会议 WG47 召集人报告 Report of WG 47 Convener to the 23rd meeting	2007-09
N1816 E	23 次会议 WG48 召集人报告 Report of WG 48 Convener to the 23rd meeting	2007-09
N1817 E	钙测定 - FAAS 法 Determination of calcium by FAAS	2007-09
N1818 E	镁测定 - FAAS 法 Determination of magnesium by FAAS	2007-09
N1819 E	全铁测定 - 电位滴定法 Determination of total iron by potentiometric titration method	2007-09
N1820 E	23 次会议 SG18 召集人报告 Report of SG 18 Convener to the 23rd meeting	2007-09
N1821 E	23 次会议 WG33 召集人报告 Report of WG 33 Convener to the 23rd meeting	2007-09
N1822 E	23 次会议 WG40 召集人报告 Report of WG 40 Convener to the 23rd meeting	2007-09
N1823 E	铁分析蒙托卡罗模拟 Monte Carlo simulations for detection of bias in Fe analysis	2007-09
N1824 E	LOI 吸湿水校正测定 Determination of LOI with hygroscopic moisture corrections	2007-09
N1825 E	全铁测定 - 电位滴定法提案 NWIP for determination of total iron by potentiometric titration	2007-09
N1826 E	WD 17992 砷草案 Arsenic draft -WD 17992	2007-09

3.3.4 ISO/TC102/SC2 相关决议（至 2007 年 10 月）

ISO/TC102/SC2 相关决议如下：

（1）决议 2（魁北克 2007）。与会代表接受技术委员会报告 N585、N586、N587、N588，秘书处将询问 ISO/TC 69/SC 6 以便评估 TCR5。

（2）决议 3、4（魁北克 2007）。与会代表同意巴西 De Castilho 先生重新计算样品数，以便在偏差 0.05% 以内用作全铁测定。同意准备一份向参与者调查测试项目的问卷，确认硅、铝、磷、镁、钾可接受最低偏差。

（3）决议 5（魁北克 2007）。与会代表接受 WG21 召集人提交的镍和铬 - 原子吸收测定法的报告，接受该工作组随 ISO 15633 出版而撤销，召集人将与澳大利亚的 Mark Fritz 联络镍值在 CRMs 的审核。

（4）决议 6 ~ 11（魁北克 2007）。与会代表接受 SG15 有关 XRF 测定全铁的召集人报告，SG15 的数据将被巴西的 De Castilho 用作 TCR5 评估。同意 SG27 关于 XRF 测定全铁简化版的召集人报告，秘书处提请一个新的预工作项目，修订 ISO 9516-1，使其包含漂移校正方法。同意把 ISO 9516-2 从工作组项目中撤销。同意 WG42 关于 XRF 氯含量测定的召集人报告，同意继续完成该项工作。同意 SG16 关于 XRF 钠测定的召集人报告，一个通过不同仪器和仪器条件测定钠的灵敏度的普查将由 Mark Fritz 主导。同意 WG43 关于粉末压片技术的召集人报告，该项工作将继续进行。

（5）决议 12、13（魁北克 2007）。与会代表同意 WG39 关于三氯化钛滴定法测定全铁的召集人报告，随着标准的出版工作组也随之撤销。同意 WG40 关于计算铁测定的召集人报告，该项目将等待 LOI 出版后，再继续进行精密度检验。

（6）决议 14（魁北克 2007）。与会代表同意 WG45 关于 ICP 测定各种元素的召集人报告，WG45 撤销，其工作转入一个新的研究组，ISO 22682 被删除。

（7）决议 15（魁北克 2007）。与会代表同意 WG33 关于吸湿水测定的召集人报告，同意撤销 WG33，并建立一个新的研究组，进一步进行吸湿水测定的研究，在 Fritz 主持下研究铁矿石热分解机理。

（8）决议 16（魁北克 2007）。与会代表建议，SC2 承担一项交货批水分测定方法的开发，澳大利亚 I. Kuscevic 承担这项新成立研究组的召集。

（9）决议 17（魁北克 2007）。与会代表建议，ISO 11536 项目组推迟直至测试工作全部完成和草案重新提交。

（10）决议 18 ~ 20（魁北克 2007）。与会代表接受 SG17 提交的关于非完全氧化铁矿石的召集人报告，ISO 11536 项目将涵盖非完全氧化铁矿石的工作，SG17 撤销。与会代表接受 WG47 关于试验样预干燥的召集人报告，WG47 撤销。与会代表同意删除 ISO 7764 和 ISO 26742 项目工作。

（11）决议 21、22（魁北克 2007）。与会代表接受 CRMs 重新计算的报告，建议这些审核延伸到实验室内、实验室间的精密度数据，其结果将通知 CRMs 生产商，最终数据将被编入 ISO 技术报告。由于 CRMs 使用指南已经出版，与会代表同意撤销 WG41。

（12）决议 23、24（魁北克 2007）。与会代表接受 WG44 关于金属铁测定的召集人报告，WG44 被撤销，一个开发直接还原铁和热压块金属铁测定的替代方法的新研究组成立。同意涉及三氯化铁测定金属铁的标准 ISO/TS 16878 将被出版，在 DIS 阶段收到的评议将被汇总。

(13) 决议 25(魁北克 2007)。SC2 主席赞扬 SG18 所开展的工作，征询巴西、加拿大、瑞典、南非意见参与。中国、澳大利亚、日本、荷兰同意参与，与会代表同意无论投票结果如何都将该草案推入 CD 阶段，并使项目激活，项目仍保留在 SG18，草案注册为 PWI，由中国召集。

(14) 决议 26(魁北克 2007)。与会代表接受 WG48 的钙、镁测定召集人报告，将此项目再继续两年，以求工作的顺利完成。

(15) 决议 27～29(魁北克 2007)。澳大利亚 Fritz 向日本询问该国还原铁测定的方法，认为将把结果与中国主持研究的电位滴定法结果对比。与会代表接受 SG9 召集人报告，提出根据 ISO 指南与巴西合并统计结果。日本提出，有关草案中精密度公式的变化会引起误解，因此所有草案将被核对以确保公式正确无误。

(16) 决议 30、31(魁北克 2007)。与会代表同意对以下工作项目进行复审：

ISO 4691：1985 被撤销；

ISO /CD 4691 由秘书处推进；

ISO/WD 7764 撤销，草案由秘书处保留；

ISO 9035 修订；

ISO/CD 9516-2 被撤销；

ISO/CD 9682-1 由秘书处推进；

ISO/CD 9683-2 由秘书处推进；

ISO/CD 10203 进入第三轮；

ISO/CD 10204 进入第三轮；

ISO/CD 11533 由秘书处推进；

ISO/CD 11536 被撤销；

ISO/DIS 15633 推进；

ISO/WD 16043 被撤销，但注册 PWI；

ISO/TS 16878 推进；

ISO/WD 16879 被撤销，但注册 PWI；

ISO/PWI 17992 保持为 PWI；

ISO/PWI 19804 被撤销；

ISO/PWI 20312 被撤销；

ISO/PWI 20133 保持为 PWI；

ISO/PWI 20134 被撤销；

ISO/WD 22682 被撤销，但注册 PWI；

ISO/NP 30022 保持为 NP。

与会代表同意所有使用比色法的标准全部取消。

(17) 决议 32、33(魁北克 2007)。与会代表同意中国的应海松为“电位法测定全铁”项目负责人，项目不遵循 NWIP 投票结果而直接注册为 PWI。与会代表同意 Fritz 提交的“良好实验室规范”报告，该报告将在代表和成员之间流转以求得到评议，最终目标是将该报告成为 TC 102/TR。

3.4 铁矿石物理试验国际标准制定和修订(SC3)

铁矿石物理测试 ISO 标准的制定和修订由 TC102 铁矿石物理测试分技术委员会承担,自 2003 年 SC3 与 SC5 合并之后,SC3 一直承担原 SC5 的直接还原铁标准制定和修订。本节主要介绍目前正处在研究组、工作组阶段的标准制定和修订和目前已经进入征询意见阶段(DIS)和正在批准阶段(FDIS)的标准开发。

3.4.1 ISO/TC102/SC3 正在制定和修订的工作项目(2005 ~ 2007 年)

目前 SC1 处在研究组的项目有 4 个,处在工作组的项目有 3 个,研究组和工作组编号、项目名称、召集人见表 3 - 5。

表 3 - 5 SC3 研究组和工作组情况(2005 ~ 2007 年)

WG/SG 编号	项 目 名 称	召 集 人
WG 7	热裂指数 Decrepitation index	澳大利亚, Liming Lu
WG 16	ISO4698 体积测定 - 水银替代法研究 Determination of volume in ISO 4698—Investigation of alternatives to mercury methods	瑞典, Dan Hallberg
WG 17	团聚指数测试 Determination of clustering index	巴西, Flá vio Lopes
SG 7	仪器、试验条件、举证、原理和程序条款复审 Review of clauses for apparatus, test conditions, verification, principle and procedure	巴西, A. Napoleão
SG 12	物理试验的制样、测量精密度 - ISO3082 的信息收集和数据产生 Precision of sample preparation and measurement for physical testing—Collection of information and/or generation of data for inclusion in ISO 3082	巴西, Marcelo Milheiro
SG 13	压溃强度—利用电子仪器收集数据 Crushing strength—Collection of data on the use of electronic devices	巴西, Marcelo Milheiro
SG 15	SC3 标准的质量测量定义 Definitions of mass measurements in SC 3 standards	澳大利亚, Liming Lu

3.4.1.1 工作组阶段

A 热裂指数(WG7)

该工作组修订 ISO 8371:1994,项目召集人报告了项目进展情况,建议考虑粒度的配比并通过相关试验来推进计划,4 个方面的工作已被开展:(1)召集人拟定一个综合测试方案,确立试样、样品制备、测试方法;(2)与所有参与者商定,选取分别来自巴西、澳大利亚的三种块矿,分别被属于巴西、澳大利亚的 2 个实验室加工,按预定程序进行测试;(3)选自 3 个矿山不同粒度的试验样进行样品制备,按要求分配给国际范围内的参与者,试样在(105 ± 5)℃烘至恒重,然后按要求试验;(4)试验完成后,数据返回。试验结论为:非标准样品与标准样品的平均热裂值具有相关性;对低热裂值的矿原有方法与设定方法差别不大,但对高热裂值的矿则不然;尽管试验条件设定尽量一致,但不同实验室结果还是有差别,因此还不能证明采用加工样品具有优势。

B　ISO 4698 体积测定—水银替代法研究(WG16)

该工作组负责 ISO 4698 体积测定—水银替代法研究,2007 年召集人提交了一个草案,内容涉及开发一种测量粉末体积的方法替代水银法,该工作组将继续研究试验条件,如粉末规格、校正程序、体积读取步骤。

C　团聚指数测试(WG17)

该工作组承担球团矿团聚性能测试标准的修订,本项目设定了 850℃、900℃、950℃三个不同温度对涂层球团矿和非涂层球团矿进行团聚试验,试验在巴西 SAMARCO 公司结合日常工作进行,研究发现,在 850℃时,直接还原反应器内的球团性能较好,850℃为原 ISO 11256 规定的温度,因此召集人推荐将 850℃仍作为 ISO 11256 的试验温度。

3.4.1.2　研究组阶段

A　仪器、试验条件、举证、原理和程序条款复审(SG7)

该研究组涉及的内容与 TC102 秘书处承担的 ISO 11323 术语的修订有关,即为与球团矿、直接还原铁有关的仪器、试验条件、举证、原理和程序条款复审。

B　物理试验的制样、测量精密度—ISO 3082 的信息收集和数据产生(SG12)

2005 年佩斯会议接受该项目召集人的报告,经讨论决定,考虑到对 SC1 和 SC2 前期工作产生的精度数据进行分析的必要,延长该项目的时间,同时要求 SG12 的专家对前期数据中的缺漏项进行补充,项目召集人在 ISO 3082 修订时向 SC1 提供经 SC3 成员确认后所获得的相关数据,在修订 ISO 3082 的时间框架下(一年),继续工作以完成目标。SC1 主席评议:对于热裂指数 β_{PM},假如"10 个测试平均值"从 ISO 3082 表 6 中去掉,则 5% 可认为是正确的。

C　压溃强度—利用电子仪器收集数据(SG13)

2005 年佩斯会议项目召集人的报告提到,搜集更多的数据以确定强度的下限值,当低于此值时压溃强度的测量将无效,巴西同意进行一项内部研究,积累与直接还原团矿相关的不同粒度范围的碰撞对强度影响的数据,相关信息在下一次会议上报告。中国宝钢对该项内容有一建议,因提供的支撑材料不充分,未被会议代表所理解和采纳。SC3 同意 ISO 4700 在下一个修订版加上"对于自动仪器,单个球团低于 10 达因强度值应从结果计算中剔除"。SG13 将再工作两年继续研究采样频率和压台移动速度对结果的影响。

D　SC3 标准的质量测量定义(SG15)

由于现行标准中关于质量的定义表述存在不一致的情况,经讨论决定,建立一新的研究组 SG15,澳大利亚作为项目召集人(Lu 博士),对此问题进行研讨,为将来 SC3 标准修订中涉及的质量测量的定义进行梳理,中国宝钢周星同意参加此项目的工作。该研究组将继续研究,准备在下一个会议提交相关议案,并应用在还原性标准的质量术语的表达。在 ISO 15698 的表观密度、质量定义之间的关系式也将被检验和确认,SC3 请求 ISO 中央秘书处将 FDIS 15698 退回到 DIS 阶段直至该定义被确认。

E　比表面的测定方法(SG17)

2007 年加拿大会议,巴西专家提出一个铁矿石细精矿比表面测定方法的方案。中国专家提出评议,认为细精矿比表面测定方法采用低温氮吸附法比勃氏法更有优势。SC3 成立一个研究组 SG17,巴西为召集人,同意参加的国家为加拿大、中国、德国、荷兰和瑞典。

F ISO 11257 和 ISO 11258 的适用性讨论

加拿大会议要求成立一个 SG18 研究组收集 ISO 11257 和 ISO 11258 使用者对炉料质量评价的适用性和接受度信息，SG18 将在下一次会议上提出一个推荐性的建议以完善将来的标准文本，荷兰为召集人，同意参加的国家为巴西、加拿大、德国、南非和瑞典。

3.4.1.3 被取消的研究组

SG14—“温度对炉料的粉化率的影响”（Influence of test temperature），因任务完成，经会议讨论决定解散该研究组。

3.4.2 ISO/TC102/SC3 复审、发布、即将发布的标准

ISO/TC102/SC3 即将发布的标准见表 3－6。

表 3－6 ISO/TC102/SC3 即将发布的标准

FDIS	投 票 结 果	中央秘书处的文件状态
3271	100% P 成员同意，2 修正	预计出版日期：2007-10-25
3852	100% P 成员同意，2 修正	已出版
4695	100% P 成员同意，1 修正	预计出版日期：2007-11-03
4696-1	100% P 成员同意，2 修正	预计出版日期：2007-10-25
4696-2	100% P 成员同意，3 修正	预计出版日期：2007-10-25
4698	100% P 成员同意，2 修正	预计出版日期：2007-10-25
4700	100% P 成员同意	已出版
7215	100% P 成员同意，1 修正	预计出版日期：2007-11-03
7992	100% P 成员同意，1 修正	预计出版日期：2007-11-03
8371	86.66% P 成员同意，1 修正，2 不赞成	未决－FDIS 收到的评议需要讨论
11256	100% P 成员同意，1 修正	预计出版日期：2007-11-03
11257	100% P 成员同意，1 修正	预计出版日期：2007-11-03
11258	100% P 成员同意，1 修正	预计出版日期：2007-11-03
13930	100% P 成员同意，1 修正	预计出版日期：2007-11-02
15967	100% P 成员同意，1 修正	预计出版日期：2007-10-19
15968	84.61% P 成员同意，1 修正，2 不赞成	未决－FDIS 收到的评议需要讨论

3.4.3 ISO/TC102/SC3 发布文件目录

ISO/TC102/SC3 在 2005～2007 年间发布文件目录见表 3－7。在 2005 年佩斯会议，对 16 个处于 DIS 阶段的投票终止后，尽管在 DIS 阶段不希望收到评议，但还是收到 ISO 中央秘书处的评议。因此秘书处将准备的草案和最终会议报告附上会议中讨论的评议，以便成员核对 FDIS，最终仅巴西提交草案评议。秘书处处理投票结果后准备了 16 份 FDIS 于 2007 年 3 月提交中央秘书处。同时提交各成员国希望在 2007 年 5～7 月间完成投票，投票于 2007 年 9 月结束。在投票过程中，日本提交涉及 ISO/FDIS 8371 和 ISO/FDIS 15968 的文件，在主席、秘书、日本和中央秘书处代表交换意见后，大家同意在加拿大会议继续展开讨论。

另外作为 SG12(物理试验取样和测量精密度)研究的成果,SC3 秘书处在 2007 年 5 月流转了内容涉及 ISO 3082 表 6、议案、投票单的相关文件。澳大利亚、巴西、日本、南非给予回复,都同意提议的 β_{PM} 值。之后,文件 N 1020 被发往 SC1 秘书,SC3 收到的 SC1 秘书回复的意见表明 SC1 同意 SC1/WG3 对块矿热裂指数的 β_{PM} 值的 ISO 3082 修订,SC3 秘书建议在加拿大会议就此事展开讨论并回复核定的 β_{PM} 值。

表 3-7 ISO/TC102/SC3 在 2005~2007 年间发布文件目录

文件编号	文件名称	日期
N 1013 E	ISO TC102/SC3 佩斯会议决议 Resolutions from ISO TC102/SC3	2005-09-13
N 1014 E	佩斯 ISO/TC 102 会议 SC3 最终会议报告 Report on the results of SC3 meeting to the final session of ISO/TC 102 meeting, Perth	2005-09-15
N 1015 E	佩斯会议 SC3 第 20 次会议报告草案 Draft report of the 20th meeting of ISO/TC 102/SC 3—Australia, Perth	2006-03-30
N 1016 E	20 次会议报告草案附Ⅰ-日程讨论概要 Appendix Ⅰ of the draft report of the 20th meeting of ISO/ TC 102/ SC 3-doc. 3 N 1014 E summary of discussions taken under agenda item 15 (doc. 3 N 1003 E Rev)	2006-03-07
N 1017 E	20 次会议报告草案的巴西评议 Brazilian comments on draft report of the 20th meeting of SC 3, doc. 3 N 1015 and N 1016 E	2006-10-20
N 1018 E	20 次会议最终报告 Final report of the 20th meeting of ISO/TC 102/SC 3—Australia, Perth	2006-10-20
N 1019 E	20 次会议最终报告草案附Ⅰ-日程讨论概要 Appendix Ⅰ of the final report of the 20th meeting of ISO/ TC 102/ SC 3-doc. 3 N 1018 E—Summary of discussions taken under agenda item 14 (doc. 3 N 1003 E Rev)	2006-10-20
N 1020 E	SC 3/SG 12 表 6 完成的议案 ISO/TC 102/SC 3/SG 12 proposal for fulfilment of Table 6—Precision of sample preparation and measurement for physical tests of ISO 3082	2007-03-10
N 1021 E	SC 3/SG 12 表 6 完成的议案投票 Member's vote on document ISO/TC 102/SC 3 N 1020 E-SG 12 proposal for fulfilment of Table 6—Precision of sample preparation and measurement for physical tests	2007-03-10
N 1022 E	魁北克会议日程注意事项 Notice of meeting/draft agenda—October 2007, Quebec City (Quebec)	2007-06-25
N 1023 E	SC3 秘书处进展报告 Progress Report of the Secretariat of ISO/TC 102/SC 3—Physical testing for the period September 2005 to September 2007	2007-09-12
N 1026 E	SC3/WG17 召集人报告 Convener's report of work undertaken by ISO/TC 102/SC 3/WG 17 for the period 2005 to 2007—Impact of higher test temperature to evaluate pellet clustering	2007-09-17
N 1027 E	SC3/SG12 召集人报告 Convener's report of work undertaken by ISO/TC 102/SC 3/SG 12—Precision of sampling preparation and measurement for physical testing—Collection of information and/or generation of data for inclusion in ISO 3082	2007-09-17
N 1028 E	SC 3/SG13 召集人报告 Convener's report of work undertaken by ISO/TC 102/SC 3/SG13 for the period 2005 to 2007—Collection of data on the use of electronic devices in ISO 4700	2007-09-17

3.4.4　ISO/TC102/SC3 相关决议(至 2007 年 10 月)

ISO/TC102/SC3 相关决议如下:

(1) 决议 3(魁北克 2007)。与会代表同意 SG12 召集人报告,答谢 SC1 主席对 ISO 3082 的修订意见。由于任务完成,SG12 撤销已完成的工作。

(2) 决议 4(魁北克 2007)。与会代表同意 SG13 召集人报告,同意在 ISO 4700 下一修订版加上相应条款。该研究组将继续完成采用频度与压台移动速度对检测的影响。

(3) 决议 5 ~7(魁北克 2007)。与会代表同意 WG7 召集人报告,了解到使用粒度 10 ~ 12.5 mm 试样的正向影响,但在此阶段对 ISO 8371 不做任何变化,WG7 放弃已经完成的工作,成立 SG16 收集信息和进行一个关于与炉温有关的测试程序,澳大利亚承担召集工作,巴西、中国、德国、日本、南非参与。与会代表同意:推迟 ISO 8371 的出版,FDIS 8371 退回到 DIS 8371,将附 A 从 FDIS 剔除,然后提请中央秘书处出版该标准。

(4) 决议 8(魁北克 2007)。与会代表同意 WG16 召集人报告,WG16 开始从事研究粉末规格、校正程序、体积读取步骤。

(5) 决议 9(魁北克 2007)。与会代表同意 WG17 召集人报告,认为该项工作应该扩展到更多的实验室,收集更多的样品,以评估对温度的敏感度,并进行罗宾试验。巴西承担召集工作,加拿大、德国、南非、瑞典参与。

(6) 决议 10(魁北克 2007)。与会代表同意 SG15 召集人报告,SG15 将继续完善相关术语的表达,以满足还原性标准需要,SC3 提请中央秘书处将 ISO 15968 从 FDIS 退回到 DIS,直至表观密度、质量定义等关系式确认后再次推进。

(7) 决议 11(魁北克 2007)。与会代表同意支持 SC2 开发一个金属铁测定环境更加友好的替换标准。巴西、加拿大、德国、南非、瑞典参与。

(8) 决议 12(魁北克 2007)。与会代表同意成立 SG17,收集信息和开发一个球团粉比表面积测定标准,巴西承担召集工作,加拿大、中国、德国、荷兰、瑞典参与。

(9) 决议 13(魁北克 2007)。与会代表同意成立 SG18,从直接还原工作者中收集关于 ISO 11257 和 ISO 11258 使用信息,以评估炉料质量。SG18 将建议下一个会议修订这两项标准。荷兰承担召集工作,加拿大、德国、南非、瑞典参与。

4 ISO 技术工作程序介绍

本章以 ISO 与 IEC 联合制定的技术导则，即以 ISO/IEC 导则第一部分为基础，介绍 ISO 国际标准化组织的技术工作程序。原先 ISO/IEC 导则有三个部分，目前已经紧缩到两个部分，并分别配有 ISO 或 IEC 规定程序的补充部分。导则第一部分对 ISO 与 IEC 都适用，为 2005 年出版的第五版，与 2001 年第四版相比，第五版把各技术管理局协议通过的改进吸收进来。该导则的原文可从 ISO 官方网站（http://www.iso.org）获得。本章仅介绍与铁矿石国际标准制定和修订开展技术工作须遵循的程序有关的导则条款。

ISO 和 IEC 按照国际标准的需要，制定高效、及时的程序，并得到广泛认可和普遍应用，这些程序基于以下几点：

（1）现代技术和项目管理。在程序的框架下，工作变得快捷，专家组和秘书处的工作由于新技术和现代项目管理方法的引进得以改进。

（2）协商一致。协商一致要求解决实质性分歧，是获得广泛认可和应用的国际标准准备过程中基本的程序性原则和必要条件。尽管快速推进技术工作很必要，在批准阶段之前仍需要充足的时间来讨论、协商并解决重大技术争议。

（3）纪律。国家团体要遵守最后期限和时间表的规定以避免冗长而不确定的“死时间”。同样，为了避免重复讨论，国家团体负责保证其技术立场在国家层面考虑所有相关方的利益，并且明确立场不应该拖到最终（批准）阶段。此外，国家团体还需明白，一旦实质性评价提交大会讨论不能达到预期目的，就没有机会与国内其他代表再进行磋商，没有必要的提前协商很难快速达成一致。

（4）成本—效率。这些程序考虑了操作总成本。“总成本”包括国家团体直接支出、日内瓦办事处的支出（主要由国家职能部门资助）、国家或国际性工作组和委员会专家的差旅费及时间成本。

本章所要用到的组织缩写：

联合技术顾问局：Joint Technical Advisory Board（JTAB）

联合协调组：Joint Coordination Group（JCG）

联合工作组：Joint Working Group（JWG）

技术委员会：Technical Committee（TC）

分技术委员会：Subcommittee（SC）

工作组：Working Group（WG）

项目研究小组：Project Team（PT）

预备工作项目：Preliminary Work Item（PWI）

新工作项目提案：New Work Item Proposal（NP）

工作草案：Working Draft（WD）

委员会草案:Committee Draft(CD)

ISO 国际标准草案:ISO Draft International Standard (DIS)

最终国际标准草案:Final Draft International Standard(FDIS)

公用规范:Publicly Available Specification(PAS)

技术规范:Technical Specification(TS)

技术报告:Technical Report(TR)

4.1　技术工作的组织结构及职责

4.1.1　技术管理局的作用

技术管理局负责管理各组织内技术工作,特别是:

(1) 技术委员会组建;

(2) 技术委员会主席的任命;

(3) 技术委员会和(有时)分技术委员会秘书处的分配或再分配;

(4) 技术委员会工作的标题、范围和程序的批准;

(5) 批准组建和解散技术委员会的分技术委员会;

(6) 必要时对特殊技术工作项目优先权的分配;

(7) 协调技术工作,包括对与多个技术委员会利益相关的标准制定的责任分配,或者共同制定;技术管理局可以建立一个由相关领域专家组成的顾问团,帮助达成基本的、部门内和部门间的一致计划和新工作需要。

(8) 在 CEO(首席执行官)的帮助下监控技术工作进展,并采取适当行动;

(9) 总结并规划新技术领域工作的需求;

(10) ISO/IEC 导则及其他技术工作的维护;

(11) 对国家机构提出的原则性问题的考虑,以及关于新工作项目提案、委员会草案、征询草案或者最终国际标准草案决议的诉求。

4.1.2　技术管理局顾问组

技术管理局顾问组工作内容如下:

(1) 具有 4.1.1 节第(7)项顾问作用的小组可以:

1) 由一个技术管理局建立;

2) 由两个技术管理局共同建立。

(2) 建立小组的提案应该包括有关授权调查范围及章程的推荐信,包括充分代表影响利益的需求。同时,尽可能限制其规模以保证有效运行。比如,可以决定成员为有关技术委员会的主席和秘书。并且在任何情况下,技术管理局应决定建立小组及成员的任免准则。小组提议的任何关于其授权调查范围、章程、适当的工作方法变动,都应该提交技术管理局获得批准。

(3) 小组的任务包括涉及起草及出版协调的议案准备(特别是国际标准、技术规范、公共规范和技术报告),不包括这些文件的准备工作,除非有技术管理局的明确授权。

(4) 以保证出版为目的的任何文件准备应与相关程序法则相符。

(5) 小组工作的成果应以推荐形式递交给技术管理局。推荐可以包括工作组或联合工作组的提案。工作组应该在相关技术委员会的范围内工作。

(6) 具有咨询功能小组的内部文件应该仅分发给内部成员,并复制一份给首席执行官办公室。

(7) 小组一旦完成其特殊使命,就应该被解散,其后续工作通过正常联络机制来完成。

4.1.3 联合技术工作

联合技术工作如下:

(1) 联合技术顾问局(JTAB)。联合技术顾问局的任务是避免或消除 ISO 和 IEC 可能的或实际存在的重复技术工作,根据需要制定合作计划。联合技术顾问局只负责处理那些在现有程序下以较低程度不能解决的问题,这些事例可以包括计划和程序及技术工作等问题。联合技术顾问局做出的和两个组织(ISO/IEC)相关的决定必须立即执行,不受至少三年的上诉的支配。

(2) 联合技术委员会。联合技术委员会的建立由国际标准化组织技术管理局和国际电工委员会标准管理部共同决定,或者由联合技术顾问局决定。

(3) 首席执行官的作用。首席执行官负责贯彻 ISO/IEC 导则和其他技术工作规则及其他事务。为此,首席执行官的办公室安排技术委员会、理事会及技术管理局之间的沟通。提交文件的程序背离,如果没有 ISO/IEC 首席执行官或 ISO/IEC 联合技术顾问局的认可,就不能被采纳。

4.1.4 技术委员会的建立

技术委员会的建立工作如下:

(1) 技术委员会的组建和解散由技术管理局负责。

(2) 技术管理局通过与技术委员会协商,可以将现有分委员会改为技术委员会。

(3) 不同组织可以提交新领域技术活动需要组建新技术委员会的工作提案,具体包括:

1) 国家成员体;

2) 技术委员会或分技术委员会;

3) 政策委员会;

4) 技术管理局;

5) 首席执行官;

6) 负责管理对组织内认证系统的团体;

7) 国家成员体成员的另一国际组织。

(4) 提案应以适当的格式书写,包括:

1) 提案人;

2) 提案主题;

3) 工作范围以及提案工作初始程序;

4) 提案的论证;

5) 如果适用,其他团体对类似工作研究进展调查;

6) 和其他团体的任何必要的联络。

把表格提交首席执行官的办公室。

（5）首席执行官收到提案后应该立即与利益相关方商议，包括技术管理局主席，如果必要，可以建立一个特别咨询组对提案进行调查。首席执行官通过磋商得出的任何评议和建议都应该添加到提案里。

（6）首席执行官办公室应将提案分发给各组织（ISO 或 IEC）内相关成员国团体，征询他们是否：

1）支持成立新的技术委员会；

2）积极参与新工作委员会的工作。

提案还应提交给另外一个组织（IEC 或 ISO）征求评议和一致意见。流转后 3 个月内以适当的方式对提案做出答复。

（7）技术管理局对回复和以下内容做出评估：

1）决定成立新的技术委员会，提供 2/3 国家成员投票赞成该提案，并且至少 5 个国家成员表示愿意积极参与，分派秘书处。

2）把工作指派给赞成相同准则的现有的技术委员会。

（8）技术委员按成立的次序编号。如果一个技术委员会被解散，它的编号不应再分配给其他技术委员会。

（9）决定建立新的技术委员会就应尽快安排必要的联络方式。

（10）新技术委员会成立后应尽快对其名称和职责范围达成一致，最好用信函的方式。范围是对技术委员会工作界限描述的最好定义。技术委员会范围定义首先应该以"……的标准化"或"在……领域的标准化"等字面对其定义，且尽可能简明起草。技术委员会的范围并不是指国际标准化的总目标或者重复所有技术委员会的管理原则。规定技术委员会范围之外的问题非常必要，这些问题以"不包括：……"列在范围末尾。

（11）名称和范围由首席执行官负责提交给技术管理局批准。

（12）技术管理局或某技术委员会可以提议修改最新的名称和/或范围。修改的措词由技术委员会撰写并提交技术管理局批准。

4.1.5　分技术委员会的建立

分技术委员会的建立工作如下：

（1）分技术委员会的组建和解散由上级委员会积极成员国 2/3 多数投票决定，交由技术管理局批准。分技术委员会成立的条件还包括必须有国家成员表示愿意承担秘书处工作。

（2）分技术委员会成立时至少包括 5 个上级技术委员会成员国表示愿意积极参与。

（3）分技术委员会按成立顺序依次指定代号。如果某一个分委员会解散，它的代号不能分配给其他的分委员会，除非技术委员会的解散是全面重组的一部分。

（4）上级委员会在其范围之内定义分委员会的名称和范围。

（5）上级技术委员会秘书处应以适当方式通知首席执行官办公室决定组建分技术委员会，再由首席执行官办公室提交技术管理局批准。

（6）当建立分技术委员会的提案获得批准后，尽快安排建立任何和其他成员必要的联络。

4.1.6 参与技术委员会和分技术委员会的工作

参与技术委员会和分技术委员会的工作如下：

(1) 所有成员国代表都有权参与技术委员会和分技术委员会的工作。为了达到最大效率和必要的工作纪律，每个国家团体如欲参加技术委员会或分技术委员会，则：

1) 积极参与工作，有义务对正式提交的国际标准征询稿和最终稿中的问题在技术委员会或分技术委员会内进行表决，并参加会议（积极成员国）；

2) 担任观察员接收委员会的文件，有权提交评议并参加会议（观察成员国）。

在一个给定的委员会里，一个国家团体可以既不是积极成员国，也不是观察成员国，此时，他就没有权利和义务对上述委员会有关的工作进行汇报。然而，所有国家团体不管在技术委员会或分技术委员会的身份如何，都享有对国际标准征询稿和最终稿的表决权。

国家团体有责任以一种高效及时的方式组织其国家力量，并站在国家层面考虑相关利益。

(2) 分技术委员会的会员资格对上一级委员会的积极成员和观察成员开放。分技术委员会积极成员可以同意技术委员会观察成员，无需改变其在上一级技术委员会中的身份状态。技术委员会成员在成立之时应给予表明想成为积极成员或观察成员的意愿机会。技术委员会成员并不意味自动具有分技术委员会会员资格，技术委员会任何利益相关成员的身份状态都需要确认。

(3) 任何技术委员会或分技术委员会国家团体在任何时候可以通过告知首席执行官和相关技术委员会秘书处开始、结束或更改其成员身份。

(4) 技术委员会或分技术委员会积极成员国有下列情况的，委员会秘书处要通报 ISO 首席执行官：

1) 经常表现不积极且连续在两次会议没有任何贡献的（参与可通过直接参与或通过书信方式参与）；

2) 不参与技术委员会或分技术委员会（比如新的工作项目提案）投票。

接到通报后，首席执行官将提醒该国家团体履行其积极参与技术委员会或分技术委员会的工作的义务，如果该提醒没有得到满意答复，该成员国身份将自动转变为观察成员国，若在随后的 12 个月内向首席执行官提出希望恢复其积极成员国身份的诉求，将获批准。

(5) 如果技术委员会/分技术委员会积极成员国未能对由各委员会准备的国际标准的征询稿或最终稿进行表决，首席执行官将会提醒该国家团体履行其表决义务，如果该提示没有得到满意答复，该成员国身份将自动转变为观察成员国，若在随后的 12 个月内向首席执行官提出希望恢复其积极成员国身份的诉求，将获批准。

4.1.7 技术委员会和分技术委员会主席

技术委员会和分技术委员会主席工作内容如下：

(1) 任命。TC 主席由 TC 秘书处提名，由技术管理局批准，SC 主席由 SC 秘书处提名，由 TC 批准。首次任命的期限最多为 6 年，最多可延期 3 年，延期最多次数无规定；每次延期需上一级委员会批准。

(2) 职责。技术委员会主席负责该技术委员会所有的管理工作，包括所有分技术委员会和工作组。在与技术委员会相关的重要事务上,他将通过技术委员会秘书处给技术管理局建议。为此,他要通过各分技术委员会秘书处搜集各分技术委员会主席的报告。技术委员会/分技术委员会主席应该:

1）担当纯粹的国际工作者,放弃他/她的民族性观点;他/她不能在其负责的委员会内同时担任国家团体代表;

2）指导技术委员会/分技术委员会秘书开展工作;

3）引导会议对委员会草案达成一致;

4）确保会上所有观点都得到详细总结以便被所有与会者理解;

5）确保会上所有决定表述清楚并采用可行的书面形式(由秘书在会议期间进行确认);

6）在征询阶段做出适当的决议。

如果由于不可预料的原因主席未能出席会议,将由与会者选举产生一名会议主席。

4.1.8 技术委员会/分技术委员会秘书处

技术委员会/分技术委员会秘书处工作内容如下:

(1) 分配。技术委员会秘书处由技术管理局分派某一国家团体担任。分技术委员会秘书处由上一级技术委员会分派。但是,如果两个或两个以上国家团体要求担任同一分技术委员会秘书处,将由技术管理局决定指派秘书处。技术委员会和分技术委员会将秘书处分派给以下这些国家团体:

1）表示积极参与技术委员会/分技术委员会工作的意愿;

2）愿意履行秘书处职责,并确保具备充分可用资源以适应秘书处工作。

一旦决定技术委员会/分技术委员会秘书处由某一国家团体承担,该国家团体要指派一名合格人选来担任秘书。

(2) 职责。担当秘书处工作的国家团体要确保为各技术委员会/分技术委员会提供技术和行政服务。秘书处对监控、报告、工作进程负责,竭尽全力确保工作早日圆满结束。这些工作要尽可能提供通讯形式完成。秘书处对ISO/IEC导则和理事会、技术管理局决议负责。秘书处应确保及时完成下述工作:

1）准备委员会草案,安排分发和评议意见收集处理,纸质文件将逐步被电子文档替代,尤其是DIS和FDIS阶段的电子投票系统的启用促使电子文件管理系统的采用,详细信息参见ISO标准开发计算机及电子通讯相关技术使用说明。

2）会议准备,包括:

① 议程的制定和分发;

② 安排分发议程上列出的所有文件,包括工作组报告,并标出会议上必须讨论文件部分;

③ 议程上出现的文件的评议编辑整理。

3）记录会议决议并在会议期间形成书面形式,进行确认。

4）准备会议备忘录。

5）准备提交技术管理局(技术委员会秘书处)或上级委员会(分技术委员会秘书处)的报告。

6）准备国际标准征询稿和最终稿。

技术委员会或分技术委员会秘书处负责完成英语版本和法语版本文件,必要时,如果其他国家团体愿意,在其协助下完成相关语言译本。在任何情况下,每个技术委员会或分技术委员会秘书处要与主席保持密切联系。秘书处要以一个国际工作者身份承担工作,放弃其所属国家观念。

技术委员会秘书处要与首席执行官办公室和相关技术委员会成员(包括分技术委员会成员和工作组成员)保持密切联系。分技术委员会秘书处要与上级技术委员会秘书处保持密切联系,必要时也要与首席执行官办公室保持紧密联系,并与相关分技术委员会成员(包括工作组成员)保持联系。技术委员会或分技术委员会秘书处向首席执行官办公室及时提交修正会员和注册为 ISO 工作组会员身份的记录。

(3）技术委员会秘书处的更换。如果某国家团体不愿再担任委员会秘书处,应至少提前 12 个月及时通知首席执行官。技术管理局决定将秘书处工作移交给另外的国家团体。如果技术委员会秘书处在相应程序上未能持续履行其职责,首席执行官或国家团体可以将问题提交到技术管理局,技术管理局可以对可能更换担任秘书处的国家团体进行复审。

(4）分技术委员会秘书处的更换。如果某国家团体不愿再担任分技术委员会秘书处,应至少提前 12 个月及时通知上级委员会。如果分技术委员会秘书处在相应程序上未能持续履行其职责,首席执行官或国家团体可将问题提交上一级技术委员会,上级技术委员会通过积极成员国多数票选举,对分技术委员会秘书处进行重新指派。

对以上情况,技术委员会秘书处应进行征询以获得其他分技术委员会积极成员国担任秘书处工作的意图。由于技术委员会结构的缘故,秘书处的重新指派与技术委员会秘书处的重新指派相关联,如果两个或更多的国家团体要求担任同一个分技术委员会秘书处,由技术管理局决定分技术委员会秘书处的重新指派;如果只有一个成员国提出申请,由上一级技术委员会指定。

4.1.9 编辑委员会

为了修正和编辑国际标准的委员会草案、征询稿和最终稿,并确保其符合 ISO/IEC 导则第二部分的要求,推荐技术委员会成立一个编辑委员会。该委员会至少包括:

(1）母语为英语并具备足够法语知识的技术专家;

(2）母语为法语并具备足够英语知识的技术专家;

(3）项目领导人。

项目领导人和/或秘书直接对其中一种语言译本负责(国际电工委员会(IEC)首席执行官(CEO)办公室的一名代表必须出席编辑委员会会议)。若各技术委员会或分技术委员会秘书处需要,编辑委员会就要召开会议以修正和编辑通过书信方式接收的并需要进一步处理的草案。编辑委员会应当配备电子文本处理装备并提供可机读的定稿版。

4.1.10 工作组

工作组工作内容如下:

(1）技术委员会/分技术委员会可以成立工作组以执行特殊任务。工作组可通过由上级委员会指派的召集人向上级技术委员会/分技术委员会做工作报告。一个工作组包括数量限制的几个专家。他们分别由积极成员国、上级委员会 A 和 D 联络组织指派，共同执行工作组的特殊任务，这些专家是以个人身份参加而不是积极成员国、上级委员会 A 和 D 联络组织的官方代表。然而，他们还是与积极成员国或联络机构保持密切联系并向其汇报工作进展以及在最初阶段工作组内部出现的各种观点。

工作组规模有限，因此，技术委员会/分技术委员会可以对专家总数和每个积极成员国指派的最大限度的专家数量做出决定。一旦决定成立一个工作组，积极成员国和 A、D 联络组织将接到要求指派专家的官方通知。工作组可按成立的先后顺序进行编号。

当技术委员会决定成立工作组时，召集人/代理召集人应当被立即任命并在 3 个月内安排工作组的首次会议。在委员会会议之后应将该信息及时与委员会积极成员国和 A、D 联络组织沟通，并邀请他们 6 个星期之内指派专家。

(2) 在工作组第一次会议之前，技术委员会秘书处应该把工作组组成情况(包括姓名、地址、电话、传真和 E-mail 地址)发送给工作组召集人。同时，把成员姓名发送给工作组其他成员和上级委员会成员。

(3) 完成任务后——通常指到征询阶段末期——工作组将被解散，项目领导人要以顾问身份保留到出版阶段结束。

(4) 分发工作组内部文件和工作报告，方法方式见 4.1.8 节(2)项 1)分项。

(5) 特殊情况下，需要成立联合工作组(JWG)来执行有多个 ISO 和/或 IEC 技术委员会或分技术委员会感兴趣的特殊任务。由于行政管理需要，联合工作组隶属于某一个共同提名的上级委员会。成立 ISO/IEC 联合工作组的提案中应该明确说明哪个组织负责出版物出版和后续的维护工作，并提交技术管理局批准。

4.1.11 技术委员会顾问组

技术委员会顾问组工作内容如下：

(1) 顾问组由技术委员会或分技术委员会组建，用以协助主席和秘书处协调、规划和指导技术委员会工作，或其他特殊任务顾问工作。

(2) 组建顾问组的提案应明确说明其章程依据，需充分考虑利益相关方需求，同时要严格控制顾问团规模以确保其有效运作。顾问组成员由国家团体提名。最终由上级技术委员会批准其章程。

(3) 顾问组工作包括制定与起草相关的提案或者协调一致的出版物(特别是国际标准、技术规范、公共规范和技术报告)，不包括上述文件的准备工作。

(4) 顾问组的结论将以建议的形式推荐给组建团体，这些建议包括为出版物的准备工作而组建工作组或联合工作组的提议。

(5) 顾问组内部文件具有参考作用，只能在其成员间发放，并分别拷贝一份给相关技术委员会秘书处和首席执行官办公室。

(6) 顾问组完成其特定任务后将被解散。

4.1.12 特别工作组

技术委员会或分技术委员会成立特别工作组以研究精确定义问题，在同一会议或最近即将举行的会议上向上级技术委员会汇报。特别工作组成员来自出席会议的上级技术委员会代表,必要时,也可由技术委员会指派专家以作补充。上级委员会还要指派一名大会报告起草人。会议上报告陈述完毕后,特别工作组自行解散。

4.1.13 技术委员会间的联络

技术委员会间的联络工作如下:

(1) 在每个组织内部,具有相关工作领域的技术委员会和/或分技术委员会之间要保持密切联系,同时,和负责标准化基础工作方面(如:术语和图形符号等)的技术委员会保持密切联系。这种联系包括新工作项目议案和工作草案等基本文件的交换。

(2) 维系这种联系是技术委员会秘书处的责任,也是分技术委员会秘书处的工作。

(3) 技术委员会/分技术委员会可以指派一名或数名观察员跟踪有联络关系的另一个技术委员会或它的一个或多个分技术委员会的工作。观察员的指派要提前通报该技术委员会秘书处,以便在观察员和技术委员会/分技术委员会秘书处之间传递所有相关文件。观察员要及时向指派他的技术委员会/分技术委员会秘书处汇报工作进展。

(4) 观察员有权参加所跟踪的技术委员会/分技术委员会会议,但没有表决权,他们可以在会议中参与讨论,包括提交书面评语。假如愿意,他们可以参加技术委员会或分技术委员会工作组会议。

4.1.14 国际标准化组织(ISO)和国际电工委员会(IEC)间的联络

ISO 和 IEC 的技术委员会或分技术委员会间建立广泛联络是非常必要的。其联络渠道通过双方首席执行官办公室建立。至于涉及双方的新课题研究,当一个组织内只要有可能使另一组织也感兴趣的新项目或修订计划,首席执行官们要谋求合作以避免在工作进程中出现工作重叠或双重努力。由 ISO 或 IEC 指派的观察员有权参加预定的另一组织中技术委员会/分技术委员会会议讨论和提交书面评论,但没有表决权。

4.1.15 和其他组织的联络

和其他组织的联络工作如下:

(1) 为了提高效率,联络应该是双向互惠的。工作开展初级阶段就应该考虑建立所需的联络机制。联络组织应该遵从 ISO/IEC 导则相关版权政策,不论版权属于联络组织还是其他团体。版权声明将提供给联络组织,并邀请说明其可接受性。合作组织无权对文件提交收取任何费用。

(2) 联络组织要遵照 ISO/IEC 程序,并接受关于著作权的要求。联络种类如下所述:

1) A 类。该联络组织可以为技术委员会/分技术委员会问题的解决提供有效援助,获得所有相关文件并被邀请出席技术委员会/分技术委员会会议,也可提名专家参加工作组/项目研究小组(WG/PT)。

2) B 类。该联络组织希望被告知有关技术委员会/分技术委员会工作的情况,并获得相关工作报告。

3) C 类。保持为 ISO/IEC JTC1。

4) D 类。该联络组织积极参与工作组、修正组和项目组工作并做出技术贡献。

4.2 国际标准的研究

4.2.1 项目步骤

4.2.1.1 战略计划

每个技术委员会都应在其活动领域内制定一个战略计划,该战略计划应考虑到工作项目开展的商业环境;说明其工作项目中哪些正在扩展,哪些已经完成,哪些即将完成或稳步进展,哪些没有确定进展和哪些需要取消;评估需要修订的工作(可参见 2001 年版的 ISO/IEC 导则 ISO 补充程序);对新需求的展望,战略计划形式上要与技术委员会保持一致,包括在委员会报告中报技术管理局评估和批准。

4.2.1.2 项目阶段

表 4－1 列出了技术委员会工作开展的各项目阶段,给出了各阶段涉及的文件名称。

表 4－1 项目阶段和相关文件

项目阶段	相关文件	
	名 称	缩 写
预备阶段 Preliminary stage	原始工作项目书 Preliminary work item	PWI
提案阶段 Proposal stage	新工作项目提案 New work item proposal	NP
准备阶段 Preparatory stage	工作草案① Working draft(s)①	WD
委员会阶段 Committee stage	委员会草案① Committee draft(s)①	CD
征询阶段 Enquiry stage	征询稿② Enquiry draft②	DIS
批准阶段 Approval stage	国际标准最终稿③ final draft International Standard③	FDIS
出版阶段 Publication stage	国际标准 International Standard	ISO

① 在附录 A 表 A－2 中这些阶段被省略。

② 国际标准草案是 ISO 的范畴。

③ 可能被省略。

附录 A 表 A－2 说明了国际标准从准备到最终正式公布的各个阶段。附录 A 表 A－1 说明了项目阶段的矩阵表达,并给出各分阶段的数字代码。

4.2.1.3 项目描述和接受

项目可描述为趋于导致新的、修正的、修订的国际标准出台等所有工作,项目可以被逐步细分。只有当提案与相关程序(见 ISO/IEC 导则 ISO 补充程序中 2.9)一致并被接收后,项目才可以开展。

4.2.1.4 工作程序

工作程序如下:

(1) 技术委员会/分技术委员会项目工作程序包括所有分派到的项目,包括已出版标准的维护。

（2）工作程序建立过程中，每个技术委员会或分技术委员会都应考虑部门计划的需求，就像初始国际标准所需外部资源一样。

（3）项目应在技术委员会允许范围内。主题选择要通过详细审查与政策目标和ISO、IEC资源保持高度一致。

（4）每个项目在其工作程序阶段都应该有一个编号，并保持到该工作程序完成或授权删除。如有必要，技术委员会或分技术委员会可以对项目进行细分，再细分工作必须严格保持在原始项目的范围内，否则，需提出新的工作项目提案。

（5）工作程序应该适当说明分技术委员会和/或工作组、分配到该项目的项目团队。

（6）同意的新技术委员会工作程序需报技术管理局批准。

4.2.1.5 目标日期

技术委员会或分技术委员会应按以下步骤为每个处在工作规划阶段的项目设定预完成日期：

（1）工作草案第一稿完成（项目发起人为新工作项目提案提供了工作文件提纲）；

（2）委员会草案第一稿的流转；

（3）征询草案的流转；

（4）最终国际标准草案（首席执行官办公室同意）的流转；

（5）国际标准的出版（首席执行官办公室同意）。

这些预定完成日期要满足尽可能短的开发时间要求，还要考虑到快速制定国际标准并向首席执行官办公室（对所有国家团体分发出版信息）报告。建立目标日期。

在建立目标日期时要考虑各项目间的关系。优先考虑能够确立国际标准的项目，条件是这些国际标准将作为其他国际标准执行的依据。最高优先级给予那些被技术管理局公认的能够对国际贸易产生重大影响的项目。

制定目标日期时可以参考以下期限（新的工作项目获得批准的前提下）：

（1）工作草案（如果未附提案）的有效日期：6个月；

（2）委员会草案的有效日期：12个月；

（3）征询草案的有效日期：24个月；

（4）批准稿的有效日期：33个月；

（5）标准出版的有效日期：36个月。

技术管理局可以指示各技术委员会或分技术委员会秘书处向首席执行官办公室提交最新有效草案作为技术规范出版。所有目标日期有必要适时复审和修正，并在工作程序中明确指出。修订的目标日期要通报技术管理局。技术管理局将取消那些处于规划阶段5年或更长时间且仍未达到批准阶段的工作项目。

4.2.1.6 项目管理

技术委员会或分技术委员会秘书处负责管理本委员会工作规划中所有项目，包括监督工作进度是否符合预定日期。如果没有完成目标日期且缺乏充分支持（即不能满足新工作项目验收要求），技术委员会有权取消该工作项目。

4.2.1.7 项目领导人

为了开展项目，技术委员会或分技术委员会要给每个项目指定一名项目领导人（工作组/项目组召集人、指定的专家或者秘书），要顾及该项目发起人对项目领导人的任命。确保项目领导人有权使用适于工作开展的相关资源。项目领导人要充当一名纯粹的国际工作者身份,放弃其自身国家观念。必要时项目领导人随时可担任顾问,考虑从提交议案阶段到最终出版阶段出现的技术问题。项目领导人向相关技术委员会报告项目进展情况。秘书处应将各项目的领导人姓名和地址通报给首席执行官办公室。

4.2.2 阶段控制

分技术委员会、工作组或项目团队应向技术委员会作阶段进展报告。秘书处之间通过会议协调进展。首席执行官办公室应监控所有工作进展并定期向技术管理局报告。

4.2.2.1 预备阶段(Preliminary stage)

技术委员会或分技术委员会通过积极成员国简单多数投票引入工作程序和尚未成熟到要进入下一阶段的初始工作项目。预备阶段适用于那些无法确立目标日期的工作项目。技术委员会要对所有初始工作项目进行定期审核,估计各个项目所需资源。该阶段适用于每一个新工作项目提案的详尽细节和初稿的进展。预备阶段之前,所有这些项目都要获得批准。

4.2.2.2 提案阶段(Proposal stage)

提案阶段工作如下:

(1) 一个新的工作项目提案(NP)具体内容如下:

1) 新标准;

2) 现有标准的部分新内容;

3) 对 ISO 现有标准或其中部分内容的修订;

4) 对 ISO 现有标准或其中部分内容的修正案;

5) 一项技术规范或公共规范。

(2) 在现有技术委员会或分技术委员会范围内,一项新工作项目提案可能由下列各组织制定:

1) 某国家团体;

2) 该技术委员会或分技术委员会秘书处;

3) 另一个技术委员会或分技术委员会;

4) 联络组织中的某一个组织;

5) 技术管理局或其某一顾问组;

6) 首席执行官。

(3) 与 ISO 和 IEC 相关的技术委员会,其首席执行官应安排必要的协作。

(4) 每新工作项目提案应使用适当格式表达并经过了充分论证。新工作项目提案的提出者应该:

1) 尽一切努力提供一份工作草案初稿用作讨论,或者至少提供一份工作草案大纲;

2) 提名一位项目领导人。

完整格式副本应在技术委员会或分技术委员会成员间流转以争取积极成员国的选票和观察成员国的信息。

在正文中应该明确说明出版的有效提议日期。关于新工作项目提案的决议可以通过通信方式或技术委员会/分技术委员会会议方式进行。如果会上决定一项新工作项目提案,该项目提案应列入会议议程。表决结果应在3个月内返回或在会场当场表决获得。如果积极成员国同意参与工作,应以适当形式推荐一名或数名专家。各成员国应结合相关原则完成回执。

(5) 接受要求。承诺积极参与项目开发,也就是在预备阶段做出有效贡献,通过提名技术专家和对工作草案给出评论。工作项目只需5个ISO积极成员国同意即可,参与项目的积极成员国可以超过5个,并需要技术委员会或分技术委员会过半数的积极成员国投票批准。

(6) 新工作项目提案一旦被接受,就要被作为新项目以适当的优先权在相关技术委员会或分技术委员会工作程序中注册,并在首席执行官办公室注册。已经同意的目标日期要在表格适当位置说明。

(7) 工作程序中项目内容决定提案阶段。

4.2.2.3 准备阶段(Preparatory stage)

准备阶段包括符合ISO/IEC导则第2部分要求的工作草案(WD)的准备。当方案得到认可,项目领导人与积极成员国提名的专家在批准期期间一起工作。在会上或通过信函方式,秘书处向技术委员会或分技术委员会建议建立工作组或项目团队,召集人通常就是项目领导人。通常情况下,负责项目进展的项目负责人召集和主持工作组或项目组会议。他可以邀请一名工作组或项目组成员担任秘书。应尽力准备好英语和法语文本,以免在项目的后期阶段延误时间。如果要准备三种语言(英语—法语—俄语)的标准,则本条款将包括俄语文本。当工作草案可以作为委员会草案初稿分发给技术委员会或分技术委员会成员并在CEO办公室注册时,准备阶段结束。

4.2.2.4 委员会阶段(Committee stage)

委员会阶段工作如下:

(1) 委员会阶段是最主要的阶段,在此阶段,考虑来自各国家团体的评议意见,力求在技术层面达成一致。因此,成员国代表应当仔细研究委员会草案,并提出中肯意见。委员会草案初稿应尽快分发给委员会或分技术委员会所有积极成员国和观察成员国,并注明意见反馈最后期限。应保证在3个月的时间给各国家团体对委员会草案初稿提出意见,根据给定说明对评议意见进行编辑汇总。在会议前,各国家团体应代表国家立场对其作简要说明。

(2) 意见回馈截止日期之后不超过4个星期,秘书处要着手编辑各种评议,并负责安排在技术委员会或分技术委员会内所有积极成员国和观察成员国间发行。在准备编辑阶段,秘书处需对编辑方案作简要说明,并与技术委员会或分技术委员会主席协商,必要的时候还要和项目负责人商议,为了项目的继续进行也可以做以下工作:

1) 在下次会议上讨论委员会草案和评议;

2) 发行一份委员会草案修正案以作考量;

3) 注册委员会草案到征询阶段。

如果方案发出后两个月内有2个或更多的积极成员国不同意秘书处提议,那么委员会草案还要经过再次会议讨论。

(3) 如果一个委员会草案经过会议讨论但未达成一致,这种情况下,应将委员会草案结合会议决议一同发放下去并留出3个月的考虑时间。3个月时间可以让各会员国代表对委员会草案及后续各种译本进行评议。对后续草案应继续讨论直到得到技术委员会或分技术委员会多数积极成员国一致同意,或者决定放弃或推迟该项目。发行征询草案的决定应以协商一致原则为基础。

(4) 严格以 ISO/IEC 导则 2:1996 对协商一致的定义为依据,技术委员会或分技术委员会主席负责与其委员会秘书处(必要时与项目领导人)协商以判断是否有充分的支持。

(5) 协商一致。即普遍同意,特点是综合考虑所有参与方意见以协调争议,最终使各方对实质内容的任何重要部分没有持续的反对意见。协商一致并不意味着全体同意。

(6) 在 ISO 中,万一一致结论受到质疑,由技术委员会或分技术委员会 2/3 多数积极成员国投票赞成,则认为该委员会草案已得到充分认可,可以注册为征询草案;同时尽一切努力解决反对意见。

(7) 负责委员会草案的技术委员会或分技术委员会秘书处应确保征询草案完全包括通过会议或信函形式达成的各种决议。技术委员会或分技术委员会一旦达成一致意见,为了分发给各成员国以征询意见,秘书处最长在 4 个月内以适当电子表格形式将草案最终版本提交给首席执行官办公室(若是分技术委员会草案,需复制一份给技术委员会秘书处)。

(8) 当所有技术问题得到解决,委员会草案可以作为征询草案发行并已经在首席执行官办公室注册,则表示委员会阶段结束。在注册前,正文与 ISO/IEC 导则第二部分不符部分应返回秘书处请求修正。

(9) 如果技术问题在适当期限内没有得到完全解决,技术委员会或分技术委员会可能希望考虑以技术规范形式出版一份尚未达成协议的折中国际标准。

4.2.2.5 征询阶段(Enquiry stage)

征询阶段工作如下:

(1) 到达征询阶段,首席执行官办公室应在 4 周内将征询稿(ISO 称为国际标准草案)分发给各成员国代表,留出 5 个月的时间用来投票表决。各国家团体应仔细考虑首席执行官办公室要求收回投票的日期。投票阶段结束后,首席执行官应在 4 周内综合所有评议后将投票结果发送给技术委员会或分技术委员会主席和秘书处,以便快速采取行动。国家团体提交的投票应明确指出:赞成、反对或弃权。

(2) 赞成票应附有编辑性或技术评议,秘书与技术委员会或分技术委员会主席及项目负责人协商后,决定如何处理。某国家团体认为征询草案不能接受,需投反对票并陈述技术理由。可以简要说明如果接受指定的技术更改建议,可以改反对票为赞成票,但不能投以接受更改为条件的赞成票。

(3) 征询草案满足以下条件,则认为获得通过:

1) 至少 2/3 的赞成票由技术委员会或分技术委员会积极成员国(P-members)所投;

2) 反对票不超过总票数的 1/4。

计票时,弃权票及未附技术理由的反对票不计在内。过了正式投票期限收到的意见,将交给技术委员会或分技术委员会秘书处,在下次国际标准复审时考虑。

(4) 对于收到的投票结果和所有意见,技术委员会或分技术委员会主席同秘书处及项目负责人合作,通过与 CEO 办公室协商,须采取下述一种措施:

1) 当标准通过时,修正后的征询草案将作为最终国际标准草案登记在册;

2) 未收到关于征询草案的反对票,可直接出版;

3) 当不满足 4.2.2.5 节第(3)项的通过标准时,应做以下工作:

① 发送一份修订后的征询草案进行投票,ISO 对校正后的征询草案的投票期限为 2 个月,如有委员会内一个或多个积极成员国要求,这一期限可延长至 5 个月;

② 发送一份修正后的委员会草案进行评议;

③ 下次会议上讨论征询草案及评议意见。

(5) 投票结束后 3 个月内,技术委员会或分技术委员会秘书处须整理出一份完整的报告,交由 CEO 办公室分发到各成员国代表处。报告应:

1) 显示投票结果;

2) 声明技术委员会或分技术委员会主席的决定;

3) 再现所有意见原文;

4) 包括技术委员会或分技术委员会秘书处对收到所有意见的观察报告。

须尽一切努力解决反对票问题。自分发日期起 2 个月内,如果有两个或更多积极成员国不同意主席的决定,则该草案须在会上讨论。

(6) 当主席已经做出进入批准阶段或出版阶段决定时,技术委员会或分技术委员会秘书处须在投票阶段结束后 4 个月内在编辑委员会的协助下准备好一份最终文本,并发送给 CEO 办公室以准备和分发最终国际标准草案。秘书处须提供可编辑电子文本给 CEO 办公室。注册前,不符合 ISO/IEC 导则 2 的部分应返还给秘书处要求其修改。

(7) 出版的最终国际标准草案或国际标准在 CEO 办公室注册后,征询阶段结束。

4.2.2.6 批准阶段(Approval stage)

批准阶段工作如下:

(1) 在批准阶段,ISO/CEO 办公室须在 3 个月内,将最终国际标准草案(FDIS)分发给各成员国机构,进行为期两个月的投票。各国家团体将被告知向 CEO 办公室投票的截止日期。

(2) 各国家团体的投票须明示:赞成、反对或弃权。如果某国家团体投赞成票,则不需要任何意见。如果某国家团体认为最终国际标准草案(FDIS)不能接受,需投反对票并阐明技术理由,不得投以接受某些修改为条件的赞成票。

(3) 满足以下两点的最终国际标准草案即为获得通过:

1) 最好是技术委员会或分技术委员会中 2/3 多数积极成员国投赞成票;

2) 反对票不超过总票数的 1/4。

在计票时,弃权票和没有附技术理由的反对票不计在内。反对票中技术理由将提交技术委员会或分技术委员会秘书处在下次国际标准复审时予以考虑。

(4) 在投票结束前,技术委员会或分技术委员会秘书处有责任让 CEO 办公室注意在草案准备过程中可能引入的任何错误,本阶段不接受进一步的编辑或技术性补充条款。

(5) 投票结束两周内,CEO 办公室须分别给各国家团体发送一份报告,显示投票结果,简要说明各国家团体是正式批准出版该项国际标准,还是正式否决最终国际标准草案。反对票的技术理由只作为信息附加在后。

(6) 如果最终国家标准草案与 4.2.2.6 节第(3)项情况一致,则获得通过,进入出版阶段。

(7) 如果最终国家标准草案与 4.2.2.6 节第(3)项情况不符,则未通过,须将文件退还相关技术委员会或分技术委员会,按照反对票提供的技术理由重新审议。委员会可以决定以下内容：

1）在ISO内，将草案作为委员会草案、征询草案或最终国际标准草案重新提交；

2）发表一份技术规范；

3）取消该项目。

（8）投票报告声明最终委员会草案被批准作为国际标准出版，或者发表一份技术规范，或者文件被返回技术委员会，均表明批准阶段结束。

4.2.2.7 出版阶段（Publication stage）

CEO办公室须在2个月之内更正技术委员会或分技术委员会秘书处指出的任何错误，并将国际标准打印和分发。国际标准的出版表明出版阶段结束。

4.2.2.8 国际标准的维护（Maintenance of standards）

任何ISO标准出版后都要进行系统复审以便决定是否确认、修订、转换其他形式、撤回，见表4－2。国际标准的维护、系统复审、撤回及以数据库形式维护方式参见附录B的图B－1、B－2、B－3流程图。

表4－2 系统复审时间表

种类	系统复审前最长时间	可被确认最多次数	最长周期
国际标准	5年	无限制	无限制
技术规范	3年	1次	6年 （假如此期间后未转换，建议撤回）
公共规范	3年	1次	6年 （假如此期间后未转换，建议撤回）
技术报告	无规定	无规定	无限制

4.2.3 其他程序

4.2.3.1 技术勘误表和修正

一项已出版的国际标准随着以下文件的出版不断被修正：

（1）一份技术勘误表（或现行版本的校正再版）；

（2）一项修正案。

技术勘误表和修正案均以单行本出版，受影响的国际标准版本不再印刷。

（1）技术勘误表。一份技术勘误表的发行是为了改正以下内容：

1）起草或印刷造成国际标准、技术规范、公共规范或技术报告中的技术错误或含糊不清之处会导致对国际标准不正确的或不安全的应用；

2）出版以来，信息已过时，提供的改进对国际标准的技术规范性要素没有任何影响。

（2）对国际标准的应用结果不产生错误的，如很小的印刷错误，不发行技术勘误表。可疑的技术错误或过时信息应引起相关技术委员会或分技术委员会秘书处的注意。经秘书处和主席确认，必要时与项目负责人和技术委员会或分技术委员会积极成员国协商，秘书处须向CEO办公室提交一份改正提案，并应说明该项工作的必要性。

（3）首席执行官与技术委员会或分技术委员会秘书处协商，兼顾组织的财政状况和国际标准用户的利益，决定是否出版一份技术勘误表或现行版本的校正或更新版。

4.2.3.2 修正案(Amendments)

修正案是对现行国际标准中既定技术条款进行改动和/或补充。在批准阶段,首席执行官与技术委员会或分技术委员会秘书处协商,并兼顾给组织带来的财政后果及国际标准使用者的利益,决定是否出版修正案或出版纳入修改内容的新版国际标准。如果预料到将对一项国际标准进行多次补充,尽可能在起草这些补充内容时作为一个系列(见ISO/IEC导则第二部分)。在对某项现行国际标准进行修改时,不应发表两份以上的技术勘误表或修正案单行本。如果需要发表第三本修改文件,则须出版新版国际标准。

4.2.3.3 维护代理(Maintenance agencies)

当技术委员会或分技术委员会发起的某项标准需要不断修改时,须确定一个维护代理。

4.2.3.4 注册机构(Registration authorities)

当技术委员会或分技术委员会发起的某项包括注册内容的标准时,注册机构是必须的。

4.2.3.5 版权(Copyright)

所有草案、国际标准和其他出版物的版权由CEO办公室代表的ISO(一个与标准相关的组织)所有。

4.2.3.6 专利证书(Reference to patented items)

专利证书包括以下内容:

(1)特殊情况下,如果通过技术原因证实原则上对于协商准备中的一项国际标准无异议,包括受专利权保护的条款的应用,如基于发明的实用新型和其他法律权限及上述所有已出版的应用条款——即使标准中的条款没有备选依据。

(2)如果技术原因证实一份正在准备中的文件包含了受专利保护的条款的应用,须遵循下列程序:

1)议案提出者提请技术委员会注意提案人已知的并打算涵盖的任何专利权的条款文件,任何涉及文件准备的相关团体须提请让委员会注意其在标准开发各阶段涉及到的专利权。

2)如果提案在技术层面已被接受,提出者须请求每个固定专利权持有者发表一份声明,表明专利权持有者愿意与世界各地申请者协商在合理、无歧视情况下提供世界范围许可。这种协商由相关团体在ISO和/或IEC之外进行。在ISO中央秘书处或IEC中央办公室注册处应有专利持有人的这份声明,且须将声明引入到相关文件中。如果专利持有者未提供该份声明,在ISO理事会或IEC理事会没有授权的情况下,相关委员会不得继续进行文件中受专利权保护部分条款。

3)在固定专利权持有人的声明收到之前,文件不得出版,除非得到理事会的授权。

通过合理的、非歧视的途径不能获得待发文件中相关条款专利权许可的,文件须返回相关委员会做进一步考虑。

4.3 其他研究、会议及诉求

4.3.1 其他文件的开发

4.3.1.1 技术规范(Technical Specifications)

技术规范内容如下:

（1）在下述情况和条件下准备并出版技术规范。

1）当课题存在问题仍处于开发状态或由于其他原因不能即刻批准出版国际标准时，技术委员会或分技术委员会决定发表一份合适的技术规范。将文件作为技术规范发表，需要技术委员会或分技术委员会中 2/3 多数积极成员国投票赞成才可行。在前言中说明发表技术规范的理由及其与期望出版的国际标准的关系。

当技术规范用作“预标准化目的”时，前言里应包括下列适时完成的文档：

“This document is being issued in the Technical Specification series of publications (according to the ISO/IEC Directives, Part 1, 0.1.1) as a ‘prospective standard for provisional application’ in the field of… because there is an urgent need for guidance on how standards in this field should be used to meet an identified need.

This document is not to be regarded as an ‘International Standard’. It is proposed for provisional application so that information and experience of its use in practice may be gathered. Comments on the content of this document should be sent to the…[ISO Central Secretariat or IEC Central Office]…

A review of this Technical Specification will be carried out not later than 3 years after its publication with the options of: extension for another 3 years; conversion into an International Standard; or withdrawal.”

2）当国家标准最终稿的批准不能获得所需支持时，或担心不能达成共识，可通过 2/3 多数积极成员国投票表决，技术委员会或分技术委员会可以决定将文件以技术规范形式出版。未能获得所需支持的原因在技术规范的前言部分给出。

（2）当技术委员会或分技术委员会积极成员国同意出版该项技术规范时，技术委员会或分技术委员会秘书处须将规范草案电子文本发送给首席执行官办公室，并于 4 个月内将其出版。

（3）技术规范须在出版后 3 年内提交技术委员会或分技术委员会复审。复审的目的是为了再次测试规范出版后的适用性，如果可能，争取获得必要的同意出版为一项国际标准取代原来的技术规范。

4.3.1.2　公共规范(Publicly Available Specifications, PAS)

公共规范是一种中间规范，在一项完整国际标准开发之前出版。公共规范提案由 A 类联络组织或 D 类联络组织或委员会积极成员国负责制定。公共规范经过相关委员会对其内容进行核实并查证与现有国际标准不冲突，由相关委员会多数积极成员国投票赞成，则可以出版。一项公用规范初始最长有效期为 3 年。经过修订为另一种正式文件后，有效期可再延长 3 年，或者被撤销。

4.3.1.3　技术报告(Technical Reports)

当某技术委员会或分技术委员会从已出版国际标准中搜集了不同类型的数据时（比如，在国家团体中进行的调研数据、其他国际组织的工作数据或国家团体在特定项目上反映国际标准“技术发展水平”数据等），通过 2/3 多数积极成员国投票表决，技术委员会或分技术委员会可以决定让首席执行官将这些数据以技术报告形式出版。该文件本身须是纯粹的信息性的，而不得暗含其标准性，还要清楚说明与已经是或即将成为国际标准下的某个课题的标准方面之间的联系。首席执行官（必要时与技术管理局协商）决定是否将该文件以技术报告形式出版。

当技术委员会或分技术委员会同意出版某个技术报告时,技术委员会或分技术委员会秘书处须将报告草案电子文本发送给首席执行官办公室,并于4个月内将其出版。

需要注意的是,为了确保技术报告的有效性,技术报告由技术委员会负责复审。技术报告的撤销由技术委员会或分技术委员会决定。

4.3.2 会议

4.3.2.1 概述

概述如下:

(1) 在任何情况下,技术委员会和分技术委员会应尽可能用现代电子途径开展工作(例如:电子邮件、组件和电信会议)。只有在需要讨论委员会草案(CD)或遇到其他通过电子途径不能解决的问题时,才召开技术委员会或分技术委员会会议。

(2) 根据工作计划,技术委员会秘书处与 CEO 办公室协商,为技术委员会及其分技术委员会(如果可能还包括其工作组)提前着眼拟定一份至少两年的会议计划。

(3) 在安排会议时,为了增进交流并减轻与会代表同时需要参加若干技术委员会或分技术委员会会议的负担,应尽可能考虑对相关学科技术委员会或分技术委员会召开分组会议。

(4) 还应考虑在技术委员会或分技术委员会会议结束后,编辑委员会便于在原地尽快准备草案来举行会议。

4.3.2.2 召集会议的程序

召集会议的程序如下:

(1) 技术委员会和分技术委员会会议。

1) 会议日期和地点须在相关技术委员会或分技术委员会主席和秘书处、首席执行官和会议主办国国家团体之间达成一致。在召开分技术委员会会议时,分技术委员会秘书处须首先同上级委员会秘书处协商以确保各会议之间的协调。

2) 希望主办某次特定会议的国家团体需要同首席执行官及相关技术委员会或分技术委员会秘书处联系。该国家团体首先须确定本国没有对为出席会议而入境的技术委员会或分技术委员会任何积极成员国的限制。

3) 秘书处须确保会议议程至少在会议召开之前4个月由 CEO 办公室(在 IEC 中)或提交了复印件给 CEO 办公室的秘书处(在 ISO 中)出版。像新工作项目提案等其他基础文件也必须在同样的期限内分发下去。至少在会议召开前6个星期,只有那些委员会草案意见汇编准备完毕并纳入到会议议程内,且符合会上讨论要求的列入会议议程。其他工作文件,包括将要在会议上讨论的对草案的意见汇编,至少在会议召开前6个星期的时间分发下去。

(2) 工作组会议(Working group meetings)。

1) 在任何情况下,工作组应尽可能用现代电子途径开展工作(例如,电子邮件、组件和电信会议)。需要召开工作组会议时,工作组会议召集人须在之前至少6个星期发布会议通知,通知其成员和上级委员会。会议安排由召集人和会议主办国的工作组成员共同决定,后者负责所有实际工作的安排。

2) 如果工作组会与上级委员会会议同时召开,会议召集人须与上级委员会秘书处协调安排。尤其要保证工作组成员收到发给上级委员会代表的会议总说明。

4.3.2.3　会议语言

会议语言是英语、法语和俄语,会议可采用其中一种或多种。俄罗斯联邦成员机构负责俄语全部口译和笔译工作。主席和秘书处根据 ISO 或 IEC 通则,从某种意义上来说,以与会者都能接受的方式处理会议语言问题。

4.3.2.4　会议取消

应尽一切努力避免已召集的会议取消或延期。然而,如果不能按要求的时间准备好会议议程和基本文件,首席执行官有权取消会议。

4.3.3　诉求

4.3.3.1　总则

总则如下:

(1) 国家团体有权诉求:

1) 上级技术委员会关于分技术委员会的决议;

2) 技术管理局关于技术委员会的决议;

3) 理事会关于技术管理局的决议。

在有问题的决议做出 3 个月之内提出诉求。关于理事会的决议诉求为所有诉求之终端。

(2) 当技术委员会或分技术委员会积极成员国认为技术委员会或分技术委员会的作为或不作为并有以下情况的,可以提出诉求:

1) 不符合条例和议事规则及 ISO/IEC 导则;

2) 不是最有利于国际商贸,如安全、健康或环境等公共因素。

(3) 诉求的问题可以是技术的或管理的。关于新工作项目提案、委员会草案、征询草案和最终国际标准草案决议的诉求只有存在以下情况时才符合受理要求:

1) 涉及原则问题;

2) 草案内容可能有损 ISO 或 IEC 的名誉。

(4) 所有诉求须有充分文件来支持积极成员国的想法。

4.3.3.2　对分技术委员会决议的诉求

对分技术委员会决议的诉求如下:

(1) 诉求文件须由积极成员国提交上级技术委员会秘书处,同时抄送一份给首席执行官。

(2) 收到诉求后,上级技术委员会秘书处须通过信函或会议的形式告知所有积极成员国,并立即采取行动来研究和决议诉求的处理,全程应保持与首席执行官进行商议。

(3) 如果技术委员会支持其分技术委员会,提起诉求的积极成员国可以:

1) 接受技术委员会的裁决;

2) 对其提出诉求。

4.3.3.3　对技术委员会决议的诉求

对技术委员会决议的诉求如下:

(1) 对技术委员会决议的诉求分为两类:

1）由 4.3.3.2 节第(3)项引起的诉求；

2）对技术委员会某原始决议的诉求。

（2）任何情况下,诉求文件应提交首席执行官,并分别抄送技术委员会主席和秘书处。

（3）首席执行官须在收到诉求一个月内通过他认为合适的磋商后将诉求文件和他的意见一起送交技术管理局。

（4）技术管理局将决定是否继续向上提出诉求。如果决议支持继续诉求,技术管理局主席须成立调解小组。调解小组须在三个月内审理诉求并尽快解决意见分歧,给出一份最终报告。如果调解失败,调解小组须将问题解决建议一起报告首席执行官。

（5）首席执行官收到调解小组的报告后,须通知技术管理局做出最后裁决。

4.3.3.4 对技术管理局决议的诉求

对技术管理局决议的诉求须同该案件各个阶段文件一起提交首席执行官。首席执行官需在收到诉求一个月内将诉求及其个人意见一并送交理事会成员。理事会须在 3 个月内作出裁决。

4.3.3.5 诉求期间工作进展

当诉求是关于正在进展中工作的决议时,该项工作继续,直到批准阶段。

4.4 程序指南及新标准提案的建立

4.4.1 程序指南

4.4.1.1 引言

除国际标准、技术规范、公共规范和技术报告外,ISO/IEC 还发表了与国际标准化工作相关的导则。这些导则的起草须与 ISO/IEC 导则第二部分一致。

导则不是由技术委员会和分技术委员会准备,而是由 ISO 政策发展委员会、ISO 技术顾问组或 ISO/IEC 联合协调组来准备。这些机构在下文中称为“项目负责委员会或工作组”。

4.4.1.2 导则准备和出版程序

（1）提案阶段。新项目提案程序及获得认同依据的标准由项目负责委员会或工作组决定。一旦项目获得通过,项目负责委员会或工作组秘书处须确保其在相关 ISO 和 IEC 中的正当利益。

（2）准备阶段。项目负责委员会或工作组应保证该正当利益在工作草案准备阶段有机会在 ISO 和 IEC 中得到体现。

（3）委员会阶段。一旦工作草案可以作为委员会草案流通,项目负责委员会或工作组秘书处安排该草案在其成员间流转和评议。通常回复期限为 3 个月。项目负责委员会或工作组负责检查收到的评议并准备一份修订草案导则。

（4）征询阶段。

1）首席执行官办公室将修订草案导则的英语和法语文本分发给所有国家机构进行为期 4 个月的投票。

2）当反对票不超过 1/4(弃权票不计在内)时,将草案导则批准为导则出版。

3）若是 ISO/IEC 导则,则须将草案提交 ISO 和 IEC 所有成员国机构认可。作为 ISO/IEC 导则出版须经过两个组织的所有成员国认可。

4）如果仅适用于 ISO 或 IEC 中的一个组织，导则只能以认可组织的名义出版，除非项目负责委员会或工作组决定将程序应用到以下第 5）项条款。

5）如果草案导则没有获得认可，或者认可意见是需要改进，由项目负责委员会或工作组主席决定提交一份修正草案，再进行为期 2 个月的投票。修正草案认可意见同第 2）项。

（5）出版阶段。出版阶段由项目负责委员会或工作组所属组织的首席执行官办公室负责。若是 ISO/IEC 联合工作组，则由首席执行官协商决定。

（6）导则的撤销。项目负责委员会或工作组负责决定需要撤销的导则，正式撤销需由技术管理局依据正常程序办理许可手续。

4.4.2　建立标准提案的理由

4.4.2.1　概要

概要如下：

（1）因为涉及到巨大的资金和人力，以及根据需要对资源的分配，确定需要再开展标准化活动是非常重要的，确定制定标准的目的以及对利益的影响。此外，这有助于保证制定出的标准覆盖要求的各个方面。所以，任何新的标准化开始前须有合理理由。

（2）无论以本规定为基础得出什么结论，可以理解为，任何新工作开展的先决条件是有足够多的利益相关方准备工作，包括对必要人力、资金的分配和积极参与工作的热情。

（3）本规定陈述了提案和新项目利益相关规则，以便通过提案可以提供给他人关于工作目的和范围最明确的观点，确保标准化资源确实由相关各方分配而来并得到了最有效的利用。

（4）本规定不包括指导方针的执行和监管程序相关规则，也未涉及须建立的管理机制。

（5）本规定优先用于国际标准化，但也可用在其他领域。

（6）本规定优先为新工作申请人所用，与负责对提案作出决定的机构一样，作为分析该提案或评论的工具。

4.4.2.2　定义

定义如下：

（1）新工作提案。新技术活动领域或新工作项目提议。

（2）新领域技术活动提案。提交组织内现有委员会（如某技术委员会）未涵盖领域的标准准备工作提案。

（3）新工作项目提案。提交组织内现有委员会（如某技术委员会）涉及领域的一项或一系列标准准备的提案。

4.4.2.3　总原则

所有新工作提案须在提交组织的范围之内。为了评价和证明工作的必要性，任何新工作提案须包括（至少）以下要素：

标题、范围、目的和理由、工作程序、提供的资源、相关文件、合作与联络。

所列要素在新领域技术活动（提议成立新委员会）和新工作项目（在现有委员会中提议新的标准）中的解释略有不同。

4.4.2.4 新领域技术活动提议(新技术委员会)中须说明的要素

须说明的要素如下:

(1) 标题。标题须简洁明了地说明提案涉及的技术活动领域。

(2) 范围。范围须精确定义活动领域的界限。范围不应重复管理组织工作的共同目的和普遍原理,但须说明相关的特定领域。

如果在该组织或其他组织的其他委员会范围内已经有了类似或相关的工作,则提案的范围须将提议的工作和其他工作区分开。

提案人须说明通过扩展现有技术委员会或组建新的技术委员会能否处理他/她的提案。

(3) 目的和理由。切实可行的情况下须给出下列要素仔细研究的细节:

1) 标准化活动的特定目标和原因须特别强调标准化覆盖的方面、预期解决的问题或打算克服的困难。

2) 可能获得或受到影响的主要利益,如企业、消费者、商业、政府、批发商。

3) 活动的可行性。可能阻碍标准的成功建立或普遍应用的因素是什么?

4) 制定的标准是及时的。技术是否非常成熟?若不是,在技术改进前多长时间会使提议的标准过期?提议标准是否会作为将来技术发展的基础?

5) 紧急情况下,顾及其他领域或组织的要求。

6) 明确提议标准的执行将带来的好处是什么,或在合理时机不建立新标准会有什么损失或不利?须包括并量化如产品体积或贸易额等数据。

7) 如果标准化行为是或可能是规章主题或融合现有规章,须作说明。

(4) 工作程序。提议的工作程序须符合并明确反应标准化活动的目的,且能体现提议主题间的关系。工作程序的每个项目须由标准化主题和各方面来定义(例如,产品项目包括产品类型、特征、其他要求、提供的数据和测试方法等)。辅助证明可与工作程序中的特殊项目结合。提议工作程序须提出优先权和预定日期。

(5) 相关文件。不论出处,任何已知相关文件(如标准和规章)都要列出。如果列出的文件附有重要性说明,一般将会很有帮助。如果提案人认为现有制定完备的文件可以作为标准(修改或无须修改),提案须附有合理证明和复印件。

(6) 合作和联络。须列出要合作和联络的相关组织或机构。为了避免与其他机构冲突或重复劳动,说明所有可能的冲突或重叠非常重要。还须包括与其他利益相关机构的所有沟通结果。

(7) 秘书处职责。提案人须说明其所在的组织是否准备承担秘书处关于提议新领域活动要求的工作。

4.4.2.5 提议新工作项目(新标准)须阐明的要素

须阐明的要素如下:

(1) 标题。标题须说明提议新标准的主题事项。

(2) 范围(和应用领域)。范围须明确说明提议的新工作项目所覆盖的内容,如果阐明需要,还要说明哪些内容排除在外。

(3) 目的和理由。须明确说明制定标准的目的和理由,并证明每个方面(如特征)的标准化需求都是正当的。提案人须声明没有其他工作涉及本提议主题知识点。如果提议的新工作项目的目的和理由是普通的,则普通提案的起草须包括所有需要阐明的要素、列举所有标题以及各个项目的范围。

(4) 工作程序。当提议一系列标准时,须说明所有的预定日期和优先权。

(5) 相关文件、合作与联络见4.3.2.4节。

(6) 准备工作。提案人须说明他或他所在组织是否准备承担新工作项目的预备工作。提案人须尽一切努力随提案提交一份完整的工作草案,至少提交一个大纲。提案人须提名一个项目领导人。

(7) 矩阵。为了帮助提案人的想法以容易理解的方式表达,给出的矩阵在确立提案目的及其覆盖的方面时是有帮助的。提案人须确定矩阵列中新工作提案的主要目的,然后确定对应目的的主要相关方面。建议每个提案后面附上一份完整的矩阵复印件。矩阵只作为一个模板,因为每个特征和测试方法需要固有的专栏,这有助于评价新工作提案。

对于一些课题,该矩阵可能用于更早的阶段;对于其他课题,同步于委员会工作程序的建立,并根据需要适时更新。其他情况下(尤其是复杂的产品),可能在工作达到某个更高阶段之前都无法回答矩阵中的问题。即使这种情况下,尽早构建合适的矩阵也是非常有用的,因为它可以揭露一些易被忽视的空缺或矛盾。

附录A表A-1给出了矩阵使用的示例。

4.5 秘书资格、秘书处资源及其他辅助规定

4.5.1 秘书处资源和秘书资格

4.5.1.1 定义

定义如下:

(1) 秘书处(Secretariat)。相互依约指派、为技术委员会或分技术委员会提供技术和管理服务的国家团体。

(2) 秘书(Secretary)。由秘书处指定负责管理其提供的技术和管理服务的个人。

4.5.1.2 秘书处资源

不论该国家如何安排、提供所需服务,被指派了秘书处的国家团体须明白国家团体本身最终负责秘书处的适当功能。承担秘书处功能的国家团体需成为ISO服务协议的一部分。因此,秘书处需有足够的行政和财政渠道或赞助者以确保以下工作:

(1) 方便英语和/或法语文字处理、提供计算机处理格式文本和任何必要的文件副本等;

(2) 准备足够的技术说明;

(3) 辨别和使用收到的官方语言的文件,有时需要必要的翻译;

(4) 更新和持续监管委员会的结构及其附属机构;

(5) 接受和提交通信和文件的急件;

(6) 充足的电话、传真和电子邮件等沟通设施;

(7) 连接互联网;

(8) 会议期间的翻译、说明和服务等安排和设施,按要求与东道主成员国机构合作;

(9) 出席要求秘书参加的各种会议,包括技术委员会和/或分技术委员会会议、编辑委员会会议、工作组会议,必要时与主席协商;

(10) 能够使用秘书使用的基本国际标准和国际标准、国家标准和/或在考虑领域内的相关文件；

(11) 必要时，能够通过秘书并使用专家提出关于委员会范围内技术出版物的建议。

同时，首席执行官尽量派代表参加技术委员会首次会议、配备新秘书处的技术委员会会议以及急需解决问题的所有技术委员会或分技术委员会会议，在永久或暂时的基础上，CEO 办公室不能承担秘书处工作。

4.5.1.3 秘书的条件

指派的作为秘书的个人须具备以下条件：

(1) 具备足够的英语和/或法语知识；

(2) 基本熟悉条例和议事规则和 ISO/IEC 导则；

(3) 与 CEO 办公室协商之后，能够对技术委员会和其附属机构的所有程序或起草提供建议；

(4) 了解理事会或技术管理局关于技术委员会活动的任何决议，特别是他负责的委员会；

(5) 为组织和管理委员会工作并促进委员会成员和其附属机构积极参与，须是一名好的组织者，训练有素，能够胜任技术和行政工作；

(6) 熟悉 CEO 办公室提供的文件，特别是 ISOITSIG 中开发和传递 IT 标准的导则。

建议提前告知日内瓦 CEO 办公室关于重新指派技术委员会秘书处的事宜，以便商讨选择熟悉程序和工作方法的工作人员。

4.5.2 语言使用

4.5.2.1 在国际环境中表达和沟通

至少使用两种语言是国际通用惯例。使用两种语言有很多好处，例如：

(1) 两种语言不同的语法和句子构造能够高度清晰准确地表达一个指定的概念。

(2) 如果将协商一致结果用一种语言文本起草，将该文本转换成另一种语言将会比较困难。一些问题还需重新讨论，一旦最初达成的一致结果被更改将造成延误。事实证明，同时起草一份第二语言的文本，能够避免第一语言在表达上的一些困难。

(3) 确保国际会议尽可能高效，这对于达成彻底无异议的协议很重要，该协议不能承担因语言误解造成问题而被召回的风险。

(4) 使用两种语言可扩大作为代表委派出席会议的人员数量。

(5) 如果已经有了两种一致的译本，用另一种语言完整地表达某个概念就容易多了。

4.5.2.2 技术工作中的语言应用

官方语言是英语、法语和俄语。技术委员会的工作和通信适当采用一种或多种上述语言。为此，俄罗斯联邦国家机构负责提供所有与俄语有关的翻译工作。

4.5.2.3 国际标准

国际标准被 ISO 和 IEC 以英语和法语出版（有时包括俄语和其他语言的多语混合版，特别是术语）。这些给定的国际标准是等同的，每一版都可以作为初始语言译本。

从起草程序一开始就采用英语和法语有利于标准中技术内容的表达，因此，将同步研究、修正和采用两种译本并确保任何时候语法等同。可由以下各方完成：

(1) 秘书处借助外部支持并在责任方的援助下；

(2) 责任技术委员会或分技术委员会的编辑委员会；

(3) 通过官方语言为英语或法语的国家团体并与相关国家团体和秘书处达成的协议。

当决定出版多语言国际标准时(例如术语),俄罗斯联邦国家机构负责俄语文本部分；同样,当出版一个包括非官方语言的术语或材料的国际标准时,涉及语言的国家团体负责该语言文本的术语选择或文本起草工作。

4.5.2.4 技术委员会开发的其他出版物

其他出版物可以只以一种官方语言发行。

4.5.2.5 技术委员会和分技术委员会会议文件

具体内容如下：

(1) 会议之前准备和流转的文件。以下是会议之前准备和流转的文件。

1) 草案议程。草案议程由秘书处负责,尽可能用英语和法语准备、复制和分发。

2) 议程中用到的委员会草案。议程中涉及的委员会草案的英法文本应准备妥当供会议使用。

须有英语和法语版本的征询草案。其中的一种译本在规定时间内不可用时须及时应用 ISO 理事会方针。

与议程项目相关的其他文件(各种提案、评议等)可以只用一种语言(英语或法语)来准备。

(2) 会议期间准备和流转的文件。以下是会议期间准备和流转的文件：

1) 会议期间采纳的决议。特别起草委员会编辑提交上来的决议,特别委员会于会议开始时组建,由秘书和一个或多个母语为英语和/或法语的代表组成。

2) 每次会议之后形成的简要记录。如果有,该记录应以英语或法语起草,最好是两种语言的都有,必要时可以由特别起草委员会协助。

(3) 会议之后准备和流转的文件。每次技术委员会或分技术委员会会议之后,相关秘书处需起草一份会议报告,该报告可以只用一种语言(英语或法语),最好英语和法语的都有,并作为附件附上所有采纳的决议文本。

4.5.2.6 英语或法语之外语言文件的准备

官方语言不是英语和法语的国家团体可将秘书处流转的各种文件翻译成其官方语言版本,便于该国的专家研究这些文件,也帮助他们指派的代表参加技术委员会和分技术委员会会议。

如果一种语言为两个或多个国家团体所共用,其中之一可以随时主动将技术文件翻译成其共用语言并提供副本给其他持相同语言的国家机构。

秘书处可根据需要应用上述两段。

4.5.2.7 技术会议

技术会议内容如下：

(1) 目的。技术会议的目的是为了对各种议程项目尽可能达成完全一致并确保所有代表能够理解每个项目。

(2) 讨论报告的英语和法语翻译。尽管基本文件有英语和法语版,但需视情况决定是否将一种语言翻译到另一种语言版本中,翻译工作可由下列人员承担：

1）代表中的志愿者；

2）秘书处或东道主成员机构的工作人员；

3）有绝对资格的翻译人员。

还须注意母语为非英语和法语代表能够参加会议。不必对技术会议上的辩论翻译进行规定。所有代表共同参与讨论至关重要，但无须将每一句逐字翻译。除不必翻译的特殊情况外，可以适当考虑以下惯例：

1）对于需要获得预期决议的会议，由秘书处成员或志愿者代表提供简要翻译。

2）对于工作组会议，工作人员须尽可能协调好必要翻译，工作组召集人应主动安排翻译工作。

为使负责会议的秘书处能够安排必要的翻译，在会议通告中，须告知秘书处和与会代表可能在会议中使用的语言，以及在翻译方面可提供的帮助。如用一种语言进行会议主持，须采用以下惯例：

1）在进入下一个会议主题之前，对上一个主题的决议用两种语言宣布；

2）更改任何现有单一语言文本时，须留出时间让代表们考虑该改动是否会对其他语言译本有影响；

3）当会议代表有要求时，可以提供代表要求的另一种语言进行发言总结。

（3）其他语言陈述翻译成英语或法语。当在技术委员会或分技术委员会会议上有参与者希望用非英语和法语的语言发言（考虑到例外情况）时，会议主席需授权并对讨论的会议提供必要的翻译方法。为了给出席技术委员会或分技术委员会会议的专家同样表达自己观点的机会，建议灵活应用本规定。

4.5.3 项目开发选择

4.5.3.1 选项简图

选项简图见附录 A 表 A－2。

4.5.3.2 快速程序

（1）可应用快速程序制定提案：

1）相关技术委员会的任何 P 成员国或 A 类联络组织可以提议一项任何来源的现有标准，作为征询意见草案提交以供表决。提案人制定提案须获得所在组织的同意。每个提案人须决定是否作为快速程序提交现有标准的标准。

2）由 ISO 或 IEC 理事会认可的国际标准化机构可以提议一个由该机构负责制定的标准，作为国际标准最终草案提交以供表决。

3）加入 ISO 或 IEC 正式技术协议的组织，经该技术委员会或分技术委员会同意，可以提议一项由该组织指定的标准草案，作为征询意见草案提交给技术委员会或分技术委员会。

（2）首席执行官收到提案后采取以下行动：

1）与提议文件的组织共同解决著作权和/或商标问题，使得文件可以不受限制地免费复制并分发给各国家机构；

2）在 4.5.3.2 节第（1）项的第 1）～3）分项的情况下，与能胜任提议文件工作范围内的技术委员会相关秘书处协商解决；不能胜任的技术委员会，首席执行官将提案提交技术管理局，要求 CEO 将文件提交征询意见阶段并成立特别工作组来解决后续问题；

3）确定与其他国际标准无明显矛盾；

4）将提议文件作为征询意见草案分发，或根据 4.5.3.2 节第（1）项的第 1）分项将文件作为国际标准最终草案分发，说明提议文件所属领域的技术委员会/分技术委员会。

（3）征询意见草案的投票期间和批准情况须按国家标准征询草案和最终草案的处理规定加以说明。对于无技术委员会被包括的情况，国际标准最终草案获得通过的条件是反对票不超过总票数 1/4。

（4）满足批准条件的征询意见草案将进入批准阶段。若不满足，提案被否决，收到提议文件的技术委员会/分技术委员会根据相关规定做出进一步的行动。满足批准条件的最终国际标准草案（FDIS）将进入出版阶段。若不满足，提案被否决，收到 FDIS 的技术委员会/分技术委员会根据相关规定做出进一步的行动，若没有技术委员会参与，可在提交提案的组织和 CEO 办公室间讨论。若标准得以出版，其维护工作由收到该文件的技术委员会/分技术委员会根据相关规定解决；若没有技术委员会参与，如果提议文件的组织决定要求对标准做出修改，则重复上述批准程序。

4.5.4 维护代理与注册

4.5.4.1 维护代理

维护代理工作如下：

（1）如制定国际标准的技术委员会或分技术委员会需要一个维护代理，则应在较早的阶段通知 CEO，确保在国际标准出版前能够执行 ISO/TMB 的决定。

（2）ISO/TMB 任命与相关技术委员会提议的国际标准有关的维护代理，包括指定人员数量。

（3）维护代理所在秘书处尽可能是制定该国际标准的技术委员会或分技术委员会秘书处。

（4）CEO 负责与维护代理相关的外部组织联系。

（5）维护代理的议事规则须经 ISO/TMB 批准，所需与国际标准更新或修订版的发行有关的授权由 ISO/TMB 授予。

（6）维护代理提供的服务所需费用由理事会负责。

4.5.4.2 注册机构

注册机构工作如下：

（1）如标准制定技术委员会或分技术委员会申请注册机构，则须在早期阶段通知 CEO，以便允许技术管理局在国际标准出版前进行必要的协商并做出决定。

（2）技术管理局给予相关提案技术委员会国际标准的注册权。

（3）注册机构必须是合格的并被国际机构认可的；如果没有这样的组织，由技术管理局决定将该任务交由 CEO 办公室负责。

（4）由 ISO 或 IEC 指定的注册机构需已正式授权。

（5）相关国际标准规定的注册机构注册不收取 ISO 成员任何费用，但并不排除由理事会适时审定注册机构的服务收费。

5 ISO 标准起草与标准结构

本章以 ISO 与 IEC 联合制定的技术导则，即以 ISO/IEC 导则第二部分为基础，介绍国际标准的起草和标准结构。该导则对 ISO 与 IEC 都适用，为 2005 年出版的第五版，它要求在 2005 年 1 月 1 日之后的征询意见草案和 2005 年 4 月 1 日后的最终草案须按此导则编制。该导则的原文可从 ISO 官方网站（http://www.iso.org）获得。本章仅介绍与铁矿石国际标准制定、修订有关的导则条款。

5.1 应用范围、规范性引文、定义及总原则

5.1.1 文件应用范围及辅助性文件

5.1.1.1 应用范围

该规定可为国际标准、技术规范或公用规范文件的起草提供框架性要求。同样，该导则也适用于技术报告或指南的起草要求。

5.1.1.2 辅助性文件

该规定的使用需要结合其他文件作为标准的引用参考。对于标注日期的参考资料，只能引用该标注日期版，而没有标注日期的参考资料，则引用最新版文件。

（1）引用文件如下。

ISO 31（全部） 量和单位；

ISO 78-2 化学—国际标准的布局—第二部分：化学分析方法；

ISO 128-30:2001 技术图—表述通则—第 30 部分：评审基本惯例；

ISO 128-40:2001 技术图—表述通则—第 40 部分：删节和剪辑基本惯例；

ISO 639 语言名称的表述代码；

ISO 690（全部） 信息和文件—书籍目录的参考；

ISO 704 术语—原理和方法；

ISO 1000 SI 单位、推荐使用多个单位和其他确认单位；

ISO 3098-2 技术产品文件—书写字体—第 2 部分：拉丁字母、数字和符号；

ISO 3166-1 国家和地区名称的表述代码—第 1 部分：国家代码；

ISO 6433 技术图—项目参考；

ISO 7000 装备上使用的绘图符号—索引和大纲；

ISO 10241:1992 国际的术语标准—准备和布局；

ISO 14617（全部） 图表绘制符号；

ISO/IEC 17000 评估—致性—词汇和普遍原理；

ISO/IEC 导则，第 1 部分，2004 技术工作程序；

ISO/IEC 导则中 ISO 补充部分。

(2)参考资料。一些参考资料可直接从以下网站获得:

ISO 服务指南,可从 ISO 网站(http://www.iso.org/ISOeServicesGuide)获得;

ISO 模板,可从 ISO 网站(http://www.iso.org/sdis/templates)获得;

质量管理系统——满足特定产品和工业/经济成分文件发展要求的指南和标准(ISO/TC 176)可从 ISO 网站(http://www.iso.org/sdis/directives)上获得。

5.1.2 文件应用术语和定义

文件应用术语和定义如下:

(1) 标准(Standard)。建立以认可的团体协商一致并认可,以达到给定文本顺序的适当进展为目的,提供普遍和重复的规则、导则、活动或结果的特征的文件。标准应该基于汇总科学、技术和经验并以促进公众利益为目的。

(2) 国际标准(International Standard)。由国际标准化组织采用并推广应用的标准。国际标准化组织为 ISO 或 IEC。

(3) 技术规范(Technical Specification,简称 TS)。ISO 或 IEC 为将来可能被批准为国际标准而暂时出版的文件。它尚不能获得支持批准成为国际标准;尚未达成的共识存有异议;相关问题技术尚不成熟;另有原因不能立刻以国际标准出版。另外,技术规范内容(包括附件)可以包括需求,不能与现有国际标准冲突,可以提交同一主题的类似技术规范,1999 年之前的技术规范是指第 1 类或第 2 类技术报告。

(4) 技术报告(Technical Report,简称 TR)。文件由 ISO 或 IEC 出版,内容包含从不同种类正式出版的国际标准或技术规范中搜集来的数据。例如,在各国家团体调查获得的数据,其他国际组织工作数据或涉及特殊领域内国家团体标准的数据。1999 年以前的技术报告指第 3 类技术报告。

(5) 导则(Guide)。由 ISO 或 IEC 出版的与国际标准相关的规则、方向、建议和意见文件。由 ISO 或 IEC 出版的导则可以指明可能的所有相关使用者。

(6) 公共规范(Publicly Available Specification,简称 PAS):ISO 或 IEC 针对市场急需的情况作出的反应。该规范应与 ISO 或 IEC 之外的组织协商一致,并与工作组专家协商一致。任何公共规范不得与现有国际标准冲突,允许同一主题上的竞争性公共规范。

(7) 规范性要素(Normative elements)。阐明文件范畴并给出相关规定的要素。

(8) 资料性要素(Informative elements)。

1) 基本要素(Preliminary elements)。文件定义、引言和背景说明、开发及与文件的关系。

2)补充要素(Supplementary elements)。为了帮助理解和使用该文件而提供的补充信息。

(9) 必备要素(Required element)。文件中必须的要素。

(10) 选择性要素(Optional element)。文件中出现的仅供特定文件使用的要素。

(11) 条款(Provisions)。

1) 必要条款(Requirement)。文件内容为标准的执行提供依据,不得偏离。

2) 推荐条款(Recommendation)。文件内容推荐几种最为合适的、其他条款未提及的或未包括的做法(并非必须),不禁止,但也不提倡某一可能或做法。

3)陈述(Statement)。文件内容用以提供信息。

(12)技术发展水平(state of the art)。以科学、技术和经验的相关发现为基础,在给定时间内关于产品、过程、服务的技术能力发展期。

5.1.3 文件规定的总原则

文件规定的总原则如下:

(1)目的。ISO 和 IEC 出版文件的目的是为了规定清晰的定义和规定,从而有利于国际贸易和国际交流。为达到这个目的,文件应该:规定范围内的表述尽可能完整;应尽可能保持一致、清晰和准确;应对技术发展水平作充分描述;应为未来技术发展提供框架;便于让没能参加文件准备工作的专业人员理解;兼顾文稿起草原则。

(2)均一性(Homogeneity)。不仅每个文本且各系列相关文本都要保持结构、文体和术语的一致。相关文本结构及其条款编号方式应尽可能一致。相似词汇用以表达相似的规定,相同词汇用以表达相同规定。通篇文本或相关文本中须用同一术语定义某一指定概念。避免用备选术语(同义词)来表示已定义概念。每一个术语尽可能只表示一个意思。不仅要求对文本或相关文本的理解,并且对于从自动文本生成技术和电脑辅助翻译中获取最大便利都很重要。

(3)文件的连贯性(Consistency of documents)。为了使 ISO 和 IEC 出版的文件具有连贯性,每个文件的正文须与 ISO 和 IEC 已出版的各现行基本文件中相关规定保持一致。需特别注意名词有:

1)标准术语(Standardized Terminology);

2)原理和方法术语(Principles and Methods of Terminology);

3)量、单位及其符号(Quantities, Units and Their Symbols);

4)缩略语(Abbreviated Terms);

5)参考文献(Bibliographic References);

6)技术图和图表(Technical Drawings and Diagrams);

7)技术文件(Technical Documentation);

8)绘图符号(Graphical Symbols)

9)限度、适应性和表面性质(Limits, Fits and Surface Properties);

10)尺寸公差和测量不确定度(Tolerancing of Dimensions and Uncertainty of Measurement);

11)优先数(Preferred Numbers);

12)统计方法(Statistical Methods);

13)环境条件和相关测试(Environmental Conditions and Associated Tests);

14)安全(Safety);

15)化学(Chemistry);

16)电磁兼容(Electromagnetic Compatibility);

17)一致性和品质(Conformity and Quality)。

(4)等同官方语言译本(Equivalence of Official Language Versions)。不同官方语言译本

的文本须保持技术等同和结构一致。在起草的初始阶段使用两种语言有助于准备清晰、明确的文本。

(5) 地区或国家标准执行的适宜性(Fitness for Implementation as a Regional or National Standard)。ISO 和 IEC 出版的文件起草原则应便于作为地区或国家标准无需改动而直接应用和采纳。

(6) 计划编制(Planning)。ISO/IEC 导则第一部分(2004)给出了新工作项目计划编制规则。为了保证一份或一系列文件的及时出版,在具体细节起草前应确立指定结构和任何内部联系。特别要注意主题的细分。对于多部分组成的文件,须将各部分的标题以英语和法语共同草拟一份清单。ISO/IEC 导则、ISO 和 IEC 附件中列出的规则适用于工作的开始及后续各阶段,避免任一阶段发生延误。

5.2　ISO 标准的结构

5.2.1　标准主题细分

由于文件各不相同,以至于无法建立适用于主题细分的普遍规则,但一般要求每一个标准化课题须准备一份单独的文件作为一个完整的文件发表。特殊情况下,如多卷宗文件,与后续文本有内在联系,文件各部分互为规范,文件各部分作为证明材料。应明确区分产品中涉及不同部门(如生产商、认证机构、立法机构)的各自利益,并适合制定一个文件的多个部分或者多个单独文件。同一编号的文件可以分成多个相互独立的部分。这样的好处是,需要时可单独变动每一部分。如:

(1) 健康和安全的要求(Health and safety requirements);

(2) 执行要求(Performance requirements);

(3) 维护和服务的要求(Maintenance and service requirements);

(4) 安装规则(Installation rules);

(5) 质量评估(Quality assessment)。

用于指明文件划分和细分的英法文术语见表 5 - 1。

表 5 - 1　文件划分和细分的名称

项　目	英语术语	法语术语	以编号方式为例
部　分	Part	Partie	9999-1
章	Clause	Article	1
条	Subclause	Paragraphe	1.1
条	Subclause	Paragraphe	1.1.1
段落或节	Paragraph	Alinéa	无编号
附　件	Annex	Annexe	A

5.2.1.1　系列部分主题内容的细分

有两种方法可完成细分:

(1) 每个部分单独说明主题中的某一特定方面。

范例 1

Part 1: Vocabulary

Part 2: Requirements

Part 3: Test methods

Part 4: …

范例 2

Part 1: Vocabulary

Part 2: Harmonics

Part 3: Electrostatic discharge

Part 4: …

(2) 主题包括普通和特定方面。普通方面在第一部分给出,特定方面(对普通方面起更正或补充作用,且不能单独列出)则在各部分中给出。

范例 3

Part 1: General requirements

Part 2: Thermal requirements

Part 3: Air purity requirements

Part 4: Acoustical requirements

当采用上述第(2)种方法所述系统时,须注意引用部分的有效性。有两种途径:若是关于特定元素的引用,须注明日期;由于通常各部分中完整的系列文件同属于同一委员会,因此允许使用未标定日期的文献,同时在各部分中执行相应变更。委员会负责为未标定日期的文件的使用制定规则。对多部分组成的文件,各部分须按本规则单独起草。

5.2.1.2 单个文件主题细分

组成文件的各要素按以下两种不同方法进行划分:

(1) 根据其规范性/资料性的实质和在整个结构中的位置,例如,资料性基本要素;规范性总的要素和技术要素;资料性补充要素。

(2) 根据要求或选择。

表 5-2 给出了一种典型范例,也列出了各组成要素许可内容。

表 5-2 文件中要素的典型布置范例

要素类型	文件中的要素	文件中要素内容
资料性基本要素	标题页	**Title 标题**
	每 次	生成的内容
	前 言	**正 文** 注 释 脚 注
	引 言	正 文 图 表 注 释 脚 注

续表 5-2

要素类型	文件中的要素	文件中要素内容
规范性普通要素	**标题**	**正文**
	范围	**正文** 图 表 注释 脚注
	规范性引用	参考文献 脚注
规范性技术要素	术语和定义	正文
	符合和缩略语	图
	……	表 注释
	规范性附录	脚注
资料性补充要素	*规范性附录*	*正文* *图* *表* *注释* *脚注*
规范性技术要素	规范性附录	正文 图 表 注释 脚注
资料性补充要素	*参考文献*	*参考文献* *脚注*
	索引	(生成的内容)

注：粗体字 = 必备要素；正体字 = 规范性要素；斜体字 = 资料性要素。

文档无需包括上表列出的所有规范性技术要素，它可以由其他规范性技术要素组成。规范性技术要素种类及其顺序由待定文件的种类决定。文件中的图和表可以有注释和脚注。术语标准对内容细分有补充要求。

5.2.2 部分和细分的描述和编号

5.2.2.1 部分

部分的编号用阿拉伯数字表示，从 1 开始，以连字符与文件号相连，例如：9999-1，9999-2 等。各部分不应再进一步划分。

每一部分的标题组成须与本规定相符。各部分的标题须包含相同的介绍性要素（当前）和主要素，以及不同的补充要素以相互区分。每部分中的补充要素以“第 × 部分”表示。如果文件以多个单独的部分出版，则第一部分的前言应说明结构。各部分的前言须列出已经或即将出版的其他部分标题作为参考。

5.2.2.2 章

章是文件内容细分的基本组成部分。每个文件或部分中的章须以阿拉伯数字从 1 开始持续编号，不包括任何附录。每个章编号后须有一个标题，自成一行与下文区分开来。

5.2.2.3 条

条是对每一个章的细分，先前的条（如 5.1，5.2 等）可以被再次划分为二次分条（如 5.1.1，5.1.2 等），此过程可继续至五层（如 5.1.1.1.1.1，5.1.1.1.1.2 等）。条以阿拉伯数字编号。只有当在同层有多个条时才设分条，只有 1 条时不设分条。例如，条 10 不应被表示为分条“10.1”，只有当有分条“10.2”的时候才这么表示。每一个初级条须赋以标题，紧随编号之后，以单独一行与下文分开。二级条亦如此。在每个章或条里，同层条的标题须唯一，如 10.1 条有一个标题，10.2 条也应有一个标题。没有标题的，出现在条正文开头的关键术语或短语（用不同的字体书写）用以强调条内容，术语或短语不列在目次。

5.2.2.4 段落

段落是章或条中未编号的细分。由于指代不明，下例所示的“悬空段落”应避免。

范例：下例悬空段落所示部分不能被确定为唯一，因为严格来讲条 5.1 和 5.2 中的段落也属于章 5。为了避免这个问题，有必要将未编号段落编为条“5.1 通则”（或其他合适的标题）并依次重新编排已有的 5.1 和 5.2（见表 5－3），或将悬空段落移到他处，或将其删除。

表 5－3 段落范例

错 误	正 确
5 Designation The quick brown fox jumps over the lazy dog. The quick brown fox jumps over the lazy dog. The quick brown fox jumps over the lazy dog. } hanging paragraphs **5.1** Xxxxxxxxxxx The quick brown fox jumps over the lazy dog. **5.2** Xxxxxxxxxxx The quick brown fox jumps over the lazy dog. The quick brown fox jumps over the lazy dog. The quick brown fox jumps over the lazy dog. The quick brown fox jumps over the lazy dog. **6 Test report**	**5 Designation** **5.1 General** The quick brown fox jumps over the lazy dog. The quick brown fox jumps over the lazy dog. The quick brown fox jumps over the lazy dog. **5.2** Xxxxxxxxxxx The quick brown fox jumps over the lazy dog. **5.3** Xxxxxxxxxxx The quick brown fox jumps over the lazy dog. The quick brown fox jumps over the lazy dog. The quick brown fox jumps over the lazy dog. The quick brown fox jumps over the lazy dog. **6 Test report**

5.2.2.5 列表

列表应由一句话（如例 1）、一个完整的语句后跟一个冒号（如例 2）或第一部分陈述（无需冒号，如例 3）引入，由列表中条款结束。每一条列表的开端以破折号或句点表示，为了明确区分，以小写字体跟一个圆括号表示。如需对列表后面的某一条进行再分，应用阿拉伯数字后跟圆括号表示（如例 1 所示）。

例 1：

The following basic principles shall apply to the drafting of definitions.

a) The definition shall have the same grammatical form as the term:

1) to define a verb, a verbal phrase shall be used;

2) to define a singular noun, the singular shall be used.

b) The preferred structure of a definition is a basic part stating the class to which the concept belongs, and another part enumerating the characteristics that distinguish the concept from other members of the class.

c) The definition of a quantity shall be formulated in accordance with the provisions of ISO 31-0: 1992, 2.2. This means that a derived quantity may be defined by means of other quantities only. No unit shall be used in the definition of a quantity.

例 2:

No switch is required for any of the following categories of apparatus:

-apparatus having a power consumption not exceeding 10 W under normal operating conditions;

-apparatus having a power consumption not exceeding 50 W, measured 2min after the application of any of the fault conditions;

-apparatus intended for continuous operation.

例 3:

Vibrations in the apparatus may be caused by

- unbalance in the rotating elements,
- slight deformations in the frame,
- the rolling bearings, and
- aerodynamic loads.

为了帮助理解,例 3 中列表结束后最后不要再跟任何语句。用不同类型的关键词或短语来强调不同列表条款(如例 1)中的内容。这样的词或短语不应列入目次;如果必需包括在目次,则不应作为列表项表达,而是作为条的标题。

5.2.2.6 附录

附录须按正文中引用顺序排列。每个附录的标题组成由“Annex”后跟表示附件出现顺序的大写字母表示,从“A”开始,如“Annex A”。附录标题须注明类型“规范性(normative)”或“资料性(informative)”,与标题分别单起一行。附录中的章、条、表格、图和数学公式的编号应以表示附件序号的字母加句点号(实心圆点)开始,每个附录都应重新编号。只有一个附录的,则标记为“Annex A”。

例如:附件 A 中的条款则被标记为“A.1”、“A.2”、“A.3”等。

5.2.2.7 参考文献

参考文献列在最后一个附件后面。

5.2.2.8 索引

索引作为最后一个要素出现。

5.3 ISO 标准起草注意事项

5.3.1 普通标准起草规定

5.3.1.1 规范表达的动词格式

标准不能以强制形式要求任何人来遵守,但可通过立法或合同来规范。标准表达须满足用户要求,还能让用户能区分标准要求与自由选择。因此,需明确规定文本使用的动词格式(包括情态助动词)。

5.3.1.2 组织名称、文体、参考和缩略语的拼写和缩写

组织名称的英语、法语或俄语的拼写和缩写须与该组织内使用的一致。为了便于读者理解，文体应尽可能简洁。这对于母语不是 ISO 和 IEC 官方语言的读者尤为重要。建议使用以下参考工作语言。

（1）英语。简略牛津英语词典、柯林斯简明英语词典、韦伯斯特新世界大学词典、钱伯斯简明词典。

（2）法语。Dictionnaire Robert, Dictionnaire Larousse and Dictionnaire des difficultés de la langue française（V. Thomas, Larousse）。

缩略语须谨慎使用，如果文件没有给出缩略语列表，那么文本中第一次使用缩略语时应在全称后圆括号给出，只要下文还有使用，须用缩略语加以说明。通常，缩略语由大写字母组成，每个字母后无停顿点。特定情况下，缩略语由小写词首字母组成，每个字母后要有停顿点（例如，"a. c."代表"alternating current"）。如果缩略语出现在句首，且该缩略语由小写字母组成，则缩写短语中每个字母须大写，如"A. C."。

5.3.1.3 图

图形必须以线条画形式，只有无法将照片转化为线条画的情况下才可以用照片。可与 ISO 中央秘书处获取图规定和电脑原图生成工具（可用 ISO 电子服务导则和 IT 工具导则）。图须以"Figure"后接阿拉伯数字命名，从 1 开始。此编号与条款和表格编号无关。只有一个图形的应命名为"Figure 1"。图名称和标题须按下例所示置于图形下方水平居中：

Figure #——Details of apparatus

图形名称与标题以破折号隔开。图形中用字符来表示角或直线时须符合 ISO 31-1，必要时用下标区分不同的惯用字符。需要说明图形中不同长度的一系列字符时用 l_1、l_2、l_3 等等，而不用 A、B、C 等等或 a、b、c 等等。图形中的字体须与 ISO 3098-2 一致。斜体字用于数量符号、数量下标符号和数字符号。其他都用正体字。

原图中，原文描述须以关键字代表的项目参考标识代替，依据内容确定图脚注。在图中，坐标轴标记不得用项目参考标识来代替，避免与数字坐标值相混淆。图形中曲线、直线等的标记（不论有多少）须用项目参考标识代替。更多信息参见 ISO 的 *ITSIG specification for the preparation and exchange of graphics*。当所有量的单位相同时，须在图形右上角做适当描述（例如，"尺寸为毫米"）。

当一个图形连续几页时，则需要重复图名，后跟标题（可选）和"续"，如下例所示：

Figure #（continued）

从第一页开始，每页都要对单位重复描述。

图注解须与正文中的注释区分开来。图注解位于相关图形的名称上方，优先于图形脚注。图形中只有一条注解时，以"NOTE"开始，置于注解正文的第一行行首。同一图形中出现多个注解时，名称依次为"NOTE 1"、"NOTE 2"、"NOTE 3"等等，每个图独立编号。

图注解不包括要求或与文件使用无关的信息。关于图的所有要求在正文、脚注或图形与标题之间的段落中给出。图脚注须与正文脚注分开处理。图脚注须紧接相应图形名称上方。图形脚注以小写字母上标区分，从"a"开始。脚注指图形中插入相同小写字母上标部位。图脚注可以包括要求。因此，在起草脚注时用适当的动词格式来区分不同类型的规定尤为重要。

通常情况下，尽量避免使用子图（二次图），因为这样会使文件排版和处理复杂化，只有对理解主题至关重要时才使用。依照 ISO 128-30、ISO 128-34、ISO 128-40 和 ISO 128-44 一个或多个课题的不同观点、细节和部分不能用子图来表示。图形只允许一级再细分。子图须用小写字母来标识［如，图 1 可以包括 a）、b）、c）等子图］。不得使用其他形式的子图标识，如 1. 1、1. 2、…、1-1、1-2、…等。

下例说明了细分图形的要素版面设计，并非印刷版。示例中图形框用以说明各要素的逻辑组成，实际上在图形或其要素周围不得使用图形框。

示例

Statement concerning units

Graphic

a）Subtitle

Graphic

b）Subtitle

Key

Paragraphs（containing requirements）and notes to the figure

Footnotes to the figure

Figure #——Title

每个子图都包括说明、注解和脚注（上例中未说明此类情况）以及独立的编号序列。

5. 3. 1. 4 表格

不允许表格套表格。将一个表格细分为多个辅助表格的情况也是不允许的。

表格须以“Table”后接阿拉伯数字命名，从 1 开始。表格编号独立于条款和图形编号之外。只有一个表格的，则以“Table 1”命名。表标识和标题（如果有）须按下例所示置于表格上方水平居中：

Table #——Mechanical properties

表格标识和标题之间用破折号隔开。每列首行或每行首列中每个标题的第一个词的第一个字母大写。单位通常位于相应栏里标题行下。

例 1：

Type	Linear density kg/m	Inside diameter mm	Outside diameter mm

当所有单位相同时，在表格右上角对单位进行适当表述（例如“尺寸为 mm”）。

例 2：

Dimensions in millimetres（尺寸为 mm）

Type	Length	Inside diameter	Outside diameter

例 3 中所示情况是不允许的,应更改为例 4。

例 3:

Type Dimension	A	B	C

例 4:

Dimension	Type		
	A	B	C

当一个表格连续几页时,则需要重复表格名称,后跟标题(可选)和“续”,如下例所示:

Table #(continued)

从第一页开始,每页在表格标题栏都要对相关单位进行重复描述。表注解须与正文中的注释分开。表格注解位于相关表格的框架内,优先于表格脚注。表格中只有一条注解时,以“NOTE”开始,置于注解正文的第一行行首。同一表格中出现多个注解时,名称依次为“NOTE 1”、“NOTE 2”、“NOTE 3”等等,每个表格独立编号。

表注解不包括要求或任何与文件使用无关的信息。所有与表格内容有关的要求在正文、表格脚注或表格中的一个段落中给出。表的脚注须与正文中的脚注区分开。表脚注位于相应表格框内底部。表脚注以小写字母上标区分,从“a”开始。脚注指代表格中插有相同小写字母上标部分。脚注可以包括要求。因此,在起草脚注时用适当的动词格式来区分不同类型的规定尤为重要。

5.3.1.5 参考文献

通常,在文章的特定部分用参考文献来代替重复源文件的资料,因为这种重复会产生错误或矛盾并增加文件的长度。然而,如果确定有必要重复源文件资料,应简述。

标准分为多部分出版须注明:

“this part of ISO/IEC 2382”(reference to a part only);

“IEC 60335”(reference to a whole series of parts).

由于参考文献的不断更新,此类引用应理解为包括对引用文件的所有更正和修订。

使用下列所示格式时,无需使用“条”。

“in accordance with Clause 3”;

“according to 3.1”;

“as specified in 3.1 b)”;

“如 3.1 b)中所述”;

“details as given in 3.1.1”;

“详情见 3.1.1”;

“see Annex B”;

“the requirements given in B.2”;

“相关要求见 B.2”;

“see the Note in Table 2”;

“see 6.6.3, Example 2”；

“see 3.1, Equation(3)”。

如需在另一文件中引用无序列表项目，须用以下格式：

“as specified in ISO/IEC 15888:1996, 3.1, second list item”。

图表的引用。通常需参考文件正文中每一个图形和表格，使用下列所示格式：

“shown in Figure A.6”；

“(see Figure 3)”；

“given in Table 2”；

“(see Table B.2)”。

其他参考文献可以是未标明日期或标明日期的。所有标准化参考文献都应在“标准参考文献”条款中给出。

未标明日期的参考文献。包括参考的文件未来变化作为完整的文件或其中一部分；资料性参考文献。未标明日期的参考文献的引用应包括对被引用文件的所有更正和修订。

未标明日期的参考文献采用以下格式：

“… as specified in ISO 128-20 and ISO 31 …”；

“… see IEC 60027 …”。

有日期的参考文献。包括某年出版的特刊，或由破折号引出的特别征询稿或最终稿。随着不断地更正或修订，标有日期的参考文献须与其更正内容一并使用。

有日期的参考文献采用以下格式：

“… carry out the tests given in IEC 60068-1:1988 …”(dated reference to a published document)；

“… in accordance with ISO 1234:-, Clause 3, …”(dated reference to an enquiry or final draft)；

“… as specified in IEC 64321-4:1996, Table 1, …”(dated reference to a specific table in another published document)。

5.3.1.6 数字和数值的表示

所有语言版本中的小数点应以逗号表示。十进制中小于 1 的值，表示时以 0 开始，如 0,001。十进制数字从左或从右起每三位数字一组，中间以空格隔开，表示年份的四位数除外。

如：

23 456 2 345 2,345 2,345 6 2,345 67

但年份为 1997。

为了清楚表示，数字或数值相乘用 × 号，而不用点表示。

如：

$1,8\times10^{-3}$(非 $1,8 . 10^{-3}$ or $1,8 \cdot 10^{-3}$)

物理量值的表达，阿拉伯数字后跟国际单位符号(见 ISO 31、ISO 1000 和 IEC 60027)。

5.3.1.7 量、单位、符号和记号

须使用 ISO 31 中列出的国际单位(SI)。尽可能从 ISO 31 和 IEC 60027 的不同部分选取量的符号。须说明所有值的单位。度、分和秒(对于平面角)的单位符号应紧跟在数值之后;其他单位符号与数值之间须有空格隔开。数学符号和记号须与 ISO 31-11 一致。

5.3.1.8 数学公式

A 等式类型

量值等式优先于数值等式。等式须用正确的数学格式表示,与等式有关单字符表达的变量,除非属于"符号和缩略语"条款,见下例格式。

例 1

$$v = \frac{l}{t}$$

where

v is the speed of a point in uniform motion;

l is the distance travelled;

t is the duration.

如有例外,使用数值等式时按例 2 表达。

例 2

$$v = 3,6 \times \frac{l}{t}$$

where

v is the numerical value of the speed, expressed in kilometres per hour(km/h), of a point in uniform motion;

l is the numerical value of the distance travelled, expressed in metres(m);

t is the numerical value of the duration, expressed in seconds(s).

不能在同一个文件中用同一个符号分别表示量值和其相应数值。例如,如果例 1 中等式和例 2 中等式同时出现,将意味着 $l = 3,6$,这显然是错误的。

说明项或量值名称不得以等式表示。例如,用斜体字或下标表示的量值名或多字母缩写短语不能出现在符号的位置上。

例 3

$$\rho = \frac{m}{v}$$

不能写成

$$density = \frac{mass}{volume}$$

例 4

$$\dim(E) = \dim(F) \times \dim(l)$$

where

E is energy;

F is force;

l is length.

而不是:

$$\dim(\text{energy}) = \dim(\text{force}) \times \dim(\text{length})$$

或

$$\dim(energy) = \dim(force) \times \dim(length)$$

例 5

$$t_i = \sqrt{\frac{S_{\mathrm{ME},i}}{S_{\mathrm{MR},i}}}$$

where

t_i is the statistical value for the system i;

$S_{\mathrm{ME},i}$ is the residual mean square for the system i;

$S_{\mathrm{MR},i}$ is the mean square due to regression for the system i.

而不是：

$$t_i = \sqrt{\frac{MSE_i}{MSR_i}}$$

where

t_i is the statistical value for the system i;

MSE_i is the residual mean square for the system i;

MSR_i is the mean square due to regression for the system i.

对于如下符号

$\frac{v}{\mathrm{km/h}}, \frac{l}{m}$ 和 $\frac{t}{s}$ 或 $v/(\mathrm{km/h})$, l/m, 和 t/s

可用来表示数值,多用于表示图形坐标轴和表头。

B 公式表达

公式的表达参见 ISO eServices Guide。尽可能避免符号有多层的上下标(见例 1)及符号和公式在排版中超过两行的情况(见例 3)。

例 1 $D_{1,\,\max}$ 优于 $D_{1_{\max}}$。

例 2 文本中,a/b 优于 $\frac{a}{b}$。

例 3 在显示的公式中表示:

$$\frac{\sin[(N+1)\varphi/2]\sin(N_\varphi/2)}{\sin(\varphi/2)}$$

而不是:

$$\frac{\sin\left[\frac{(N+1)}{2}\varphi\right]\sin\left(\frac{N}{2}\varphi\right)}{\sin\frac{\varphi}{2}}$$

关于数学公式表达的更多示例见例 4 ~ 例 6。

例 4

$$-\frac{\partial W}{\partial x} + \frac{\mathrm{d}}{\mathrm{d}t}\frac{\partial W}{\partial \dot{x}} = Q\left[\left(-\mathrm{grad}V - \frac{\partial A}{\partial t}\right)_x + (v \times \mathrm{rot}A)_x\right]$$

where

W is the dynamic potential;

x is the x-coordinate;

t is time;

$\dot{x}$ is the time derivative of x;

Q is the electric charge;

V is the electric potential;

A is the magnetic vector potential;

v is the velocity.

例 5

$$\frac{x(t_1)}{x(t_1+T/2)}=\frac{\mathrm{e}^{-\delta t_1}\cos(\omega t_1+\alpha)}{\mathrm{e}^{-\delta(t_1+T/2)}\cos(\omega t_1+\alpha+\pi)}=-\mathrm{e}^{\delta T/2}\approx -1,392\ 15$$

where

x is the x-coordinate;

t_1 is the time at the first turning point;

T is the period;

ω is the angular frequency;

α is the initial phase;

δ is the damping coefficient;

π is the number 3,141 592 6… .

例 6

质量分数表达式:

$$w=\frac{m_\mathrm{D}}{m_\mathrm{S}}$$

然而,下列等式也可接受:

$$w=\frac{m_\mathrm{D}}{m_\mathrm{S}}\times 100\%$$

但应当避免百分比"$\frac{x\%}{x\%}$"表达方式。

C 编号

需对文件中部分或全部公式进行编号以便交叉引用,须用圆括号中阿拉伯数字表示,从 1 开始:

$$x^2+y^2<z^2 \qquad (1)$$

编号须连续,并不同于条款、表格和图形的编号。公式的再细分,如(2a)、(2b)等,是不允许的。

5.3.1.9 值、度和公差

值和度须说明其最大值和最小值,并以公差明确表示。

例 1 80 mm × 25 mm × 50 mm(非 80 × 25 × 50 mm)

例 2 80 μF ± 2 μF 或(80 ± 2) μF

例 3 80_{0}^{+2}(非 80_{-0}^{+2})

例 4 80 mm $^{+50}_{-25}$ μm

例 5 10 kPa to 12 kPa(非 10 to 12 kPa 或 10-12 kPa)

例6 0 ℃ to 10 ℃(非 0 to 10 ℃ 或 0-10 ℃)

为了避免误解,百分数表示值的公差需用正确的数学格式。

例7 “from 63% to 67%”表示范围。

例8 “(65 ±2)%”表示待允差中央值,不能用“65 ±2%”。

度需换算成十进制,例如,正确写法为 17,25°而不用 17°15′。

5.3.2 产品标准起草规则

本规则中既可用于产品标准起草,还可用于其他标准。有可能今后在 TC102 的范畴内会开发铁矿石产品及有毒有害元素的限量标准,因此有必要介绍 ISO 产品标准起草的规则。

5.3.2.1 目标导向

目标导向如下:

(1) 产品特性选择。任何产品都有无数个特性,只有其中一部分特性符合国际标准。这些特性的选择取决于标准制定的目的以及与产品用途相关的最终目标。因此,通过一个文件和一系列文件可以处理(与其他事物之间)相互理解、健康、安全、环保、界面、可交换性、兼容性或相互作用及种类控制等问题。问题产品功能分析可以帮助认识文件的不同方面。但大多数文件通常未说明各种要求的目的(尽管文件和一些要求的目的在导言中已做解释)。然而,在早期工作阶段(不迟于 CD 草案)将这些目的说明有助于做出包括各种要求在内的决定。为了便于用户执行,不论以独立条款、(最好是)独立文件或文件的不同部分,须明确区分产品中涉及各方利益,包括生产商和购买方以及认证机构、测试实验室和校准权威机构等。需要区别的内容有:健康和安全要求;性能要求;维护和服务要求;安装规定。产品由于用途、工作环境(例如不同气候条件)或使用人群不同,对不同特征值要求各不相同,每一个值对应特定用途或环境下的产品种类和水平。这些值可以包含在同一个标准或不同标准中,但清楚说明用途和值之间的相互关系至关重要。贸易重要性证明,不同地区和国家的不同种类和水平,用必要工作环境来表明产品用途的适用性,依次来对产品命名或标记(例如,“抗震”手表)。

(2) 提高相互理解需要规定涉及标准中每个技术要求的用语、符号和记号,取样方法和测试方法的建立等。

(3) 健康和安全。应当包括保护与产品相关的环境或环境资源的要求。否则,一些国家可能会未经协商建立标准附加强制性要求,从而造成技术性贸易壁垒。这些要求需要极限值或接近限制值(最大值和/或最小值)等特征,有时还有结构性约束(例如,由于安全原因而不可交换性),固定限制的等级可将风险降至最低。相关文件要说明包装、储藏和运输条件等所需技术要求,以防止不当包装导致危险和污染,或为了保护产品不致损坏。在准备一项标准时,须优先考虑可能成为政府规章或强制性标准的健康、安全要求(见 ISO/IEC 导则 51 和 IEC 导则 104)以及环境要求(见 ISO 导则 64 和 IEC 导则 106)。为了便于政府规章参考相关标准(见 ISO/IEC 导则 15),须以独立标准或一个标准的独立部分出版。然而,当不能以独立部分出版时,还须将这些部分组合起来以标准中某个条款出版。环境要求不仅包含在 ISO 或 IEC 文件中,更为政府规章所覆盖。可将相应测试方法进行国际标准化,ISO 14040、ISO 14041、ISO 14042 和 ISO 14043 可提供产品或生产过程中环境要求的程序。

(4) 界面、可交换性、兼容性和相互作用。界面、可交换性、兼容性和相互作用等相关要求须服从国际标准化,因为这些条件为构成产品用途的决定因素。特定产品的国际标准化可能会忽略其他目的。如果国际标准化是为了确保可交换性,则须将产品的尺寸和功能也考虑进去。

(5) 种类控制。种类控制是材料、物料和元件国际标准化的重要目的,如按钮、机器零件、电子元件和电缆(为了国际贸易、经济或安全,可交换适用性以及某一品种国际认可标准化至关重要)。种类可能和涉及尺寸的其他特征有关。相关文件须包含选定值(通常是一系列值),并说明规定公差。

5.3.2.2 性能途径

谨防性能要求中重要特征被忽略。如果不能确定材料的必要性能特征,则该材料最好被描述为"……或者与其他获得认可的材料等同"。通常会忽略生产过程要求而重视最终产品测试。然而,有些领域需要参考生产过程(例如,热轧、热压)或有必要检查生产过程(例如压力容器)。这需要认真思考是否选择描述还是性能说明,因为性能规范可能需要长时间、高成本的复杂测试程序。

5.3.2.3 验证原则

无论制定产品标准的目的是什么,应当包括如此验证要求:标准中的要求值须明确,不得使用"足够坚固(sufficiently strong)"或"充分结实(of adequate strength)"等短语;如果没有已知的测试方法可在短的时间进行验证,则产品的稳定性、可靠性或寿命不能被确认。生产商提供的保证不能代替要求。保证条件是商业或契约的概念,而非技术概念。

5.3.2.4 值的选择

值的选择如下:

(1) 限制值。限制值说明产品的某一特征,通常需要说明极限值(最大值和/或最小值)。一些广用种类或水平需要多个极限值。文件不应只包括严格限于局部地区重要性的限制值。

(2) 选定值。有时为对种类的控制需要选择一些值或系列值。可根据 ISO 3(见 ISO 17 和 ISO 497)给出的优先系数或适当的模式系统或决定因素来选择这些值。用于说明设备或零件选定值的文件应作为其他文件中相关规定引用时的基本标准。如在化学测试方面,ISO/TC 48 制定了实验室玻璃器具的标准。文件不包括只限于局部重要性的值。在区域系列值标准化中,须对这些值进行测试以确定是否为世界范围接受。若要使用优先系数,须特别注意小数(如 3,15)的运用。有时由于值无须高精度或为方便使用,可按照 ISO 497 进行四舍五入。应避免不同国家(文件中包括的精确值和近似值)使用不同值。

(3) 生产商声明的值。假如允许不对一些产品的特性进行规定(即使确实影响产品的使用)。文件可以列举出生产商自由选取的值特征,但这些值由生产商以不同方式(名称挂牌、标签、附带文件等)来说明。对于大多数复杂产品来说,生产商提供的性能数据列表(产品信息)优先于所定义的性能需求测试方法。生产商说明的特征值本身不是健康和安全要求允许值。

5.3.2.5 不同产品尺寸

如果某单一尺寸的标准化是指定产品的最终目标,则为全世界普遍接受的尺寸不止一个，如果能得到委员会支持，委员会可以决定标准选择的产品尺寸。这样，应尽一切努力将可选择数目降到最少，可从以下几点考虑：

（1）国际贸易中相关产品的体积作为“世界通用”标准，而非相关国家数量或其产品体积。在可预见的时间内（如 5 年或更长），只有这些惯例能为世界所用。

（2）优先考虑基于科学的、技术的或经济原理的惯例，例如节约用料和能量守恒定律。

（3）不论国际使用的可选择性方案如何，这些方案须出自同一文件且文件给出了不同选择性解决方案的优先情况，在文件引言中须说明优先的原因。

（4）委员会允许使用非首选值有一个过渡时期。

5.3.2.6 避免重复

根据标题，涉及产品的要求应在一个文件中加以说明。在某些领域，可制定一个标准来说明一组产品的总要求。如有必要调用其他要求，最好以参考文献表示而尽可能避免采用文件重复。倘若只有采用重复才可以变得清楚，且文件已经引用了该信息参考文献，为了方便，假如在另一文件对某一要求进行重复非常有用，则可以采用重复。

5.4 ISO 标准起草引用文件及其他辅助规定

5.4.1 基本参考引用

规范提供了语言参考引用和通用的基本参考引用。ISO 文件相关细节可从 ISO 目录获得。对于特殊项目，其他规定、不常用文件，可向 ISO 国家团体索取相关副本或直接在线请教。

（1）语言参考著作。包括：

牛津简略英语词典（The Shorter Oxford English Dictionary）；

牛津简明词典（The Concise Oxford Dictionary）；

柯林斯简明英语词典（The Collins Concise English Dictionary）；

韦伯斯特新世界大学词典（Webster's New World College Dictionary）；

钱伯斯简明词典（Chambers Concise Dictionary）；

Dictionnaire Robert；

Dictionnaire Larousse；

Dictionnaire des difficultés de la langue française，V. Thomas，Larousse。

（2）标准术语。包括：

ISO/IEC 2382（全部），信息技术—词汇；

ISO/IEC 导则 2，标准化和相关活动—通用词汇；

ISO/IEC 17000，合格评价—词汇和通则；

ISO 目录 01.040 词汇列出了由 ISO 各技术委员会制定的术语学标准。

国际词汇基础和度量学汇总，BIPM/IEC/IFCC/ISO/IUPAC/IUPAP/OIML。

（3）术语原理和方法。包括：

ISO 704，术语学工作—原理和方法；

ISO 10241，国际术语学标准—准备和布局。

(4) 量、单位和符号。包括:

ISO 31(全部),量和单位;

ISO 1000,SI 单位及复合单位和其他固定单位的使用建议。

(5) 缩略语。包括:

ISO 639(全部),语言名称代码;

ISO 1951,术语学的词典编撰符号和印刷惯例;

ISO 3166(全部),国家和名称代码。

(6) 参考资料目录。包括:

ISO 690,文件—参考资料目录—内容、格式和结构;

ISO 690-2,信息和文件—参考资料目录—第二部分:电子文件或其中部分;

(7) 技术图。包括:

ISO 128(全部),技术图—准备通则;

ISO 129(全部),技术图—尺寸和公差示值;

ISO 406, 技术图—线和角的尺寸公差;

ISO 3098(全部),技术产品文件—书信;

ISO 6433,技术图—项目参考文献;

ISO 电子服务指南,在 ISO 的网址 http://www. iso. org/ISOeServicesGuide 中。

(8) 技术文件。包括:

IEC 61355,工厂、系统和设备的文件分类和名称;

IEC 61360(全部),标准元件类型和电子零件分类表;

由 ISO 各技术委员会制定的技术文件标准见 ISO 目录下 01. 140. 30 文件管理、商业和工业。

(9) 图形符号。包括:

ISO 7000,设备用图形符号—索引和大纲;

ISO 14617(全部),图表中的图形符号;

ISO 81714-1,产品技术文件中图形符号的设计—第一部分:基本规则。

(10) 限制、适用性和表面特性。

文件由 ISO/TC 213,空间几何产品规范和验证(见 ISO 目录)制定。

(11) 优先数字。包括:

ISO 3,优先系数—系列优先系数;

ISO 17,优先系数和系列优先系数使用指南;

ISO 497,系列优先系数和优先系数近似值系列的选择指南。

文件由 ISO/TC 19, 优先系数(见 ISO 目录)制定。

(12) 统计方法。包括:

ISO 3534(全部),统计学—词汇和符号。

文件由 IEC/TC 56,可靠性(见 IEC 目录)和 ISO/TC 69, 统计方法应用(见 ISO 目录)。

测量不确定度表示指南,BIPM/IEC/IFCC/ISO/IUPAC/IUPAP/OIML。

(13) 环境条件和相关测试。包括:

ISO 554:1976,标准大气下调节和/或测试—规范;

ISO 558:1980,调节和测试—标准大气—定义;

ISO 3205:1976,最佳测试温度;

ISO 4677-1:1985,调节和测试气氛—相对湿度的测定—第一部分:通风干湿表法;

ISO 4677-2:1985,调节和测试气氛—相对湿度的测定—第二部分:旋转干湿表法;

ISO 导则 64,产品标准的环境指南。

(14) 安全。包括:

ISO/IEC 导则 50,安全方面—儿童安全方针;

ISO/IEC 导则 51,安全方面—标准中包括内容方针;

(15) 化学。包括:

ISO 78-2,化学—标准布局—第二部分:化学分析方法。

(16) 国际标准的采用。包括:

ISO/IEC 导则 15,ISO/IEC 中"标准参考文献"的代码原则;

ISO/IEC 导则 21,将国际标准作为区域或国家标准采用。

(17) 环境管理。包括:

ISO 14040,环境管理—生命周期评价—原则和框架;

ISO 14041,环境管理—生命周期评价—目的和范围定义及总量分析;

ISO 14042,环境管理—生命周期评价—生命周期影响评价;

ISO 14043,环境管理—生命周期评价—生命周期解释。

(18) 包装。

由 ISO 各技术委员会制定的技术文件标准在 ISO 目录下 55 商品的包装和分发中。

5.4.2 国际标准名称代码

该规定对具体条项(如材料和生产产品)或抽象条项(如过程与系统、测试方法、符号、市场与传递的要求)进行表述,它无需使用冗长的条项描述,而是采用简短而方便的唯一名称识别代码,可在文件条项、目录、通讯、科学技术著作、商品分类、材料、设备、商品呈现、销售展示中进行引用例举。这里的名称代码系统并不是类似于产品特定识别码的商品代码,也不是是否将产品标准化的名称代码分配的总产品代码,而是对条项能快速明确进行描述的名称代码标准化模式,该系统仅在国际标准、地区或国家标准中应用。这样,可以判断条项是否与相关国际标准吻合,也可在国际层面上增强不同条项的相互理解。名称代码不是文件内容的总替代,而是为了表明是什么文件。名称代码系统不需要表示每个文件所内含的要素选择,尽管这对于产品和材料文件非常重要。决定是否将名称代码系统包括在给定文件中将取决于相关委员会。

5.4.2.1 适用性

适用性内容如下:

(1) 标准化项目具有许多特征。与这些特征(如测试方法中使用的硫酸溶液的摩尔体积或规格中螺帽的标称毫米长度范围)相关的值既可以是单个的(如酸体积),也可以是多个的(如螺帽的长度范围)。在文件中只有单个值与每个特征相适应,因此仅引用文件号和明确的名称代码就已经足够。当给定多个值时,用户就不得不进行选择。本例中,用户尚不能足够通过仅引用文件号满足需要,从范围中获得的值或多个值也必须进行确认。

（2）所描述的名称代码系统可以应用于下例文件。

1）涉及定义特征有不止一个选择的文件。

例：产品规格的可选尺度范围或其他特性的选择；在涉及测定产品规定特征值不同方法的普通文件中的特定方法选择；文件中提供多个可选某测试特定参数值的选择。

2）所选定义术语和符号的文件须进入通讯信息。

3）对于产品和材料，文件及其文件本身，或通过引用其他文件，提供足够完整的规格确保产品和材料遵循或吻合其目的，并包括一个或多个需求选择。

假如名称代码系统应用于不完整的定义产品规格适应性，购买者就有误解的风险，因为许多名称代码系统的用户（知道文件唯一选择）将设想需要确保目的适应性的其他特征被文件包括。

（3）名称代码系统适合使用于任何通讯类型，包括自动数据处理。

5.4.2.2　名称代码系统

名称代码系统如下：

（1）每个名称代码包括“描述区块”和“识别区块”，如图 5－1 所示。

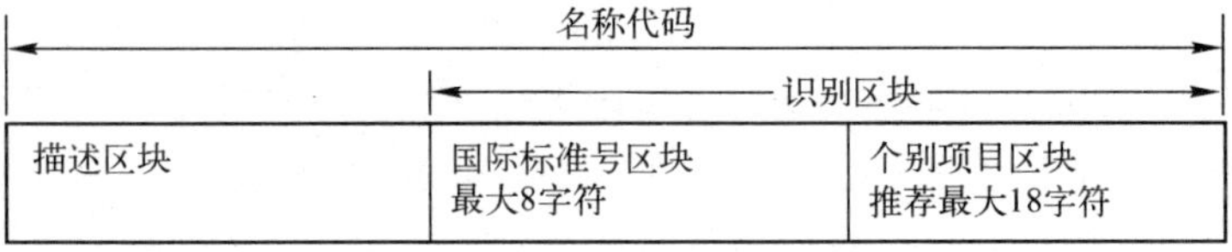

图 5－1　名称代码系统结构

（2）识别所需特征和值的标准号处于国际标准号区块，所选特征值处于个别项目区块，一个文件的每个特征被确认为一个值，显然名称代码无需出现在个别项目区块中。

5.4.2.3　字符使用

字符使用如下：

（1）名称代码由字母、数字、标记等字符组成。

（2）字母应出自拉丁字母表，大小写应无意义差别。在描述区块一般以书写体或印刷体小写，自动数据处理可将小写转换成大写。在识别区块以大写表示。

（3）数字以阿拉伯数字表示。

（4）标记只能使用连字符（－）、加号（＋）、斜杠（/）、逗号（，）、乘号（×）。自动数据处理中，乘号（×）为字母“X”。

（5）为便于读取，可插入空格。空格不作为字母计数，当使用自动数据处理时可以省略。

5.4.2.4　描述区块

标准化项目中的描述区块由相关委员会负责，描述区块尽可能进行分类并首先采自文件主题分类（如关键词、标准国际分类），也是表征标准化项目的最佳描述。当提及文件，描述区块的使用是可选的，但当使用时，它应置于国际标准号区块前。

5.4.2.5 识别区块

识别区块由明确标识标准化项目的方法组成，它分为两个连贯字符区。

(1) 国际标准号区块，由最大 8 个字符组成(字母“ISO”加 5 个字符)。

(2) 个别项目区块(数字、字母、标记)，由最大 18 个字符组成。

为了标识国际标准号区块和个别项目区块的分割，可在个别项目区块第一个字符前使用连字符(-)。

(1) 国际标准号区块。该区块表达要尽可能短，如 ISO 首个标准则 ISO 1，当在机读介质记录时，可以添加空格或 0(如“ISO 1”或“ISO 00001”)。

(2) 假如文件正在被修订或前版文件包含一个标准化项目代码的方法，注意在新版规定的代码不能与前版混淆。总之，该需求容易达到，国际标准号区块不必包括出版年份。

(3) 当修订版或改进版签署，标准化项目代码也应作相应的改进。

(4) 假如文件由多部分组成，相应部分的号(或码)应当在连字号后的个别项目区块标注。

5.4.2.6 个别项目区块

个别项目区块内容如下：

(1) 个别项目区块也要尽可能短，以准备文件的委员会视角、以最好的方法建立目的代码。

(2) 为达到清晰的项目代码的编码，对于诸如化学、塑料、橡胶的某个产品，还可以无选择计数，个别项目区块可以进一步细分为内含信息编码的多个数据区块。该区块通过分离符互相独立，如采用连字符。所含编码的意义应限于它们所处的位置。一个或多个数据区块可以通过两次分离符(空格)表明。

(3) 最重要的参数最先表示，简单语言的条目不应用作个别项目区块，否则就需要翻译。它们可以被编码替代。编码条目由涉及文件提供。

(4) 在个别项目区块，字母 I 和 O 的使用可以导致混淆数字一和零，因此应当避免。

(5) 假如在所需规格中数字计数的最简单方法需要使用大量字符(如 1 500 × 1 000 × 15，包含 12 个字符，占据无规定公差的大小)，则双编码可以使用(如 1 500 × 1 000 × 15 = A，1 500 × 2 000 × 20 = B 等)。

(6) 假如一个产品涉及多个文件，其中之一应选为产品名称代码规则的基础。

5.4.3 名称代码例举和执行

名称代码例举和执行如下：

(1) 例 1。对于刻度温度计名称代码的例举如下。

精度根据 ISO 656，等级 0.2℃，刻度范围 58 ~ 82℃：

Thermometer ISO 656-EC-0,2-58-82

在此名称代码中，要素的含意为：

EC 代表短刻度温度计；

0,2 代表等级为 0.2 ℃；

58-82 代表主刻度范围。

字母“EC”可以省略，因为 ISO 656 已经定义。

（2）例 2。可插入碳化物金属材料例举。按 ISO 883，三角无毛边，公差级为 G，标称尺度 16,5 mm，厚 3,18 mm，角半径 0,8 mm，圆切边，用作左切和右切，P20 的应用应符合 ISO 513 的规定。

Throwaway insert ISO 883-TPGN160308-EN-P20

该名称代码中各要素的含意为：

T 代表形状（三角）；

P 代表无毛边（释放角被确认为 11°）；

G 代表公差级 G（允差，三角高 ±0,025 mm；插入厚度 ±0,13 mm）；

N 代表特性（N = 无特性）；

16 代表尺度（标称三角尺度 = 16,5 mm）；

03 代表厚度（3,18 mm）；

08 代表角结构（角半径 = 0,8 mm）；

E 代表切边条件（圆切边）；

N 代表切削方向（左右边切削）；

P20 代表碳化物应用（用作钢、铸钢、锻铁）。

（3）例 3。

开槽头螺纹 M5，标称长 20 mm，产品等级 A，特性等级 4,8，按照 ISO 1580。

Slotted pan screw ISO 1580-M5 × 20-4,8

（4）例 4。

醋酸碳酸纤维可溶性物质乙醛测定，程序 A：

Test method, cellulose acetate ISO 1875-A

（5）国家执行。国际名称代码系统的执行为将国际标准等同采纳国家标准时才适用。当国际标准在国内执行时，国际名称代码应当无任何变化。国家标准识别可以在描述区块和国际标准号区块间插入。如：

一个螺杆的国际标准名称代码为：

Slotted pan screw ISO 1580-M5 × 20-4,8

它的国家名称代码为：

Slotted pan screw VN 4183-ISO 1580-M5 × 20-4,8

或

Flachkopfschraube mit Schlitz OENORM ISO 1580-M5 × 20-4,8

假如个别项目为国家标准化，该项目对于相应规范项目为可识别，但对于国际标准则不识别，允许使用标准化特定项目国际标准名称代码，国家标准化项目名称代码不包括国际标准的引用。按照 ISO/IEC 导则 21 原理，国家标准仅以自身的识别符使用国际标准识别。

5.4.4 规范表达的动词格式

只列出了单数格形式。表 5－4 列出了必须严格遵循文件规定且不得有任何偏离的动词格式。

表 5－4　要求

动 词 格 式	例外情况下采用的等同表达方式
shall	is to is required to it is required that has to only … is permitted it is necessary
shall not	is not allowed [permitted] [acceptable] [permissible] is required to be not is required that … be not is not to be

注:不得用“must”代替“shall”(为了避免混淆文件要求和其他法律义务)

不得用“may not”代替“shall not”来表示一条禁令。

英语中用祈使语气表达直接指令,例如按测试方法的步骤执行。

示例 “Switch on the recorder.”。

表 5－5 中列出的动词格式用以说明多种可能情况下有一种是被推荐的,未提及或排除其他可能,或推荐采用一种做法但不是必须,或(用于否定格式中)反对但不禁止某种可能或做法。

表 5－5　推荐

动 词 格 式	例外情况下采用的等同表达方式
should	it is recommended that ought to
should not	it is not recommended that ought not to

注:法语中,文本中不得用“devrait”。

表 5－6 中动词格是用以说明某种做法可能在文件限制之内。

表 5－6　允许

动 词 格 式	例外情况下采用的等同表达方式
may	is permitted is allowed is permissible
need not	it is not required that no … is required

注:1. 文本中不得使用“possible(可能)”或“impossible(不可能)”。

2. 文本中不得使用“can”代替“may”。

3. “may”表明文件允许,而“can”是指文件使用者的能力或对他/她开放的可能性。

4. 法语中“pouvoir”既可以表示允许,也可以表示可能性。为了表达清楚,如果可能会带来误解时采用其他表达方式是明智的。

表 5－7 中动词格使用以表明材料的、物力的或原因的可能性或能力。

表 5－7 可能性和能力

动词格式	例外情况下采用的等同表达方式
Can	be able to there is a possibility of it is possible to
Cannot 不能	be unable to there is no possibility of it is not possible to

注:见表 5－6 中注释 3 和 4。

5.4.5 量和单位

本列表由 ISO/IEC 导则中所述相关规定组成,以及一些特殊国际标准中用到的量和单位。

(1) 十进制小数点用逗号表示。

(2) 国际标准只用 SI 单位。少数 SI 单位的附加单位,即分钟(minute,简作“min”)、小时(hour,简作“h”)、日(day,简作“d”)、度(degree,记作“°”)、分(minute,记作“′”)、秒(second,记作“″”)、升(litre,简作“l”)、吨(tonne,简作“t”)、电子伏(electronvolt,简作“eV”)和统一的原子质量单位(unified atomic mass unit,简作“u”);奈培(neper,简作“Np”)、贝尔(bel,简作“B”)、宋(sone)、方(phon)和八度音阶(octave);用于电子技术和信息技术的波特(baud,简作“Bd”)、位(bit,也称比特)、八位字节(octet,简作“o”)、字节(byte,简作“B”)、厄兰(erlang,简作“E”)、哈特利(hartley,简作“Hart”)、自然信息单位(natural unit of information,简作“nat”)、山农(shannon,简作“Sh”)、乏(var)。为了连贯,国际标准中上述字符只有“l”用作升的单位,“L”也可以。

(3) 不得将符号和单位名称混淆。例如,可以写作“kilometres per hour”或“km/h”,不得写为“km per hour”或“kilometres/hour”。

(4) 图形中数值与单位合并使用,如“5 m”,避免记作“five m”和“5 metres”。数值和单位之间必须用空格隔开,平面角中用作上标的符号除外,如 5°6′7″。但角度尽量换算为十进制值。

(5) 不得以非标准缩写术语用作单位,如“sec”(代替“s”来指代秒)、“mins”(代替“min”来指代分)、“hrs”(代替“h”来指代时)、“cc”(代替“cm^3”来指代立方厘米)、“lit”(代替“l”来指代升)、“amps”(代替“A”来指代安培)、“rpm”(代替“r/min”来指代转速)。

(6) 国际标准单位符号不得用添加下标或其他信息的方式用作新的单位符号。

例如:

“U_{max} = 500 V”而不用“U = 500 V_{max}”

“质量分数为 5%”而不用“5% (m/m)”

“体积分数为 7%”而不用“7% (V/V)”

(记住:% = 0,01 和‰ = 0,001,都是纯数字。)

(7) 不得将信息与单位符号混淆。例如,“水分为 20 ml/kg”不得写作“20 ml H_2O/kg”或“20 ml Water/kg”。

（8）不得使用“ppm”、“pphm”和“ppb”等缩写。这些缩写短语语言依赖性强，可能表达不清，也并不需要，因为它们代表的是数字，而往往用十进制数字表示更清楚。

例如：

“质量分数为 4,2 μg/g”或“质量分数为 $4,2\times10^{-6}$”，而不用“质量分数为 4,2 ppm”

“相关不确定度为 $6,7\times10^{-12}$”而不用“相关不确定度为 6,7 ppb”

（9）单位符号通常用正体字；量值符号通常用斜体字；数值符号须与相关量值符号区分开来。

（10）量值等式优先于数值等式。

（11）“重量”是一种力（地球引力），用牛顿（N）度量；“质量”用公斤（kg）度量。

（12）商值分母中不包含“单位”这一字样，例如，“线密度”的表示方法为“mass per length”或“lineic mass”而不用“mass per unit length”。

（13）区分主题与主题的量，例如“表面”和“面积”、“个体”和“质量”、“电阻器”和“电阻”、“线圈”和“感应系数”。

例如：

“10 mm 至 12 mm”不能写作“10 to 12 mm”或“10 ~ 12 mm”；

“0℃至 10℃”不能写作“0 to 10℃”或“0 ~ 10℃”；

“24 mm × 36 mm”不能写作“24 × 36 mm”或“(24 × 36) mm”；

“23℃ ± 2℃”或“(23 ± 2)℃”不能写作“23 ± 2℃”；

“(60 ± 3)%”不能写作“60 ± 3%”或“60% ± 3%”。

（14）两个或多个物理量不能相加减，除非它们属于同种可比量。因此，相对公差表示为 230 V ± 5% 不符合代数学基本规律，可用以下方法来表示：

“(230 ± 11,5) V”

“230 V, with a relative tolerance of ± 5%”

(230 ± 5%)V，这种表示方法尽管是不正确的，但经常使用。

（15）如果根值需要说明，则公式中不得写为“log”，应为“lg”、“ln”、“lb”或“$\log_a$”。

（16）使用 ISO 31-11 中推荐的数学符号和记号，例如“tan”而不是“tg”。

6 铁矿石 ISO 标准的编写规则和结构样板、电子模板

6.1 铁矿石 ISO 化学分析标准的编写规则

关于化学标准的格式，ISO 78 有明确规定，ISO 78 包括第二、三、四部分，内容分别涉及化学标准、分析光谱、原子吸收光谱标准的编写规范。第一部分有过制定计划但尚未出版。这些标准由 ISO/TC47 的化学分技术委员会(SC1)负责制定。

6.1.1 铁矿石化学标准的格式介绍

铁矿石化学标准的格式详见 ISO 78－2，即铁矿石化学标准的格式化学分析方法—第二部分。该标准给出了化学分析方法国际标准格式应用和有关措辞。该标准需要引用 ISO 31 “数量和单元”、ISO 1000 的“SI 单位和推荐的其他特定单位”、ISO 5725“结果和方法的精密度(正确度和精确度)测量”。

6.1.1.1 量、单位和符号

量、单位和符号要应尽可能符合 ISO 31 和 ISO 1000 的规定。如果用数字表示有关数值，则后面的计量单位应用符号来表示，其他情况下，只能用单位名称，但曲线图、坐标图上和表头除外。避免使用数值 0,001 的符号‰(“每厘”或“每千”)，因为百分数和千分数是数值。当需要补充信息时，不宜将(m/m)、(V/V)与单位符号连在一起，例如%(m/m)或%(V/V)。表示质量分数或体积分数的方法应是“质量(或体积)分数是 0,75”或“质量(或体积)分数是 75%”。质量分数和体积分数还可分别采用 5 μg/g 或 4,2 mL/m^3 这样的形式表示。诸如“ppm”“pphm”和“ppb”等缩写也不应使用。

6.1.1.2 试验方法的选择

在相关标准中，对化学产品的制定，应尽可能采用相同的试验方法和表述。如果在特殊行业，这一规则与其合理良好习惯做法相矛盾时，可以例外。

6.1.1.3 化学品命名及其数值、公差

化学品命名宜采用“国际理论化学与应用化学联合会”(IUPAC)制定的关于高纯度化学品命名及其名称的拼写和印刷规定，例如：IUPAC 规定的有机化合物命名法，这些化学品名称的化学文摘登记号(CAS 号)也应给出。当某种试剂在标准中第一次出现时，如该试剂有俗名，则应写在 IUPAC 提出的命名后面，并用圆括号括起。在正文的其余部分，使用 IUPAC提出的命名或俗名均可，但应只使用一种，不得混用。尽管商品名或商标名使用较普遍，也应尽可能避免使用。对于市售化学品(工业用基本化学品)，宜在标准的名称和“范围”一章给出其俗名，而相应的 IUPAC 提出的命名宜写在俗名后的圆括号中，以后仅使用俗

名。化学品符号的使用应只限于化学分子式和指明以化学分子式表示的物质的量的符号，例如 $c(H_2SO_4)$。在行文中应写出化学品的全称。在表示一个量，例如表示温度或时间时，应规定其临界公差。

6.1.1.4 化学分析方法标准编写的基本要求

下面给出化学分析方法标准中各要素的适当的标题和顺序。在个别情况下，不需要的章或条可以省略，如果需要其他章条，也可加在最恰当的位置上。章和条应用阿拉伯数字从每个文件的开头至结尾连续编号。应明确区分标准的规范性和资料性的内容，例如附录。标题和顺序为：前言、引言、标准名称、警告、范围、规范性引用文件、术语和定义、原理、反应式、试剂与材料、仪器、采样（取样）、分析步骤、结果计算、精密度、质量保证和控制、特殊情况、试验报告、附录、参考文献。

6.1.1.5 化学分析方法标准编写细则

化学分析方法标准编写细则如下：

（1）前言。适用时，应给出与前一版的主要差异，分部分的标准应给出各部分的名称。

（2）引言。引言是可选要素，如需要，可用于表述附加信息如说明标准的有关技术内容及其制定原因。若需要方法的背景材料，也宜在本章给出。

（3）标准名称。标准名称应简明而准确地表述，如试验方法适用的产品、所测的成分或特性及其测定方法的性质。标准名称的内容不宜超出上述三个要素。

示例1：工业用轻烯烃—痕量氯的测定—威克鲍尔德（Wickbold）燃烧法；

示例2：工业用液体化学产品—密度的测定（20℃）。

（4）警告。所分析的产品、试剂或分析步骤如对健康或环境有危害，则必须引起注意并注明注意事项以避免伤害。这些内容应该用黑体字印刷和排版。

1）如果危险属于一般性提示或来自于所分析的产品，应在标准名称后立即标出；

2）如果危险来自于特殊的试剂或材料，应在试剂或材料的名称后标出；

3）如果危险属于分析步骤固有的，应在“分析步骤”一章的开始标出。

示例：

警告—使用本标准的人员应有正规实验室工作的实践经验。本标准并未指出所有可能的安全问题。使用者有责任采取适当的安全和健康措施，并保证符合国家有关法规规定的条件。

（5）范围。该章节应简明地陈述化学分析方法，并特别说明所适用的产品。如果适用，应指明其检出限和定量测定范围。还应包括任何附加的、有用的而在标准名称中不能包括的内容。还应包括以下内容：能使读者很快判断标准是否适用于欲测产品或存在各种限制。这些限制应考虑到拟分析的一种或若干种产品的其他成分及其允许含量。该章节也应包括从任何来源资料提供的关于对本方法可能的干扰。如果需要对基本方法提出修改，例如要消除某些干扰因素，这些修改应作为特殊情况处理。这些特殊情况应在“范围”中指明，相应的修改应在“特殊情况”中表述。对于一个指定成分的测定，有时需要提供几种方法，例如，取决于产品的组成或取决于待测成分有不同的含量或准确度的需要，每种方法有它自己的特定使用范围。如果标准中包括几种测定方法，就应清楚地指明所列方法的各自不同的适用范围。“范围”这一章的文字应简洁，以便能作为内容提要供检索或信息传递。

（6）规范性引用文件。该章应列出标准中规范性引用文件一览表。在标准编制过程中参考过的文件应列入标准最后的“参考文献”中。

(7) 术语和定义。该章应给出为理解标准中某些术语所必需的定义。建议引用现成的定义或术语标准。

(8) 原理。该章是可选要素。需要时可用于指明所用方法的基本原理、决定方法用途的方法特性和基本步骤,如果必要,还可说明选择这一分析步骤的理由。

(9)反应式。如果考虑到对文本理解和计算的需要,本章应写出主要反应式,如适宜,以离子反应式表示。给出这些反应式仅仅为了指导,并不试图解决任何有争议的问题。特别是在被测元素的氧化态相继发生若干变化时,这些反应式可以说明利用测定得到的数据进行的计算是否正确,也可以帮助更好地理解测定方法。当涉及滴定分析时,反应式对于表示每摩尔反应物之间的摩尔比是十分有用的。

(10) 试剂和材料。

1) 通则。该章节的标题视实际情况可选择“试剂”、“材料”或是“试剂和材料”。如适宜,本章应用下面一段导语(或将下面的导语适当修改)作为开头:

“除非另有说明,在分析中仅使用确认为分析纯的试剂和蒸馏水或去离子水或相当纯度的水。”

当需要使用 ISO3696 中所规定级别的水时,用下列表述:

“除非另有规定,仅使用分析纯试剂。”

“5.1 水,ISO3696,x 级。”

该章节应列出在试验中使用的所有试剂和材料,以及它们的主要特性(浓度、密度等),如果需要,应注明纯度的级别。如果有,宜给出相应的 CAS 号。除了多次使用的产品,仅在制备某试剂中用到的产品不应列在该章中。应对所列试剂和材料进行顺序编号以便标识。在“分析步骤”一章中试剂或材料的名称后的括号内写上相应的编号,能避免重复这些试剂或材料的特性,避免标准的文本太简短。如果不会引起混淆,就没必要每次重复相应的编号。

如果需要,应特别指明贮存这些试剂的注意事项和贮存期。应在该章说明标准滴定溶液或其他标准溶液的制备方法,必要时还应说明其标定方法。另外,不应这么说明:如果所用试剂使用通用的制备和核验方法,并已制定成国际标准,应在文献的末尾列出这些标准。如果要验证试剂中不含干扰成分,应给出为此所采用的试验细节。

试剂和材料按以下顺序编排:

以市售形态使用的产品(不包括溶液);

溶液和悬浮液(不包括标准滴定溶液和标准溶液),要标明规定的大约浓度;

标准滴定溶液和标准溶液;

指示剂;

辅助材料(干燥剂等)。

2) 以市售形态使用的产品。所列的试剂和材料,应清楚地写明以市售形态使用的产品的形式,并说明它们的特性(例如,化学名称、分子式、纯度、号),特别是固体产品要写明结晶水。

3) 水溶液。所列的试剂和材料,按惯例水溶液的溶剂不作专门说明。

4) 确定了浓度的溶液。

第一,常用标准溶液。

标准滴定溶液:此种溶液的浓度应表示为物质的量浓度,单位为摩尔每升(mol/L)或摩尔每立方米(mol/m^3)。浓度的数值应该用整数(例如 1 mol/L,2 mol/m^3)或小数(例如,0.1 mol/L,0.06 mol/m^3)表示。符号为 c(例如 $c(CuSO_4)$ = 0.1 mol/L)。

基准溶液:此种溶液的浓度应按标准滴定溶液中所述的相同方法表示。

标准溶液:此种溶液的浓度应用克每升(g/L)或其分倍数表示。

标准比对溶液:此种溶液的浓度应按标准滴定溶液、基准溶液、标准溶液所示方法表示。

第二,其他溶液。

如果溶液的浓度是以质量分数或体积分数给出的,应该用毫克每千克(mg/kg),克每克(g/g),毫升每升(mL/L)或其分倍数表示。

如果溶液以质量浓度给出,则浓度应以克每升(g/L)或其分倍数表示。

如果溶液由另一种特定溶液稀释配制,应按下列惯例表示:

“稀释 $V_1 \rightarrow V_2$”表示,将体积为 V_1 的特定溶液稀释为总体积为 V_2 的最终混合物。

“$V_1 + V_2$”表示,将体积为 V_1 的特定溶液加入到体积为 V_2 的溶剂中。

“$V_1 : V_2$”或“$V_1 + V_2$” 的表示方法会引起不同的理解,应避免使用。

同样,习惯上也不应采用与上述不同的溶液单位(例如,“过氧化氢,12 体积”)。

(11) 仪器。除了普通的实验室仪器外,本章应列出在分析或试验中所用的仪器和设备的名称及其主要特性。

仪器的名称应使用连续的编号加以识别。在“分析步骤”一章中要在仪器名称后面的圆括号里写上这些编号,以避免重复仪器的特性,可使文本简短。然而,如果不会引起混淆,就不必每次重复这些编号。

如果适宜,应引用有关实验室的玻璃器皿和仪器的国家标准和其他适用的标准。示例:

4.1 单刻线移液管,容量 50mL,GB12808 A 类。

特殊类型的仪器及其安装方法建议用图表示。

组装后仪器功能的验证应在“分析步骤”一章中的标题为“预试验”或“验证试验”的条中加以叙述。

方法中的关键仪器的特殊要求应在“仪器”一章内说明,特别是当这些要求是分析步骤中的重要部分或对方法的安全性、精密度和正确度有影响时,更应如此。

(12) 采样(取样)。

1) 通则。本章可以按“采样步骤”和“试样的制备”的标题分条编写。也可改用下列条的标题进行编写,即:实验室样品、试样、试料。

2) 采样步骤。原则上,为制备实验室样品的采样与化学分析方法本身无关,通常引用有关国际标准或产品标准的有关条款进行采样即可。如果没有这方面标准可引用,该章可包括采样方案和采样步骤,对如何避免产品发生变化给予指导,并提供国际标准中适用的统计方法。如果需要,该章还应给出关于实验室样品的制备、质量或体积、储存实验室样品用的容器的材料和特性(例如,类型、容量、气密性)以及储存条件等内容。

3) 试样的制备。“采样”这一章应给出试样制备的所有内容,试料将从试样中抽取,试样是从“实验室样品”中制备的。对于不同情况,应叙述制备的所有步骤(例如,研磨、干燥),并给出所制备试样的特性的内容(例如,粒度分布、大约质量或体积)。如有必要,应给出储存样品用容器的特性(例如,类型容量、气密性和材料)和储存条件。

(13)分析步骤。

1)通则。如果进行若干个操作或系列操作,该章就可以分为若干条。每一系列操作应使用祈使句准确简明地叙述。如果分析的步骤很多,可以将条进一步细分,分别给出一个个相应的规定的操作,包括不可缺少的预操作。如果该分析方法在其他标准中已有叙述,则应表述为“按 ISO ××××规定的方法”或“按 ISO ××××中规定的××方法”,如果方法有所改动,还应注明改动情况。如果在分析步骤中存在某种危险(例如爆炸、着火或中毒)而必须采取专门防护措施,则应在该章的开头用黑体字标出警告内容,并写明专门的防护措施。如果必要,可在附录中给出有关安全措施和急救措施的细节。

2)试料。这一条应给出从试样中(如果试样与实验室样品相同,即从实验室样品中)制备试料所需的所有内容。如果适宜,该条应叙述称量或量取试料的方法(例如,使用称量移液管)。该条应叙述试料的质量或体积和所需的测量准确度,如果必要,还应说明其他有关的特性。该条还应指明是否需要一份以上的试料(例如,当需要把两次或更多次测定值的平均值作为测定结果时)。

第一,试料用质量表示。试料用质量表示,其称量通常用下列方式之一表示。

确定量:当需要以规定的准确度称取确定量的试样时,应用下列示例表示。

示例1:“$m = 5\ g \pm 1\ mg$”。

示例2:“$m = (5 \pm 0,001)\ g$”。

示例3:“称取 5 g 试样,精确到 1 mg”。

在某些情况下,可能包括其他内容的条,例如,附加试验:水分的测定、标准物质(标准样品)的使用等。

大约量:当需要以规定的准确度称取大约的试样量时,应用下列示例表示。

示例1:“称取约 2 g 试样,精确到 1 mg”。

表示称取大约量的句型,例如“称取约 2 g 的试样”意思是:所称取的试样的量应在规定量的 10% 以内。如果要求更小的允许差,则应按下面示例表示:

示例2:“称取 1,9 g ~ 2,1 g 的试样,精确到 1 mg”。

第二,试料用体积表示。试料用给定体积表示时,如果要求使用已知准确度的仪器,建议描述量取试样的量时应包括仪器的相关编号。

示例:“用移液管(4.2)量取 10 mL 试验溶液”。

如果对仪器没有规定,测量的准确度应在条文中指明。

示例:“量取 10 mL ± 0,05 mL 的试验溶液”。

第三,从其他测定中得到的试料。如果试料是其他测定的产物(例如,滤液、沉淀、残余物),其来源应使用大写字母清楚地标识。

示例:“溶液 A—由测定硫酸钙得到的滤液 C”。

3)空白试验。

如果需要用空白试验去验证试剂的纯度或实验室环境和仪器的清洁度,该条应指明进行空白试验的所有条件。空白试验应与测定平行进行,并采用相同的分析步骤,取相同量的所有试剂(滴定法中的标准滴定溶液的用量除外),但空白试验不加试料。在某些情况下,不加试料可能导致空白试验的条件与实际测定的条件不同,而影响分析方法的应用。在这种情况下，该条应阐明考虑到这样的差异而对空白试验的分析步骤必须进行的调整，必要时，仍应使空白试验与测定的试剂量相同。

4）预试验或验证试验。如果必要，对所用仪器做一次预先检查（例如，检查气相色谱仪的性能特性），或用有证书的标准物质（标准样品）、合成样品或已知纯度的天然产品校验分析方法的有效性，本条应给出进行这一校验需要的所有细节。

5）比对试验。如果需要考虑或消除某种现象的干扰（例如，"背景"颜色），该条应给出一个适当的试验，包括分析步骤的所有细节。

6）测定或试验。如适用，在测定的开头陈述："做两份试料的平行测定"。为了便于叙述、理解和应用分析步骤，每一步操作应使用祈使句准确地叙述，应在适当的条或段中以容易阅读的形式陈述有关的试验。在分析步骤中，如有必要保留其中某一操作步骤得到的产物（例如，滤液、沉淀或残留物）作为以后某测定的"试料"，当以后的分析过程中用到它时，便于识别。

示例："保留滤液 D，用于钠含量的测定"。

7）校准。如果分析方法需要校准过的仪器时，此内容应在"分析步骤"一章中适当的位置另立一条，写出完整的详细步骤。如果需要，该条还应包括校准频次（例如，批量分析时）。如果有关校准的详细步骤与"测定"自身的操作完全或部分相同，那么其中的一条应引用另一条。

示例："……以下按 9.3.4 ~ 9.3.8 步骤进行"。

8）结果计算。该章应指明结果计算的方法。应说明以下几点：

表示结果的单位；

计算公式；

公式中使用的代数符号的含义；

表示量的单位；

计算结果表示到小数点后的位数或有效位数。

量的符号应符合 ISO 31。如果某种符号代表同一个量的不同含义时，应将数字下标（0，1，2，…）加到符号上（例如：m_0，m_1，m_2，…）。

示例：某物质的碱度测定采用滴定法。以盐酸标准滴定溶液作滴定剂。盐酸的浓度 $c(HCl) = 0{,}2$ mol/L。

计算方法如下：

碱度以氢氧化钾（KOH）的质量分数 w_a 计。数值以毫克每克（mg/g）表示，按下列公式计算：

$$w_a = \frac{V \times c \times M}{m} \tag{1}$$

式中 V——盐酸标准滴定溶液（从"试剂和材料"一章给定参考编号）的体积数，mL；

c——盐酸标准滴定溶液浓度的准确数值，mol/L。

m——试料的质量的数值，g；

M——氢氧化钾的摩尔质量的有效值，g/mol（$M = 56.109$）。

计算结果表示到小数点后两位。

(14) 精密度。对于经过实验室间试验的方法，应指明其精密度数据（例如，重复性和再现性)。应按 ISO 5725 的有关部分或其他适用的标准(应引用这些标准)计算精密度数据。ISO 5725 已使用“正确度”和“精密度”两个术语来描述测试方法的准确度。ISO 5725 给出了“正确度”的定义及测定的基本方法。应清楚地表明,精密度是用绝对项还是用相对项表示的。精密度条款表述形式的示例,参见 6.1.1.6 节。应在附录中给出附加的统计数据。

(15) 质量保证和控制。该章应说明质量保证和控制的程序。应给出有关控制样品、控制频次和控制准则等内容,以及当过程失控时,应采取的措施。使方法处于受控状态的最佳途径是使用控制图。

(16) 特殊情况。该章应包括分析的产品中是否因含有特殊成分而需对分析步骤做出的各种修改。这些修改均应在“范围”一章中提及。每种特殊情况应给出不同的小标题。

修改分析方法的内容应包括以下方面:

1) 修改后分析方法的原理,包括对于一般分析步骤原理的必要修改,或叙述新分析步骤的原理;

2) 如果需要对一般采样方法进行修改,则应说明新的采样方法;

3) 新分析步骤或修改的说明。如果只给出修改内容,则有必要指明每个修改在一般步骤中的具体位置。简便方法为:指明未修改的步骤的最后一段(必要时重复最后一句或部分句子),然后给出修改,最后指明紧跟在修改之后的第一个未修改的段落(必要时重复其第一句或部分句子);

4) 适用于修改后的或附加的分析步骤的计算方法。

上述修改内容即使很少,也不要在“分析步骤”一章中描述这些修改内容,为了清楚,仍要以“特殊情况”为标题单独列为一章。

(17) 试验报告。该章规定试验报告所包括的内容。至少应给出以下几个方面的内容:试样、使用的标准(包括发布或出版年号)、使用的方法(如果标准中包括几个方法)、结果,包括涉及“结果计算”一章的内容、与基本分析步骤的差异、观察到的异常现象、试验日期。

示例:

1) 识别被试的样品所需的全部资料;

2) 使用的标准(ISO 12345:1998);

3) 使用的方法(A 法、B 法或 C 法);

4) 试验结果,包括各单次试验结果和它们的平均值;

5) 与规定的分析步骤的差异;

6) 在试验中观察到的异常现象;

7) 试验日期。

(18) 附录。如果标准的详细内容便于用附录的形式表述且能使文本主体更简洁,那么可以使用附录。应明确说明附录是“规范性附录”还是“资料性附录”。例如,有时需要用图解表示分析步骤的不同阶段,特别是由大量操作组成较长的分析步骤。这样的图解安排在资料性附录中最为方便,绘制时应清楚地将各步骤分开,并用一条垂直线将每个阶段的操作按顺序连在一起(例如,沉淀、过滤、残余物的处理),如果连续的操作在某一阶段结束,应明确说明(例如,“倒掉滤液”)。

(19)参考文献。如果需要资料性引用文件,可以在文本的相应位置通过引用给出,或者,如果有多个资料性引用文件时,可以在文本后的“参考文献”中列出。ISO 690 提供了参考文献的著录规则。

6.1.1.6 精密度条款表述形式的示例

精密度条款表述形式的示例如下：

(1) 重复性条款。

示例 1:(当精密度用绝对项表示时)

在同一实验室,由同一操作者使用相同设备,按相同的测试方法,并在短时间内对同一被测对象相互独立进行测试的两次独立测试结果绝对差值不大于……,以大于……的情况不超过 5% 为前提。

示例 2:(当精密度用相对项表示时)

在同一实验室,由同一操作者使用相同设备,按相同的测试方法,并在短时间内对同一被测对象相互独立进行测试的两次独立测试结果绝对差值不大于这两个测定值的算术平均值的……%,以大于这两个测定值的算术平均值的……% 的情况不超过 5% 为前提。

示例 3a 和 3b:(当精密度与分析浓度有关时)

示例 3a:

在同一实验室,由同一操作者使用相同设备,按相同的测试方法,并在短时间内对同一被测对象相互独立进行测试的两次独立测试结果的绝对差值不超过重复性限(r),超过重复性限(r)的情况不超过 5%,重复性限(r)按下列方程式计算:

油中铜的含量: $r = 0{,}010 + 0{,}1399m$

式中 m——这两个测定值的平均值,mg/kg。

示例 3 b:

在同一实验室,由同一操作者使用相同设备,按相同的测试方法,并在短时间内对同一被测对象相互独立进行测试得到的两次独立测试结果的测定值,在以下给出的平均值的范围内这两个测试结果的绝对差值不超过重复性限(r),超过重复性限(r)的情况不超过 5%,重复性限(r)按以下数据采用线性内插法求得:

铜含量/$mg \cdot kg^{-1}$	0,5	5,8	35,8
r/$mg \cdot kg^{-1}$	0,06	0,8	3,6

上述叙述可以更简短些。

在重复性条件下获得的两次独立测试结果的绝对差值不大于……,以大于……的情况不超过 5% 为前提。

(2) 再现性条款。

示例 1:(当精密度用绝对项表示时)

在不同的实验室,由不同的操作者使用不同的设备,按相同的测试方法,对同一被测对象相互独立进行测试获得的两次独立测试结果的绝对差值不大于……,以大于……的情况不超过 5% 为前提。

示例 2:(当精密度用相对项表示时)

在不同的实验室,由不同的操作者使用不同的设备,按相同的测试方法,对同一被测对象相互独立进行测试获得的两次独立测试结果的绝对差值不大于这两个测定值的算术平均值的……%,以大于这两个测定值的算术平均值的……% 的情况不超过 5% 为前提。

示例 3:(当精密度与分析浓度有关时)

在不同的实验室,由不同的操作者使用不同的设备,按相同的测试方法,对同一被测对象相互独立进行测试获得的两次独立测试结果的测定值,在以下给出的平均值的范围内这两个测试结果的绝对差值不超过再现性限(R),超过再现性限(R)的情况不超过5%,再现性限(R)按以下数据采用线性内插法求得:

铜含量/$mg \cdot kg^{-1}$	0,5	5,8	35,8
r/$mg \cdot kg^{-1}$	0,06	0,8	3,6

上述叙述可以更简短些。

在再现性条件下获得的两次独立测试结果的绝对差值不大于……,以大于……的情况不超过5%为前提。

6.1.1.7 从实验室间试验结果得到的统计数据和其他数据

可在资料性附录中列出从实验室间试验结果得到的统计数据和其他数据。即以数据表的形式列出对方法的合作研究结果进行统计分析得到的数据(下面给出了一个示例)。

在表格中可能不需要包括全部数据,但至少要包括以下资料:

(1)试验结果可接受的实验室个数(即除了试验结果属界外值而被舍弃的实验室);

(2)在每个分析样品中的被分析物的浓度的平均值;

(3)重复性和再现性两者的标准差;

(4)载有实验室间试验结果的引用文件。

测量方法的偏倚和确定其值时所用的参照值以及痕微量成分测定的回收率数据宜一并叙述。当偏倚随被分析物的浓度改变时,宜用表格形式给出平均值的数据、所确定的偏倚和测定中所用的参照值(见ISO 5725-1和ISO 5725-4)。

6.1.2 铁矿石分子吸收光谱法标准的格式介绍

分子吸收光谱法标准的格式采用分子吸收光谱法进行分析溶液样品,虽然方法采用的原理及操作条件不同,所分析溶液在组成也有差异,但溶液中的总吸光度都等于其各组分吸光度的总和。分子吸收光谱法可分析混合物溶液,因为混合物溶液可分成几个能够测定的组分,这些组分的特征吸光度和其浓度有关联。

6.1.2.1 格式布局的基本信息

分子吸收光谱法主要给出近紫外及可见光区的标准分析方法。方法所测的系列校正溶液应该符合:无待分析的样品引入;内含已知浓度的待测组分;配制的组分浓度与吸光度成线性比例并且可测,同一个溶液的吸光度值是固定的。系列组分的校正溶液中零组分加入点为零点。在标准加入法中,由于每一个系列的点都含有待测组分,那么零点就是对应的样品溶液。

(1)测试溶液:从试液中提取并配制为能够通过吸光度测定得到浓度的溶液。

(2)空白测试溶液:不含待测组分,同测试溶液相同的方法准备的溶液,待测溶液的配制可以为:1)其他组分不变,待测组分全部来源于替代的等量样品溶液;2)待测组分全部来源于替代的等量类似于样品溶液的物质;3)替代的是测试条件中的物质(比如水),但是不含待测组分。

(3)补偿溶液。溶液中试剂有特定吸收,且在测定试样吸光度时也会测定出此组分的吸光度,需要准备补偿溶液,如果在测定中该组分确实存在,则可通过进行补偿溶液补偿。具体方法为,利用在最初反应中不产生吸光化合物(如果反应物在需要测量的波长处无自吸收,可以忽略改变试剂添加的顺序)或破坏吸收化合物形成(氧化、还原、形成复合物)。根据环境的不同,补偿溶液包括:校准补偿溶液;零点补偿溶液;样品补偿溶液;空白测试补偿溶液。所有试剂在相应的溶液中对应的浓度相同(系列点的校准溶液、零点、样品溶液、空白测试溶液)。

(4) 样品溶液。从待测溶液中取出经过稀释达到仪器灵敏度和在校准范围内的溶液,通过测定样品溶液可以得到吸光度。

(5) 标准的推荐的布局格式。标题、警告和安全预防、引言、范围、应用领域、规范性引用文件、术语和定义、原理、反应、试剂和材料、仪器、取样和样品、分析步骤(试样、测试溶液的制备、空白试验的制备、校准、测定)、结果表述、特例、备注、测试报告、分析步骤示意图、参考文献、附录。其中校准还内含:参考溶液和校准溶液的制备、分子化合物的形成、补偿校准溶液、光谱测量、函数分析(或者校准图);测定还内含:分子化合物的形成、补偿样品溶液、光谱测量、空白溶液的测量。章和条应采用阿拉伯数字和标点连续标注。

6.1.2.2 分子吸收光谱法标准格式应用

分子吸收光谱法标准格式应用如下:

(1) 原理。该章应简明给出方法的实质性步骤(最好应用名词短语),应包括分子吸收光谱的溶液制备的物理、化学原理(如灰化、溶液制备、萃取、分离、化合等),也需要提及组成吸光化合物的种类和详情、给出组成这个化合物的动力学原理、指明测定波长(指出是否是测定时的最大波长,如否,指明原因)。

(2) 试剂。见 6.1.1 节。应指出如何由标准溶液配制的校准溶液系列,准确说明所用试剂的量,如果需要,说明试剂校核和纯化的过程。

(3) 仪器。此条中不用列出实验室常用设备。所用光谱设备应给出应用波长最大允许光谱带宽及正常波长时的允许偏差。需要说明特定厚度的吸光池参数。

(4) 取制样。见 6.1.1 节。

(5) 分析步骤。本布局格式也可把特定的预实验作为特定程序(例如,决定 pH 值是如何修正的)或控制实验(例如,检查所用试剂的种类和数量是否符合普通条件)组成该章的条款。

1) 试料。遵循 6.1.1 节关于用质量或者体积表示的样品数量要求。

2) 测试溶液制备。由于测试溶液和仪器的灵敏度及选择的标准范围相关,应该给出样品溶液和(或)测试溶液中的样品的最大最小允许浓度范围。该条应该准确指出测试组分经过物理和化学反应变成吸光化合物,应该尽可能详细地描述有可能影响结果质量的因素。

3) 空白测试溶液的制备(或空白测试)。条标题依赖于内容,假如与吸收物的构成相关步骤不包括在内,标题为"空白测试准备",否则标题为"空白测试",以下两种情况对条内容非常重要:

第一,有时内容很详细。例如,对于缺少特定组成的空白测试溶液,由于没有详细的描述制备方法,可能导致介质条件和样品溶液(有可能影响测定)的条件不同。

第二,有时条"测试溶液的制备"比较简单,这是种特殊情况,即替代测试溶液的空白测试溶液是采用同样方法配制。

在特殊情况下,可以用校准曲线的零点代替空白测试溶液。

4) 校准。

第一,参比溶液和校准溶液系列的制备。该条指出通过标准溶液制备参比溶液,并通过不同体积的标准溶液配制测试标准溶液系列，从零点到含有测试元素的最高浓度点，并给出适用的吸收池的厚度。操作者应稀释调节测试溶液的最终浓度以得到最佳条件。

第二，吸收化合物的组成。应详细描述所有的操作，对每个标准系列点的操作应指出：写出吸光化合物的反应动力学和与不同试剂反应的等待时间、是否得到吸收化合物的时间，指明吸光化合物是否连续不间断生成；指出需要的温度；指出吸光化合物的稳定持续时间。如果，在不需要等待时间、室温操作、化合物的吸光度长时间稳定，就不需要特别指明。

第三，校准补偿溶液。如果系列校准溶液必须进行补偿，则该条（不管是满的或者显示要修改系列校准溶液）给出所用溶液所需的要求。

第四，光谱仪器。该条应该包括以下细节：对应的测量波长（最大最小波长）是否是最大吸收光谱。在大多数情况下，应该用吸光度和波长作曲线图，指出仪器的配置和使用的最佳特殊波长。仪器零点调节可以是，方法中优先使用的水或溶剂；标准补偿溶液；零点测试溶液；标准系列的零点。所分析样品的特征、吸收化合物的性质、操作步骤的特性不同会导致上述参数的不同。如采用的校准系列通过零点，则可应用零点作为参照。测量温度可如此阐释：在10～40℃之间，如无需特别注意，可忽略稀释的影响，只要能保证测量时溶液的温度和参比溶液的温度充分接近。对于单光束仪器，必须检查10～40℃之间不同温度的性能。

第五，分析函数（或校准图）。该条有时可以用短语代替，例如“从得到的值画分析曲线图”。另外，可以进行详细适宜的说明。分析函数至少能得到大概吸收值。

5）测定。

第一，吸光化合物的形式。应表述放入吸收池的溶液（样品溶液）。

第二，样品补偿溶液。见标准补偿溶液相关内容。

第三，光谱测量。仪器在零点的吸光度可以是：水或者其他溶剂；样品补偿溶液；空白测试溶液；系列校正溶液的零点。最好画出这些术语简短解释的程序草图，用注释指出“另外，其他溶液可以同等采用，保证得到的值可以修订成同样的结果。”而且，应该指出特别引用。

第四，空白测试。只有当第3）项空白测试溶液的制备（或空白测试）被限制时才需要。

（6）结果表示。该章应指出如何由参数值计算结果值：根据分析函数得到的分析函数；根据光谱测量得到的测量结果；根据空白测试得到的测量结果；试样使用的测试溶液制备数量；测试溶液和样品溶液间的稀释因子。另外，应该明确指出使用的单位。

6.1.3 铁矿石原子吸收光谱法标准格式介绍

6.1.3.1 原子吸收光谱法标准格式相关信息

标准的推荐格式为：标题、引言、范围、应用领域、规范性引用文件、原理、反应、试剂和材料、仪器、取样和样品（制备测试样）、分析步骤（试样、测试部分的制备、空白试验的制备、系列校准溶液的制备、校准和测定）、结果表述、精密度、特例、注释、测试报告、操作步骤示意图、参考文献、附录。其中校准和测定还包括：光谱测量、函数分析（或者画校准图）、空白溶液的测量。章和条应该采用阿拉伯数字和标点连续标注。

6.1.3.2 原子吸收光谱分析标准方法格式应用

一般通则为：需要应用 ISO 6955 给出的术语；格式中包含所示的章和条，并且按顺序排列（也可以重新排列使条的意义最简洁）；当不适用时，仅忽略 ISO 78 中给出的这部分结构。

（1）引言。该章可以引用 ISO 6956 及其安全性附录，包括 ISO 6955 的正确的命名法。

（2）应用领域。该章应包括方法应用的领域（产品定义、浓度限制），还包括干扰化合物的组成及干扰浓度，或其他不适用的特殊程序。该章应该给出特例及它们处理的章。

（3）规范性引用文件。该章应该包括分析方法中不可缺少的文件或国际标准。不应该包括仅在引用中使用的技术性文件，这些文件可以在“参考文献”一章中给出。

（4）原理。与6.1.2节的原理相同。另外，为达到要求，需要提及：雾化器种类；应用的线波长；检测器类型及非光谱衰减校正类型；方法类型，也就是直接测定的方法、托架技术测定、辅助技术、元素参考技术、间接方法。

（5）试剂。详见6.1.1节规定，应该指出如何由标准溶液配制的校准溶液系列。准确说明所用试剂的量，如需要，还需试剂的校核和纯度。

（6）仪器。无需列出实验室常用设备。但需要给出原子吸收光谱仪的发射特征光谱线的光源、雾化器的类型和特征（燃烧头的类型，所用气体的类型等等）、光谱波长的最大允许光谱带宽、是否需要校正随机波动的装置、其他特殊装置。

（7）操作步骤。可提前设计预试验（例如，设计检测或校正非光谱衰减）。可以决定如何将格式中的条和这里的条对应起来，能表达清楚意思、完成的最佳方法。该章中所有的条应按顺序排列。

1）试样。试样量是采用质量还是体积，可见6.1.1节相关要求。

2）试样的准备（仪器测试的测试样品制备）。试样的质量或体积与仪器的灵敏度及选择的标准范围相关。应给出样品溶液和（或）测试溶液中的样品的最大最小允许浓度范围。该条应该准确指出试样经过物理和化学反应变成吸收化合物，应尽可能详细描述可能影响结果的因素。

3）空白测试溶液的准备。该条应包括如何制备进入雾化器的空白测试溶液。根据此条款，应该很方便地制备进入仪器的试样（不包含分析样品情况下）。

4）准备校准溶液系列。该条应该指出怎样通过标准溶液准备参比溶液，并通过不同体积的标准溶液配制测试溶液标准溶液系列，从零点到含有测试元素的最高浓度点。每台仪器的灵敏度可能稍微有所不同。应在干扰条件下稀释调节测试溶液的最终浓度以得到最佳条件。

5）校准和测定。

第一，光谱测量。该条应该包括：测量时的波长；给出观察高度；火焰法时的火焰的特征（氧化剂和还原剂）；无火焰法时，每次测量的分析物允许量准确说明，进入原子化循环不同阶段所需的温度和时间，以及组成原子化部分的材料；校正仪器零点的空白溶剂。

第二，分析函数（或者校准图）。该条有时可用前面给出的短语组合替代，例如“从得到的值画分析曲线图”。另外，最好给出详细的说明。至少应该指出得到的大概吸收值范围。

第三，空白测试。该条应指出如果空白测试溶液和系列校准溶液零点不同，需要校正测量的样品。

（8）结果表示。该章应指出如何由参数值计算结果值：根据分析函数、测量结果、空白测量结果、制备测试溶液时使用的测试样数量、测试溶液和样品溶液间的稀释因子。另外，应该明确指出使用的单位。

(9) 精密度。该章应指明精密度数据(例如重复性和再现性),包括灵敏度、正确度和可靠性。

(10) 特殊情况。如分析样品存在特殊元素,则该章应包含必要的程序及选项。为了清楚,采用“特殊情况”要比注释注明更有优势。但选项包含非常重要的修改,则最好另外建立一个文件。

6.2 铁矿石 ISO 标准的结构范例

6.2.1 基本资料性要素

6.2.1.1 标题页

标题页(Title page)也就是标准封面,每项 ISO 标准都有封面,标题页内容包括标准名称的标准编号。征询意见草案、最终草案、最终出版物的标题页须按照 ISO 中央秘书处规定的标准格式准备。

标题的措词需十分仔细,尽可能简洁明了。任何必要的附加细节都包含在标题中。标题由各独立要素组成,尽可能简短,从通则到细节,通常不超过下列三个要素:

(1) 介绍性要素(选择性)。用以说明文件所属领域(根据准备该文件的委员会名称来制定)。

(2) 主体要素(必备)。用以说明该领域主题。

(3) 补充要素(选择性)。用以说明有别于其他文件的主题的特定方面或补充细节,或该文件的其他部分。

如果主体要素无法清楚说明主题,则介绍性要素是必要的。

例 1:

Correct: Fork-lift trucks — Hook-on type fork arms — Vocabulary

Incorrect: Hook-on type fork arms — Vocabulary

如果标题的主体要素(有补充要素的,则共同表示)可以清楚覆盖文件所涉及的主题,则介绍性要素可以省略。

例 2:

Correct: Sodium perborates for industrial use — Determination of bulk density

Incorrect: Chemicals — Sodium perborates for industrial use — Determination of bulk density

标题必须要有主体要素。如果主体要素只涵盖了文件主题的一个或少数几个方面,则补充要素是必要的。如果文件作为系列文件的部分发表,则补充要素用以区别各个部分。

例 3:

IEC 60747 - 1 Semiconductor devices — Discrete devices — Part 1: General

IEC 60747 - 2 Semiconductor devices — Discrete devices — Part 2: Rectifier diodes

如果文件主体要素中包括主题的数个(非全部)方面,那么这些方面应用一个总括表示,例如“规范”或“机械要求和测试方法”等,而不是一一列举。

文件有以下情况,则省略补充要素:

1) 主体要素涵盖了主题的所有必要方面;

2) 只是(或将作为)此主题的相关文件。

例 4：

Correct： Coffee grinders

Incorrect： Coffee grinders — Terminology, symbols, material, dimensions, mechanical properties, rated values, test methods, packaging

文件标题不包括可能意味着对文件范围造成无意识限制的细节。如果文件属于某种产品，则要在标题中反应这一事实。

例 5：

Aerospace — Self-locking, fixed, single-lug anchor nuts, classification 1 100 MPa/235℃

标题中用于说明同一概念的术语须保持一致。至少须使用下列一种表达方式来对待文件中的测试方法：

“Test method”或“Determination of …”。应避免使用“Method of testing”、“Method for the determination of …”、“Test code for the measurement of …” 和“Test on …”。

无需在标题中说明文件类型或实质，例如国际标准、技术规范、公共规范、技术报告或导则。不能使用“International test method for…”、“Technical report on…”等表述方式。

6.2.1.2 版权页

版权页(Copyright notice)一般位于封面页后，主要是 ISO 为了声明版权利益，在标准草案的不同阶段，都有不同的版权声明要求，如 ISO 标准、FDIS 和 DIS、WDs 和 CDs。

例 1：WDs 和 CDs 的版权告示

Copyright notice

This ISO document is a working draft or committee draft and is copyright-protected by ISO. While the reproduction of working drafts or committee drafts in any form for use by participants in the ISO standards development process is permitted without prior permission from ISO, neither this document nor any extract from it may be reproduced, stored or transmitted in any form for any other purpose without prior written permission from ISO.

Requests for permission to reproduce this document for the purpose of selling it should be addressed as shown below or to ISO's member body in the country of the requester:

[Indicate the full address, telephone number, fax number, telex number, and electronic mail address, as appropriate, of the Copyright Manager of the ISO member body responsible for the secretariat of the TC or SC within the framework of which the working document has been prepared.]

Reproduction for sales purposes may be subject to royalty payments or a licensing agreement.

Violators may be prosecuted.

例 2:DISs 和 FDISs 的版权告示

例 3:出版文件(除术语)的版权告示

例 4:术语(仅 60 阶段)的版权告示

Copyright notice

Copyright notice for vocabularies (stage 60 only)

© ISO ####

The reproduction of the terms and definitions contained in this International Standard is permitted in teaching manuals, instruction booklets, technical publications and journals for strictly educational or implementation purposes. The conditions for such reproduction are: that no modifications are made to the terms and definitions; that such reproduction is not permitted for dictionaries or similar publications offered for sale; and that this International Standard is referenced as the source document.

With the sole exceptions noted above, no other part of this publication may be reproduced or utilized in any form or by any means, electronic or mechanical, including photocopying and microfilm, without permission in writing from either ISO at the address below or ISO's member body in the country of the requester.

ISO copyright office

Case postale 56·CH-1211 Geneva 20

Tel. + 41 22 749 01 11

Fax + 41 22 749 09 47

E-mail copyright@iso. org

Web www. iso. org

Published in Switzerland.

6.2.1.3 目次

目次(Table of content)为可选要素，目次的目的是方便查阅，目次应以“Content”冠名，其次序为前言、引言、章的编号和标题、条的编号和标题、附录章的编号和标题、附录条的编号和标题、参考文献、索引、图的编号和图题、表的编号和表题，在列出上述内容的同时还应列出所在的页码，“术语和定义”章中的术语不在目次中列出。

6.2.1.4 前言

前言(Foreword)在 ISO 标准中为必备要素，它可分为概要部分和特定部分。概要部分给出准备文件标准的委员会名称和代号、有关标准批准的信息、相关使用的起草规定信息及提及 ISO/IEC 导则第二部分。特定部分给出目前版与标准先前版的重大变化，以及对该标准做出贡献的其他国际组织的说明、该标准废除或代替的全部或部分其他文件的说明、该标准与其他标准文件的关系。前言中不得有要求、建议、图或表。

6.2.1.5 引言

引言(Introduction)为可选要素，引言内含：促使编制该标准的原因；有关标准技术内容的特殊信息或说明；如果涉及专利，则应在引言中给出专利的说明。引言不包括要求。采用可选择性解决方案时，须在引言中对优先采用的方案说明理由。引言不应编号，除非需要再细分，此时，编号应为“0”，条编号为 0.1、0.2 等。需编号的图、表、公式或脚注，正常情况下须从 1 开始编号。

关于专利说明还要求遵循：

（1）所有提交评议的草案应在封面页包括如下文本：

“Recipients of this draft are invited to submit, with their comments, notification of any relevant patent rights of which they are aware and to provide supporting documentation.”

（2）出版文件确认无专利应在前言包括如下告知：

“Attention is drawn to the possibility that some of the elements of this document may be the subject of patent rights. ISO [and/or] IEC shall not be held responsible for identifying any or all such patent rights.”

（3）出版文件确认有专利应在引言包括如下告知：

“The International Organization for Standardization (ISO) [and/or] International Electrotechnical Commission (IEC) draws attention to the fact that it is claimed that compliance with this document may involve the use of a patent concerning (…subject matter…) given in(…subclause…).

ISO [and/or] IEC take[s] no position concerning the evidence, validity and scope of this patent right.

The holder of this patent right has assured the ISO [and/or] IEC that he/she is willing to negotiate licences under reasonable and non-discriminatory terms and conditions with applicants throughout the world. In this respect, the statement of the holder of this patent right is registered with ISO [and/or] IEC. Information may be obtained from:

…name of holder of patent right…

…address…

Attention is drawn to the possibility that some of the elements of this document may be the subject of patent rights other than those identified above. ISO [and/or] IEC shall not be held responsible for identifying any or all such patent rights.”

6.2.2 概述规范性要素

6.2.2.1 范围

范围(Scope)应明确规定标准的对象和所涉及的各个方面，它指明标准或其特定部分的适应界限。每一项标准都有其应用范围，范围位于每项标准的开始位置。范围不包括要求。当标准被划分为多个部分时，每个部分的范围只适应于该部分的主题。范围描述需简洁，可以作为参考文献的概要。

范围的措辞须实事求是，表述如下：

“This International Standard

— specifies
  - the dimensions of…”
  - a method of…”
  - the characteristics of…”

— establishes
  - a system for…”
  - general principles for…”

— gives guidelines for…”

— defines terms…”

对文件适用性的声明须按以下措词方式：

"This International Standard is applicable to…"

措辞须与相关标准类型职能相适应，即国际标准、技术规范、公共规范、技术报告或导则。

6.2.2.2 规范性引用文件

规范性引用文件（Normative references）为可选要素，规范性引用指的是国际标准引用了某文件或某文件条款后，这些被引用的文件或条款即构成了标准整体不可分割的组成部分，在使用国际标准时，除须遵守该国际标准的规范性条款外，还需遵守规范性引用文件的其他文件或文件条款。有些文件在国际标准中提及，但这些文件的提及是资料性的，不构及标准的内容，这些文件只是提供一些参考信息和资料。规范性引用文件还可分注日期引用和不注日期引用。对于标注日期的规范性引用文件，须列出每个引用文件的出版日期，若是征询稿或最终稿，须用破折号加脚注"即将出版"，均须注完整标题。

可按如下措辞方式编写规范性引用文件开始部分：

"The following referenced documents are indispensable for the application of this document. For dated references, only the edition cited applies. For undated references, the latest edition of the referenced document (including any amendments) applies."

6.2.3 技术规范性要素

6.2.3.1 术语与定义

术语与定义（Terms and definitions）为可选要素，该要素给出为理解标准中的某些术语所必需的定义。标准中给出的所有术语和定义须采用以下导词：

"For the purposes of this document, the following terms and definitions apply."

如果定义的术语在其他文件中也有使用（如系列标准），须将导词作必要调整：

"For the purposes of this document, the terms and definitions given in…and the following apply."

术语和定义属于定义列表而不是条。

术语和定义的起草和准备如下：

（1）术语的原则和方法详见ISO 704。特定领域的术语标准化制定规则见ISO 10241:1992。

（2）术语可以独立的术语标准（词汇、命名法或不同语言中的等同术语）或包含于某个同时涉及其他方面的文件中的"术语与定义"条款中的形式。

（3）定义概念的选择。任何术语须明确定义相关概念。只有当技术词汇在相关文本中具有特殊含义时才包括。应避免出现商标、过时的和口语化术语。

（4）避免重复和矛盾。在术语和定义确定之前，须确保没有别的定义和术语出现在另一个国际标准中。如果同一概念用于多个文件中，须以文件中最常用的定义，或用单独的术语标准来定义。其他文件须参考此标准，无需重复定义。如有必要重复某一定义，文件中须列出重复内容的来源信息文献。

如：

> 3.2.11
> international rubber hardness degree
> IRHD
> measure of hardness, the magnitude of which is derived from the depth of penetration of a specified indentor into a test piece under specified conditions.
> [ISO 1382: 1982]

不得不采用其他主题领域里的标准定义时,须以注释加以说明。

如:

> 1.1.2.3
> natural language
> language which evolves and whose rules reflect usage without necessarily being explicitly prescribed
> NOTE Adapted from ISO/IEC 2382-7: 1989.

如果已经在一个文件中确立了关于某个概念的术语和定义,不赞成在另一文件中对已定义概念引入不同术语(同义词)。

(5) 定义的起草。定义起草规则见 ISO 10241。定义不得以要求形式或包含要求的形式给出。定义格式须能够代替文中术语,附加信息只能以示例或注释形式给出。如果定义没有说明其适用性,则取其一般意思。特定文本中的特殊含义用指定主题领域来说明。

独立术语标准如下。

1)排列。独立术语标准所含的术语和定义须先对其概念的层次划分等级。如果使用了混合系统概念,多个概念分组(根据不同的标准)的每个分组须相互独立,并说明相应标准。术语分组须以编号方式明确区分。每个条目须有参考编号,且每种语言的术语都要按字母顺序索引。不同语言中等同术语列表须按上述顺序说明(须提供每种语言的字母顺序索引),或按首先使用的语言中术语的字母顺序(须提供其他语言的字母顺序索引)。

2) 非官方语言。文件中包含的官方附加语言术语须在"范围"条款中给出以下注释(适可而止):

"NOTE In addition to terms used in the three official…[ISO or IEC]…languages (English, French and Russian), this International Standard gives the equivalent terms in… [language]…; these are published under the responsibility of the member body/National Committee for…(…) and are given for information only. Only the terms and definitions given in the official languages can be considered as … [ISO or IEC] … terms and definitions."

措辞须更改为相关文件类型职能,即国际标准、技术规范、公共规范、技术报告或导则。非官方语言只可用于包括未定义的术语、定义和等同术语语言,不延伸至该语言包含的其他要素(如资料性基本要素和规范性基本要素等),特批情况除外。

定义和术语的表述如下。

标准术语的表述规则见 ISO 10241。

1）布局。首选术语（以黑体字印刷）须另起一行，置于参考编号后，以小写字体开始，文中要求行文须是大写字体的除外。定义须另起一行，置于参考编号后，以小写字体开始，文中要求行文须是大写字体的除外，且其后无句号。

如：

> **2.4.1**
>
> **delamination**
>
> separation of two adjacent plies resulting from a lack of adhesion

2）同义词。公认术语（以正体字印刷）须置于首选术语后单独成行。

如：

> **11.4.6**
>
> **Serializer**
>
> parallel-serial converter
>
> dynamicizer
>
> functional unit that converts a set of simultaneous signals into a corresponding time sequence of signals

公认术语后须有符号。量和单位的符号分别采用 ISO 31 和 IEC 60027，按 ISO 31-0 中说明格式印刷，即量值符号用斜体字，单位符号用正体字。如果采用国际权威机构提供的符号，须在同一行将权威机构用方括号括起来。量值单位信息以注释形式给出。

如：

> **2.5.1**
>
> resistance
>
> ***R*** **[IEC + ISO]**
>
> <direct current> electric potential difference divided by current when there is no electromotive force in the conductor
>
> NOTE Resistance is expressed in ohms.

符号之后的反对的、过时的和替代性术语均须另起一行，并在其后圆括号内说明其状态。

如：

> **5.3.8**
>
> radix
>
> **base (deprecated)**
>
> positive integer by which the weight of any digit place is multiplied to obtain the weight of the digit place with the next higher weight

3）术语语法。术语通常要以基本语法来表达，即名词取单数，动词用动词不定式。

4）缺失术语符号。如果在一种语言中没有与已定义概念等同的术语，须用符号说明不存在的术语,符号由五个点组成(. . . . .)。

如:

1.4.6	1.4.6(法语)
. . . . .	**programmatique, f**
branch of learning that is concerned with the study and development of computer programming methods and computer programming languages	discipline traitant de l'étude et de la conception des méthodes de programmation et des langages de programmation des calculateurs

5)多重意义。如果一个术语用于表示多个概念,则在定义之前须在尖括号中说明每个概念所述的主体领域。

2.1.17
die, **noun**
< extrusion > metal block with a shaped orifice through which plastic material is extruded

2.1.18
die, **noun**
< moulding > assembly of parts enclosing the cavity from which the moulding takes its form

2.1.19
die, **noun**
< punching > tool to punch sheet or film material

6)国家和语言编码。国家名称编码表示方法参照 ISO 3166-1。

如:

lift **GB**
elevator **US**
catalogue **CA GB**
catalog **US**

语言名称编码表示方法参照 ISO 639。

3.4	3.4
screw thread	de Gewinde, n
continuous and projecting helical ridge of uniform section on a cylindrical or conical surface	fi ruuvikierre it filetto, m filettatura, f

7)圆括号和括号。只有当括号中内容是术语正文中一部分时才使用圆括号和方括号,不得用圆括号和方括号表示选择性术语。

如:bis(dimethylthiocarbamyl) disulfide

8）示例和注释。术语用示例和条目相关注释须按下例表示。

1.3.2

power

mathematics　number of times, as indicated by an exponent, that a number occurs as a factor in a product

EXAMPLE　The 3rd power of 2 is 8.

1.4.5

blowing agent

substance used to cause expansion in the manufacture of hollow or cellular articles

NOTE　Blowing agents may be compressed gases, volatile liquids, or chemicals that decompose or react to form a gas.

5.3.8

Radix

base (**deprecated**)

radix numeration system　positive integer by which the weight of any digit place is multiplied to obtain the weight of the digit place with the next higher weight

EXAMPLE　In the decimal numeration system the radix of each digit place is 10.

NOTE　The term "base" is deprecated in this sense because of its mathematical use.

6.2.3.2　符号和缩略语

符号和缩略语(Symbols and abbreviated terms)为可选要素。该要素给出为理解标准所必需的符号和缩略语一览表。除非为反映技术准则需要以特定的顺序列出符号外，所有符号应按规定次序列出。

大写拉丁字母后跟小写的拉丁字母(A、a、B、b 等)；

无索引字母优先于有索引的字母，字母索引的优先于数字索引(B、b、C、C_m、C_2、c、d、d_{ext}、d_{int}、d_1 等)；

先拉丁语字母后希腊语字母(Z、z、A、α、B、β、…、Λ、λ 等)；

为了方便，本要素可以与术语和定义合并，将术语和定义、符号、缩略语和单位放在复合标题下，例如"术语，定义，符号，单位和缩略语"。

6.2.3.3　要求

要求(Requirements)为可选要素，它应包含：直接或以引用方式给出标准涉及的产品、过程或服务等方面的所有特性；可量化特性所要求的极限值；对每个要素，或者引用测定或检验特性值的试验方法，或者直接规定试验方法。要求不包括合同要求(相关声明、保证、费用等)和法律法规要求。在一些产品规格中有必要附有警告、安装或使用说明，并说明其材质。另外，安装或使用要求须包括在一个单独的部分或单个文件中，因为这些要求不只适用于该产品本身。

6.2.3.4 取样

取样(Sampling)为可选要素,它规定所有涉及取样方法的条件以及样品保存方法,该要素位于“试验方法”的开始位置。

6.2.3.5 试验方法

试验方法(Test methods)为可选要素,该要素应按以下顺序进行细分:原理、试剂和材料、装置、试样和试件的制备和保存、程序、结果表示、试验报告。测试方法可以是不同的章、要求、附录或不同的部分表达。如果测试方法可能成为一系列其他文件中的一个,则须作为单独文件准备。需求、取样和测试方法是标准中相互关联的要素。因此,各要素即分别出现在同一个文件的不同条款或不同的文件中,也应作为整体来考虑。详述测试方法文件不应暗含开展任何试验须承担的义务,如果需要涉及(例如在相同或不同文件中、规章中或合同中),只对评估的方法加以说明。标准测试方法用于对产品、过程或服务进行评估的统计学方法,只与交货批的数量或规格的符合性有关,或与需要测试的单个项目进行测试并满足其要求有关。

(1) 试剂和/或材料(Reagents and/or materials)。试剂和/或材料为选择性要素,该要素列出了标准中使用的试剂和/或材料。该条款通常由操作介绍性文本和一个或多个试剂和/或材料详细列表组成。介绍性文本只用于说明不作交叉引用。本部分文本不包括交叉引用的项目,须作为不同条目列出。试剂和/或材料详细列表只是一个列表而不是条。每个标准不能设置两章试剂和/或材料,该章里不允许有单个条。试剂和/或材料条目即使只有一个,也都必须编号,以便于交叉引用。章和条在印刷方式上不同。章或条的标题与编号在同一行,但与后面正文部分分开单独成行;试剂和/或材料列表中每一种试剂和/或材料后面同一行是对试剂和/或材料的描述,如需进一步的描述则另起一段。

示例

3 Reagents

Use only reagents of recognized analytical grade and only distilled water or water of equivalent purity.

3.1 Cleaning medium, for example methanol or water containing a few drops of liquid detergent.

(2) 仪器(Apparatus)。仪器为可选择性要素,列出文件中所使用的仪器。“仪器”条款的结构、编号和表达规则同“试剂和/或材料”。仅一个生产商生产的仪器则不作规定。本章还包括可确保他人可做对比试验的设备规定。

(3) 可选择的测试方法(Alternative test methods)。当对某一特性有多个测试方法时,文件只能选择其中一个。当多于一种测试方法将被标准化时,文件须说明选用的规则。

1) 根据精确度选择测试方法。选定的测试方法的精确度应满足测定特征值要求的偏差内。

2) 从技术层面考虑,每种测试方法须陈述其精度限制。

(4) 避免重复和不必要的偏离(Avoidance of duplication and unnecessary deviations)。测试方法的唯一性是标准化方法的普遍原理,一种测试方法稍作改变就能适用于其他产品。因此测试方法在标准化之前,必须进行确认。如果一种测试方法用于两种以上产品时,就必须规定采用的方法,这可避免不必要的重复。当准备与某一产品相关的标准时,如需对用于其他产品测试的设备进行标准化,则应将其作为单独文件处理,并向涉及该类设备的委员会进行咨询。

6.2.3.6 分类、代号和编码

分类、代号和编码(Classification, designation and coding)为可选要素,该要素建立了产品、加工和服务的分类、代号和编码系统。

6.2.3.7 标志、标签和包装

标志、标签和包装(Marking, labelling and packaging)为可选要素,该要素规定如何标注产品的标志,包括对产品标签和包装的要求。

6.2.3.8 规范性附录

规范性附录(Normative annexes)为标准主体的组成部分,它为可选要素。

6.2.4 补充资料性要素

6.2.4.1 资料性附录

资料性附录(Informative annexes)为可选要素,它给定为助于理解标准的附加信息。

6.2.4.2 参考文献

参考文献(Bibliography)目的是说明标准内容的来源的原始出处,可按照ISO690的规定进行引用、编写。

6.3 ISO电子投票规则

ISO标准电子投票系统的启用为投票文件的电子分发及为ISO成员团体以及代表进行电子投票提供了便利。目前版本的电子投票系统支持分散投票,也就是说,每个成员团体可以代表该国家对来自特定委员会和该国另一组织(或/和国内部门)的标准草案进行投票。

6.3.1 ISO电子投票主要步骤

6.3.1.1 投票文件下载

被成员团体授权的投票人通过电子邮件收到于特定时间开启的投票通知。该投票通知包含来自各标准草案开发成员国所有的新投票,无论该国家是否是P、O或非ISO委员会成员国。投票人可通过ISOTC服务器的电子投票系统获得投票单和下载要求成员团体投票的DIS/FDIS文档,包括DIS、FDIS草案和投票单下载。

6.3.1.2 投票文件处理

投票文件由成员团体分发给国内各利益相关者进行国内意见征询。然后,通过电子评议模板,在国内收集到的意见和评议被统一到国家的意见层面,再由成员团体将国内征询的统一意见提交到ISO电子投票系统。成员团体通过电子投票系统投票。同时提交的评议必须使用MS-Word模板。为避免P成员团体在投票关闭前4周还没有投票,该成员团体的授权投票人会收到系统发出的一个提醒电子邮件,这个系统适用于DIS和FDIS投票。假如投票关闭前1周还没有投票,会给予第二次提醒。当ISO中央秘书完成投票处理后,投票予以关闭。该投票关闭的通知也会通过电子邮件发给授权投票人。负责投票文件的委员会主席和秘书会收到投票关闭的电子邮件,并可从服务器上获得投票结果和评议。

6.3.1.3 投票结果和评议

授权投票人、委员会主席和秘书可得到投票结果(包括所有投票和评议的答复表)。委员会通过以下方法获得的评议,委员会秘书可通过下载的评议模板,对来自各成员团体的评议进行汇总,并将文档录入一个表中(评议表)。秘书和编辑委员会可在评议表特定栏目,对每个评议报告、决定作出说明。

6.3.2 电子投票原则、助手与培训材料

6.3.2.1 电子投票原则

ISO 投票系统(第二版)支持按一定层次确定投票职责,但除 DIS、FDIS 外的委员会和工作组内部投票,尚不被目前版本的系统支持。投票系统第二版的基本概念是角色,ISO 投票系统中出现的角色定义见表 6-1。个人或技术专家可被成员团体指定为不同角色,投票人代表成员团体的利益,而成员团体组织并分析国内投票过程。代表成员团体的投票人可处理的文件有:所有 ISO 技术委员会的 DIS 和 FDIS 文件;所有 ISO 技术委员会特定分技术委员会的 DIS 和 FDIS 文件;ISO 技术委员会所有或一个分技术委员会的 DIS 文件(不包括 FDIS);ISO 委员会所有或一个分技术委员会的 FDIS 文件(不包括 DIS);除 DIS 和 FDIS 投票外,也就是说特定委员会内或工作组的投票(委员会和工作组内部投票)。成员团体可通过"ISO 全球名录"分配投票人的职责,该名录可由每个成员团体负责维护。成员团体可将相同投票职责赋予一人或多人,或将投票人按不同层次分属到 ISO 委员会所有或一个分技术委员会,不同投票人能够获得投票次数的权利是不同的。另外,投票人还可赋予其他的许可角色。

表 6-1 投票中不同角色

角色	解释
内容持有人 Content Owner	委员会秘书(包括所有人员) 代表开发/负责投票标准草案的委员会
投票持有人 Ballot Owner	负责开启和运行投票程序,为 DIS 和 FDIS 投票的 ISO 中央秘书,或为委员会内部投票委员会秘书或工作组内部投票的召集人
投票管理人 Ballot Manager	负责运行投票程序,为 DIS 和 FDIS 投票的 ISO 中央秘书,或为委员会内部投票委员会秘书或工作组内部投票的召集人
投票人 Voter	代表组织投票的个人(非责任),如:P 或 O 成员团体代表;成员团体代表,不是委员会成员,但作为允许在所有相关文件(DIS、FDIS、TS/PS)投票的 ISO 成员
责任投票人 Obligated Voter	代表组织责任投票的个人,如:P 或 O 成员团体代表;特定委员会秘书国代表
评议人 Commenter	代表一个无投票权利组织的个人,但可提交投票文件的评议,如:有权提交对特定文件进行评议的联系组织代表;源于投票文件其他联系委员会代表
监督人 Monitor	为组织相关投票的所有或一个分技术委员会代表的个人(P、O 成员国),不允许投票、更改、删除投票/评议

6.3.2.2 助手与培训材料

ISO 中央秘书处编制了一个助手软件,为使用者提供与 ISO/CS IT 工具有关的技术支持,其中包括投票应用系统。助手软件可通过电子邮件地址:

helpdesk@ iso. org

联系获得。在投票应用系统使用的在线培训材料也可从网址:

www. iso. org/e-balloting

获得。

6.3.3 投票步骤

6.3.3.1 进入 ISOTC 服务器

投票应用系统挂在 ISOTC 服务器，该服务器可从下面网址进入（见图 6-1）：

www. iso. org/tc

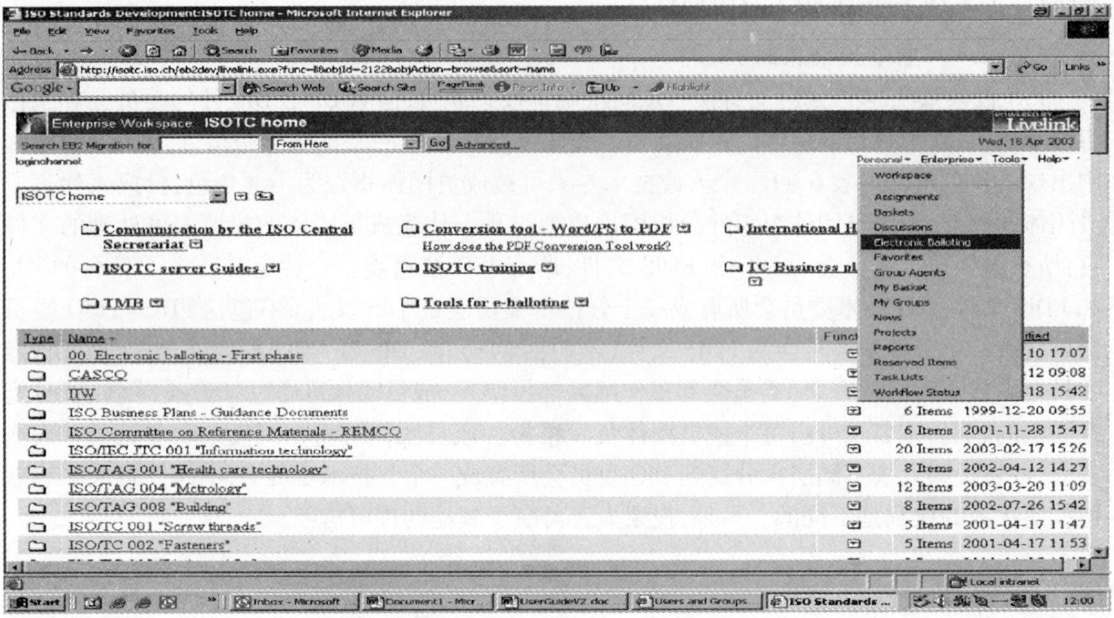

图 6-1 ISO 投票系统界面

点击上述网址，一个登录页面将显示在电脑屏幕。由成员团体任命和在 ISO 中央秘书处服务器注册的投票人及其他授权人可进入 ISO 投票系统，但必须录入中央秘书处提供的用户名和口令。在工具栏下拉菜单可以选择退出。

6.3.3.2 投票

登录后，选择右方显示的菜单“个人（Personal）”，点击打开下拉菜单，选择“电子投票（Electronic Balloting）”。

A 投票选择功能

投票选择由电脑屏幕上端的表组成。每个表允许产生一列附预定义选择准则的投票。当打开此屏（见图 6-2），可激活投票表单，一列投票就生成了。投票人能否得到投票授权主要依据两个准则：(1) 投票人如没有在特定委员会注册，则不能看到该委员会的投票单；(2) 点击的表是否包括该特定投票（假设投票存在）。所显示的表被点击的投票单总数是不同的，因为每个表只启动一个询问。假如表中无投票单，或你的需求超出了表的范围，就需要启动“表搜索”功能。要实行一项投票，点击名称（name）栏带下划线的文件参考号。你可以对每个带下划线的栏进行分类，即可分类委员会、名称、投票等。默认分类顺序为：1) 角色；2) 结束日期（上端的关闭日期）；3) 委员会；4) 名称。

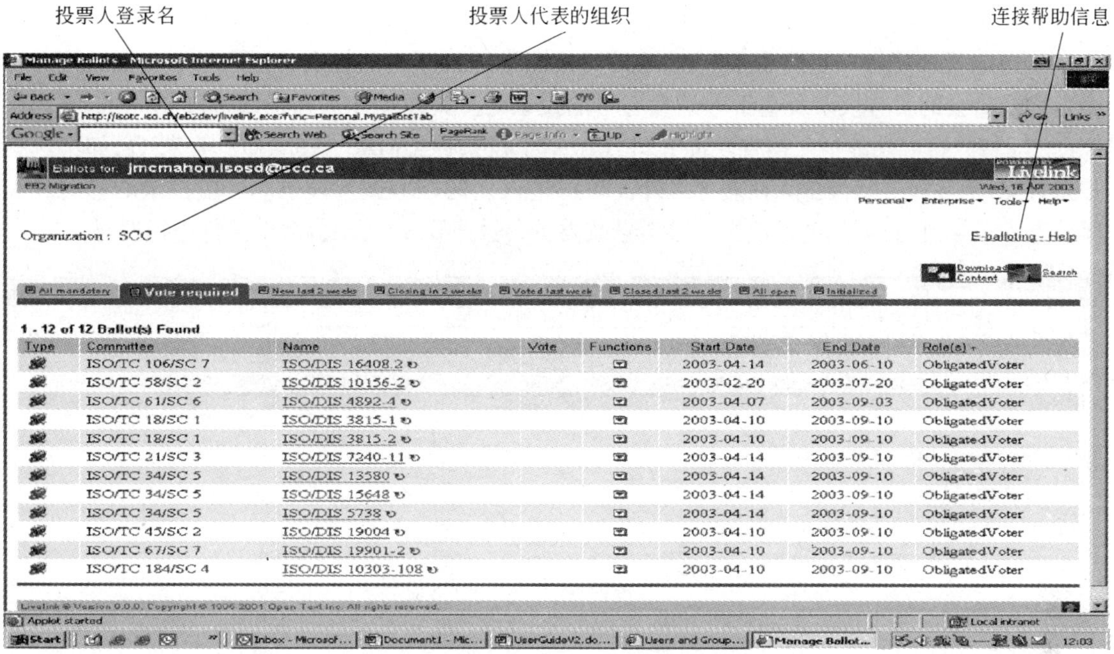

图 6-2　投票选择功能界面

单表的功能解释如下：

(1) 表1(强制使用)。该表显示所有应投票的投票单,它不取决于是否投票人已经投票,而取决于投票人所代表的组织是 P 成员还是委员会秘书处。O 成员或不能参与的组织,其投票不会显示其中(此情形投票不强制)。

(2) 表2(投票需要)。该表显示所有应投票的投票单(P 成员或秘书处),但还没有投票。

(3) 表3(最后 2 周)。该表显示在最后 2 周开启的所有投票单,而不取决于是否该组织为秘书处、P 成员、O 成员。然而,投票人只有在委员会注册,投票单才被显示。

(4) 表4(2 周内关闭)。该表显示所有注册投票人或评议人将在 2 周内关闭的投票,而不取决于是否该组织为秘书处、P 成员、O 成员。

(5) 表5(最后 1 周)。该表显示将在 1 周内关闭的投票,而不取决于是否该组织为秘书处、P 成员、O 成员。所列投票也不取决于是否仍然开启或关闭。假如代表相同组织的授权投票人不止一个,则每个投票人能看到其他投票人的投票信息,也有权修改已经投的票。

(6) 表6(最后 2 周内关闭)。该表显示所有在最后 2 周关闭的投票,而不取决于是否该组织为秘书处、P 成员、O 成员。该表显示已关闭的投票、个人投票和成员团体及其他联系组织提交的评议结果。

(7) 表7(所有开启)。该表显示所有在最近开启和注册投票人要投的票信息,而不取决于是否该组织为秘书处、P 成员、O 成员,该表信息最完整。所有关闭前超过 2 周的投票信息、委员会的投票、搜寻特定参考数等,都需要采用投票搜寻功能。

(8) 表8(初始化)。该表只对投票管理员有效(投票持有人和投票管理人),该表在授权投票人点击空表后,可列出在开启后一个阶段的投票。

B 投票搜寻功能

通过向投票搜寻功能框输入参数,可搜寻找回与准则匹配的投票(见图6-3),如欲搜寻一个特别委员会的所有投票及基于一个参考号的投票等。具体操作为在投票选择功能框,可点击“Search”打开搜寻功能框。搜寻功能允许:(1)基于投票种类(DIS、FDIS、CD 等)搜寻,如不选择投票种类,则该种类将被排除在搜寻之外;(2)可进入任何领域搜寻投票。可按投票的开启和关闭状态和日期进行搜寻,也可按文件参考号或委员会号搜寻,也可结合多个条件进行搜寻。

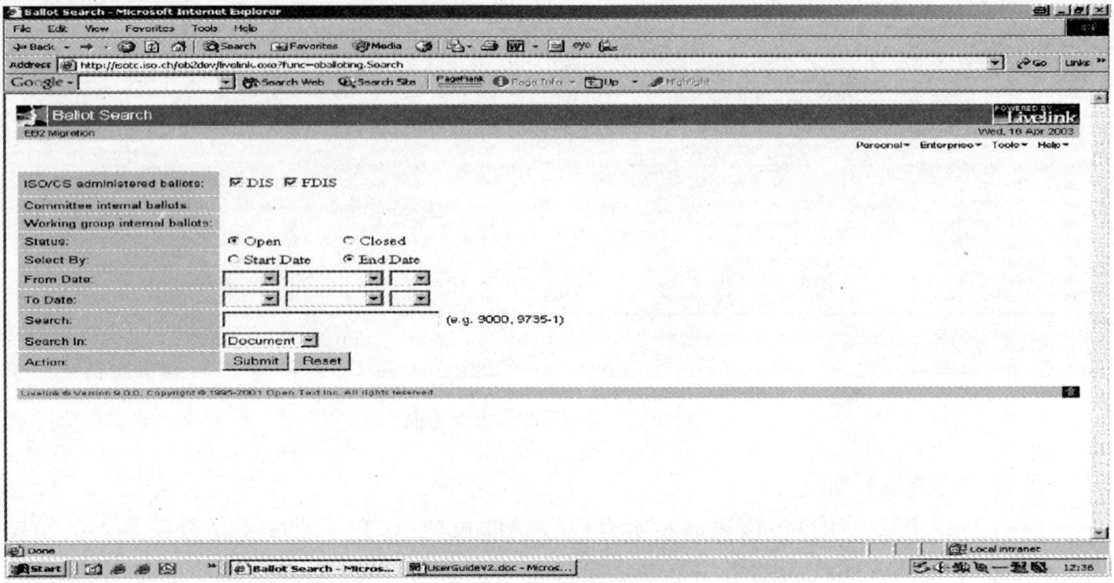

图6-3 搜索功能界面

6.3.3.3 投票文件下载

A 对所选文件一次性下载

无论采用投票选择功能还是投票搜寻功能,一个“Download content”标识会出现,点击这个标识,选择你希望下载的文档,通过点击“Add”栏的选择框下载文档。如欲下载所有文件,则点击“Select all”,再点击“Download Document”。所选文件就会以一个 zip 文档下载到当地电脑目的区域,文件的默认名称为 basket. zip,你可更改名称。

B 一个投票的所有文件一次性下载

对于一个特定投票,点击功能键并选择“Download as zip file”,可以下载该投票的完整系列文档。假如你下载一个已关闭的投票信息,将仅能下载结果信息以及与该投票相关的已提交的评议。

C 下载单个文档

先找到一个名为“Ballot Content”的文件夹,该文件夹内含投票文档。你可通过点击功能键并选择“Download”下载单个文件(也可将光标指针位于文件名,点击鼠标右键)。下载文档,点击功能键的“Download”。

6.3.3.4 有/无评议投票

A 投票并提交评议

从“Add New Item”下拉菜单(见图6-4),选择“Vote”。假如你代表的是联系组织,此选择会显示“Comment”而不是“Vote”。在角色栏,你可以看到自己的投票状态,你的投票状态取决于你的成员团体所处的委员会状态。在注解栏,你可以发现一些被中央秘书处、委员会秘书或工作组召集人(根据投票种类不同)提供的附加背景信息(也就是说关于投票期限或在其他兴趣点),点击投票屏显示的“Vote”。

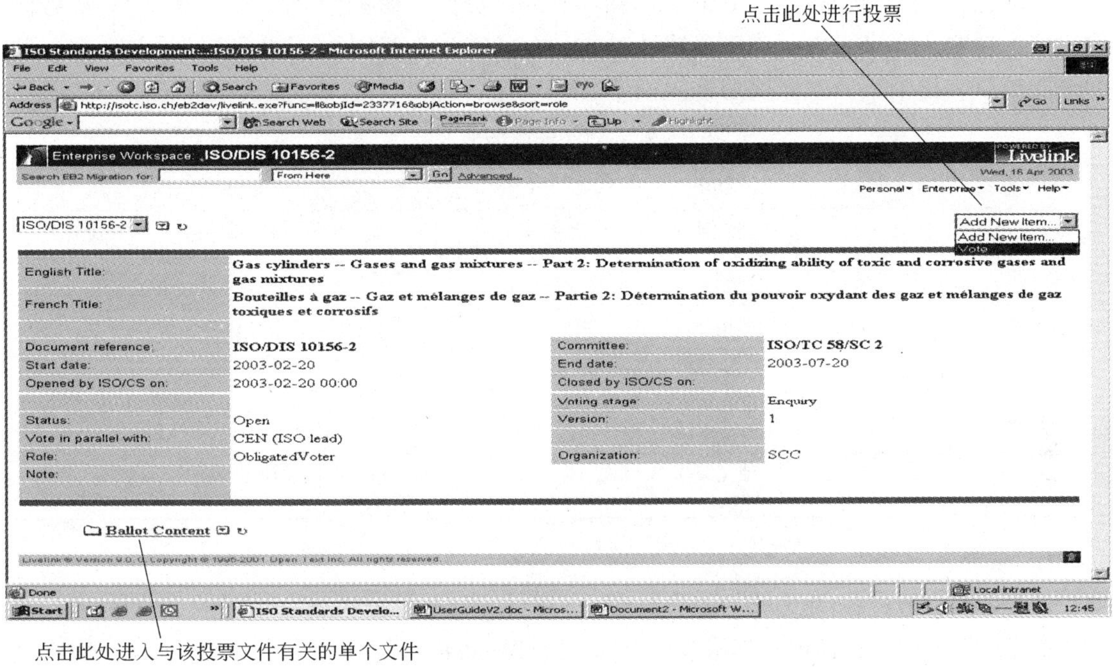

图 6-4 投票并提交评议界面

B 投票页面

假如点击“Vote”,该投票种类的有效投票选择会显示在页面上,见图 6-5。

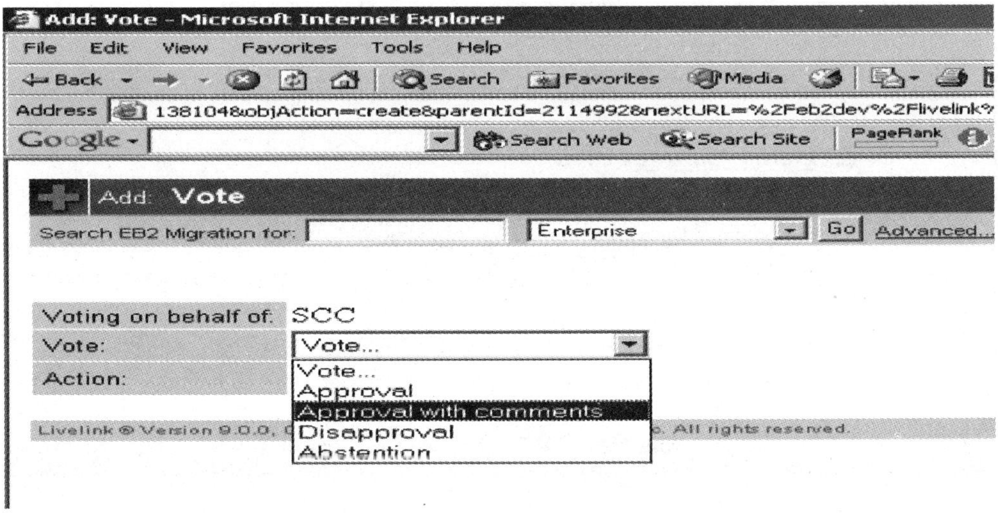

图 6-5 投票界面

C 选择投票

每投票种类,其所选投票的定义早已存在。选择一个确定的投票也许需要提交评议或与投票有关的修正。所选投票的种类和提交的评议/修正的要求见表 6-2。评议和修正的提交需使用最新版的 ISO 评议模板(可从网站 www. iso. org/e-balloting 获得)。投票后,投票人/评议人的登录名被显示在"Ballot access screen"页面。假如投票实施了修改,则最后修改投票的投票人登录名以及该成员团体的委员会状态(如 P、O、秘书处)被显示在页面。假如非委员会委员的成员团体投票人投了票,则参与栏为空。

表 6-2 投票种类

种 类	DIS			FDIS		
投票选择	评 议	评议/修正	其他需要	评 议	评议/修正	其他需要
批 准	无		无	无		无
批准但有评议	需 要	使用 ISO 评议模板	无	仅修正错误(无技术或其他评议)	使用 ISO 评议模板	无
不批准	需 要	使用 ISO 评议模板	无	需 要	使用 ISO 评议模板	无
弃 权	可 选(不需要)	使用 ISO 评议模板	无	可 选(不需要)	使用 ISO 评议模板	无

D 投票和评议的修改及删除

假如希望修改投票,则点击投票功能键,选择"Update vote"显示投票页面,并进行另一个投票选择。假如仅修改评议而不修改投票,则选择"Update vote"并加载修改后的评议(使用模板)。假如希望删除投票,则选择功能键中"Delete"。只要投票的状态被打开,投票和附带的评议文件可被修改或删除。假如代表组织投票或提交评议(代表一个联络组织)的授权投票人不止一个,该组织的其他授权投票人和评议人也能修改或删除先前投票人和评议人提交的投票或评议。如果需要打开已提交的 ISO 评议模板(见图 6-6),投票人或评议人需要点击页面中的国家名(以 HTML 格式打开)的超级链接或点击国家名左边的标记(以 Word 格式打开)。

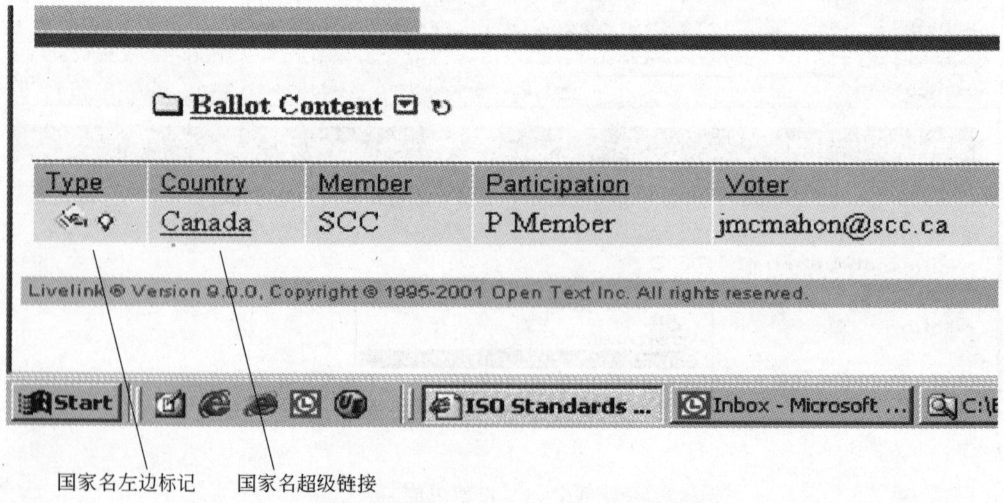

图 6-6 打开已提交的 ISO 评议

6.3.3.5 已关闭的投票和评议

要获取已关闭投票的结果,可选择:(1)对最后 2 周关闭的投票,可点击投票选择页面的表“Closed last 2 weeks”显示投票结果,显示在投票栏下已关闭的结果为总投票结果而非自己成员团体的投票结果;(2)对 2 周前关闭的投票,则需要使用搜索功能。如果要限制投票显示数量,则可以通过设置投票日开始和结束时间达到。点击所列投票的任何参考号,可打开投票结果页面。

A 投票结果页面(Vote result screen)

投票关闭后,投票人、评议人和委员会秘书、主席及其他支持团体都能进入投票结果页面。该页面显示该文件的总体投票,包括每成员团体的投票。假如评议已随同投票提交,这些评议就会超级链接于已经提交文件的国家名。联络组织的评议显示在列的底部,总体投票结果显示在页面的上部,评议在每个成员团体投票的下部(联络组织或 ISO 中央秘书处)。假如在“Participation”下的栏是空的,则该成员团体不是该特定委员会成员。页面中列分类准则为:(1)成员团体投票分类在上部(投票按成员团体代表的国家名字母次序分类);(2)联络组织评议分类在投票后(评议按组织名字母次序分类)。

B 从投票结果页面打开评议文件

连接“国家名”的超级链接表明一个评议已经随同投票提交。点击国家名可以 HTML 格式显示评议文件。点击国家名左边标记的超级链接可以以 Word 格式打开评议文件。

C 下载已结束投票的评议文件

可选择:(1)在投票结果页面点击“Download”,所选投票的评议文件被压缩并并入一个默认名为 basket.zip 的 zip 文档;(2)通过点击投票结果页面国家名左边标记超级链接的“Download comments”以 Word 格式打开评议文件,然后将文件一个个另存到本地系统。

D 处理用作评估的评议

ISO 开发了一个评议校勘工具(Comment collation tool),该工具可将所有评议合并于一个评议文档,评议校勘工具及其使用指南可在网址 www.iso.org/e-balloting 自由下载。

E 打印投票结果页面

可打印答复表并可将其保存复制。它既可以保存为 HTML 文档,也可以打印附记文档并转换到 PDF 格式。

6.3.4 委员会秘书及主席

本功能仅对技术委员会主席和秘书及其他许可人适用(以下简称管理部门)。

6.3.4.1 进入开启或已关闭的投票

在投票开启期间,管理部门只有技术委员会秘书可获得委员会投票文件,管理部门可看到代表委员会秘书处成员团体的授权投票人的投票,但不能看到投票开启期间的其他成员团体的投票。当投票关闭后,管理部门可看到总体投票结果及每个成员团体提交的单个投票和任何评议。但管理部门获取投票信息并不取决于投票是处于开启还是关闭。

6.3.4.2 进入投票页面的方式

A 选择 1:通过委员会默认文件夹进入

ISO 技术委员会和中央秘书处默认文件夹为“08. Balloting and commenting”。在文件夹内,还有另一个文件夹“Balloting administered by the ISO Central Secretariat”,管理部门可打

开文件夹内所列投票。但该功能尚不能适用于委员会内部投票和评议。在页面点击已开启的投票，则投票文件就在文件夹“Ballot Content”。已关闭投票的页面可显示投票结果以及被ISO成员团体投的单个投票信息。文件夹“07. Documents-ISO/CS to committee”可用作从中央秘书处到委员会秘书处的文件传递，先于2003年5月结束的投票文件的储存与投票答复表链接，07文件夹内的文件夹所包含的DIS、FDIS投票到2003年5月已经重新命名。

B 选择2:通过投票应用系统用户界面进入

在登录进入服务器后，可见到页面的右方菜单“Personal”，点击产生下拉菜单，选择“Electronic balloting”。投票选择页面由页面上部的表组成，每个表允许一列符合预定义选择准则的投票，点击“All open”打开现行开启的投票，选择希望进入的投票页面。一个特定投票能否在页面显示取决于管理部门是否将其注册，但并非所列投票是所有现行开启的投票。为了直接进入投票页面，也可以选择搜寻功能，可选用开闭状态、参考号、时间、委员会或准则组合等参数。搜寻页面允许显示分技术委员会开发的并已开启投票的DIS或FDIS搜寻结果。

6.3.5 电子表单的文本和制图规定

由于ISO中央秘书处使用以下应用工具处理标准文件：MS Office Word 2003和FrameMaker + SGML 7.0用于Word处理；Adobe Acrobat 6.0专业版，加上plugins Compose 4.2和Enfocus PitStop专业版6.5，AutoCAD 2005处理大多数图处理；Photoshop 8.0.1处理照片和图像。因此为使文件达到最大的兼容性，要求提交的文件遵循相关要求，但这些要求根据文件的种类（如国际标准、技术报告等）、文件阶段（如DIS、FDIS等）、产品使用方法的不同而不同。ISO中央秘书处要求提供CAD图原始文件，假如不能提供或希望以非标准格式提供，或有特殊要求，则需要声明或与中央秘书处联系。ISOTC网页“Elements to be provided when submitting drafts to the ISO Central Secretariat”提供了相关程序的补充信息。

6.3.5.1 一般要求

提交的文件不应有任何形式的口令保护，且内不应含“宏”。文件名应尽可能有意义，如ISO-DIS-2567-2003-E（ISO模板向导基于输入模板STD管理器有含意文件名的管理数据），为区分一个草案的不同版本，可添加额外信息，如加一个版本号。但文件名只能限制在32个拉丁字符内，即：允许字符为0～9的数字，没有可区分标记的大写A～Z和小写a～z字母及其连字符“-”和句点“.”符号；不允许字符有\/：*？ < > | ! +%_及空格。更多信息见“ISO eServices Guide”（http://www.iso.org/isoeservicesguide）。对于以CD-ROM或DVD形式出版的文件，必须遵循本章6.3.5.5节规定。建议将有用的信息进行汇总，不要将文档进一步处理信息（如注、隐藏字符）插入文件，可将这些信息放在附加文件中。文件传递前应进行压缩（建议使用zip工具，但不要密码保护），使用自解压缩须得到ISO中央秘书处的同意。发送的文件必须确保有效、无病毒。文件可以使用链接功能，但必须是有效链接且不能有限制进入或口令保护。Word文档的体积不宜太大，建议每个文档不要大于2.5M字节。ISO中央秘书处要求PDF、Word及其它们的压缩文件都不要大于20M字节，以便可让他人下载，因此过大的文档需要进行拆分。另外，不要将多个文件并入一个文件。

6.3.5.2 可修改文件

可修改文件如下：

（1）文本文档。文本文档的要求见表6－3。

（2）图文件。图文件的要求见表 6－4。

6.3.5.3 HTML 和 XHTML 文件

HTML 文件应含 DOCTYPE 条目，可参见字符编码 DTD 和定义，除非有必要使用不同编码，如以下编码的字符串：

<meta http-equiv = "Content-Type" content = "text/html; charset = utf-8" >

假如有必要使用另一种字符编码，请提供相应的必要信息。

对于 XHTML 文件，字符编码应在文件开始的 XML 说明中优先定义，如：

<? xml version = "1.0" encoding = "UTF-8"? >

表 6－3 文本文档的要求

内容		要求
格式	首选	Microsoft Office Word 2003。 FrameMaker 7.0
	也可接受（按顺序）	Word 高于 2003 版。 FrameMaker 高于 7.0 版。 RTF。 普通 Word 处理格式，如 WordPerfect。 HTML 和 XHTML，要通过 ISO 中央秘书处预先同意
	不可接受	需要特殊打印机的文件。 使用出版系统准备的文件（如 Ventura、PageMaker、LaTeX 等）
字体		仅使用标准字体：Arial、Helvetica、Times New Roman、Times、Symbol； 如果需要使用特殊字体，请通知 ISO 中央秘书处（如使用软字体，需复制）
表格（包括电子表单等）		首选，通过 Word 处理器的表功能建表。 假如数据源采用电子表单，除非是必需的，不要在表中插入图或其他对象。但可以像表或文本那样插入（见 Word 在线帮助或操作说明），然后将所有数据转换到表中，在不同表单元应用相应的格式。 假如数据源采用电子表单，而且是必需的，当提交文件时同时提交电子表单。因为相关数据的格式只能采用电子表单相关功能才能实现，如此时没有特殊说明，电子表单的数据将转换成表
图		包括不同于文本的图。 不要在 Word 处理文档中嵌入图文件；可以插入一个连接，但要确认在 Word 处理文档中的储存图片的功能是有效的（详细说明见 STD 模板说明书）。 遵循图文档的规定（见本章 6.3.5.2 节第（2）项）
目次、索引、交叉引用		首选自动生成，但要遵循： 对于任何非 MS Word 2003、FrameMaker 7.0 的软件，ISO 中央秘书处不能确保能再次使用。 对于相同软件不同语言版本，相关领域的名称不一定被识别，文档扩展也许不兼容
修订标识		关闭跟踪变化选项。 修订所有的变化，即在文档提交前完成接受或拒绝（在 MS Word 的工具—修订—接受或拒绝修订）
评议		在文件提交前去掉突出高亮。 在文件提交前去掉评议
版本		仅发送最新版。在文档提交前删除所有陈旧版本（见 MS Word 的文件—版本）
纸型		A4
模板		使用合适的 ISO 模板，最新模板可从 ISOTC 入口的"ISO templates for drafting standard"获得
文件准备		见 ISO eService 指南（http://www.iso.org/isoeservicesguide）

文件在发送到 ISO 中央秘书处之前,应确保所有文件的有效性,且文件中所有错误都应被解决,除非有明确的理由。如果错误不能解决,错误判断的材料也应随文件同时提交。

要证明 HTML 文件是否有效,可采用浏览器进行测试,最好采用某一版本的 Netscape Communicator 或 Internet Explorer,在文件中所有超级链接都应有效,许多用户喜欢制作 Web 网页的硬拷贝,但任何硬拷贝都应容易读取。建议每一网页能至少进行一次打印和检验,因为被本地浏览器控制的格式不可能创建可识别硬拷贝的网页。

表 6 –4 图文件的要求

<table>
<tr><th colspan="2">内 容</th><th>要 求</th></tr>
<tr><td rowspan="3">黑白图格式</td><td>首 选</td><td>DWG 或 DXF 文件(AutoCAD 2005 或更低版本)</td></tr>
<tr><td>也可接受(按顺序)</td><td>中央秘书处可以再次使用,但效率低,应用文件以 Macintosh 或 Windows 环境下的 Adobe Illustrator、Corel Draw 、Visio。
假如采用不可修改的格式,只要中央秘书处能使用,EPS 或 TIFF 文件也可接受,但仅为个例</td></tr>
<tr><td>不可接受</td><td>Aldus Freehand。
使用 Word 处理软件制图(如 MS Word 图片、画笔)。
JPEG 和 WMF 文件</td></tr>
<tr><td colspan="2">PostScript 文件特殊说明</td><td>非压缩 PostScript 文件(EPS)不可接受。
PostScript 文件可输出到其他图形处理软件,如 Adobe Photoshop,可再次另存为 EPS 文件,这样的 EPS 文件可接受。
如果图形软件允许在输出 EPS 文件时同时可压缩,不要使用该功能,而是不压缩输出文件,如有必要,然后再使用另外的压缩软件</td></tr>
<tr><td rowspan="3">照 片</td><td>首 选</td><td>原始照片。
相当质量的 TIFF 文件</td></tr>
<tr><td>也可接受</td><td>JPEG 文件</td></tr>
<tr><td>不可接受</td><td>扫描照片</td></tr>
<tr><td colspan="2">色彩图</td><td>色彩图只能在必要时使用。
可作为 CMYK EPS 或 CMYK TIFF 提交。不能很好再现 RGB EPS 和 RGB TIFF 的文件尽可能避免。
作为参考,可以提交色调匹配打印件和商业彩印件</td></tr>
<tr><td colspan="2">模 板</td><td>对于 AutoCAD 用户,模板可从 ISOTC 入口的“ISO templates for drafting standard”获得</td></tr>
<tr><td colspan="2">大小、内容、字体、扫描分辨率</td><td>见文件“ITSIG specification for the preparation and exchange of graphics”(http://isotc. iso. org/livelink/livelink/fetch/2000/2122/3146825/4229629/guidelines/grpspec_e. pdf)</td></tr>
</table>

所有 HTML 和 XHTML 格式的文件都可作为 CD-ROM 和 DVD 出版。但 ISO 中央秘书处目前尚无定义以 HTML 和 XHTML 出版的标准正式文体。不能在文件中嵌入文体信息,但可用通过其他文件和连接形式提供。

6.3.5.4 直接使用和参考备份的文件

PDF 文件可以直接在 DIS 阶段和出版阶段(要预先得到委员会同意)使用(见表 6 –5)。在发送者和接受者的不同 IT 环境下,有必要识别参考备份文件在文件修改过程中产生的问题,如字体更换、布局和分页的不同、不同对象之间的连接有效性等。参考备份文件应能代表完整的文件,且应包括所有图表。参考备份文件应提供不同语言版本。

表 6-5 格式要求

格 式	要 求
首 选	PDF(最高到 1.5 版兼容 1.3)
可以接受(按顺序)	PDF(最高到 1.5 版兼容 1.3) TIFF 或扫描件,但仅作为参考备份接受
不可接受	纸 质

6.3.5.5 作为 CD-ROM 或 DVD 形式出版的文件规定

对于作为 CD-ROM 或 DVD 形式出版的文件,须考虑相关规定,如 ISO 9660“信息处理——作为信息交换的 CD-ROM 的体积与结构”。但有些文字的采用不一定按照 ISO 9660,如:

(1) 经确认的字母,包括:

ABCDEFGHIJKLMNOPQRSTUVWXYZ;

abcdefghijklmnopqrstuvwxyz;

0123456789_。

(2) 长度:最大 32 字母。

被这些规则确认的非文字数字字符为下划线“_”,文件命名的非文字数字字符只有连字符“-”和句点“.”。不同非文字数字字符的使用能导致文件名的改变,从而使文件在 CD-ROM和 DVD 刻录后,依次影响各文件之间的链接。为避免一些问题的产生,有必要重新分类将文件 Zip 压缩成一个或多个文件。对于复杂结构的文件(含若干文件和链接),建议尽早将详细完整材料提供给 ISO 中央秘书处,以便标准出版细节达成一致。

必要时,以合适的格式提供补充文件(电子附件)。此类文件可由 TC/SC 负责处理。提交文件时,秘书要确保提供所有相关电子附件完整详细,如:

(1) 相关使用说明,应以 ASC Ⅱ 格式的形式提供“Readme”文件;

(2) 相关所需文件结构的信息;

(3) 相关限制压缩的信息;

(4) 相关文件是否以 CD-ROM 或 DVD 制作,或通过 Web 网站,以文件与电子附件链接的方式。

如果提供的是一套文件组合,应当提供相应的说明信息。

6.3.5.6 文件发送

A 发送方式

文件发送方式应首选通过 ISOTC 入口提交,最好采用 Zip 压缩,当出现技术因素不能使用 ISOTC 时,可通过电子邮件提交(电子邮箱地址:projects@ iso. org)或通过合适的媒介以“snail mail”邮件提交。

B 提供的信息

每次发送应提供以下信息:

(1) 文件参考号和阶段;

(2) 发送文件的目录,包括电子附件;

(3) 电子文件完成表(该信息在 Readme 文件可以重复)。

在以电子邮件形式提交时,需指出在 ISO 参考号的专业领域,假如邮寄磁盘或光盘拷贝,需通过电子邮件声明。磁盘或光盘需贴上标签,如给定文件参考号、文件阶段、磁盘/光盘的系列号(假如文件分为两个或更多个磁盘/光盘)。

C 媒介-接受格式。

可接受磁盘:$3\frac{1}{2}$英寸;

可接受光盘:CD-ROMs、DVDs、Jaz 和 Zip 光盘。

媒介的格式和应用系统应兼容 Dos 或 Windows。

6.4 ISO 标准编制模板指南

规范性文件模板(STD 模板)可用作 ISO 国际标准、技术报告、国际标准化框架、技术规范、公开发布的规范和指南,它具有自动创建封面、前言、页眉、页脚等功能,也可插入一个文件格式页,并可对文件进行修改和校勘。模板的当前版(2.1 版)符合 ISO/IEC 导则第二部分要求,该版与老版的主要区别为 STD 工具栏的“插入(Insert)”按钮被重命名为“元素(Element)”,表格中的“格式文本(Styles body text)”重命名为“Table text”,装订线和页边距分别调整到 7 mm 和 25 mm。

6.4.1 模板安装和新文件创建

STD 模板安装环境至少需要 133 MHz 奔腾处理器、10 M 硬盘空间、彩色显示兼容 SVGA(最小分辨率 800×600)、16 M RAM(推荐 24 M 或 32 M)硬件和 Windows 95、98、NT4.0、2000、XP、Me 的 MS Word 97~2003 所有版本的软件环境(包括不同语言版),具有 VBA 功能。

STD 模板安装软件压缩在一个 Zip 文件中,文件内含模板(file STD.DOT)和安装文件(file STD.INI)。模板安装应首先将文件下载到本地计算机硬盘的文件夹。在 Word 中,找到“用户模板”和“工作组模板”(工具菜单,选择“选项”,打开“文件位置”)。将 STD.DOT 文件解压缩,并将文件保存于某二级文件夹,将 STD.INI 文件解压缩,并将其保存于本地计算机 Windows 文件夹(通常在 C:\WINDOWS 或 C:\WINNT)。

假如模板已经安装,启动 Word,选择“文件”中的“新建”,在“新建”对话框选择“常用”或安装模板的二级文件夹。确认“新建”选择为“文件”而不是“模板”,然后打开“std.doc”。

6.4.2 模板的特点

6.4.2.1 用户界面

A STD 工具栏

一旦打开模板,一个嵌于 Word 工具栏中的补充工具栏(STD 工具栏)就会出现,该工具栏可执行模板的大部分功能,如 Doc.Info、Translate、Elements、Export、Option。选择“Doc.Info”可打开 STD 管理器,该管理器可创建一个新文件,可对输入的信息进行管理,如参考号、委员会、标题等。选择“Translate”可创建英文或法文原始文件,但仅能翻译文件的基本要素,如封面页、前言、框架要素的标题。选择“Elements”可打开一个允许框架要素插入的菜单,如基本条款、附录、参考文献、可显示的规范性文件其他要素,或者其他规范性文件要素,如章、注、例举等,“Elements”下拉菜单选择依次为:Framework element、Clause/Subclause with title、Subclause without title、List、Definition、Designation、Wanning notice、Example、Note、Footnote、Figure title、Table title、Table footnote、Formula。选择“Export”可将文件保存为不同 Word 格式。“Option”允许用户改变用户界面语言，包括对话框。当从 STD 管理器第一个对话框打开一个新文件时，可选择 STD 用户界面的语言。

B STD 管理器

STD 管理器是模板软件最重要的部分，你可通过 STD 工具栏的“Doc. Info”选项进入，使用该软件可以创建和改变文件及其该文件相关的管理信息。它包括三个对话框，即“Parameters”、“Standardization system”、“Title”。

C 文件中包括的区域

输入 STD 管理器的部分管理信息可以在文件“设置”的开始插入，为避免 STD 管理器相关软件出现问题，这些区域不允许手工修改和删除。

D 色彩代码

假如某一特定或部分的文本以彩色形式表示，其色彩的意义须遵循以下原则，以确保软件能正常工作。

(1) 蓝色文本。以该色彩显示的文本不能被手工删除或修改，假如这些文本不正确或已经无效，应当通过 STD 管理器进行更新或修正。假如使用彩色打印机进行打印，可将打印机设置为黑白打印，不要随意更改文件字体的颜色。

(2) 红色文本。如果文本以红色显示，则需要进行编辑选择，例如，在前言中指出版本号及其先前版本的变化信息；或法文版，对语法的阴阳性进行选择；或文本不用完成或删除。

(3) 绿色文本。涉及起草编辑规则的注。

6.4.2.2 创建文件

A 系统标准化

如要创建一个文件，先打开模板，在第一个对话框变换用户界面语言。选择“Next”进入下一个对话框，该对话框显示系统标准化，将数据输入如图 6－7 所示的对话框，除“Doc. language”和“Include notes on drafting”外，当 STD 管理器关闭时，其他区域的所有数据都将被更改。因此在点击“下一步”进入文件“标题”对话框前需确认这些区域内容的正确性。

B 标题

如图 6－8 所示，将标题的三个要素用不同语言输入相应的区域，有些字符不能使用键盘输入，但可以采用标题对话框的“Special character” 菜单插入符号，此区域不能输入任何修正或技术校勘。不要在标题要素中输入“”或《》引用符号，因为第一个引用符号在文件中不会被显示，同时标题的其他符号也会改变，可以使用两个省略号替代引用符号。在点击该对话框的“End”后，“A 的系统标准化信息”的应用语言就不能被再次修改。

C 替代文件

通过选择标题对话框的“Replace documents” 按钮，可以输入和修改必要的替代文件目录。该对话框可通过模板完成前言文本的创建。进入“Replace documents”，选择左边的文件类型跳出的类型目录，然后依次输入文件参考号、出版年份，点击“Add”，见图 6－9。

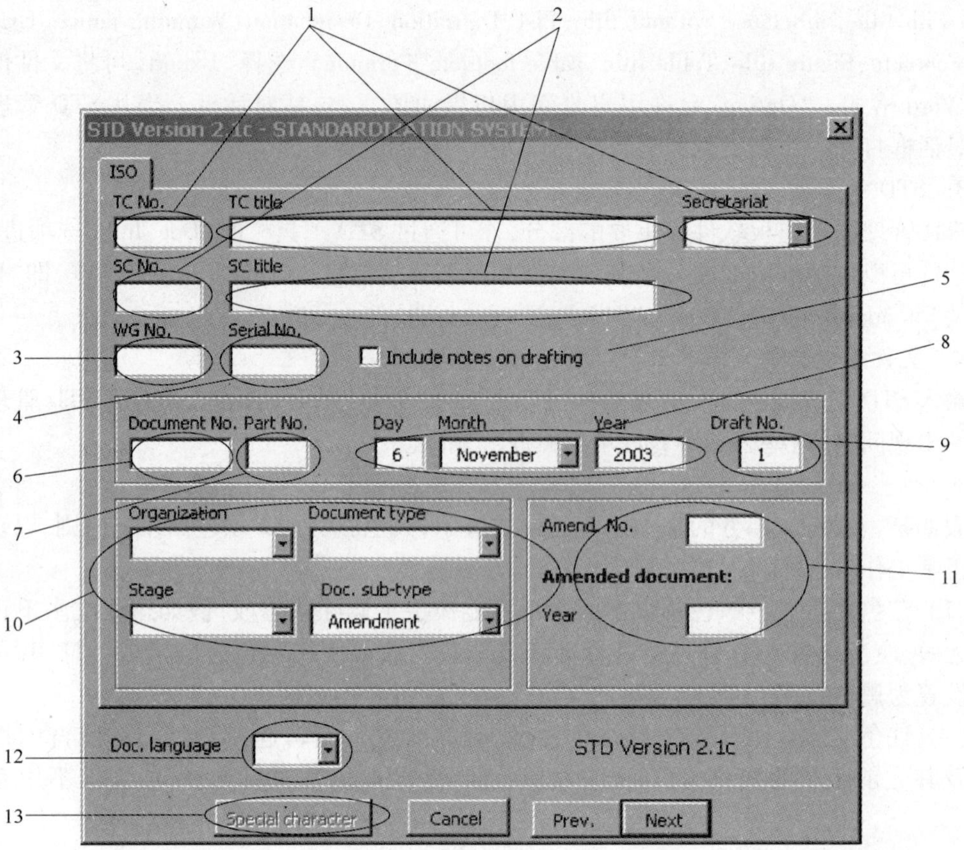

图 6－7　系统标准化对话框

1—负责该工作的技术委员会和秘书处所在组织的名称、代码；2—负责该工作分技术委员会的名称、代码；3—负责该工作工作组的名称、代码；4—工作文件的系列号（由 TC 或 SC 分配）；5—创建新文件时，核对起草的编辑性注介插入；6—文件号；7—部分号（如 ISO/CD7992-2）；8—当前项目的年月日（缺省值，当前时间）；9—草案号（如第二版草案，则 ISO/CD7992-2.2）；10—组织名称、文件类型、阶段、文件次级类型；11—假如修改或技术勘误被选为文件的次级类型，指出修改或技术勘误号和修改、修正文件的出版年份；12—文件的应用语言，F 为法语、E 为英语；13—特殊字符按钮，可在 TC 和 SC 插入符号，点击该按钮会弹出一个可选择符号的对话框（仅标准文本字体可被使用）

D　日期的确认

在“A-C”的日期输入后，点击“End”并创建或更新文件的封面页、页眉、页脚、前言，该程序执行后，除语言和插入涉及编辑起草规则之外的所有信息之后就会改变。

E　编辑起草规则的注

涉及编辑起草规则的注可以插入文件，但仅在创建新文件时这些注才能被插入，这些注以绿色显示并在文件完成后被删除。一个文件的框架（黑、红文本）与编辑注一起被插入，它是文件创建的基础。

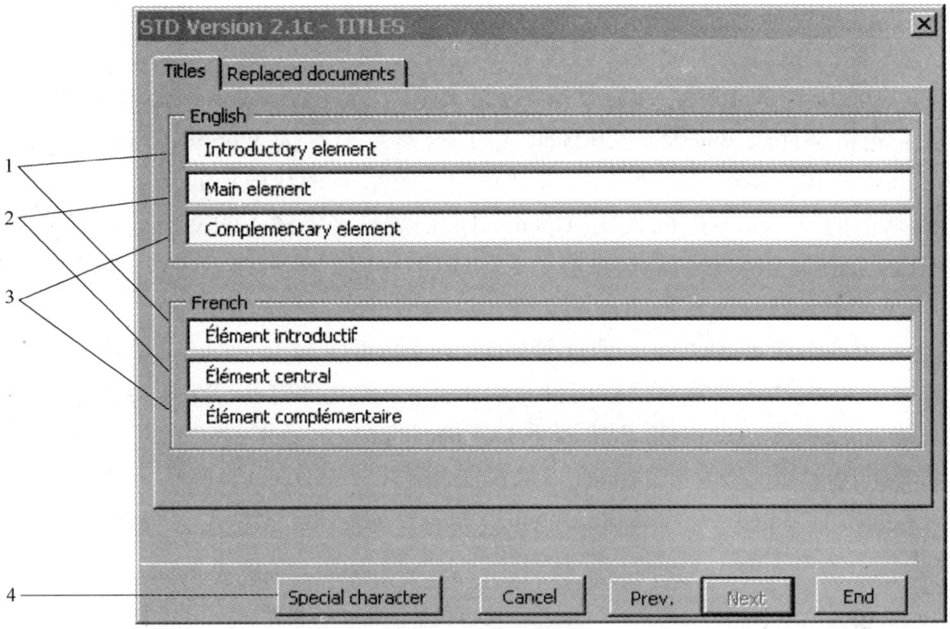

图 6－8　标题对话框

1—介绍性要素(可选);2—主要素(必选);3—补充要素(可选)和副标题(如有副标题时则必选,可省略"Part"和部分号,模板会插入);4—特殊字符按钮,可在 TC 和 SC 插入符号,点击该按钮会弹出一个可选择符号的对话框(仅标准文本字体可被使用)

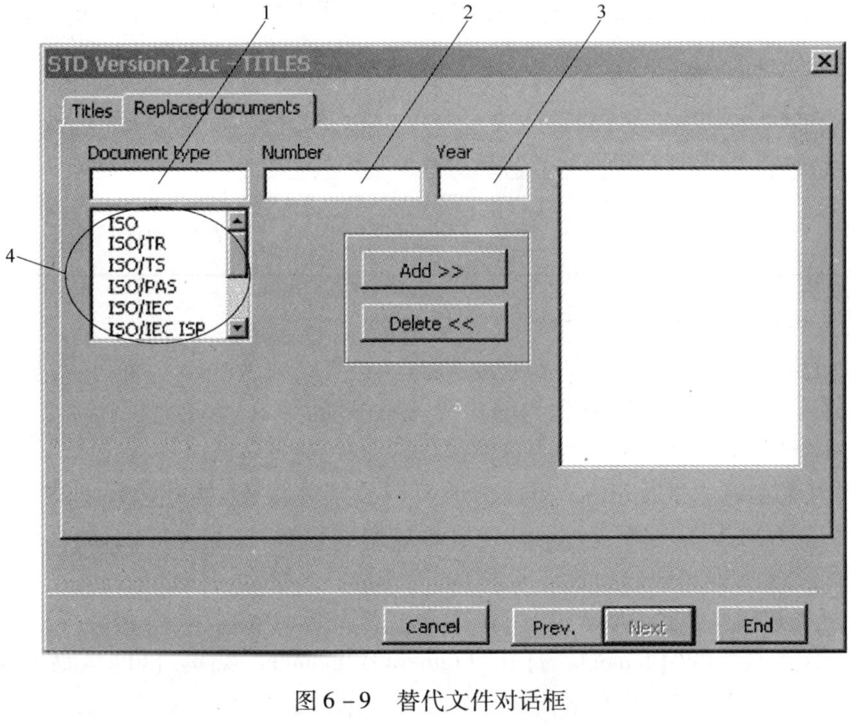

图 6－9　替代文件对话框

1—文件类型;2—文件参考号;3—替代文件出版年份;4—文件类型目录

6.4.2.3 使用不同模板输入创建的文件

可以使用不同的Word模板将创建的文档输入STD管理器并可将其另存为Word97/2000、Word97/2002、Word97/2003版本格式，如果要另存为Word6.0、Word 9.5或其他Word，就需先将文件以Word97～2003形式打开，然后另存为Word97/2000、Word97/2002、Word97/2003格式。要输入一个文档，先要创建一个基于STD模板的新文件，然后点击STD管理器对话框的"Import"按钮，使用"Open"对话框浏览将要输入的文档，然后点击"Open"。STD管理器打开后，需要输入的信息有：(1)组织名称；(2)文件类型；(3)文件号；(4)部分号；(5)与文件修改和技术校勘对应的文件二级类型；(6)文件应用语言。

然后应用STD模板格式页。STD管理器对话框再次打开，你可以重新输入文件数据(对于数据录入，STD管理器对话框可打开两次)。一般文件打开，Word会自动与STD模板连接，如果Word没有自动连接，则需要手工连接，可以如此操作：在"Tool"菜单，选择"Templates and Add-ins"指令，点击"Attach"，从目录中选择"STD. dot"，然后点击"Attach a template"对话框中的"Open"和"Templates and Add-ins"对话框的"OK"。表6－6为文件输入到STD模板不同方式的汇总，该文件以先前的不同模板保存或利用另一个模板创建。

表6－6 利用不同模板输入创建的文件

格 式	模 板	说 明
Word 2.0	BASICEN和BASICFR或其他	在Word97/2000、Word97/2002、Word97/2003格式保存源文件，基于STD模板创建一个新文件，点击"Import"，找到要输入的文件，选择并点击"Open"
Word 6.0，Word 95	ISOSTD30	基于STD模板创建一个新文件，点击"Import"，找到要输入的文件，选择并点击"Open"
	BASICEN和BASICFR或其他	在Word97/2000、Word97/2002、Word97/2003格式保存源文件，基于STD模板创建一个新文件，点击"Import"，找到要输入的文件，选择并点击"Open"
Word97	ISOSTD33、BASICEN2和BASICFR2或其他	基于STD模板创建一个新文件，点击"Import"，找到要输入的文件，选择并点击"Open"
非Word	BASICEN2和BASICFR2或其他	在Word97/2000、Word97/2002、Word97/2003格式保存源文件，基于STD模板创建一个新文件，点击"Import"，找到要输入的文件，选择并点击"Open"

A 特殊情形：ISOSTD30和ISOSTD33模板

与普通情形对照，无论格式为Word 6.0、Word 95还是Word 97，都可识别ISOSTD30和ISOSTD33创建的文件，并使STD模板的相应区域得到恢复。

B 使用STD模板创建文档的特殊情形(系统标准化无效时)

假如打开文档，"系统标准化"对话框所有区域都为淡色，就有必要创建一个基于STD模板新文件，然后在STD管理器输入相应管理数据。接着，在源文件中，剪切范围内所有文本，粘贴到新创建模板文件一个合适的地方，前言和引言可采用同样程序。

6.4.2.4 框架要素的插入

点击STD工具栏的"Elements"打开"Framework element"菜单，借助该菜单使用STD模板可方便地插入框架要素(基本条款、附录、参考文献及在规范性文件中表示的其他要素)。这些要素可包括样板文件文本，当这些要素与条款相关时，它们将被插入到"Heading 1"格式。如要插入一个或更多的框架要素，可将光标置于"Normal"格式段欲插入的位置，点击

STD 工具栏的“Elements”，选择“Framework element”。在“Framework element”对话框，从左边条目中选择首选要素加入文件中，点击“Add”将它们添加到右边栏，如有必要，将数据输入补充对话框。对其他要素可按文件中显示的顺序并采用同样方法。反之，也可点击“Delete”从右边删除欲删除的要素。“Framework”对话框不显示已经在文件中呈现的框架，任何先前已插入的框架要素都不能使用该对话框删除，每次右边框为空，该对话框就被打开。当文件创建时，系统标准化对话框会出现所需语言文件的要素名称。

6.4.2.5 文件保存

A 原则

一旦所有管理信息被作为新文件输入，而且点击了“End”，模板在自动生成的名称下保存文档，从 STD 管理器输入的管理数据有：(1)组织名称；(2)文件类型说明；(3)文件号，包括部分号；(4)文件二级类型的文字，遵循修改或技术校勘号；(5)代表文件语言的文字，用圆括号。该文件名可以更改、可指定文件储存的位置，但不能取消保存，后续文件储存的位置可以默认。每次在 STD 管理器运行时，不生成文件名，必要的修正需要手工运行。

B 格式交换

如以不同 Word 格式以及用短文件名保存文件，可使用“Export”按钮。假如使用 Word97，则要以 Word6.0/95 格式正确保存文件，就有必要安装 Word6.0/95 格式的二进制转换过滤器，否则文件以 RTF 格式储存。

C 使用 STD 模板通过已存在文件准备新文件

一个已经基于 STD 模板的文件能被用作创建另一个新文件。可如此打开某文件，选择“Save as”并录入不同文件名。点击“Doc. Info”按钮，在“更多(双筒望远镜)”按钮边以红色显示的名称。然后点击“Next”按钮输入新文件数据，无需担心会删除原始文件。如要准备文件的第二语言框架，建议使用“Tanslate”按钮。

6.4.2.6 将基于已经存在的 STD 模板文件翻译成英语或法语

STD 模板可将一个已存在的 STD 模板文件基本要素翻译成英语或法语，它们可通过“Framework element”菜单的“Framework”对话框输入(STD 工具栏“Element”按钮)。但该功能不能与计算机辅助翻译(CAT)程序相提并论，这些功能仅能用一种语言翻译特定的要素(框架要素、前言、封面页信息)，它的好处主要在于它为“人”翻译准备草案。假如你欲翻译的文件自最后修改后还没被保存，则保存它。假如你欲翻译的文件刚关闭，打开它，点击“Translate”按钮，在“Translate to”对话框点击英语或法语，然后点击“OK”。STD 管理器的第一个对话框打开了，使用“Next”按钮核对不同对话框的信息，假如需要修改数据。点击“End”按钮执行程序并从存在文件中创建新文件。新文件将包括封面页、页眉、页脚和对应于从 STD 管理器输入管理信息的前言，已保存的文本不会被翻译，除标题和自动生成样板文本之外的原始语言需通过“Framework element”添加。翻译文件的样板文本可被保存或被删除。

6.4.2.7 不同语言版本之间的关系

STD 模板允许相同文件不同语言版本之间的连接。在 STD 管理器第一个对话框(“Parameters”)，点击“Doc. Info”按钮，“Parameters”对话框会给予与当前文件相连的任何文件的名称和位置。文件名称如出现以下两种情形则以红色显示：(1)文件名自连接后已经变化；(2)自连接后，有问题的文件已经从一个位置移至另一个位置。这两种情形，可点击以红色表示名称边的“更多”按钮创建一个与特定文件的连接和显示“Open”对话框。选择文件并点击空白区域边的“更多”按钮，浏览并定位文件，选择文件并点击“Open”按钮，文件名和所选文件位将显示在区域内。如果两个文件标题相同，则打开最新的一个文件，重新建立与其他文件的连接（以红色显示的文件或无“Parameters”对话框）并点击“Synchronize”按钮，则在“Parameters”对话框显示的未打开的文件标题将被打开的并已定义的文件所替代。

6.4.3 类型页的使用

6.4.3.1 通则

格式页是指标准中基本资料性要素（封面页、表、前言、引言）的文件框架以及包含范围的首个规范性页面。从“范围”开始，被插入的新要素有：（1）基本要素（章、条、注、例举等），可直接从 STD 工具栏的“Element”按钮菜单或从前后关联菜单（点击鼠标右键打开）选择要素；（2）框架要素（章、附录、参考文献等），可通过“Framework”对话框或从前后关联菜单选择；（3）其他要素，在格式工具栏的格式下拉菜单选择相应的格式。

STD 工具栏“Element”按钮具有特定自动的关联功能（也就是说，自动插入对于特定格式来说已经程式化了）。尽管完整系列的有效模板也可通过格式工具栏的格式下拉菜单和“Format”菜单的格式（Style）指令得到，除非因自动功能失效而有另外的规定，就不能使用这些功能的应用格式。

STD 模板格式基于微软的预定义格式，这些格式可被不同语言版本的 Word 识别，他们的名称也会自动翻译成你所使用的 Word 版本。用户可从显示的名称和给定操作手册之间的关联得到这些微软格式，假如使用英语或法语 Word 版打开相同文件，在英语版的 “脚注参考”规定的文本在法语版叫做“Appel de note”，其他模板格式名称为英语。

每一清晰明了的格式及预定义格式都与与之所代表的要素有关。例如，在“术语与定义”章中的术语为黑体字，而定义为细体字，千万不要改变与“Format”或“Style”指令格式相关的预定义格式，假如你需要突出一段文本文字，可使用 Word 的格式功能，如粗体、斜体、下划线，不要使用特殊字体来突出一段文本文字。

成功处理格式转换的前提需要符合章给定的规定。当一个要素嵌入到另一个要素中，使用 Word 的格式指令使嵌入要素格式化（不要使用“Format”或“style”指令），嵌入要素的例举包括注，文本中脚注、表、图脚注的目录。假如你自己创建格式，则不能确保这些格式的转换，但它们可以通过特定转换程序映射到特殊格式。

页面布局和表达应尽可能简单，建议使用单分栏布局，不要手工插入页或节间距。当必须创建一个节时，应注意每一节自动页码计数重新从“1”开始，除非另有规定。为避免这些问题，从视图菜单选择页眉和页脚。在“页眉和页脚”工具栏，选择“Page setup”，取消选择“Layout”中的核对框“Different first page”并点击“OK”。关闭页眉和页脚工具栏，从插入菜单选择页码，点击格式，选择 “续前节”，点击两次“确定”。除非页眉和页脚不正确，不要转移已经在文件框架表现的节间距。

假如节 2 和节 3 之间的节间距刚好在奇数页，则接下去的页会是空白页，因为节 3 的第一页已经在 STD 模板中被赋予奇数页。实际操作时，印刷字体和格式页的内容要符合 ISO/IEC 导则第二部分规定，电子文件的提交、格式页的格式转换也要符合 ISO/IEC 导则第二部分规定。详见 ISO 模板帮助 < template@ iso. org >。尽管 STD 模板允许创建修正或技术校勘，但它不完全适用次类型文件的表达。有时要素编号需要跳号，如果通过格式菜单选择“项目符号和编号”指令有可能会删除格式模板插入的自动编号，可点击“None”，然后点击“OK”，所需编号既可手工插入也可通过合适的“项目符号和编号”指令的“Customize”按钮插入。

6.4.3.2 条款细分的插入

A 章

a 起草规则

章是标准的基本组件。标准文件或部分文件的章应以阿拉伯数字编号，从“范围”章作为起始，编号为 1，可自动编号，编号应当持续到标准正文结束（附录除外）。附录章通过预先指明的字母给定编号直至该附录结束，每一附录的起始应重新编号。章应有标题，标题位于编号后，再另起一行与其后的文本分离。

b 格式应用

无论点击 STD 工具栏的“Elements”按钮，还是点击鼠标右键显示前后关联菜单，选择“Clause/subclause with title”，选择欲插入章的位置（正文或附录），然后输入相应的 <1> 或 <A.1>。也可使用键盘的快捷键，对于文件正文，使用“Ctrl + Shift + 1”或使用对标题 1 相应的键盘快捷键（见软件在线帮助或手册）；对于附录，使用“Ctrl + 2”。

c 备注

章编号字体应与标题一样。如不一样，则选择章标题末的段落标记，然后应用格式工具栏的正确格式或再次应用相应的格式。在输入章后，将光标置于“Normal”格式的新段落。利用工具栏的“增加缩进”和“减少缩进”按钮分别应用更高或更低层次的标题，遵循特定编辑规则，章可通过框架要素菜单的“Framework”对话框插入。

B 条

a 起草规则

条为一个的编号章细分，一个初级的条可以再分为次级的条，细分可以进行到第五层。条应用阿拉伯数字进行编号，可自动编号，附录条给定编号应通过预先指明的字母直至附录结束，条在同一层需要一个更深的细分才创建，例如，章 10 的文本不指定条 10.1，除非有 10.2。每个初级的条建议在编号后给予一个标题，并另起一行与其后的文本分离。次级的条可以以同样的方法处理。在章或条内，同一层条都应有标题，如：10.1 有一个标题，10.2 也应当有标题。当没有标题时，在条文本开始显示的关键词或句可以用作提请对主题内容的关注。

b 有标题条

无论点击 STD 工具栏的“Elements”按钮，还是点击鼠标右键显示前后关联菜单，选择“Clause/subclause with title”，选择制表符将含标题条插入相应位置（正文或附录），然后对应欲细分层点击相应的按钮。也可使用键盘的快捷键，对于文件正文：“Ctrl + Shift + 对应层的编号”或对标题层相应的键盘快捷键（见软件在线帮助或手册）；对于附录：Ctrl + 相应层编号加 2（也就是在章 A.1 创建 A.1.1，按 Ctrl + 3）。条编号字体应当与条标题一样。如不一样，则选择条标题尾的段落标记，然后使用格式工具栏工具修正格式或重新应用相应格式。对于仪器与试剂/材料的目录，如条开始的词或句需要突出，则不要使用这些格式，可使用“无标题条”格式替代。在输入一个条后，将光标放置“Normal”格式的新段落。利用工具栏的“增加缩进”和“减少缩进”按钮分别应用更高或更低细分层次的标题。表 6－7 表明格式名和编号例举产生标准正文和附录。

表 6-7 章和条:格式名和编号例举

ISO/IEC 导则 2 术语		标准正文		附 录	
		格式名	编号例举(如章 4)	格式名	编号例举(如章 A.2)
章		标题 1	4	a2	A.2
有标题条	层 1	标题 2	4.1	a3	A.2.1
	层 2	标题 3	4.1.1	a4	A.2.1.1
	层 3	标题 4	4.1.1.1	a5	A.2.1.1.1
	层 4	标题 5	4.1.1.1.1	a6	A.2.1.1.1.1
	层 5	标题 6	4.1.1.1.1.1	—①	—①
无标题条	层 1	P1	4.1	p3	A.2.1
	层 2	P2	4.1.1	p4	A.2.1.1
	层 3	P3	4.1.1.1	p5	A.2.1.1.1
	层 4	P4	4.1.1.1.1	p6	A.2.1.1.1.1
	层 5	P5	4.1.1.1.1.1	—①	—①

① 格式页在附录章的细分被限制于 4 层,尽管 ISO/IEC 导则 2 允许 5 层。

c 无标题条

无论点击 STD 工具栏的“Elements”按钮,还是点击鼠标右键前后关联菜单,从菜单选择“Subclause without title”键入条的编号并点击“OK”。假如已格式化的文本随后进行重新格式改变,编号和表格将需要手工保留和删除。在输入无标题条后,将光标置于“Normal”格式新段落。格式名称使用自动编号。见表 6-7。

C 段落

段落是一个章或条不进行编号的段落细分,要避免悬挂段落。自动编号:否。从格式下拉菜单目录选择“Normal”或使用键盘快捷键“Ctrl + Shift + N”。格式页中的所有格式基于“Normal”格式。通过框架要素菜单的框架对话框插入的要素需要将光标定位在“Normal”格式段落。也可使用键盘快捷键指令。

D 目录

a 起草规则

目录可以通过一段句子、一段完整带冒号的陈述,或通过陈述第一部分(无冒号)引入,以目录中的条款结束。为帮助理解,不建议在目录结束后持续一段句子。对于无序目录,目录中每个条前采用破折号开头(尽管 ISO/IEC 导则也允许通过格式项目编号在目录条前选择有破折号);如对于有序目录,可采用括弧内小写字母。后一种情形可进行条款再细分,并采用括弧内阿拉伯数字。在不同目录中,关键术语和短句可以组成涉及主题内容的格式。但如此章和短句不应该列在目次中,假如有必要被包括在目次中,它们就不作为目录显示,而是作为条标题显示。

b 无序目录

无论点击 STD 工具栏的“Elements”按钮,还是点击鼠标右键前后关联菜单,从菜单选择“List”,选择“Unordered”并点击所需目录章层。对于无序目录,目录文本会自动默认采用破折号,每层的插入针对于前一层。在无序目录文本键入后,键回车将光标置于同一层下一个目录。利用工具栏的“增加缩进”和“减少缩进”按钮分别应用更高或更低层次的细分。假如目录内不止一个段落,只有第一个段落前有一个破折号,可创建一个完整的系列目录,每个目录前有一破折号。然后,一个接一个(默认删除首段破折号)选择没有破折号的目录并点击“Elements”按钮,在菜单的“List”,然后在“Skip numbering”按钮。如有必要重新插入一个破折号,则选择相关的段落,继续按格式应用指示进行。

c 有序目录

无论点击 STD 工具栏的“Elements”按钮,还是点击鼠标右键前后关联菜单,从菜单选择“List”,选择“Ordered”并点击所需目录章层。在有序目录中,目录标识符会按下述方式自动产生:

(1) 层 1:a)、b)、c)等;

(2) 层 2:1)、2)、3)等;

(3) 层 3:i)、ii)、iii)等;

(4) 层 4:I)、II)、III)等。

每层对应于前一层插入。在有序目录键入文本后,键回车将光标置于同一层下一个目录。利用工具栏的“增加缩进”和“减少缩进”按钮分别应用更高或更低层次的细分。默认层 1 的编号从文件开始直至末尾。要重新启动编号,在点击所需层“List”对话框按钮前,点击核对框“Restart numbering”。假如目录不止一个段落,只有第一个段落前有一个标识符(也就是说,括弧内字母或数字)。可创建一个完整的系列的有序目录。然后,一个接一个(默认删除首段目录标识符),选择没有标识符的目录并点击“Elements”按钮,在 “List” 菜单选择 “Skip numbering”按钮。假如,有必要重新编号,则选择相关的段落和继续按格式应用指示进行。假如目录标识符(如括弧内字母、数字)尚无正确的印刷字体格式(如 10pt、直立、细体),在目录文本末尾选择段落标记和利用格式按钮应用正确格式,或重新应用合适的格式。

E 附录

附录按正文文本中引用的顺序出现,每个附录由包括词“Annex”组成的标题,“Annex”之后以一个大写字母作为次序系列,一般以“A”开始,如“Annex A”。附录标题应当后跟一个“normative”或“informative”表述,每个标题应占据一个独立行。给定一个附录的章、条、表、图和数学公式的编号应当在该附录结束前采用同一个字母。每个附录的编号应重新开始。单个附录 A 可标注“Annex A”。规范性附录可选作为文件正文的附加规定。附录属规范性还是资料性,应当在文本中明确提及,可通过目次和附录标题说明。资料性附录可作为帮助理解或文件使用的附加信息。将光标定位于一个你欲引入附录的空“Normal”格式段落,点击 STD 工具栏的“Elements”按钮,选择“Framework element”,在“Framework”对话框选择你欲插入的附录种类(规范性或资料性),然后点击“Add”按钮,键入标题于“Informative (Normative) annex/title”对话框点击“OK”。在“Framework”对话框关闭前有必要插入一些附录。当一个附录被插入,模板自动在附录标题前插入一页间距,以便每一个附录以一空白页开始。该格式仅应用于标题、状态、附录标题。

6.4.3.3 插入要素

A 封面页

封面页给出标准应用的系列信息(工作文件、负责秘书处的组织、TC/SC 和 WG、参考信息和文件标题、文件类型和次级类型说明，阶段和文件语言、文件名称、使用模板）。征询意见草案、最终草案、最终出版的标题页以标准格式被ISO中央秘书处准备。要素被模板插入。整个封面页以“zzCover”格式，封面页可由STD管理器输入的数据产生。封面页内容的变化只能采用变化STD管理器数据，可点击“Doc. Info”按钮，添加或改变相应对话框的数据。不要删除文件名和封面页底部模板。

B 标准标题

标题的措词应尽可能简明，它应较好地表示标准的主题内容以便能与其他标准进行区分，任何附加的细节应当在范围中表示。标题应当由不同的要素组成，通常不要超过三个要素：(1)表示标准领域归属（通常基于准备文件的委员会标题）的介绍性要素（可选）；(2)表示该领域内的主题（必要）；(3)表示主题细节方面或区分其他标准的给定细节，或同一标准其他部分的补充要素（可选）。

假如标准只包含主要素一个或一些方面，则补充要素就不可缺少。如标准以一系列分标准出版，补充要素可被用作区分和识别分标准，主要素对每部分都应保持相同。如：

IEC 9378-1 Semiconductor device—Disc—Part 1：General

假如标准包含要素表示的主题几个方面（非全部），所包含的方面应当通过如“specification”术语或“mechanical requirements and test methods”提出，而不是一个个例举。

要素可通过模板插入。标题从STD管理器输入数据产生，标题的变化只能通过STD管理器数据加以改变，可点击“Doc. Info”按钮添加或改变相关对话框数据。

C 目次

目次为可选基本要素。目次应当冠于“Contents”标题，应当列出章、含标题的条、附录、状态、参考文献、索引、图、表。顺序应为：含标题章和条、附录（如合适包括含标题章和条）、参考文献、索引、图、表。所列要素应当用全标题引用。“Terms and definitions”章的术语不应当列在目次内。

(1) “Contents”标题。标题要素可通过模板插入。格式仅应用于目次的标题，目次的条目被格式为“TOC”。当一个文件创建，目次就在文件框架自动产生，内容包含标题和目次。如需重新插入标题“Contents”（包括目次），则将光标位于封面页和前言之间的“Normal”中一个空段落，选择“Framework element”菜单“Contents”。

(2) 目次。目次要素可通过模板插入自动生成。如要更新目次，则将光标位于目次的任何部位并按F9。目次中需要的要素插入后不必更新，假如目次的页码被错误信息替代（Error！Bookmark not defined），则需要更新。当标准起草完成后，也要更新目次。章和条标题应对应相应的页码，章和条标题在同一层目次可作为它们的标题格式层（如，章标题（标题1格式）被作为TOC1格式输入，条标题在层1（标题2格式）被作为TOC2格式输入，等）。TOC9格式被保留为非编号标题（前言、引言、参考文献和索引）。作为默认，只有到第三层页眉才出现。假如想要变化该选择，显示区域代码（工具菜单选择“Option”指令，选择视图和核对“Field codes”框），对于第4层用《\o“1-4”》替代《\o“1-3”》或者对于第2层用《\o“1-2”》等。如不变化其他代码，你也可以通过使用“Insert”菜单“Index and table”指令选择（从“From template”选择并按下“Option”按钮）。要插入图表，在目次底部和标题下的新“Normal”格式段落键入标题“Figure”。在“Insert”菜单，选择“Index and Table”指令，然后点击“Table of figures”，在“Caption label”下选择“Insert”。在“Formats”下选择“From template”。

按“Options”按钮，在“Table of figures option”对话框，从目录中选择“Style”和“Figure title”。点击两次“OK”。对问题“你要替代所选图形的表吗”回答“No”。要插入表中表，在目次底部键入标题“Figures”并应用“Special”格式，获得所需表达。将光标置于标题下的新“Normal”格式段落。在“插入”菜单，选择“Index and table”指令，然后点击“Table of figures”，在“Caption label”下选择“Table”。在“Formats”下选择“From template”。按“Options”按钮，在“Table of Figures Option”对话框，从目录中选择“Style”和“Table title”，点击两次“OK”。对问题“你要替代所选图形的表吗”回答“No”。假如必要，目次可被重新插入，同时作为“Contents”标题，置光标于封面页和前言之间的“Normal”格式中空白段落，选择“Framework element”菜单的“Contents”。

D 前言

前言在每个文件中出现，它不应包含需要、推荐、图或表。前言标题应用格式可通过模板插入。该格式应用仅针对前言标题，前言中给定正文在格式“Forward”中。前言没有编号。当一个新文件创建时，前言会自动在文件框架生成。它由前言标题和其后的文本组成。前言文本通过模板插入，前言文本会自动在 STD 管理器输入的数据生成。因此，以蓝色表示的文本只能通过 STD 管理器数据变化得到，可点击“Doc. Info”按钮并添加或变化需要对话框的数据。红色表示的是应当被完成或删除的文本。前言需完成以下文本信息：(1)任何贡献于标准的其他国际组织的说明；(2)标准文件取消和整体或部分替代其他文件的陈述；(3)任何先前版标准的重大技术变化的陈述；(4)此标准与另一标准的关系。每次 STD 管理器运行，前言文本就会自动生成。因此须避免重复修改红色文本，可将前言文本(也就是说以红色)修改为特定格式。当 STD 管理器的数据变化时，在前言文本自动生成前或后，特定格式修改的前言文本将被保留，而新自动生成文本会被删除，这需取决于它最初的出处。

E 引言

引言是可选基本要素，假如需要(以红色)，引言给予有关标准技术内容和提出该标准原因的特殊信息或注释。除非创建含编号细分，引言一般不进行编号。如要编号，应当为0，条为0.1、0.2 等。带编号的图、表、公式或脚注的编号从1开始。通过模板可插入引言标题要素。该格式仅应用于引言标题，引言中给定文本在“Normal”格式中。当新文件创建时，标题“引言”会在文件框架自动生成，假如有必要，它可重新插入。可置光标于前言和第一页标题前之间节间距“Normal”格式空白页，选择“Framework element”菜单的“Introduction”。

F 基本条款

a 范围(Scope)章

范围章出现在每个标准的开始并定义标准的主题及范围，从而说明标准或及其特定部分应用的限制，它不包含需要。在细分部分的文件中，每部分范围应当仅定义该部分文件的主题，范围应当简洁。它应当以事实陈述的措词形式表达，如“该国际标准规定(建立)(为给定指南)(定义术语)”。标准文件陈述应采用如“该国际标准应用于……”的措词。措词可按涉及的标准种类的功能不同而不同。当新文件创建时，标题“范围”的文件框架自动生成。也可使用“Framework element”菜单重新插入。可从修正和技术校勘删除该要素。

b 一致性(Conformance)章

一致性章仅在信息技术领域的标准需要。

c 规范性引用(Normative references)章

规范性引用章给出一列在标准中引用的参考文件可选要素,如文件应用不可缺少的方法。标题"Normative references"(标题1格式)随同介绍性文本(在"Normal"格式)作为规范性引用文件以及两个规范性引用例举(在"RefNom"),可使用"Framework element"菜单插入。规范性引用文件通过模板自动插入样板文件文本。原则上,参考引用文件应当是 ISO/IEC 正式出版文件,其他组织出版的文件也可以以规范性方式提供,但必须符合:1)引用文件被 ISO 或 IEC 委员会确认并广泛接受的、权威的和公开有效的;2)ISO 或 IEC 委员会需征得引用文件作者和出版商同意;3)作者和出版者也同意及时通知相关 ISO 或 IEC 委员修订相关引用文件及其修订意图和所涉及的观点;4)ISO 或 IEC 委员会承担对引用文件变化的复审。引用文件不应包括:1)非公开有效文件;2)仅以资料性方法引用的文件;3)仅作为文件准备的目录、背景材料,此类文件可以在参考文献中出现。规范性引用既可以有年号也可无年号,有年号引用文件包括:标注出版年份的文件,或用破折号替代标注的征询或最终草案,有日期引用文件的后续修改、修订不作为该标准的引用部分。无年份标注引用文件包括:可以使用引用文件所有将来的变化,即引用文件修订版的所有修正;资料性引用文件。对于有年份引用文件,每个文件给定出版年份,或在征询或最终草案采用破折号随同一个脚注"即将出版",标题文本应齐全。出版年份或破折号不应出现在无年份引用文件中。当无年号引用文件为文件的所有部分时,则出版编号应当遵循所有部分和系列部分总标题的说明(如引言、主要素)。

例如:

ISO 31 (all parts),Quantities and units

ISO 10241:1992,International terminology standards—Preparation and layout

d 术语和定义(Term and definition)章

术语和定义是为帮助特定术语的理解而给定必要定义的可选要素,对于术语和定义标题"Term and definition"(标题1格式)及其随同其条目以及两个例举(在"TermNum"、"Term(s)"和"Definition"格式)的介绍性文本("Normal"格式),可使用"Framework element"菜单插入。术语和定义的条目可通过模板自动插入的样本文本引入。以红色表示的文本表示需被删除或需被完成。尽管术语的表达以及参考号类似条,但它们不组成条和不隶属于相同章(例如允许有单个术语)。术语不应列在目次上。含标题条可在术语和定义章表示。格式"含标题条"可以使用,除了相似的条和不与含标题条同一层的术语。

术语参考号应用格式有三个替换方法,即:1)使用"Framework element"菜单插入的例举;2)点击 STD 工具栏的"Elements"按钮,选择"Definition",键入术语参考号中,点击"OK";3)将光标置于"Normal"格式的空段落,点击鼠标右键显示前后关系菜单,选择"Definition",键入术语参考号,点击"OK"。输入术语参考号,需将光标置于格式"Term(s)"的新段落。所有术语应该编号,即使只有一个术语,也应当编号。

术语应用格式有两个替换方法,即:1)使用"Framework element"菜单插入的例举;2)输入术语参考号后键回车。除由文本正规书写形式需求的大写字母外,首选的术语应当置于一参考号后新的一行上,并以小写字母开始。在输入一个术语后,将光标置于格式"Definition"的新段落上,回车。假如需要插入一个或更多的同义字,键回车,然后在键入同义字前,选择格式下拉菜单的“Term(s)”。在“Term and definition”章或词汇中的术语使用格式“Term(s)”。

定义应用格式有两个替换方法,即:1)使用“Framework element”菜单插入的例举;2)输入术语后键回车。定义应当重置一行,以小写字母开始,除运行文本正规书写形式大写字母外,末尾不应采用句号。在输入定义后,将光标置于“Normal”格式新段落上,按回车。

e 符号和缩略语(Symbols and abbreviated terms)章

符号和缩略语是给定一列能帮助理解文件的符号和缩略语的可选要素。标题“Symbols and abbreviated terms”(以标题 1 格式)可使用“Framework element”菜单插入。除非需要以特定顺序列出符号,所有符号应当按字母顺序排列:1)大写拉丁字母后跟小写拉丁字母(A、a、B、b 等);2)无标注字母后跟有标注字母,有标注字母后跟编号字母(B、b、C、C_m、C_2、c、d、d_{ext}、d_{int}、d_1 等);3)希腊字母后跟拉丁字母(Z、z、A、α、B、β、…、Λ、λ 等);4)其他特殊字母。模板不使用公式编辑器也允许符号插入。该要素可以结合术语与定义章,以便引入术语和其他定义、符号、缩略语,包括单位,例如术语、定义、符号、单位、缩略语。

f 需求(Requirements)章

需求章为可选章。标题“Requirements”(以标题 1 格式)能使用“Framework element”菜单插入。需求包括:1)所有被文件包括的产品、过程、服务的相关特征既应明了,也应可参考;2)需要计量特征限制值;3)测试方法的参考、特征值的检验,或测试方法本身。应在需求、陈述、推荐重新作出明确的区别。不包括契约性(涉及主张、保证、开支等)需求和法律法规需求。产品标准有必要规定产品应伴随的警告或安装人或用户说明。另外,涉及安装和使用的需求包含在文件不同部分,因此它们对产品本身没有需求。陈述文件本身不规定所列文件的价值,但应当规定价值不能被计量或陈述。

g 取样(Sampling)章

取样章是规定取样条件和方法,以及样品保存的方法的可选要素。标题“Sampling”(以标题 1 格式)使用“Framework element”菜单插入。要素可在元素测定方法的开始部分出现。

h 测试方法(Test method)章

测试方法章为给定所有涉及特征值测定的过程或核对与陈述需求一致的规定。为确保结果的重现性,应当指出测试是否是形式试验、日常试验,还是取样试验等。另外,假如步骤顺序会影响结果,文件应当规定测试的顺序。标题“Test Method”(以标题 1 格式)使用“Framework element”菜单插入。测试方法可以按顺序进行再分:1)原理;2)试剂或/和材料;3)仪器;4)试验样和试验件制备和保存;5)程序;6)结果表达、计算方法和试验方法精密度、测量不确定度。测试方法可以以不同的章表达,或与需求合成一体,或作为附录或分开的部分表达。假如提出一些其他文件,则应当作为不同文件进行准备。试验方法起草应当考虑普通测试方法和在其他类似特征的相关测试。在相同置信水平,无损测试应尽可能替代有损试验。化学分析方法的起草见 ISO78-2,ISO78-2 也可作为其他产品测试方法制定的依据。

i 分类、代号、编号(Classification,designation and coding)章

该章为建立一个产品、处理、服务的分类、代号、编号系统的确认陈述的可选条款。标题“Classification,designation and coding”(以标题 1 格式)使用“Framework element”菜单插入。

为了方便,该要素可以结合要素"Requirement"。如要插入一个代号,可将光标位于一个"Normal"格式中空的段落,然后点击STD工具栏的"Elements",或点击鼠标右键显示前后关系菜单,从菜单选择"designation"。

j 记号、标签、包装(Marking,labelling and packaging)章

该章涉及消费品的产品标准。记号(或唛头)的意义应当被规定。标题"Marking,labelling and packaging"(以标题1格式))使用"Framework element"菜单插入。分类、代号、编号和记号、标签、包装可以通过给定顺序的信息列举的资料性附录补充。

G 集成在文本中的注

集成在标准文本中的注应当仅用作有助于文件使用和理解的附加信息。如:

The following note is incorrectly drafted as a note since it contains a requirement (highlighted in italics and explained in parentheses after the example) and clearly does not constitute "additional information".

NOTE Alternatively,test at a load of … (an instruction,expressed here using the imperative, is a requirement)

注推荐置于欲提出的章或条的尾部,或在段落后。章或条单个注应当在注文本第一行开始标注"NOTE"。当几个注同时出现在相同章或条时,它们应当被标注"NOTE1"、"NOTE2"、"NOTE3"等。点击STD工具栏的"Elements"按钮,或点击鼠标右键显示前后关系菜单,从菜单选择"Note"。当使用"Elements"按钮或前后关系菜单插入一个注,文本"Note"通过制表符自动生成,假如注有编号,则在键入制表符前插入编号,并键空格键(结合Shift + Crtl + 空格键)。注比正常格式小一个字体号以便注的区域能被辨认。在键入注后击回车将光标置于"Normal"格式的一个新段落。

H 集成在文本中的例举

集成在文件文本中的例举仅用作有助于理解的附加信息。建议例举置于章和条的末尾或段落后。单个例举在章和条的文本第一行的开始标注"EXAMPLE"后,当几个例举出现在同一章或条,它们应当被标注"EXAMPLE1"、"EXAMPLE2"、"EXAMPLE3"等。点击STD工具栏的"Elements"按钮,或点击鼠标右键显示前后关系菜单,从菜单选择"Example"。当例举使用"Elements"按钮或前后关系键插入,文本"Example" 通过制表符自动生成,假如例举被编号,则在制表符前插入编号,并在前面键空格键(结合Shift + Ctrl + 空格键)。例举比正常格式小一个字体号以便例举的区域能被辨认。在键入例举后击回车将光标置于"Normal"格式的一个新段落。

I 文本脚注

文本脚注给定附加信息,它们尽量少使用,脚注不应包含需求或文件使用不可缺少的信息。文本脚注应当置于页的底部,并被一条位于页左的短细水平线分开。文本脚注用阿拉伯数字区分,开始为1,后跟一括号,在整文形成一个持续的数字顺序,如:1);2);3)等。建议脚注在问题词或句子文本后插入相同的数字上标,如[1)2)3)]等。点击STD工具栏的"Elements"按钮,或点击鼠标右键显示前后关系菜单,从菜单选择"Footnote"。置光标于脚注参考欲插入之处,然后应用格式将脚注文本键入"Footnote"对话框。如要建立多重脚注,则确认被脚注按上述要求插入,将光标位于欲插入脚注参考之处,然后选择"Cross-reference"指令,在"Cross-reference"对话框,于"Referent type"选择"Footnote"选

项，和于“Insert referent to”选择“Footnote number”，在被冠名“For which footnote”的目录选择欲参考的脚注，点击“Elements”按钮然后点击“Close”。在文件中，在插入脚注参考后定位光标，添加一个关闭括弧。在格式下拉菜单选择“Footnote reference style”选择脚注参考和光标括弧。

J 图

图是最容易理解的信息表达方式。在文本中，图应当采用线条图，假如不能转换成线条图，可以使用照片，但照片的复制品不能使用。通常，因为标准布局的复杂，应当尽可能避免使用二级图。当非常必要时，二级图才被使用。一个图仅允许使用一层二级图。

a 绘图

图中代表角、线的字母符号应遵循 ISO 31-1，符号可以使用下标，如：图可使用表明不同长度的系列符号 l_1、l_2、l_3等，而不是如 A、B、C 等或 a、b、c 等。图字母标记应遵循 ISO 3098-2，斜体字母可被用在：1）数量符号；2）数量符号的下标；3）数字符号。其他意义的字母应用直体字。在曲线图中，为避免代表项目参考数字与轴中代表值数字的混淆，轴的标注不应替代项目参考，但曲线图中曲线、线等标注可替代项目参考。技术制图应当按相关 ISO 标准准备，附加规定见曲线图转换和准备 ITSIG 规定。仪器设备的绘图符号要符合IEC 60417和 ISO 7000。应用格式为从格式下拉菜单或键盘快捷键“Ctrl + Shift + N”选择“Normal”格式。绘图和涉及的尺寸应当被置于“Normal”格式段落。使用 Word 格式指令将段落排列于所需位置（如涉及尺寸的陈述，使用格式指令将它于右边页边距对齐并通过一个点缩小字体）。要插入一个图，可置光标于“Normal”格式欲插入位置的空段落，从文件中选择“插入”—“图片”—“来自文件”指令，在“插入图片”对话框，在“文件名”区域键入文件名或从目录中选择“Elements”按钮（假如名称没有列在目录中，打开“Lock in”区域的下拉菜单目录，选择合适的磁盘驱动器、目录和文件夹）。默认格式为文件 Word 内嵌图，你可以连接本地图片减少文件的大小。在“插入图片”对话框选择“图片”然后选择“来自文件”，选择你欲插入的图片，如果使用的是 Word97，则接下来核对“连接文档”，然后取消选择；如果使用的是 Word2000，点击“插入”按钮右边的箭头，然后点击“连接文档”。假如图片的源文件是有效的，Word 将显示源文件数据的图片，但不作为文件存档图片。每次 Word 显示图片，图从源文件生成。因此显示连接比直接储存在文件中的图片显示时间要长，但采用该方式，文件的大小不会增加。你不能使用 Word 编辑图片，尽管可以看到并可打印图片，不过可以使用 F9 键更新图片。假如图片的源文件无效，则文件仅显示空框。ESP 和 Tiff 格式是将图片嵌入 Word 的最好格式。将图片（曲线图文件）储存在文件的同一文件夹，使用上述相关方法进行连接（如图片文件的定位针对文件定位被定义），文件连接交换将更有效。发送文件给 ISO 中央秘书处，你可以发送内含文件（图文件相关连接）和图片的文件夹复制件。

b 图片注

图注应与集成文本注不同。它们应当于图脚注前优先定位图题标注上。在图中单个注应在注文本的第一行开始标注“NOTE”。当几个注出现在同一图片时，它们应当被标注“NOTE1”、“NOTE2”、“NOTE3”等。每个图应采用不同编号顺序。图注不应体现需求或文件使用不可缺少的信息，涉及图内容的需求应在文本中给出。图脚注应位于图与它的标题之间的段落，而不应在图注提出。应用格式为点击 STD 工具栏“Elements”按钮，或点击鼠标右键打开前后关系菜单，从菜单选择“Note”。

c 图脚注

图脚注应与文本脚注分开处理。它们应位于相应图题标注上方。图脚注应当用小写字母上标区分，以“a”开始，图脚注可以包含需求，当起草区分不同类型图脚注文本时，可通过口头形式表达。可将光标位于欲插入图脚注的空段落，从格式下拉菜单选择“Figure footnote”格式，然后键入脚注标识字母，插入一个制表符并键入脚注文本。选择你将插入的脚注标识字母，然后从“格式”菜单选择“字体”，字体设定8pt，点击“Charater spacing”并在“Position”下拉菜单目录选择“Raised”设定值为3pt，点击“OK”。在输入图脚注后置光标于格式“Figure footnote”中新段落，击回车。

d 图标识和标题

图应当被标明“Figure”并用阿拉伯数字编号，以1开始，编号应与章或表的编号不同，单个图应当标注“Figure1”。编号应当持续到标准正文最后（除附录外）。附录图给定编号应当带上该附录字母直至该附录最后。每个附录的编号需重新开始。图名称和标题应当在图下方居中。图名称和标题以破折号分开。可置光标于格式“Normal”中的空段落或格式被应用的段落开始。点击STD工具栏的“Elements”，或点击鼠标右键显示前后关系菜单，从菜单中选择“Figure title”，假如必要，键入标题并点击“OK”。假如图题被重新应用到其他格式，文本“Figure *x*”可保留或删除。假如图编号不正确，可使用F9更新。图题的格式使用应当统一。在输入图题后，置光标于格式“Normal”新段落，击回车。

如：

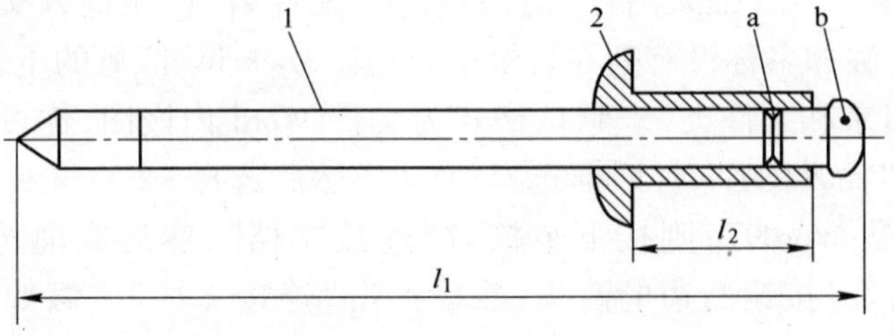

Key

1 description

2 description

A paragraph containing a requirement.

NOTE Figure note.

a Figure footnote.

b Figure footnote.

Figure 1—Figure title

K 表

当表达信息的最有效方法为表时，它们就被使用。在文本中每个表应当尽可能明了。不允许表中表，也不允许表细分或补充表。

a 表名称和标题

表应当标注“Table”并用阿拉伯数字编号，以1开始。表编号应与章或图的编号不同，单个表应当标“Table1”。编号应当持续到标准正文最后（除附录外）。附录表给定编号应当带上该附录字母直至该附录最后。每个附录的编号重新开始。图标注和标题应当在图下方居中。表标注和标题应当在表上方水平居中，表标注和标题以破折号分开。可置光标于格式"Normal"中的空段落或格式被应用的段落开始。点击 STD 工具栏的"Elements"，或点击鼠标右键显示前后关系菜单，从菜单中选择"Table title"，键入标题并点击"OK"。假如表标注和标题被重新应用其他格式，文本"Table *x*"可保留或被删除。假如表编号不正确，可使用 F9 更新。表题的使用应当统一。在输入表题后，置光标于格式"Normal"新段落，击回车。当表持续超过两页或更多页时，假如 Word 不允许如此自动编号，就不必重复在首页后的每页表编号。

b 表目次

表目次每列行的标题第一个字母应当大写，列使用的单位应当在列标题下指出。作为一个例外，当所有单位一样时，则单位应被置于表上方右角。标题单元格不能用斜线。当表持续多页，涉及单位的列标题应当在第一页后所有页都被重复。可从格式下拉菜单选择合适格式。"Normal"格式不适合于表，因为文本接触表单元格上边缘。"Table text"格式应当定义为表单元格垂直居中，字体大小为：表文本（9）用 9pt；表文本（8）用 8pt；表文本（7）用 7pt；表文本（10）用 10pt。表文本（9）为推荐格式，表文本（7）用作大表。不推荐表文本（10）。字体可使用粗体或斜体，但不要使用粗斜体。如使用 Word 表功能创建表，不要从电子表单作为图或对象插入，可将所有数据转换到表中。涉及尺寸的陈述应当被置于"Normal"格式段落。使用 Word 格式指令将段落与表右边对齐，减少一个字体号。当表出现超过两页或更多页时，选择第一页列标题，然后选择表菜单"Heading（Word97）"或"Heading Rows Repeat（Word2000）"指令自动重复输入下几页的标题。不可能在表中使用"Heading1"-"Heading6"；"a2"-"a6"。

c 表注

表注应与集成文本注不同。与图脚注相比，它们应当优先位于相关表框架内。表中单个注的注文本的第一行开始标注"NOTE"，当几个注出现在一个表时，它们应当被标注"NOTE1"、"NOTE2"、"NOTE3"等。不同的编号顺序应当在不同的表中采用。表注不应该含有需求或文件使用不可缺少的信息。任何涉及目次的需求应当在文本中给出。表脚注应位于表与它的标题之间的段落。可点击 STD 工具栏"Elements"按钮，或点击鼠标右键打开前后关系菜单，从菜单选择"Note"。对于超过一列的表，可将没有标注的单元格合并。

d 表脚注

表脚注与文本脚注不同。它们应位于相应表框内的底部。表脚注应用小写字母上标区分，以"a"开始。脚注应用相同小写字母上标在表中提出。表脚注可以包含需求，当起草不同类型表脚注文本时，可以通过口头形式表达。可将光标位于欲插入表脚注之处，通过点击 STD 工具栏"Elements"按钮，或点击鼠标右键打开前后关系菜单，从菜单选择"表脚注"。键入脚注识别字母并"OK"，在表的底部新一行单元格创建脚注，假如表超过一个列，行中单元格应合并成一个单元格。脚注标注字母应出现在该新单元格左边，光标位于欲输入脚注文本位。表脚注应按插入顺序出现在表底部，因此必须按正确顺序插入脚注。假如表脚注在表中出现不止一次，则使用上述方法简单拷贝插入的第一脚注并多次粘贴。在输入表脚注后将光标置于格式"Table footnote"的新段落，击回车。

如：

Dimension in millimetes

Type	Length	Inside diameter	Outside diameter
	l_1^a	d_1	
	l_2	d_2^{bc}	
A paragraph containing a requirement NOTE 1 Table note. NOTE 2 Table note.			
a Table footnote b Table footnote c Table footnote			

L 交叉参考

a 自动编号要素的交叉参考

使用“Insert”、“Cross-reference”指令和通过选择交叉参考的合适范畴可最大程度对交叉参考进行自动编号，文本脚注或参考文献交叉参考的插入等特殊情形见文本脚注。由于Word不一定能正确安排交叉参考，因此需要对收到文件草案的交叉参考进行更新，在特定情形，有必要键入与要素对应的术语（如“章”、“项目目录”等）或图、表数。

b 无自动编号要素的交叉参考

文件中定义的术语交叉参考即从格式下拉菜单目录的格式使用字符格式“Defterms”确认在“Term and definitions”章定义的文件术语中的所有交叉参考。

规范性文件交叉参考是从格式下拉菜单目录的格式使用字符格式“ExtXref”确认在“Nomative reference”章定义的规范性引用文件中文件的所有交叉参考。

无自动编号其他要素的交叉参考是可以使用书签和创建其他要素区域的无自动编号交叉参考。书签仅适用被模板非自动编号的要素。不允许页码交叉参考。

M 显示数学和化学式

量的等式建议是数值的等式。等式应当以正确的数学形式表达，字母符号代表变量，其意义的解释与等式有关，它们在“Symbols and abbreviated terms”章显示。等式不应以术语和数量名称、多字母缩略语表达，斜体或下标不应在符号中使用。假如需要将文件中的公式进行编号以便进行交叉参考，可使用带括号阿拉伯数字，以1开始。编号应章、表、图编号不同。不允许公式细分（如(2a)、(2b)等）。附录中数学公式的编号应标注在附录字母后直至该附录结束。每个附录的编号应当重新开始。应使用ISO31规定的国际计量单位（SI）。符号和数量应选择表达的值的单位。小数点以逗号表示。符号“×”替代“·”表明数字和数量的倍数。假如一个值小于1或以小数形式表示，在0后表示小数点。可点击STD工具栏的“Elements”按钮，或点击鼠标右键显示前后关系菜单，从菜单选择“Fomula”。在“Elements”菜单或前后关系菜单选择“Fomula”，将“Fomula”格式应用到光标定位的段落，然后采用Word 97、Word 2000、Word 2002、Word 2003提供的微软公式编辑器3.0。该格式留作显示公式。假如要对公式进行编号，在关闭微软公式编辑器后，在公式后插入一个制表符，然后于括号内键入公式编号。输入公式后，置光标于一个格式“Normal”新段落，键回车。详见使用ISOeService指南。对于变量，使用“Normal”格式，在变量格式的下拉菜单中选择

“Where”和“dI”，键入变量插入制表符。假如必要，缩进可以增加 20pt。

N 符号和数字

符号和数字应以如下印刷字体表达：

（1）功能：罗马字符（正体）；

（2）变量（拉丁或希腊字母）：斜体字符；

（3）符号：罗马字符（正体）；

（4）矩阵向量：黑体斜体字符；

（5）文本、编号：罗马字符（正体）。

作为例外，当变量以短词、缩写、首字母缩写形式表达，它都以罗马字母表达（正体）。字符格式取决于功能（功能、变量、符号、矩阵向量、文本、数字）而不取决于位置（如线、上标、下标）。ISO31-0 为符号和数字的印刷提供附加推荐意见。模板内含一个符号（包含拉丁和希腊字母）工具，该工具可在无法使用 MS 公式编辑器时使用。该工具（见 ISOeService 指南）能自动适应周围文本符号的大小和上下标。进入工具界面，将光标位于欲插入符号的位置。点击 STD 工具栏的“Elements”按钮，或点击鼠标右键显示前后关系菜单，选择“Symbol”打开符号对话框。“Math”允许拉丁字母和数字的符号插入。键入字母或数字（变量或功能/数字），规定它们的格式（“Normal”、“上标”、“下标”）。定义完成后，点击“Insert”按钮。在点击“Insert”之前，可在其中一个区域中输入文本。允许小写希腊字母和大写希腊字母符号插入。可点击要插入的字母，规定它们的格式（“Normal”、“上标”、“下标”），然后点击“插入”。当选择一个字母，它就显示在表左下边角。所有字母可按顺序以相同格式被选择并“插入”，工具支持不同格式的字母插入。删除所选字母使用“< -”，也可用“< -”每次删除一个已选择顺序的字母。“Clear”按钮则删除所有显示的字母。在点击“Insert”后可核对所选字母格式的准确性。每次点击“Insert”，工具在插入的符号后文件添加一个空格，该空格可删除。一旦符号已被插入到文件中，就可使用 Word 格式指令修正。见图 6-10。

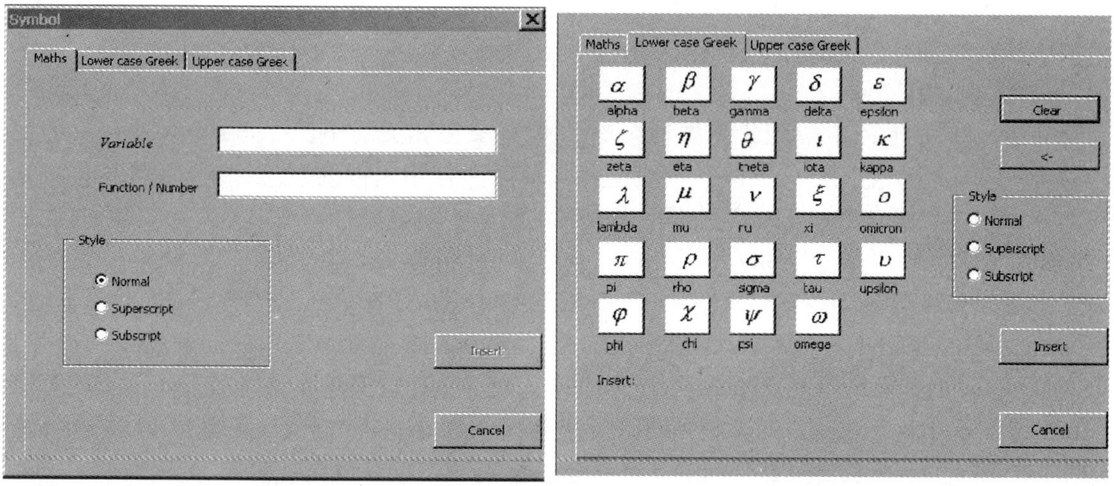

a b

图 6-10 符号对话框

a—“Maths”tab；b—“Lower case Greek”tab

O 参考文献

参考文献应当在附录后的最后出现,相关规则见 ISO690,参考文献应当包括:

(1) 不公开有效的参考文件;

(2) 仅以资料性方式引用的参考文件;

(3) 仅在文件准备要用的参考文献或背景材料的参考文件。

对在线参考文献,应提供足够的溯源信息。首选,参考文献原始源应当被引用,以便确保可追溯。此外,参考文献应尽可能对文件有效,并应当给出达到参考文献的方法和全域名,用同样标点和大小写字母使用在原始源中给定。

a 标题"参考文献"。可将光标位于欲引入的参考文献,从"Framework element"菜单,选择"bibliography",点击"Add"键,然后点击"OK"。格式应用仅针对参考文献的标题,每个参考文献格式应与"bibliography"一致。

b 参考文献引用。格式应用可从格式下拉菜单选择格式。每个参考文献用方括号阿拉伯数字编号(这些数字被用作在文件别处的交叉参考),参考文献可以以数字顺序按文本出现顺序给定。要插入一个对参考文献引用交叉参考,首先确保使用"bibliography"格式插入参考。可将光标置于交叉参考欲插入之处。在"插入"菜单选择"交叉参考"。在交叉参考对话框在"Reference type"选择"Numbered item";在"Insert reference to"下选择"Paragraph number"。在目录"For which numbered item"选择欲插入的参考文献。点击"Elements"然后"Close"按钮。选择你已经插入的交叉参考,然后从"格式"菜单选择"字体"和在字体中设定大小至 8pc,点击"Character spacing"和在"Position"下拉菜单选择"Raised"选择 3pc 值点击"OK"。

P 索引

索引应当出现在要素的最后。

a 标题"Index"

将光标置于欲引入索引位置的"Normal"格式空段落,可从"Framework element"菜单得到,点击"Add",然后点击"OK"。该格式仅应用于索引标题,索引中的每一条目被标注"Index1"。

b 索引条目

可自动应用到索引条目,索引推荐自动生成,与索引相关的作者可与 ISO 中央秘书处共同讨论一个索引产生的最佳方法。完成文件起草后并打印文件前别忘记更新索引,可将光标置于索引的任意位并按 F9,索引不可在收到的草案中更新日期。在插入一个索引前使用"Insert"菜单的"Index and table"指令,必须重新启用一个新的节。插入一个索引,先将光标置于标题"Index"前的页末端,从"插入"菜单选择"分隔符(Break)",在"Break"对话框,在"Section break"选择"下一页"。为调整新节的页眉页脚,置光标于索引的任意位,从"视图"菜单选择"页眉和页脚",在页眉和页脚工具栏,点击"页面设置"并取消"Layout"的核对框"Different first page",点击"OK"。关闭页眉和页脚工具栏。从"插入"菜单选择"页码",点击"格式"并选择页编码选项"Continue previous section"。点击两次"OK"。

c 其他

可自动应用索引条目标题。当索引用模板格式插入时,它的标题不会自动插入。对于特殊要素,可从格式下拉菜单选择格式。假如你创建自己的格式,它们将被映射到输入输出中的“Special”。在已经输入的一个格式为“Special”的组件,置光标于格式“Normal”的新段落,点击回车。模板具有标注和警告(危险、警告、小心、重要、安全规范)生成功能。可点击 STD 工具栏的“Elements”按钮创建,或点击鼠标右键打开前后关系菜单,从菜单选择“Designation”或“Wanging Notice”。

6.4.3.4 其他要素

A 页眉

可通过模板插入要素。页眉可从 STD 管理器输入的日期产生。因此,页眉的变化仅通过改变 STD 管理器日期得到,点击“Doc. Info”按钮添加或改变相应对话框的数据。假如页布局有必要创建新节,从“视图”菜单选择“页眉和页脚”,在页眉和页脚工具栏,点击“页面设置”并取消选择“Layout”的核对框“Different first page”点击“OK”。关闭页眉和页脚工具栏。从“插入”菜单选择“页码”,点击“格式”并选择页编码选项“Continue previous section”,点击两次“OK”。

B 页脚

可通过模板插入要素。页脚可从 STD 管理器输入的日期产生。因此,页脚的变化仅通过改变 STD 管理器日期得到,点击“Doc. Info”按钮添加或改变相应对话框的数据。假如页布局有必要创建新节,从“视图”菜单选择“页眉和页脚”,在页眉和页脚工具栏,点击“页面设置”并取消选择“Layout”的核对框“Different first page”点击“OK”。关闭页眉和页脚工具栏。从“插入”菜单选择“页码”,点击“格式”并选择页编码选项“Continue previous section”,点击两次“OK”。

C 帮助

可通过模板插入要素。zzHelp 格式的帮助文本仅在如 STD 管理器第二个对话框所选的“Include notes on drafting”核对框中才出现。在完成文件前有必要删除这些注。可在文件创建时的 STD 管理器输入选项(无论是文件类型、是否部分文件、组织),涉及编辑性起草规则和插入的文件框架的注需要应用到 ISO 国际标准。

7 铁矿石 ISO 标准制定和修订程序、技巧及其范例

国际标准的制定和修订有其特定的程序和惯例，除要求标准制定和修订专家非常熟悉 ISO/IEC 相关导则和相关技术委员会规范、制定和修订标准所需的专业知识外，还需要很强的国际交流、沟通、协调、文字和口头表达、管理与主导等能力。一个标准制定和修订项目的提出还需要创新意识和了解标准市场的需求，更重要的是一个标准化专家要有丰富的标准制定和修订经验，尤其对于铁矿石与直接还原铁 ISO 标准的制定和修订还有其独有的程序。因此，本章通过介绍铁矿石 ISO 标准制定和修订技巧和一些范例，让初涉铁矿石 ISO 标准制定和修订人员对此有一个比较直观的认识。

7.1 铁矿石 ISO 标准的研究开发及其程序

任何一项标准的开发必须以一项成熟的方法为基础，这些成熟的方法可以是标准制定和修订人员自己新的研究成果，或以他人的研究成果为基础，有些标准的内容涵盖了多项科研成果和多项专利。

7.1.1 铁矿石 ISO 标准的研究项目的提出

标准研究项目的提出关键在于立题，这需要项目提出人员对标准制定和修订市场有强烈的敏感性，其中原因可以是多方面的，如技术需要、政治需要、利益需要等，无论出于何种目的，只要能被大多数成员国接受就行。

7.1.1.1 原有的标准有技术缺陷

标准很难做到绝对公正，它只能相对兼顾各相关方的利益，是协调一致的产物，因此标准的推出也有其技术发展的时代背景，技术的发展也会导致标准发展的顺序渐进。

铁矿石新标准的提出和老标准的修订与技术的进步息息相关，随着铁矿石国际贸易的日益频繁，贸易利益争夺日趋激烈，一些成员国对原先制订的标准公平性提出了异议，如中国曾经对铁矿石术语标准的粉铁矿与块铁矿的界线提出异议，认为粉铁矿的粒度上限应该从原先的 6.3 mm 调整到 10 mm，因为块铁矿价格大大高于粉铁矿，如果将粒度在 6.3 ~ 10 mm 之间的铁矿石也算块铁矿，铁矿石输入国将损失巨大的利益，TC102 最终折中采纳中国意见，将粉铁矿的粒度上限调整到 6.3 ~ 10 mm。近几年来，随着众多成员国对环境保护意识的增强，纷纷提出要求，希望对在实验过程中会产生环境污染排放物，或对人身健康有危害的标准进行废除和修订，如：取消铁矿石中全部的极谱分析法，因为该方法需要汞作为试验介质；要求废除氯化高汞还原法测定全铁，但由于个别欠发达国家还在使用该标准，因此需要有一个过渡期；直接还原铁中金属铁测定方法要用到溴，会对试验人员造成伤害，因此也在废除之列。这些标准将由更先进、更环保的方法替代，如采用三氯化钛还原法替代氯

化高汞还原法,用三氯化铁法替代溴甲醇法等。铁矿石取制样最早以手工为主,但随着铁矿石国际贸易量的提升,催生了替代手工的机械取制样方法,然而机械替代手工不仅仅是因为可节省大量的人工,它不但使取制样人员从繁重的体力劳动中解放出来,更重要的是减少了人为误差,提高了取制样的精密度,目前铁矿石取制样 ISO 标准已经从手工、机械并存更新到以机械为主,取制样标准 ISO3082:2000 版已经严格限制手工的成分。当然,建设一套机械取制样设施需要庞大的投资,因此取制样标准的发展与经济的发展分不开,一些欠发达国家,如印度、印尼等国几乎没有机械取制样设施。而中国,随着经济的快速发展,近几年口岸机械取制样设施发展也非常迅速。

一定时期出版的标准在该时期有其适用性,标准的不完善会产生一定的结果差异,同时也会引起贸易关系人的利益得失,因为标准的技术缺陷同样会使不断追求真理的国际标准化工作者激发标准制定和修订的欲望,正是因为这种动力推动 ISO 标准化的不断发展,使一个个更先进、更科学、更公平的标准提案(包括修订提案)踊跃出现。

7.1.1.2 技术进步带来标准革新

当今世界技术日新月异,近几十年来,分析化学领域和计量测量领域技术的发展同样也非常迅速,尤其是电子技术和计算机技术的发展,更使分析测试的精度、自动化程度、检测速度等有了跨越式的进步。

铁矿石 ISO 标准系列中,原先比较先进的仪器分析方法是分光光度法、极谱法,但现在各种光谱技术及电化学技术已经在铁矿石标准制定中应用非常广泛。如 X 荧光光谱技术及电感耦合等离子光谱技术使原先需要一个个元素测定变为多元素同时测定,同时检测下限已拓宽到非常低的级别,线性范围大大拓宽,检测速度从原先的一个元素几天变为几分钟几十个元素同时测定,而且仪器的全自动使得操作完全无值守变为可能,多元素同时分析标准的开发是近几年 TC102 的工作重点。钾、钙、钠、镁、铅、锌、铜等检测标准从原先的纯化学分析、光度分析向原子吸收光谱技术演变,甚至在原子吸收技术中又开始开发附加技术,如氢化物发生技术、石墨炉技术,这又使元素的分离富集能力提高一个等级,大大拓展了原子吸收测定砷、锑、铋等的检测下限。出现了离子选择性电极替代滴定法应用于氟、氯等测定。全铁、亚铁、吸湿水、化合水等测定技术逐步开始采用电位滴定技术。碳、硫测定从重量法、滴定法发展到高频燃烧红外法。铁矿石试样的分解开始考虑微波消解技术。大量计量电子传感技术在物理测试中应用也使这些测量淘汰了指针仪表,一些自动化控制技术,如 PLC 和工控技术解放了操作人员的双手。广大铁矿石标准工作者正孜孜不倦地开展研究,将最新的科技成果应用于铁矿石 ISO 标准系列,今后一些仪器分析尖端技术将陆续会在 TC102 的项目研究组、工作组、标准中出现,如电感耦合等离子光谱质谱,气相或液相色谱与质谱、原子吸收、电感耦合等离子光谱质谱、傅里叶红外光谱等的联用技术将大大丰富铁矿石 ISO 标准,其中也包括铁矿石物理物性的检测。

计算机、数码技术及其软件的发展促进仪器分析的发展,仪器本身也向更快、更小、更廉价、在线分析方向发展。当一些仪器的应用性、适应性、普及性增强,使其在世界范围内应用得到可能,ISO 标准专家就开始提出议案,或修订原标准,或开发新标准。

7.1.1.3 不乏推广仪器原因

近几年来,在 TC102 年会中,经常会见到一些仪器制造商在会场附近作仪器推广宣传,包括在会场分发资料。在一些铁矿石 ISO 标准中,也可见到仪器领域跻身标准界的缩影。

因为,一旦一种仪器在某一个标准中得到了应用,即捆绑在一个标准并推广这个标准,就意味着这种仪器的市场即将打开,就会带动一个产业。

在 22 次、23 次 TC102/SC2 会议中,巴西专家总不会忘记向与会代表介绍由巴西 KYMI 公司开发的检测结果精密度统计软件,目的就是向各成员国推荐使用巴西开发的这套软件系统。在日本主导开发的铁矿石 ISO 标准中,其中 ISO 4689-3:2004 高频燃烧红外法测定铁矿石中硫,就有推广日本掘场公司产的高频红外碳硫测定仪之嫌,因为在标准正文中就有对该标准应用的仪器所具有结构的规定,而这些仪器的关键部位结构就是按照日本掘场公司产的高频红外碳硫测定仪系列做出的规定,因此它限制了美国力可公司、德国埃尔塔公司的同类产品在铁矿石碳硫检测领域的推广。在 ISO 2596 最新版标准的修订中,澳大利亚专家极力推荐将一种叫 PARCHER 仪的仪器加入 ISO 2596,并将仪器的示意图在标准资料性附录中加以介绍,其用意与日本在 ISO 4689-3 所做的如出一辙。在 2003 年瑞典会议,中国向 SC2 提交了一项利用原子荧光测定铁矿石中砷的提案思路,由于成员国响应者少而未被 SC2 立项。虽然原子荧光最早在国外发明,但在国外却应用的没那么广泛,反而在中国得到广泛的推广应用,而且在中国原子荧光已经形成一种产业。我们提出这项思路除中国想在 TC102 标准制定和修订方面有所突破外,还有希望在国际范围内推广原子荧光技术,支持中国的民族工业。另外,在 ISO 标准制定、修订过程中,一些仪器制造商非常积极参与标准的精密度试验,加入项目实验工作,如由我国主导制定的铁矿石两项国际标准,分别采用的氢化物发生原子吸收技术和自动电位滴定技术,一些国际上比较著名的仪器公司,瑞士万通、瑞士梅特勒－托里多、美国瓦里安、美国帕金埃尔默等设在中国的公司,非常积极而且认真地参与标准制定活动,为标准进程的顺利做出了贡献,其实其目的也有部分企业利益存在。

标准毕竟是一种优势,谁主导了标准,谁就占领了市场,谁就拥有了利益,而且永远在利益上游。标准的意义不仅仅在于标准本身,它既有丰富的外延,也有深刻的内涵。

7.1.1.4 不排除商务利益存在

铁矿石方法标准是一种利益标准,在 ISO 标准制定、修订领域,铁矿石输出国和输入国代表两大利益集团,因此在标准制定、修订活动和 TC102 国际会议中,两大集团利益争夺激烈。

澳大利亚某公司对该公司产的杨迪矿贸易过程中发现,各进口国对杨迪矿的品质检测时采用日常检测方法对试样进行预干燥。根据澳大利亚联邦科学研究院的一份研究报告,在空气中水分达到平衡的条件下,固体是很难吸附水,但褐铁矿尤其是针铁矿极易吸附水,即使是烘干的针铁矿也易重新吸附水,这是因为杨迪矿的矿石孔隙分布大,表面积也大,这类铁矿石在环境湿度较大时尤其会吸收水分,如环境温度变化 1.5℃,铁矿石水分会随之变化 0.01%。铁矿石在 105℃烘干时,其时间增加或减少 2 min,水分随之减少或增加 0.01%。因此对于全铁含量的测定,如果水分偏差 1.7%,则全铁就随之偏差 0.8%。由此该公司工作人员认为,如果按照进口国日常检测方法将试样预干燥,使出口国铁矿石公司的经济利益遭受损失,也认为原先的 ISO 相关标准有失公正。因此该公司委托澳大利亚联邦科学研究院积极参与并提出 ISO 7764 和 ISO 2596 的标准修订。而同样的原理也使 ISO 3807 交货批水分检测结果偏高引起数(重)量偏差而使进口国的企业经济利益受损,对这项标准的修订该出口国公司就显得不是非常积极。

高水分的进口铁矿石经常出现明水现象,由于水分分布的不均匀和测试前水分损失,给准确测定水分带来困难，一直困扰我国口岸检验检疫部门及钢铁企业多年，明水现象直接产生铁矿石水分检测的偏差，最终导致数(重)量偏差。近几年来由于我国年进口铁矿石量大增，明水现象也日趋严重，更由于近年来铁矿价格暴涨，给我国的钢铁冶金企业造成了数以亿计的巨大损失。进口铁矿石明水现象最早发生在巴西北部出产的卡拉加斯粉矿，该类矿由于其矿石毛细孔不发达、颗粒质地硬、吸水率低，加上巴西北部的热带雨林气候，雨量大，尽管船在航行途中也会排水，但在卸货时往往出现明水现象。2007年以来，明水现象逐步扩展到加拿大、印度等国家出产的铁矿。我国众多口岸都发现明水现象，如：江苏口岸进口的印度铁矿中水分经常超标，其原因是印度雨季较长，降雨量较大，造成装港水分增加，有的甚至超过12%，船舱经常出现明水现象；河北曹妃甸口岸也有印度矿出现明水现象的案例；山东、宁波、上海、辽宁等口岸时常发现巴西矿明水问题。有些有明水的船次最大数(重)量损失可高达3000 t，价值约300万~500万元人民币。虽然，有的港口采用港口码头明水槽，用以盛装、计量货舱中泵出的明水，把水的重量从总货物重量中加以扣除，但至今尚无一个根本性解决问题的办法。为彻底解决进口铁矿石明水问题，中国提出了一套崭新的能够彻底解决进口铁矿石明水问题的思路。以这套思路完成的科研项目可建立、补充大宗资源性商品取样方法，为国际标准提出修订意见，如：(1)建立含明水铁矿石的机械取制样方法，由于高水分铁矿石或称含明水铁矿石的取制样不能适用ISO 3082:2000，因此需要研究一个切实可行的，能满足检验需求，但取样变异系数须小于20%，并符合相关精密度及品位波动标准要求的方法，以修订ISO 3082；(2)建立含明水铁矿石水分测定方法，由于含明水的铁矿石具有特定的矿物结构，因此对铁矿石矿物结构进行分析，辨别水分测定方法的适用范围，然后确定含明水铁矿石水分测定方法，使检测结果符合相关精密度标准要求，以修订ISO 3087；(3)研发含明水铁矿石取样及水分测定设备，将这些设备的原理加入到ISO 3082和ISO 3087，提出对该两项标准的修订意见；(4)由于目前的ISO 3082铁矿石取制样标准主要以皮带输送机取样为主，可以建立一套没有港口皮带卸载输送设备的铁矿石小型化机械取制样装置，以适应欠发达国家港口的需要。

7.1.1.5 标准原有应用或检测范围窄

随着国际矿产业的发展，一些新的矿种相继被开发，而这些新的矿种所需检测覆盖范围却与原开发的标准发生矛盾。如砷的检测，原先印度、南非出产的铁矿石砷的含量在0.001%~0.028%之间，但最近几年，这些地区出产的铁矿石砷含量却大多低于0.0001%，这使得ISO 7834的检测下限不能满足检测需要，因此中国于2003年向TC 102提出了利用氢化物发生原子吸收技术测定检测下限可低达0.00001%的新标准提案，新标准可拓宽原标准的检测范围，TC 102/SC2分别成立WG 46和SG 18对该标准进行制定。

中国标准工作者发现铁矿石灼烧减量标准ISO 11356制定过程中，其CD稿没有包含磁铁矿，但中国由于磁铁矿进口量的增加，需要建立该品种铁矿石灼烧减量的检测依据，因此中国于2003年提出一个能涵盖磁铁矿的灼烧减量检测的方案，TC 102/SC 2成立SG 17用以研究该方法的建立，目前SG 17的研究工作已经完成，项目已于WG 33合并，即新的ISO 11356制定将包含磁铁矿。

2004年ISO 4689-3:2004出版后，中国标准工作者发现该标准的应用范围没有包括褐铁矿，原因是因为含结合水高的铁矿石在高频燃烧后会产生大量的水蒸气，而这些水蒸气不能完全被吸水剂去除，而部分进入硫检测池。含结合水铁矿中的水对管式炉经典法测硫影响不大,而对高频燃烧红外吸收法测硫影响却非常大,因为水在两个方面会影响检测结果,一是燃烧后产生的水蒸气对 4.5 ~7.5 μm 波长的红外线有吸收,刚好覆盖 SO_2 7.4 μm 吸收线,即使有吸水剂存在也会使结果有所偏差;二是这些水蒸气还会与 SO_2 结合成 H_2SO_3,在气路中尤其在过滤筛网凝结,不仅降低检测结果,而且还会腐蚀过滤筛网。检测中产生水的原因有游离态吸附水蒸发、化合态及反应生成水挥发,游离态吸附水依据湿度的不同可以呈气态、液态和固态,它可以通过 105℃烘干处理。许多种铁矿含有结晶水,它们失水温度一定,但将结晶水从晶格中逸出的温度一般不超过 600℃,有的铁矿还含有结构水,结构水以 OH^-、H^+、H_3O^+形式存在,但铁矿以第一种为常见(包括铁矿石中常见的高岭土 $Al_4(Si_4O_{10})(OH)_8$),结构水与结构结合紧密,因此将它们逸出需要较高的温度,大约为 600 ~ 1000℃。当水逸出时,结构被破坏,晶体结构重组。因此对该类铁矿必须在检测前用高温灼烧,尤其是高烧失重的铁矿。参照热分析方法观察经不同温度灼烧后的样与检测信号的关系,发现随着水的挥发,SO_2 检测信号也提高,但 800℃后硫烧损明显。澳洲杨迪矿和罗布河矿主要矿物组成为针铁矿,化学式为 FeOOH,是一种典型的含水铁矿,该铁矿在用高频燃烧红外吸收法测硫时,检出信号非常低,试样只有预先经过 800℃焙烧去水处理后才有较强的检出信号,当然试样必须同时进行该温度的烧失重量校正。由此,中国提出了一个能将应用范围涵盖褐铁矿的检测方法,为该标准的修订建立基础。

7.1.1.6 ISO 尚未建立的标准

中国冶金工业信息标准研究院在整理 ISO 与 GB 标准时,通过两者对照,发现有些铁矿石标准在我国已经建立多年,而 ISO 却还是空白。譬如,稀土元素的检测,我国早在 1986 年就已出版 GB/T 6370.26 铁矿石中稀土总量的测定标准,而 ISO 标准却没有。由于我国的白云鄂博铁矿山生产含稀土铁矿石,我国在稀土检测方面有雄厚的实力,因此我国包钢正在组织技术人员积极将该项我国标准转化为 ISO 标准。比表面积和孔隙率分别是细精矿和球团矿的主要检测指标,但至今,这两项指标的检测尚无 ISO 标准,据悉,以往我国宝钢和巴西一些铁矿公司对这两项指标的检测采用水泥或耐火材料的检测标准,国家标准委于 2007 年批复制定比表面积和孔隙率的国家标准,我国的标准工作者也可以将此两项标准的制定提升到 ISO 层面。另外,在现行 ISO 标准中,铁矿石中锑、铋的测定还没有制定,我国也可以展开研究,主导制定此类 ISO 标准。

7.1.1.7 标准系列系统性需要

由于国际上各国的技术水平发展不一致,为了寻求国际标准的通用性、共识性,同时也考虑各国技术水平的不均衡性,目前 TC102 允许同一项目存在不同方法的检测手段,TC102 也正逐步将铁矿石标准进行整合,利用标准的重新修订将标准号进行重新编排,如硫的检测标准逐步整合为 ISO 4689-1、4689-2、4689-3,铜的标准整合为 ISO 5418-1、5418-2,硅含量测定标准整合为 ISO 2598-1、2598-2,X 荧光光谱法标准整合为 ISO 9516-1、9516-2,等等。全铁标准已经出版 ISO 2597-1,今后将逐渐把原有标准和新标准制定或修订为 ISO 2597-2、2597-3,其中 ISO 2597-2 是为 ISO 9507 修订预留的标准号,ISO 2597-3 为正在制定中的全铁测定计算法,中国在 2007 年 TC102 加拿大会议提出制定 ISO 2597-4,即电位滴定法测定铁矿石中全铁,也是为完善 ISO 标准系列做贡献。

7.1.1.8 为提升科研成果需要

许多科研成果价值的最终体现是产品和标准,一个标准有可能是一项或多项科研、专利的集成,国际上许多标准化工作者的科研成果最终还是要应用到标准的制定和修订中去。从事 ISO/TC 102 工作的专家大多是钢铁企业、矿产企业、钢铁研究机构、质量检测机构的技术人员,除一些生产工艺标准制定、修订专家外,大多数技术人员从事理化检测工作,他们的科研绝大多数是理化检测方法的研究,因此把这些科研成果提升为标准是从事该行业技术人员最大的心愿,能够将自己科研成果作为 ISO 标准制定、修订的基础,则意味着你的成果被国际上同行的认可,将是你自身价值的最大体现。因此,我们也经常看到在 TC 102 会议中,如果某项标准制定或修订项目被中途取消,则其研制者会感到十分沮丧,如果一项以某研究成果为基础的标准成功制定或修订,TC 102 的各分技术委员会主席定会感谢和赞扬标准制定、修订专家的贡献。

7.1.1.9 国家的贸易政治需求

当今全球经济一体化,贸易、经济与政治密不可分,中国是个有影响力的大国,她必定在国际系统各个层面发挥应有的作用,ISO 组织也是一种新国际主义和多变主义交往的一个领域。为了在 ISO 标准制定和修订领域获得话语权,经多方努力,目前我国已成为 ISO 常任理事国,国家标准委正努力改变我国目前的贸易地位与国际标准领域的地位不相称的状况,在“十一五”期间,力争将我国转变成一个创新型国家,成为一个标准强国,因此需要我国标准化工作者不懈的努力。

在近几年的 TC102 活动中,日本、澳大利亚、巴西显现出相当的活力,80% 的标准制定和修订项目都由这些国家提出并承担召集,同时对标准的评议提交最多的也是这些国家,尤其是日本,由于日本既是 TC102 的秘书国,又是 TC102 活跃者,在日本有一批组织机构严密的专家专门从事标准化研究,他们紧紧围绕自己国家的利益,充分利用 TC102 舞台发表意见,主导和支配铁矿石 ISO 标准制定、修订。正因为如此,在国际铁矿石市场,日本至今尚未有过利益损失。澳大利亚和巴西作为世界上最大的两个铁矿石输出国,在标准利益方面的争夺也不甘落后。在 2007 年加拿大会议中,在 SC2 和 SC3 两个分会场,日本与澳大利亚、日本与巴西纷纷在新制定标准内容上进行激烈争论。巴西和澳大利亚的一些铁矿公司与一些矿产研究机构积极合作,力争在技术上更胜一筹。中国目前虽然已经成为世界铁矿石进口大国,但在国际铁矿石价格方面却很少有话语权,按理说,中国的钢铁经济快速发展救活了国际上濒临倒闭矿石公司,中国钢铁企业应该是他们的“上帝”,但对中国的利益诉求,这些铁矿石输出国却不予理睬,日本虽然也是最大的铁矿石进口国之一,但由于日本在澳大利亚、巴西的铁矿公司占有较大的股份,因此它实际上也是铁矿石贸易输出集团的成员。中国不仅需要在铁矿石价格谈判方面掌握主动,也需要在标准制定、修订领域掌握主动,充分适应 TBT 国际规则,才能使我国在铁矿石国际贸易市场的地位得以提高。

我国的钢铁企业和质检系统深知铁矿石 ISO 标准对国际铁矿石贸易影响之大,在 2003 年后已经开始实质性参与 ISO 标准制定和修订,中国已经能在 TC 102 的 SC1、SC2、SC3 提出议案,积极参与评议,而且中国的标准提案技术含量高,已经得到世界众多国家的支持与称赞,相信中国将在 TC 102 下一个轮次将主导铁矿石标准制定和修订。

7.1.2 铁矿石 ISO 标准的研究项目的开展

有些初涉铁矿石 ISO 标准化工作的技术人员想为我国在实质性参与 ISO 标准化活动中争得荣誉,但苦于找不到切入点,笔者通过总结这几年参与国际标准化活动的体会,提出以下几点提升方法,希望能起到启发这些技术人员的工作实践的作用。

7.1.2.1 从国家标准、行业标准提升

作为我国的国家标准或行业标准,应该是符合我国国情的标准,一个标准的推广必须要有一定的应用基础,或者说要与一定的经济基础相适应。如果以我国的国家标准或行业标准为基础制定 ISO 标准,可以为我们国家节省不少应用成本。

例如前面已经提到的以日本为主导制定的 ISO 4689-3,其实就是以 JIS 为基础制定的,因为日本广大的钢铁企业采购的红外碳硫仪主要是本国掘场公司的产品,因此将在日本国内已经应用多年的方法推广到国际,对日本国内的钢铁企业日常操作几乎不受影响。而我国的钢铁企业在近几年来,采用廉价的原子荧光测定砷,已经形成了一种习惯,因此将原子荧光测定砷的方法推广到世界,对我国钢铁企业的日常操作也不会产生太大的影响。在巴西,许多钢铁企业实验室使用电感耦合等离子光谱仪比 X 荧光光谱仪普及,虽然 X 荧光光谱仪是一种比较好的铁矿石多元素分析仪器,但价格昂贵。为了在 ISO 铁矿石标准中能有一种利用电感耦合等离子光谱仪测定铁矿石多元素,巴西专家先后开发了两种电感耦合等离子光谱法,前一种就是 ISO 11535,这也是从巴西国家标准转化提升的,后一种酸溶法正在制定,目的是为了拥有一种在国际仲裁中有利于巴西的多元素同时测定标准。

在我国冶金工业信息标准研究院去年发布的铁矿石 GB 与 ISO 对照表中,还发现国家现行国家标准中,金属铁的测定:GB/T 6730.6—1986 三氯化铁—乙酸钠滴定法;GB/T 6730.7—1986 磺基水杨酸光度法,还没有 ISO 标准。测定稀土总量的两个标准 GB/T 6730.24—2006 萃取分离—偶氮氯膦 mA 光度法、GB/T 6730.25—2006 草酸盐重量法 ISO 标准还没有。有关铁矿石中碳的测定 GB 有三个标准而 ISO 没有。铋测定 GB 标准有,ISO 没有。这些国家标准的技术不算落后,应该有提升为 ISO 标准的价值。另外还有一些标准 GB 有而 ISO 没有,除一部分已被 ISO 淘汰的落后技术外,另一部分尚存在提升为 ISO 的可能。

我国检验检疫系统在前几年组织制定过一套铁矿石元素限量的检验检疫行业标准(SN),虽然因重重原因至今尚未能出版,但该类铁矿石技术标准在 ISO 系列中确实没有,这将是我国主导制定一系列 ISO 铁矿石技术标准、规格标准的良好机遇,TC102 有可能会因此而新建立一个分技术委员会,中国应该积极承担相关委员会的主席、秘书,这对我国极为有利。

7.1.2.2 从科研成果提升

从 20 世纪 90 年代初起,我国众多的实验室更新了一大批原子吸收光谱仪,此时正值氢化物发生器成为商品化辅助设备并开始进入成熟期,因此基本上所购原子吸收光谱仪都与国际同步配置了氢化物发生器。宁波检验检疫局利用其 90 年代初购置的一套氢化物发生器和瓦里安原子吸收光谱仪,把氢化物发生技术引入原子吸收光谱仪,进行了一项能测定铁矿石中砷、锑、铋的科研项目。方法原理为利用蠕动泵分别连续把试样溶液、酸液、氢化物发生剂提升到反应管道中,使之相互作用,产生的氢化物进入被加热的石英管中原子化,再用原子吸收进行测定。这是一种先进的在线分析技术,它大大提高分析灵敏度,降低了检出限,使之达到极低的级别,检测速度快,工作效率大大提高,而且产生的废液中的有害成分基本分解为无公害物,对环境的污染大大减少。课题于 1999 年完成,之后宁波检验检疫局技术人员为了解决铁矿石中低含量砷的检测实际困难,分别以该科研项目为基础,申请了宁波检验检疫局方法、进出口检验检疫行业标准、国家标准的制定,同时于 2003 年向 TC102 提出

新的标准提案，并成功立项，项目召集人为中国。

2007 年，宁波检验检疫局又以另一项已完成的课题为基础，向 TC102 提出第二项新标准提案，也被成功立项。这项课题原为“微波溶样—自动电位滴定法测定铁矿中的全铁”。课题完成后立即以此为基础草拟了《铁矿石—全铁含量的测定—电位滴定法》的 ISO 标准提案（附草案）。电位滴定技术是一种经典化学与现代电子相结合的产物，发展已有多年，其商品化仪器技术也已十分成熟，尤其是数据微处理技术引入电位滴定，更使其如虎添翼。与化学分析相比，自动电位滴定测定进口铁矿中的全铁能成倍缩短检测周期，并大大提高该类检测的自动化程度。以该科研项目为基础的国家标准制定的报批稿已经提交。

另外，还有两项科研项目的成果成为 ISO 标准制定的重要评议依据。宝钢在 2000 年后开展了一项微波技术消解铁矿石的项目，其目的是为原子吸收、电感耦合等离子测定方法提供快速样品前处理，课题完成后随即译成英文作为 SG8 的评议材料，为利用微波技术消解铁矿石的 ISO 标准制定补充了大量数据和建议，但该 ISO 标准项目召集人由于工作调离，项目未能得到进一步发展，最终于 2005 年被终止。宁波检验检疫局也于 2003 年向 TC102 提交了一份对 ISO 4689-3 的评议，这份评议的依据就是以该局的一项科研项目为基础，即“高频燃烧红外碳硫仪法测定铁矿中的硫”。天津检验检疫局于 2007 年也提交一份对《计算法测定全铁》标准的评议，该评议的依据为该局已完成的一项科研项目。

7.1.2.3 从文献资料提升

以某一文献为稚形逐步发展为标准，是标准制定、修订和为标准制定、修订提供评议材料的一种快捷方式。

最典型的从文献提升为 ISO 标准制定、修订文件的是我国对非完全氧化铁的灼烧减量测定方案的提出。2003 年，针对我国日益增多的进口磁铁矿，检验人员发现按常规法测定灼烧减量则会使 LOI 变为增量。因此提出对 ISO/CD11536 的修订意见，中国提交的材料中提到了一项灼烧减量校正公式，而该公式的来源就是依据我国冶金材料分析方法的相关文献。最终，为开展对该提案的研究，TC102/SC2 随即成立 SG17，项目到 2007 年 10 月圆满结束。在 2000 年的巴西会议，中国提交的一份评议材料内容涉及铁矿石相关精密度试验标准的修订，其评议材料的依据就是源于一篇刊于《矿业快报》的论文，即《大流量铁矿石取样测试的数理统计》。

许多现代成就是站在前人的肩膀上才能创造，前人的智慧是以文献的形式浓缩在历史中，他们的工作可以让后人节省大量的时间，也可以给后人予以新的启迪，科技人员都知道科技文献的重要，利用文献进行标准制定、修订是对前人最大的尊重。

7.1.2.4 从日常工作的解决方法提升

在 ISO 标准制定、修订领域，尤其是在技术委员会会议中，经常会有专家提出一项新标准制定和修订思路，如果与会代表觉得该思路不错，且有 5 个以上国家支持，就会立即成立一个研究组或工作组，这些点子或思路大多是这些专家在实际工作中处理过的一些问题解决方法或经验。如巴西专家提出的采用透气法测定比表面积思路的提出，天津检验检疫局对 X 荧光测定全铁标准草案评议的提出，日本对原子吸收法测定铁矿石中钙镁标准草案确定的检测范围提出反对意见，和日本对中国召集的砷测定氢化物发生原子吸收法提出的建议，都是源于这些专家日常的工作经验。因此，参与 ISO 标准制定、修订的专家最好是来自实验室一线人员，因为他们带来的问题和解决的办法都是最直接的，也是最有效的。

7.1.3 铁矿石ISO标准的研究开发实施程序

一般ISO标准的研究开发可按照ISO/IEC导则-1和导则-2,但为了更有效地制定和修订TC102/SC2铁矿石分析化学标准,TC102/SC2特意出版了一个技术委员会报告,即ISO/TC102/TCR4"分析化学工作组和研究组操作程序",它是结合ISO/IEC导则-1和导则-2、ISO 5725-1、5725-2和5725-4要点,并考虑了铁矿石分析化学标准制定和修订的特点,专门针对铁矿石分析化学标准的开发而制定的程序。TCR4和下面将提到的TCR5原先为加拿大CANMET科学家R. Sutarno开发,现在版是原版的改进,由巴西CVRD矿产开发中心的化学工程师Marcio V. de Castilho于1996年开发,南非开普敦会议通过决议,之后又有几版修订。TCR4常见英语缩写见表7-1。

表7-1 TCR4常见英语缩写

AWI	Approved Work Item
CD	Committee Draft
CRM	Certified Reference Material
DIS	Draft International Standard
FDIS	Final Draft International Standard
IS	International Standard(by ISO)
ISO	International Organization for Standardization
ISO CS	Central Secretariat of ISO
NP	New Work Item Proposal
NWI	New Work Item
PWI	Preliminary Work Item
RM	Reference Material
SC	Subcommittee
SC 2	Subcommittee on Chemical Analysis of Iron Ore and Direct Reduced Iron
SG	Study Group
TC	Technical Committee
TC 102	Technical Committee on Iron Ore and Direct Reduced Iron
TCR	Technical Committee Report
WD	Working Draft
WG	Working Group

7.1.3.1 总体要求

A 项目阶段(Project stage)

与ISO/IEC导则-1、-2类似,TCR4规定的ISO标准的开发有6个阶段。

(1) 提案阶段(Proposal stage)。包含一个新项目提案(New work item proposal,简称NP),并在3个月内进行投票以确定是否接受为一个新项目,该阶段还包括工作项目的结论。

(2) 准备阶段(Preparatory stage)。包括项目负责人准备一个工作组草案(WD),此阶段将工作组草案提请投票使其接受为委员会草案(CD),并由ISO中央秘书处注册。

(3) 委员会阶段(Committee stage)。委员会草案将在3个月内进行投票和评议,委员会草案将不断地修改直至大多数成员国同意,本阶段还将CD稿提交ISO中央秘书处进行投票使其接受为国际标准草案(DIS)。

(4) 征询意见阶段(Enquiry stage)。国际标准草案在 ISO 成员间有 5 个月的投票期,投票需要三分之二多数 P 成员通过,此阶段认可的国际标准草案被 ISO 中央秘书处作为最终国际标准草案(FDIS)注册。

(5) 批准阶段(Approval stage)。最终国际标准草案在 ISO 成员间有 3 个月的投票期,投票需要三分之二多数 P 成员通过,此阶段认可的最终国际标准草案被 ISO 中央秘书处作为国际标准出版。

(6) 出版阶段(Publication stage)。国际标准的印刷、分发准备,此阶段结束国际标准的出版。

技术委员会和分技术委员会也可以将工作项目进行一个简单多数的 P 成员投票,将一项尚不十分成熟的项目接受为预备工作项目(Preliminary work item,简称 PWI)。

B 目标日期

标准方法、评估、讨论、相关技术意见应当由委员会设定一个目标日期,ISO/IEC 导则第一部分推荐了一套项目工作进展的时间要求。到 WD 需在 6 个月内,到 CD 需在 12 个月内,到 DIS 需在 24 月内,到 FDIS 需在 33 个月内。目标日期必须在委员会秘书处不断监控之下,以确保在任何一次会议这些目标日期被确认或修改。假如,在 36 个月内一个项目没有突破一个阶段或在 84 个月内没有进入出版阶段,则 ISO 中央秘书处自动取消这个项目。如果要恢复一个已经取消的项目,则秘书处需将该项目提交 P 成员在 3 个月内完成投票,这与 NP 的要求一致,ISO 中央秘书处要求对任何一项项目的恢复和复原需要足够的理由。

C 新测定项目准备

一般情况下,对于一项新工作项目提案,需要以下程序:

(1) 需被委员会 P 成员简单多数通过;

(2) 无论在国内还是国际,是一项普遍公认知晓的测试方法;

(3) 一个草案或一个测试方法的思路提出,须要有相关提案人;

(4) 至少 5 个成员国同意并承诺派专家参与方法开发;

(5) 由 P 成员参与的评估,其评估平均分须大于 15。

分析方法的评估需要以下基础:

(1) 在国际层面上,应当具备相应的设备、试剂、人力资源;

(2) 实行一项分析方法所必要的成本;

(3) 精密度;

(4) 方法的简单性。

7.1.3.2 TC102 工作组和研究组操作程序

A SC2 新项目的介绍

在 SC2 运行一项操作标准方法开发前,须引入一项预备工作项目(PWI)或新工作项目(NWI)。当项目尚不足够成熟进入其他阶段而需要在技术上进行深入研究时,则需要实施预备阶段和引入一个 PWI。

常预先建立一个研究组(Study Group,简称 SG),需要启动和准备一个新测定方法的预案,在预备阶段不设目标日期,但研究工作须经 SC2 批准(多数在会议上批准),一旦一个 PWI 被批准,它将成为一个 NP 开始的基础。NP 提交给 SC2 秘书处时,须将其拷贝同时送交 TC102 秘书处和 ISO 中央秘书处，秘书处负责将提案送交 P 成员以通讯的形式进行投票，并向 O 成员征求信息，即使提案出现在 SC2 会议日程或在会议中提出，通讯确认还是需要的，详见 ISO/IEC 导则第一部分。研究组可升格为工作组（Working Group，简称 WG），项目负责人常常为同一人，该负责人也常常同时为召集人，以便项目进展为批准工作项目（Approved Work Item，简称 AWI）。

a 预备阶段（Preliminary stage，由 SG 承担）

在此阶段，召集人/项目负责人研究、设计、开发所需的方法，尤其要获得在全浓度范围内适合的灵敏度，召集人/项目负责人还要组织精密度试验，其中包括回收率试验、相应浓度范围内的干扰及其损失消除，一般情况下这些工作可在国内进行。在开始首次测试方法标准国际验证后，分析方法的开发就要适应不同国际条件，参与的实验室应仔细审查、评议和提出方法改进的建议，假如在此阶段的国际试验出现了困难，参与实验室允许在程序上做一些恰当的调整。然而，所有调整应明确报告，包括这些调整的原因，最好有坚实的技术数据支持，假如变化比较大，分析师应当同时测试未调整的程序并报告结果。在国际试验中，评估的精密度应当不认为是一个初始评估，在此开发阶段，SG 应当以某种恰当方式检测方法精确度。

对于 SC2 的分析方法，除非所开发的国际标准比较紧急，PWI 应该形成一个基本的预案。建议专家多多利用预备阶段的优势，以避免 ISO 目标日期的压力，甚至可避免被取消的危险，避免在标准开发到最后阶段由于技术上需要进一步研究而产生的任何耽搁，继而能确保工作项目的开展。换句话，在此阶段标准方法开发的越好，在其他阶段的进展就越顺利。

b 准备阶段（Preparatory stage，由 WG 承担）

当一项分析方法已经被标准化，就需要一个更全面的精密度试验，此试验的目的就是评估熟悉程序且经验丰富的分析师撰写的和试验的方法精密度，参与实验室应该不折不扣地执行这个标准方法。在准备阶段初期，一个 NP 应在合适的时间被各成员流转讨论。

B 成员团体和参与实验室数量

在预备阶段，参与实验室应当比较少，但至少有 5 个成员体国家参加，以便提出技术评议和建议。在准备阶段，实验室数最少为 8 个，同时这 8 个实验室应属于 5 个成员国。一些新实验室的参加，可以提供追加试验，这些实验室的分析师应在先前未参与过该标准的开发。这样，能进行更实际的该阶段精密度评估。

C 试样数和重复试验

国际标准的开发没有规定最少试样个数，为了评估精密度，需要考虑精密度和浓度之间的关系。如果，精密度与该浓度级关系不大，则少量试验样就足够，假如精密度非常依赖于浓度级，则需要多一点的试样，在大多数情形下，试验样应涵盖被测试方法设计的全浓度范围，这点非常重要，只有这样，精密度与浓度的数学关系才有效，除非该被开发的方法校正曲线需要适应更宽的浓度范围。

至于正确度试验，TCR5 规定了一个回归方法，该方法取决于精密度的好坏和样品数，使用的样品数如导则所述。总体上，当样品数少于 10 个时，分析曲线的回归结果不太理想，正确度试验只能在被选试验的样品范围才有效，任何外推方法都会引起统计评估最终结果的严重偏差。测试精密度的样品不应同时用作正确度试验。相关表格见附录 D。

a 试验样需求

测试样要尽可能均衡，不一定使用有证参考物料。但在预备阶段，采用有证参考物料有很多优点,可以对方法的精确度作一个校对。在准备阶段,有证参考物料必须被采用,因为可以在方法的最终评估进行正确度评价,之后才能进行委员会草案的流转。有时,所需浓度和元素的有证参考物料不好找,在有些情形下,当方法被归类为仲裁方法,正确度试验应采用其他方法。有证参考物料的替代是使用原始化学分析,也可采用同位素稀释质谱。召集人应当将精密度测试样提供给工作组,该精密度测试样也将采用原始方法分析,统计师会采用 TCR5 所述的两种方法比较它们的结果。

b 预备阶段

预备阶段的目的是将项目按规划进行开发和核对规定范围的精确度,采纳的测试样数或重复测定数与数量和方法的复杂性有关,作为一个普遍的规则,此阶段与后阶段相比,应使用更多的样品。这是因为许多因数仍还要调研,今后的方法开发将依赖于此阶段工作的好坏。

例如,假设一个方法是否对样品的矿物介质敏感,则应以矿物学角度研究核对 4 个不同种类样品,也应研究方法精密度对应于浓度是否线性,在这种情况,建议每个矿物介质种类最少采用 10 个样品。

在这个阶段,精密度的初始评估是必要的,但它必须足够可靠,以便方法提出的浓度范围精密度是可观察的,此阶段的试验应指出是否具有线性关系,要完成每个数据组合的评估,最少需要 10 次重复测定。在本例中,意味着 40 个样品以及总数达 400 次分析。对于初始研究,每个实验室必须完成这些工作,并且每个实验室必须具有能开发分析方法的专家和经验丰富的实验室人员(如化学家、受良好训练而经验丰富的分析师)。

在此阶段推荐使用有证参考物料,仅用作正确度的最终评估。在精密度和浓度的关系建立后,在此阶段产生的精密度函数代表了一个或一些实验室的结果,而不能被认为是该方法确定的结果,因为只有在准备阶段,在其他不同实验室的不同环境下评估后,广泛了解到它能很好适应国际方法的要求时才有效。此后,SG 要主导一项国际试验,3 个样品就足够了,一个高浓度,一个低浓度,一个在范围间的任何浓度,无论采用单样系统还是双样系统都可以。对于单样系统,每个实验室随机分析所选试验样 3 次。对于双样系统,每个实验室需分析随机选择每两个试验样的每个样重复两次。这还只能提供初步精密度评估,对于最终精密度评估,则需进入以下程序。相关表格见附录 D。

c 准备阶段

在准备阶段,需要获得高质量的精密度评估和正确度试验(无论在实验室内还是实验室间)。在此阶段开展的实验有两个必要性。(1)评估精密度,并在同一个样品测试正确度。假如工作组决定不使用有证参考物料,则任何参考物料都可使用,但参考物料必须送到有资格的实验室用原始分析手段进行分析,因为有证参考物料有时要么不一定得到,要么太贵。在这种情形下,应采纳双样系统,每瓶样的重复测定次数对于主元素是两次,对于痕量元素是 5 次。假如使用有证参考物料,则务必牢记,为了得到正确评估精密度的函数式,必须进行多次重复试验,此时单样系统足够,但对于主元素是 4 次,对于痕量元素是 10 次。(2)使用参考物料评估精密度和测试有证参考物料的正确度,参考物料需采用原始方法分析。选择(2)的优点是经济,因为花在有证参考物料的开支能被减少,源于精密度函数式的参考物料应当使用双样系统(对于主元素每瓶两次,对于痕量元素每瓶 5 次),对于正确度测试的有证参考物料可以分析两个平行样(最低要求),原始方法正确度测试也可分析两个平行样(最低要求)。

在以上的两种选择中,所需用做精密度评估的试样数与某一浓度级的精密度成函数关系,正如以前阶段获得的试验结果所示,除非表明精密度完全依赖于浓度,否则最少需要 6 个试验样。对于正确度试验,样品数见 TCR5 推荐数。试验样的浓度范围要涵盖整个方法范围。对某些在商务上比较重要的元素,如全铁,试验不应低于 15 个样品,在此情形,应使用在国际层面上普遍被接受的有证参考物料,或采用原始方法在国际上普遍认可的用于实验室分析的参考物料。

D 责任

a ISO/TC102/SC2

ISO/TC102/SC2 的主要责任为:(1)接受并开展国际标准特殊项目开发;(2)任命开发项目的负责人;(3)建立研究组或工作组,按本规范要求任命组召集人;(4)征募参加项目的感兴趣专家;(5)协助小组寻找国际试验的样品;(6)规定 ISO 方法的所需浓度范围,见表 7-2;(7)接受召集人报告,确定方法分类是否属于仲裁和非仲裁。

表 7-2 铁矿石与直接还原铁各元素浓度(质量分数)范围

元 素	浓度/%	元 素	浓度/%	元 素	浓度/%
Fe	46~72	K	0.002~0.5	Zn	0.001~0.05
Si	0.06~12	V	0.001~0.5	Sn	0.0001~0.01
Ca	0.07~4	F	0.001~0.5	As	0.0001~0.06
Al	0.06~5	Ba	0.001~0.05	TCl	0.001~0.06
Mg	0.006~4	Cu	0.0004~1	吸湿水	0.05~6
Mn	0.001~9	Cr	0.001~0.05	LOI	0.01~10
P	0.005~2	Ni	0.001~0.05	结合水	0.04~10
S	0.001~1	Co	0.0008~0.05	Fe(Ⅱ)	0.19~30
Na	0.004~0.5	Pb	0.001~0.05	MFe(DRI)	15~95
C(DRI)	0.05~2.5	S(DRI)	0.001~0.05	Ti	0.003~1

b 工作组和研究组召集人或项目负责人

工作组和研究组召集人或项目负责人的主要责任为:(1)准备初期的和后续分析程序草案,考虑小组成员对每一个草案的所有评议,给每一草案按序编号,以便参与者了解正在被使用的草案;(2)联系相应的成员,所有联系内容需复制发送 SC2 秘书处备案;(3)承担获取、准备、分送试样的责任,选择样品能覆盖规定浓度全范围,向秘书处通报被使用的试验样及其它们的来源、成分,给样品编上识别号,确保容器足够安全以防样品洒出和识别号标签脱落,准备报告结果的表单,表单上需列明:每测试样检测值、报告结果的小数位、合作者返回送达结果的地址、目标日期;(4)监控国际试验并维护时间表;(5)发送分析结果给统计师,或独立按 TCR5 规定运算统计,如果召集人或项目负责人亲自运算统计,则他们应承担统计师责任;(6)解释或合并统计报告,并将其编入召集人报告,之后提交给 SC;(7)提供一份年度报告给 SC2 秘书处,报告应包括参与实验室报告的所有原始数据。召集人报告模板见表 7-3,表 7-3 中的附录 F 指 TCR4 的附录 F。

表 7-3 小组召集人/项目负责人报告模板

此表全部完成后每年一次返回 TC102/SC2 秘书处，然后报告将在 SC2 成员国内流转。 A copy of this form, duly completed, is to be returned to the TC 102/SC 2 Secretariat at annual intervals. The report will then be circulated to SC 2 members.

1. 组和相应项目标识
1. Identification of group and relevant project

组标识：ISO/TC102/SC2/××× Group identification: ISO/TC102/SC2/×××
名称： Title:
召集人： Convener:
成员： Membership:
上次报告时间：　/　/ Date of previous report:
该日期项目状态：(项目状态代码，见附录 F) Project status at that date: (for project status codes, see annex F):
现在项目状态： Current project status:

2. 上次报告后得相关活动
2. Activity since previous report

2.1 样品流转
2.1 Samples circulated:
…

2.2 草案准备
2.2 Drafts prepared:
…

2.3 草案流转
2.3 Drafts circulated:
…

2.4 测试项目评议
2.4 Test programmes commenced:
…

2.5 测试结果返回(报告所有原始数据)
2.5 Test results returned: (report all original data)
…

2.6 测试结果提交统计师
2.6 Test results submitted to statistician:
…

2.7 遇到的问题
2.7 Problems encountered:
…

2.8 评议
2.8 Comments:
…

日期：　/　/　　　　签名：
Date　　　　　　　　Signature

c 相关合作者

相关合作者的主要责任为:(1)作为成员国代表参与到小组工作;(2)保持小组召集人与成员国参与实验室之间的沟通;(3)从小组召集人处获取所有说明书和样品,必要时理清说明书内容并分发样品和说明书给自己国内的参与者;(4)编辑来自参与实验室所有的分析结果和评议,并将其发送小组召集人;(5)努力解决自己国内参与实验室的不同意见;(6)维护成员国内部时间表。

d 参与实验室

参与实验室的主要责任为:(1)专门安排一个人员负责组织具体执行工作,承担分析和评议,当处于预备阶段的方法尚在开发中,一位化学专家应当被派参与这项工作。在准备阶段,一位经验丰富的分析师应当被派参与这项工作,分析师须具备精密度评估良好能力;(2)按说明书要求进行分析和评议,所有分析应是独立试验,独立试验指第二个或任何后续结果不能受先前结果影响,该条件暗指重复试验应被同一人员不同时间或被不同人员操作,每次都要进行重新校正;(3)及时向相关合作者报告结果和评议。

e 统计师

使用TCR5规定的程序统计分析结果,向召集人报告结果,此报告应包括:(1)来自所有参与实验室分析结果台账;(2)从计算中剔除统计离散值的台账和原因;(3)以总平均(X)、独立重复试验限(R_d)、允差(P)、独立重复试验标准差(σ_d)和实验室间标准差(σ_L)形式出具结果表,如可能,建立总平均与4个精密度测量之间的函数关系;(4)以精密度(实验室内和实验室间的标准偏倚)的形式,或以正确度的形式,比较被评估方法和其他方法的异同;(5)是否作为仲裁还是非仲裁方法。

f SC2秘书处

SC2秘书处的主要责任为:(1)在SC2内协调工作组、研究组所有工作,确保程序不偏离;(2)检查项目,建议时间表见7-4,确保所有工作草案按ISO/IEC导则第二部分撰写;(3)虽然在预备阶段不可能设定目标日期,但SC2应当按表7-5规定的秩序尽可能分别完成。

E 提交结果的表单

经验表明大多数差错源来自数据转移和所报数据的互相矛盾(重复测定数、小数点位数),通过采用规范的报告表单,可尽量避免使这些差错,建议采用表7-7和表7-8样式的表单,小组召集人应该固定有效数的位数,如果参与者报告的结果与要求不同,则数据将不能被采用(原因为小数过多取舍或未提供全部重复检测数据)。

避免抄写差错的最佳办法是以电子数据形式获取结果,或直接从分析设备仪器中获取,或以电子邮件形式,这是最快捷的方式,召集人可以统一规范获取结果,例如,使用一张格式统一的电子表单,这样参与成员就可以利用电子工具传输电子表单,这可避免搞错数据,当然电子表单在复制或粘贴时也会产生数据差错,因此在数据发往召集人前务必以高度的责任感仔细核对信息。

F 小组内沟通

小组内应当沟通通畅,给小组成员的任何材料都须同时发往秘书处,当方法草案需要评议或需要试验,小组召集人应及时通知相关合作者。

表 7-4 项目状态代码(原文见附录 A 表 A-1)

阶 段	分 阶 段						
	00 注册	20 主活动开始	60 主活动结束	90 决定			
				92 重复早期阶段	93 重复现在阶段	98 放弃	99 继续
00 预备阶段	00.00 新项目提案收到	00.20 新项目提案审查	00.60 审查概要流转			00.98 新项目提案放弃	00.99 新项目提案投票批准
10 提案阶段	10.00 新项目提案注册	10.20 新项目提案投票开始	10.60 投票概要流转	10.92 提案返回提交者作进一步定义		10.98 新项目否决	10.99 新项目批准
20 准备阶段	20.00 新项目注册为 TC/SC 工作项目	20.20 WD 研究开始	20.60 评议概要流转			20.98 项目删除	20.99 WD 批准注册为 CD
30 委员会阶段	30.00 CD 注册	30.20 CD 研究/投票开始	30.60 评议/投票概要流转	30.92 CD 返回工作组		30.98 项目删除	30.99 CD 批准注册为 DIS
40 征询意见阶段	40.00 DIS 注册	40.20 DIS 投票开始(5 月)	40.60 投票概要分派	40.92 全报告流转,DIS 返回 TC 或 SC	40.93 全报告流转,新 DIS 投票决议	40.98 项目删除	40.99 全报告流转,DIS 批准注册为 FDIS
50 批准阶段	50.00 FDIS 注册为正式批准	50.20 FDIS 投票开始(2 月),校样发往秘书处	50.60 投票概要分派,校样被秘书处返回	50.92 FDIS 返回 TC/SC		50.98 项目删除	50.99 FDIS 批准出版
60 出版阶段	60.00 国际标准进入出版状态	60.60 国际标准出版					
90 复审阶段		90.20 国际标准进入复审期	90.60 复审概要流转	90.92 国际标准被修订	90.93 国际标准被确认		90.99 被 TC、SC 提议的国际标准被撤销
95 撤销阶段		90.20 撤销投票开始	90.60 投票概要流转	90.92 国际标准不撤销决议			95.99 国际标准撤销

表 7－5 预备阶段研究组时间表

本次会议后时间	3 个月	9 个月	11 个月	16 个月	19 个月	22 个月	24 个月	35 个月	40 个月
计划时间	3 个月调查	6 个月开发	2 个月分配	5 个月测试	3 个月评估	3 个月报告	2 个月	11 个月	5 个月
步骤	调查获得方法 ↓ 由相关合作者报告召集人方法的可行性	方法开发与核对 ↓ 采用不同样品方式召集人承担试验核对方法	样品和方法的获取和分发 ↓ 召集人获得的分发方法及样品	被其他实验室测试和检查 ↓ 国际试验，相关合作者采用评议报告结果给召集人	结果编辑和召集人评议 ↓ 报告从召集人报到 SC2 秘书处，包括统计结果	文件被 SC2 秘书处分发 ↓ 从秘书处报给全体 P 成员	下次会议	方法开发和一起分发合适试验样	统计师统计结果并报告召集人

表 7－6 准备阶段工作组时间表

本次会议后时间	1 个月	3 个月	6 个月	12 个月	15 个月	18 个月	24 个月	30 个月	36 个月
计划时间	1 个月样品可行性	2 个月样品选择	2 个月分配	5 个月测试	3 个月评估	3 个月报告	2 个月	6 个月	6 个月
步骤	由相关合作者向召集人报告样品可行性	召集人向相关合作者、SC2 秘书处报告样品选择，假如许多 WG 同时开展，SC2 秘书处将帮助召集人 ↓ 采用不同样品方式，召集人承担试验核对方法	召集人准备和分发样品 ↓ 召集人获得的分发方法及样品	实施国际试验，从相关合作者报告给召集人 ↓ 国际试验，相关合作者采用评议报告结果给召集人	结果编辑和召集人评议 ↓ 报告从召集人报到 SC2 秘书处，包括统计结果	被 SC2 秘书处报告所有 P 成员 ↓ 从秘书处报给全体 P 成员和 O 成员	下次会议	方法开发和一起分发合适试验样	统计师统计结果并报告召集人

表 7-7 单瓶样系统试验建议表单(详见附录 D 表 D-1)

<table>
<tr><td colspan="4">组标识:ISO/TC102/SC2/×××
Group identification: ISO/TC102/SC2/×××</td></tr>
<tr><td colspan="4">名称:
Title:</td></tr>
<tr><td colspan="4">测试方法:
Method under testing:</td></tr>
<tr><td colspan="4">文件号:ISO/TC 102/SC2
Document number: ISO/TC 102/SC2</td></tr>
<tr><td colspan="2">实验室标识:
Laboratory indentification:</td><td colspan="2">样品收到日期:
Date samples received:</td></tr>
<tr><td colspan="2" rowspan="2">测试元素:
Element under testing:</td><td colspan="2">分析开始日期-开始 / /
Date of analysis-start</td></tr>
<tr><td></td><td>结束 / /
complete</td></tr>
<tr><td>样品标识
Sample indentification</td><td>重复测定数
Replicate number</td><td>结果/%
Result/%</td><td>备注
Remarks</td></tr>
<tr><td rowspan="4"></td><td>1</td><td></td><td></td></tr>
<tr><td>2</td><td></td><td></td></tr>
<tr><td>3</td><td></td><td></td></tr>
<tr><td>…</td><td></td><td></td></tr>
<tr><td rowspan="4"></td><td>1</td><td></td><td></td></tr>
<tr><td>2</td><td></td><td></td></tr>
<tr><td>3</td><td></td><td></td></tr>
<tr><td>…</td><td></td><td></td></tr>
<tr><td rowspan="4"></td><td>1</td><td></td><td></td></tr>
<tr><td>2</td><td></td><td></td></tr>
<tr><td>3</td><td></td><td></td></tr>
<tr><td>…</td><td></td><td></td></tr>
<tr><td colspan="4">结果以××位有效数报告
Results shall be reported with ____ significant figures.</td></tr>
</table>

表 7－8　双瓶样系统试验建议表单(详见附录 D 表 D－2)

<table>
<tr><td colspan="5">组标识:ISO/TC102/SC2/×××
Group identification: ISO/TC102/SC2/×××</td></tr>
<tr><td colspan="5">名称:
Title:</td></tr>
<tr><td colspan="5">测试方法:
Method under testing:</td></tr>
<tr><td colspan="5">文件号:ISO/TC 102/SC2
Document number:ISO/TC 102/SC2</td></tr>
<tr><td colspan="2">实验室标识:
Laboratory indentification:</td><td colspan="3">样品收到日期:
Date samples received:</td></tr>
<tr><td colspan="2" rowspan="2">测试元素:
Element under testing:</td><td colspan="3">分析开始日期－开始　/　/
Date of analysis-start</td></tr>
<tr><td colspan="2"></td><td>结束　/　/
complete</td></tr>
<tr><td rowspan="2">样品标识
Sample indentification</td><td rowspan="2">重复测定数
Replicate number</td><td colspan="2">结果/%
Result/%</td><td rowspan="2">备注
Remarks</td></tr>
<tr><td>瓶 1
Bottle1</td><td>瓶 2
Bottle2</td></tr>
<tr><td rowspan="2"></td><td>1</td><td colspan="2"></td><td></td></tr>
<tr><td>2</td><td colspan="2"></td><td></td></tr>
<tr><td rowspan="2"></td><td>1</td><td colspan="2"></td><td></td></tr>
<tr><td>2</td><td colspan="2"></td><td></td></tr>
<tr><td rowspan="2"></td><td>1</td><td colspan="2"></td><td></td></tr>
<tr><td>2</td><td colspan="2"></td><td></td></tr>
<tr><td rowspan="2">…</td><td>1</td><td colspan="2"></td><td></td></tr>
<tr><td>2</td><td colspan="2"></td><td></td></tr>
<tr><td colspan="5">结果以××位有效数报告
Results shall be reported with ____ significant figures.</td></tr>
</table>

召集人/负责人的国际试验说明书应该包括以下内容:(1)国际试验的目的意义、方法开发阶段、被改进的程序、草案文本、报告结果提交的最终目标日期;(2)测试项目运行说明。是采用单瓶样系统还是双瓶样系统,每个样品每瓶的测试数,试验样品的标识,可能影响结果的信息(样品组成成分),都要被报告。

G　分析

每个重复试验都应是独立试验。假如需要分析的试验样多于一个,分析可按随机顺序进行,分析尽量避免按上行或下行顺序进行。

H　参与实验室结果报告

报告如下:

(1) 应当报告单个结果(不是平均值),召集人应提供一份可报告结果的表单,但在摸索阶段的结果不要报告;

(2) 必须规定有效数的位数，如 10、1、0、0，01、0，001 等，最小有效位数不能超出 d 值 ($d=\sigma_d/2$)，当 σ_d 为未知时，替代方法可参见 TCR5，有时所需最小有效数单位要低于 $\sigma_d/2$；

(3) 要报告分析程序的任何变化，所有分析完成之前，程序不要随意更改，假如程序的一个更改发生了，这套分析就要被重做，并分别报告；

(4) 测试样确认、样品收到日期、报告发出日期；

(5) 应提交分析程序的相关评议。

I 工作组和研究组时间表

因为每 24 个月召开一次的 SC2 会议，建议在 18 个月完成最终 WD，研究组的目标日期随时受 SC2 监控，至少在会议之前得完成这些报告。

7.1.4 铁矿石 ISO 标准的研究项目进入程序的时机

7.1.4.1 技术项目的重视

当一项技术或需检测的项目受到 TC102 和各成员国专家关注和重视时，或者商业利益比较突出时，项目就有可能被立项并进入 ISO 标准制定和修订程序。例如，铁矿石灼烧减量的测定，是各成员国比较关注的问题，一些灼烧减量比较高的铁矿石由于其结合水含量比较高。譬如澳大利亚的杨迪矿、罗布河矿，它们的结合水含量高达 8% ~10%，这种矿不经过灼烧处理，全铁含量 56% ~58%，但经过灼烧处理则含量就能提高到 62% ~65%。因此其经济利益相当之大，对于此标准的制定虽然立项较早，但由于存在利益之争，一直进展不顺。但该项目一直未被撤销，2003 年中国提出该标准委员会草案的修订意见，也受到各成员国的积极响应。

20 多年前，由于 X 荧光光谱技术的发展和其商品化仪器的普及，使得快速同时测定铁矿石中多元素成为可能，该标准项目一提出就被立项，而且标准研究、制定、出版非常顺利，1992 年就出版 ISO 9516，同时随着 X 荧光技术进一步发展和计算机技术的发展，后续开发的同类标准，如 ISO 9516-1，已经将原标准只能检测 9 元素扩展到 19 元素，类似这种快速、便捷、准确的标准开发是 TC102 各成员国所推崇的。在 2005 年的佩斯会议，SC2 主席本施格拉对中国提出的铁矿石低含量砷检测给予很高的评价，认为低含量砷检测难度大，但非常有必要，希望中国主导这项标准的制定和修订，因此项目立项非常顺利，而且一次性跳过两个阶段，成立工作组，标准草案注册为 ISO/WD 17992，来自荷兰的工作组成员马丁恩格拉斯更是认为这项标准将是一项很好的标准，因为这是铁矿石系列标准中原子吸收与其他设备联用的第一项标准。

7.1.4.2 仪器设备的成熟

一种设备、一项技术只能发展成熟了或普及了才能应用于标准。就铁矿石中砷的检测来说，在 1980 年南非会议，当时提出砷的检测有两个项目，分别为氢化物 - 原子吸收法和砷钼兰光度法，但最终标准只完成一项，即砷钼兰光度法。氢化物 - 原子吸收法成立的工作组 (IWG11) 被取消了，原因是因为当时的氢化物发生技术尚不成熟，其商品化仪器尚不普及，因此各成员国响应热情不高，项目推进不利，最终项目被放弃了。但氢化物技术经过 20 多年的发展，而且随着选矿技术的改进，技术的可能和检测的需要导致氢化物 - 原子吸收法于 2003 年再次立项。

近几年来，相关领域出现了激光粒度测定技术和图像粒度测定技术，一些对技术比较敏感的铁矿石检测专家提出了将这些技术引入铁矿石检验,因为毕竟这些技术的应用会导致测试精密度的提高,而且也可以让粒度测定成为环境不是非常恶劣的工作,于是SC1成立可视化粒度分析技术研究组(SG9),该研究组的任务是对国际范围内的可视化粒度测定技术进行调查,以确定该技术是否已发展到可以标准化的阶段。研究组的召集人是澳大利亚的N. Judd先生,后换为N. Albina女士。之后召集人向ISO/TC102提交了一份研究报告,介绍了目前在国际上应用的几套在线可视化粒度分析系统,并作了比较。最后得出目前对该技术进行标准化还为时太早,项目未能进入程序。

目前国际上一些铁矿公司为了提高水分测定的自动化程度,纷纷在铁矿石输送皮带安装了不同技术的水分在线测定装置,而且已经在铁矿石生产工艺中发挥了很大的作用。因此就铁矿石在线水分测定方法的制定,SC1成立一个研究组(SG11),该研究组对国际范围内的在线水分测定技术进行调查,确定该技术是否已发展到可以标准化的阶段。研究组的召集人作了一份评估报告。报告介绍了目前在国际上应用的几套在线水分测定系统,并作了比较。最后得出结论认为,虽然该技术在一些大型铁矿或钢铁公司有应用,但由于在国际范围内还不普及,目前对该技术进行标准化为时太早,因此项目未能进入程序。

有些铁矿石公司已经在使用的另一些检测仪器,虽然企业内部已经有内控方法,但由于国际上普及不广,或者所检测的项目还不具有普遍性,将方法变成标准化的时机尚未成熟,如利用热重技术测定灼烧减量、ICPMS测定微量元素、一些设备的联用测定元素价态等。但随着技术和经济的发展,只要有检验市场、有利于铁矿石检验并与TC102商务计划不违背,任何技术都可以引入TC102制定的标准系列。

7.1.4.3 国际关系的融洽

虽然铁矿石国际贸易市场充满了竞争,但一味的竞争却与发展不利,贸易市场提倡的是共赢,平等互利才是根本,国际标准是国际协调一致的产物,它并不是谁主导制定就是谁的,它应该是研究组、工作组、编辑委员会、广大成员国专家共同合作完成,因此它也需要一个和谐、融洽的合作环境。标准制定与修订领域同样讲究合作性和非合作性博奕,追求共同利益最大化。

虽然,当初是我国最早提出非完全氧化铁矿石灼烧减量测定思路,但实际研究工作却是澳大利亚做得多,而且在2005年佩斯会议,澳大利亚专家马丁富里兹提交了详尽的研究报告,在2007年中国提交的召集人报告中,大量采用了马丁富里兹的研究成果,中国专家甚为赞赏澳大利亚专家对研究组的贡献,因此在召集人报告中特地强调和声明了马丁富里兹研究成果,这也是对他工作的尊重。在日本主持制定的硫检测标准ISO 4689-3即将进入后期时,中国提出了一项涉及检测范围、仪器装置等方面的评议,如果中国强烈反对该标准的草案并要求考虑中国的意见,那么该标准就得退后出版,有可能从DIS退回到CD,考虑到该版草案没有涉及比较大的利益,为了尊重日本专家的工作,中国提出这个评议只是善意提请秘书处在下一轮修订时考虑中国意见,从而使该标准得以顺利出版。

在国际标准会议讨论评议时,虽然标准草案的一些条款可能涉及利益,但意见提出之前需要认真斟酌,因为有些利益是双刃剑,你在这里得了利,可能在其他地方失了利。如果你在某一标准与他人争得面红耳赤,咄咄逼人,人家就有可能在你主导的项目给你来个否决,凡事既要讲理,又要讲利,更要讲和。毕竟,国际标准的制定不是你完成了什么工作就能进入下一个阶段,它是靠各成员国投票决定的,人家不投你,你做再多的工作也没用。因此,在一个项目需要立项,或需要进入下一个阶段,应积极与各成员国专家搞好关系,请求他们的支持,甚至拉拉票。我国在刚参加 TC102 活动时,由于没有经验,提出的有些意见没有经过认真评估,但现在,我们已在 TC102 舞台赢得了尊敬,多数成员国专家对我们非常友好,而且也非常支持中国提出的项目。从事标准化工作的技术人员应该多与国外专家交流,除了会议交流外,邮件、信件可多利用,当然电子邮件是最快捷方便的沟通手段。

这几年,通过友好交流,我国铁矿石标准化专家通过走出去,参观考察国外的实验室,或通过请进来,让国外专家来中国的实验室观摩,增进互相了解,结交朋友。国外一些大型铁矿和钢铁企业的专家同时也是 TC102 积极参与者或相关秘书处的成员。我们已经与一些铁矿石输出、输入国技术专家结下深厚的友谊。国际上这些成员国专家既是你的朋友,也是你的资源,笔者在澳大利亚、巴西、日本的一些朋友,经常会给我一些友善的帮助,一些新的项目提出之前,先请他们提提意见,他们在热情地提出建议之后也会把赞成票投给我们主持的项目,关系融洽了,项目顺利开展的机会就会出现。

7.2 铁矿石 ISO 标准提案与标准草案

7.2.1 铁矿石 ISO 标准提案

7.2.1.1 标准提案的处理

A 标准提案提出

新标准提案可以在 TC102 会议或分技术委员会会议中书面或口头提出,也可以在任何时候向相应的技术委员会或分技术委员会秘书处书面提出。如果提出的新标准仅仅是标准方法的构思,则需要 TC102 相关 SC 组织研究组进行标准方法的前期研究;如果提出的新标准提案已经完成相关前期方法研究,并附有标准草案,则可根据所附草案的完善程度,跳过一个、甚至若干个阶段直接进入 WD、CD、DIS 阶段等,当然这需要 P 成员国的投票赞成。

B 标准提案接受和注册

如果在会议中提出的提案,主持会议的委员会主席可当场向与会各国代表征求意见,并当场要求与会各国代表投票,只要有 5 个或 5 个以上的 P 成员国赞成并愿意派专家参与,则可在会议中当场成立研究组或工作组,一般提案提出人可承担项目召集人或负责人,赞成的成员国派出专家为小组成员,最终提案是否成为立项项目,则以会议决议为准,项目立项阶段多为预备工作项目(PWI)。如果在会议之外的时间提出的新标准提案,秘书处会将新项目投票单(NP)发给各 P 成员国,在规定的时间内完成投票,投票结果采用 SVAT 标准价值评定方法。SVAT 为 TC102 于 2000 年 9 月引入的一个对新工作项目进行表决和评定表决结果以及执行年系统复审的规程,有统一的表决格式,将表决分与基本分进行对比,以决定是拒绝还是接受。如果按新工作项目提案规则要求属不合理或很差的提案,或不能满足 SVAT 分析要求的提案则被拒绝;如果 P 成员国以简单多数表决通过,至少有 5 个 P 成员支持并推荐专家参加,同时附一个完整的新标准提案,经 SVAT 评估得分大于 15 点,或对于现行标准进行更新的提案,经 SVAT 评估得分大于 8 点,则项目被接受。如果表决成功,项目注册为批准工作项目(AWI),需标明目标期限,只要在 3 个月表决期内,投票到达的时间无规定。一旦项目被 ISO 立项注册,项目召集人或负责人的个人信息就会录入 ISO 基本数据库。

ISO 中央秘书处对于相关文件的注册有一定的要求。对于 TR、TS 和 PAS 的注册，需要提供完整文本，其中包括所有的图、表、公式、附件，假如提交的文件版本不止一种语言，则指出那种语言为原始版；尽可能将每种语言版本分开提交，除非最终文件为多种语言版；确认所提交的每种语言版是否完整，以免在准备英语和法语版时发生困难；提交的其他语言版要符合维也纳协议；假如提交的是单语言版，须确认 ISO 中央秘书处是否有足够的翻译时间。在提交文件的同时需要提交电子文件，如使用 ISO 提供的 WORD 模板（图要分开）、PDF 文件，包括所有的图、表、公式、附件。另外，相关专利、特殊要求也要考虑，最后还需提供项目负责人和编辑文件。对于 DIS，提交投票的文件注册除与 TR、TS 和 PAS 同样的要求外，文件应用的语言还要符合 1986 年的 ISO 理事会决议 21 以及核对第二版和后续版草案修订的变化，提供表 8A、表 13 并提供在表 8A 内未提供的官方信息。对于 FDIS，除满足 DIS 要求外，当得到 P 成员 100% 同意时，可不经过下一轮投票而直接将文件出版。具体要求见表 7－9。

表 7－9　需提交 ISO 主要秘书处文件要求

提交 ISO/CS 要求			TR、TS、PAS	1 版 DIS	2 版和 3 版等 DIS	FDIS
电子文档	相关语言的完整文本，包括所有图、表等	PDF	M	M	M	M
	WORD 文档	可修改格式	M	r	r	M
	图	可修改格式	M	r	r	M
	第二语言	涉及语言的相同文档和格式	o	r	r	m
	俄文和其他语言		M	m	m	M
	解释报告（表 8A）	PDF	—	M	—	—
	投票报告（表 13 + 附录 B）	PDF	—	—	M	M
信息	相关专利信息		M	m	m	M
	相关商品名信息		M	m	m	M
	DIS 和表 8A 未提供的必要官方信息		—	o	o	o
	当文件不作为 ISO 和/或 IEC 出版时的任何在规范性参考列举的文件拷贝		r	r	r	r
	当 DIS100% 被 P 成员同意时，是否文件不进行后续投票直接出版（维也纳协议框架下开发的文件不适用）		—	—	—	o
	任何特殊需要（也就是色彩、照片、电子媒介等的使用）		r	r	r	r
	项目负责人和/或编辑姓名		r	r	r	r

注：M 指强制，即缺此项文件不能进展；

m 指除非另外同意则通常需要，即如不提供也可以，但有延误文件进展的风险；

r 指可推荐，即如提供，能帮助加快进程；

o 指可选，由秘书判断；

如需详细信息，参考 ISO 中央秘书处对 DIS、FDIS、TR、TS、PAS 的要求。

7.2.1.2　仲裁和非仲裁方法的确认

在一些新标准提案提出之前，首先要确定该提案所包含欲制定的 ISO 标准是否属于用于国际仲裁的方法，此项规范在 TCR12《化学分析作为仲裁和非仲裁分析方法分类程序》有所介绍。

A 仲裁方法基本要求

对于一个新方法是否为仲裁方法,不能以它是否是原始方法、绝对方法或确定方法为依据,应以它是否得到最好或接近最好的精密度(实验室间和实验室内)、是否可溯源到原始标准为依据。具体技术要求可见TCR4和TCR5,这些委员会技术报告规定了相关实验设计、实验室数、样品数、重复检测数、统计方法,这些方法为召集人提交的最终材料能被分技术委员会批准提供了技术保障。决定是否使用CRMs(有证参考物料)、原始标准、参考方法、回收率研究或所有这些要素的组合(那一种为最优),对于一个新方法是否为仲裁方法非常重要。

a 独立与可追溯

根据ISO导则30:1992,可追溯性是指:具有一定不确定性的测量结果特性或一个标准得出的值凭借一定的关系,通常为国家或国际标准,通过一连串无间断的对比,能追溯到参照点。这里,可追溯(traceable)概念经常以形容词表达;追溯链(traceability chain)指的是无间断比较链;有证参考物料化学成分值的追溯在ISO导则35:1989有所涉及,要注意与化学分析相关的特殊问题,化学成分的可追溯性比在分析过程中的仪器校正追溯性更为重要,或至少相当。

ISO 5725-1:1994定义"接受参考值"为经协商同意的对比标准值,它来自于:(1)基于科学原理的理论值或确定值;(2)基于一些国家或国际组织的实验指定值或认证值;(3)基于科学工程组织赞助下的合作试验而确认一致的值或认证值;(4)前三条不满足时,则用(可测)量的期望,即规定测量总体均值。

因此一个委员会应当选择一种"接受参考值",最常见的选择为"有证参考物料(CRMs)",然而,SC2组织罗宾试验(Round-robin)时的一个常见问题是CRMs比较难找,但这并不是确定新方法是否可追溯的好办法。假如CRMs有疑问,应当寻找其他"接受参考值"的来源。事实上,一些CRMs的不一定是一个真正的CRMs,甚至还不能算一个RMs(参考物料),因此在样品试验或相关工作开始之前,召集人应先搞清楚这些问题。

为避免RM的生产商使用简单的方法确定RM值,ISO导则35对CRM规定了一些要求。此导则定义,认证一个RM值:"首先需要有效可行的方法和高水平的实验室,方法的实际精确度应通过国际验证,其精确度能考虑各方利益,方法的理论基础能使报告的结果忽视最终使用者要求的系统误差,无论是直接测量,还是间接通过精确数学关系式表示的物理化学理论,认证实验室应当确保测量的基本单元可追溯到合适的国家或国际标准。"

(1) 重量法。重量法作为一种原始方法,需要使用可用标准砝码进行校正的天平,标准砝码可追溯到原始标准砝码,除此之外,方法的最初研究应当考虑化学影响:1)化学分离不可能完全;2)在沉淀反应,由于溶解度不同会造成过滤可能出现质量损失;3)部分沉淀可能成为共沉淀物质;4)最终的蒸发可能生产可计重量的化合物;5)反应的化学计量应当被精确期望。

(2) 滴定法。此方法通过测量已知浓度滴定剂溶液体积来测定分析物。因此,它基于体积测量,体积测量可以用合适的实验室校正器械追溯到SI标准。需要追溯标准值的标准为质量或体积标准。该方法常用作原始分析方法。1)化学反应应在化学计量学意义上的完全过程;2)滴定法的终点为高纯度物质,最好为原始标准;3)等当点的测定也许略微有人为效应,但必须极力避免在此敏感步骤的总误差。

(3) 电量法。电量法需要标准的电流、质量和时间。1)测量的电流只能从反应中产生,对过程起作用的附加电流不应该出现;2)使用辅助电极电位测量可能会影响终点检测,应使用敏感方法校正误差。

(4) 同位素稀释质谱(IDMS)。IDMS是一种特殊的附加方法,所加分析物数量(即峰值)为在不同同位素成分中纯分析物,方法应以完全能给出的测量等式为基础。测量基于被用作参考量的峰值。这不能完全替代原始法,如使用原始分析方法测定峰值物质的量(也就是重量法),分析物的数量能用明确已知的等式计算峰值。

所获的精确度取决于质谱的种类,或取决于同位素和物质分离种类。质谱的特性必须是稳定和精确已知的,以便能执行适宜的校正。总分析程序的精度通常受限于与样品预处理有关的不确定度分量。IDMS可比其他方法产生更精确的结果。因为它不会引起样品预处理阶段的物质损失而导致方法不灵敏,它在复杂介质中尤其有优越性。

反之,许多仪器分析方法即使有很高的精密度也不能算作原始分析方法。因为它是从仪器信号到浓度的经验方法,数学公式不能以简单方式推导,仪器必须进行校正。这种方式取决于高精密度、高速度、高灵敏度和现代仪器技术的多功能性,大多数化学分析可采用仪器。然而,仪器分析的精确度仅用标准校正次级方法才能获得,校正曲线参数的信号要与样品分析物信号吻合,而且两种信号产生的要求相同。在仪器分析中,完全消除介质效应比较困难。因此在2003年的瑞典会议,根据SC2决议7,决定仲裁方法不能使用CRMs制作校正曲线。

b 对同种元素相当于或高于已知参考精密度

仲裁方法必须论证相当于或高于SC2总精密度曲线的精密度结果,或者对于参考分析物比其他有效方法有更高精密度。

c 精确度确认

仲裁方法应当有有效精确度。有两个主要程序:使用合适的参考方法(最好为原始方法),或使用合适的参考物料(最好认证的,或原始标准)。有时应当考虑这两种标准的使用。仲裁的方法应当选择合适的参考物料,或者通过与原始分析方法的比较,可追溯到标准方法。对于实验设计和精密度试验计划,SC2召集人应当考虑一些ISO 5725-1给出的策略。

(1) 熟悉测量方法的专家小组的任务是计划评估精密度和/或标准测量方法的正确度。其中至少有一个小组成员应在统计设计和试验分析方面有丰富的经验。

(2) 计划实验时,应考虑以下问题:

1) 测量方法满意可行;2)补充合作试验实验室数量;3)如何补充实验室,满意的要求有哪些;4)实验中水平范围;5)在实验中多少水平被使用;6)代表这些水平的合适物料是什么,如何准备;7)规定的重复检测数;8)测量完成所规定时间表;9)给定线性模型是否合适或是否应当改进;10)是否需要确保所有实验室测量的均匀物料处于相同状态的预防措施。

d 试验的检测限

仲裁方法应用的下限应取决于试验工作,应有一个低范围的限度。即实验中评估的最低值应落入SC2方法总精密度曲线内。方差再现性系数不必高于低限的20%。召集人应当在SC2全会中提交数据(通过召集人报告)以支持所提交方法的应用限。

e 超出测试范围无外推应用范围

当方法范围以浓度范围形式建立时,不应当进行外推。范围必须在落在确认步骤使用的CRMs范围内,即使校正的范围很宽。

f 介质匹配的确认

介质确认非常重要，例如用天然矿确认分析烧结矿时，就不能确定结果能否重复。方法范围应当考虑方法的选择性和特异性问题。

g 遵循 TCR4 和 TCR5

设计评估正确度、精确度的试验方法应当考虑原始标准追溯性，TCR4 和 TCR5 都介绍了实验室间试验设计问题。

B 非仲裁方法要求

上述 A 表明了一个仲裁方法的最低限度要求，但如果不能达到这些要求，也不能将所评估的方法看作是非仲裁方法。被 ISO/TC102/SC2 批准的和作为国际标准出版的任何方法（或作为参考方法）都必须尊重公众及其与铁矿石与直接还原铁国际贸易有利益关系的公司的利益。非仲裁方法的最基本要求如下所述。

a 遵循 TCR4 和 TCR5 程序

对于源于 SC2 的 ISO 标准出版的任何方法，应当遵循 TCR4 和 TCR5 建立的程序。这意味，对于一个高质量分析方法的开发，从准备阶段到性能的最终判断，试验计划和方法的所有评估应当遵循相同技术文献推荐的最基本途径。

b 精密度

必须论证实验室间比对精密度评估，且必须与其他方法进行比较。至少，在方法被批准为 ISO 候选标准前（甚至决定将它作为非仲裁方法后），具有对 S_d、S_R 总精密度曲线获得的精密度值对比必须提交到分技术委员会。

c 正确度

如果方法被批准为非仲裁方法，进行方法精确度的一些思路也必须被提交。假如使用 TCR5 提供的工具不能测试正确度，可采用半定量或非直接方式。方法如有严重偏倚，则不能被委员会批准。

d 应用范围

方法应当有很好的应用范围，由研究组或工作组进行研究得出的报告提供证据，并由召集人提交。计算应用限的规则与仲裁方法使用的一致，除最低限之外，在痕量的情况下，不需要给出 20% 最大 RSD_R（或 CV_R）的浓度，对于非仲裁方法，浓度可扩展到统计量的 50%。

e 其他标准

除了重要的要求，有必要研究涉及线性响应、方法完整性、特异性、选择性、浓度范围内的灵敏度等其他方法详细参数。试验设计应遵循 TCR4 和 TCR5 规定，如果需要其他统计工具，则合适的参考资料也应当被提交给分技术委员会，以便所提供使用的科学知识和技术具有透明度。

7.2.2 铁矿石 ISO 标准草案

7.2.2.1 不同阶段标准草案的要求

在 TC102 铁矿石与直接还原铁标准制定和修订过程中，标准草案主要可分为两个层次，即方法标准化阶段的草案和方法后标准化阶段的草案。这两个阶段的标准草案与标准提案提交的文本有很大的区别，提案文本只需将所申报的新标准提案的目的意义、技术思路表达清楚就行了，而标准草案则需要遵循规定的要求与结构。

A 方法标准化阶段草案

方法标准化阶段草案主要指提案阶段、工作组阶段(准备)、委员会阶段的草案,这三个阶段的草案只需要正文按照 ISO/IEC 相关导则、指南以及相关化学分析、仪器分析 ISO 标准结构规定编写,同时使方法程序、步骤标准化,前两个阶段需要完成方法标准化,第三个阶段的草案除要求完善方法标准化外,还需包括精密度结果,即实验室内、实验室间允差。在提交任何一个阶段的草案时,还需要同时提交召集人报告,召集人报告类似我国国家标准的编制说明,其主要内容包括项目背景、上一阶段的工作总结,开发内容、技术路线、技术难点、条件确定、存在问题,下一阶段工作计划等。

B 方法后标准化阶段的草案

方法后标准化阶段的草案主要指征询意见阶段(DIS)、批准阶段(FDIS)和出版阶段前的草案。该层次阶段,方法的标准化过程已基本确定,国际间协同试验已经结束,此时标准草案除委员会阶段草案必须包含的内容、要素外,应该包含标准所有的必备要素,标准要素包括资料性要素和规范性要素,其中资料性要素还包括资料性概述要素(封面、目次、前言、引言)和资料性补充要素(资料性附表、参考文献、索引),规范性要素还包括规范性一般要素(名称、范围、规范性引用文件)和规范性技术要素(术语和定义、符号和缩略语要求、规范性附录等)。根据标准要求的不同,除封面、前言、名称、范围为必备要素外,其余为可选要素。

7.2.2.2 标准草案的作用

在新标准提案附上标准草案对于顺利立项的作用非常大,大多数新标准提案提出时,多数提案人仅提交简要的文件,或者仅在相关会议上口头提出,待秘书处进行立项投票和征求 P 成员国投票意见后,成立研究组,通过研究组召集人或负责人组织研究、开发后,再形成相关方法草案。因此,按照这样的程序可能会有使标准制定和修订产生不确定性,也可能会使一些 P 成员国失去对项目能否顺利完成的信心,从而失去对项目支持的兴趣。而在新标准提案附上标准草案,同时附上相应的说明,就等于说该新标准提案的前期方法标准化过程已经基本完成,如果 P 成员国专家和秘书处认为草案已经很完善了,甚至可以将立项时的项目直接进入工作组阶段,如果草案已经完成国际间精密度协同试验,则还可以直接进入委员会阶段。我国最近几年在 TC102 提交的新标准提案都附带了标准草案,因此至少都立项为预备工作项目。一般情况下,在新标准提案提出时附上的标准草案,都以我国已经完成的课题或者在我国已经出版的国家标准、行业标准为基础,甚至以相关文献为基础,整理编写的。

7.3 铁矿石 ISO 标准评估与评议意见处理

铁矿石 ISO 标准的评估,尤其是分析化学国际试验及其分析数据的统计评估在 TCR4 和 TCR5 有所介绍,而 TCR5 主要介绍处于工作组阶段的国际试验分析数据的统计评估方法,内容包括离群值的分析、精密度方差分析(ANOVA)、精度/浓度回归分析、不同分析方法相同样品检测精密度对比、不同实验室测试结果精密度对比、相同分析人员不同方法精密度对比等。这里有几个概念需要先明确:

(1) 国际试验(international test or trial),指的是由成员国实验室参与评估铁矿石和直接还原铁分析方法的国际合作测试项目;

(2) 标准化实验(standardization experiment),指的是以分析方法标准化为目的,参与实验室可以对分析方法提出改进意见;

(3) 精密度试验(precision experiment),指的是为已标准化的分析方法精密度评估为目的,参与实验室须严格按照规定的分析程序试验;

(4) 评估偏差(estimated experiment),指国际测试结果平均值与测试样认证标准值之差;

(5) 实验室间标准偏差(between laboratories standard deviation,σ_L),在再现条件下获得的分析结果实验室间精密度表达式;

(6) 再现性标准偏差(reproducibility standard deviation,σ_R),在再现条件下获得试验结果的标准偏差;

(7) 再现性条件(reproducibility conditions),不同实验室不同人员使用不同仪器,采用同种方法进行试验,产生结果的条件;

(8) 实验室间允差(permissible tolerance between laboratories,P),在95%置信度的独立重复试验条件下,小于不同实验室重复试验产生的两个平均值之间绝对差值;

(9) 重复标准差(repeatability standard deviation,σ_d),在如分析方法规定的独立重复试验条件下获得的分析结果实验室内精密度表达式;

(10) 重复限(repeatability limit,R_d),在95%置信度的独立重复试验条件下获得的两个单个结果绝对差值;

(11) 重复条件(repeatability condition),一段时间或两个不同日期,同一实验室内同一操作者使用同一仪器采用相同方法、同样材料获得的互相独立结果的条件。

7.3.1 铁矿石 ISO 标准评估与验证

7.3.1.1 标准评估与验证准备

要对所开发的标准进行评估验证,首先要确认标准的开发处在什么阶段,是预备阶段(主要 SG)还是准备阶段(主要为 WG)。在测试样品种类、数量确定前,候选方法的应用范围要认定,如果候选方法覆盖微量元素,重复检测的数量就要增加,假如候选方法包括多种元素,无论是同时检测还是顺序检测,每种元素的应用范围都要被考虑,包括预先准备有证参考物料。

A 测试说明书准备

测试说明书的准备在 TCR4 有所介绍,说明书内容应包括国际测试的目的、测试方法开发的阶段状态(是方法标准化实验还是精密度试验,或其他阶段试验)、测试方法(文本和相关参考文件)、测试样的描述(原产地、大约的元素浓度范围、评估方法、方差和其他元素含量评估统计)、是否允许同一溶液测试多种元素,另外测试说明书还要求包括参与测试实验室报告结果的方式要求,如使用参考样品的说明和对方法程序的评议等。

B 测试样包装和分发

所选测试样品的均匀性必须良好,而且样品来源必须为同一批次,样品数量要充足,当然由于大批量样品制备难以保证样品均匀性,因此样品制备的数量不必过多。测试样品应当随机分配给各参与实验室,简单方法为给样品包装随机编号。对于方法标准化实验,必须尽可能了解测试样品的特性,而且如有可能,最好告知铁矿石精选的方法、粒度、制样方法、特性描述,以及均值、认证和接受值、均方差、实验室间方差、实验室内方差,测试数、分析测试样的实验室数。为使测试项目能顺利开展,召集人/项目负责人应确保参与实验室收到的样品包装良好，以免样品在运输过程中被洒出或污染，理想的处理程序如下。

a 最小质量

对于单样系统，主元素分析需要5次测试所需的量，痕量元素分析需要12次测试所需的量。对于双样系统，主元素分析需要3次测试所需的量，痕量元素分析需要6次测试所需的量。

b 样品放置

采用具有塑料旋盖、密封好的玻璃瓶，最好瓶的顶部有塑料内衬。具有紧密盖的加厚塑料袋或小瓶，该塑料袋或小瓶确保无静电特性，以免颗粒对塑料产生选择性黏附，引起材料分离。瓶不能有硬纸板内衬，因为硬纸板对样品有污染，样品不能包装在纸袋中，因为在运输中纸袋可能会撕开引起样品洒出，纸也会对某些低含量特定元素有污染。

c 瓶子应当安全地包装在聚乙烯泡沫塑料、纸或其他吸振材料中，以确保瓶与瓶不相互接触，瓶子应当被包装在加厚硬纸板箱，召集人/项目负责人要小心确保样品在发送前瓶子没有破碎。

d 塑料袋应具有安全密封带，以防样品洒出，小心袋子不应被订书机订到而引起样品损失，塑料袋应当包装在厚硬纸板箱发送相关合作者。

e 样品应有清晰的标识，包括 ISO/TC102/SC2 研究组或工作组编号、样品识别号、试验名称、时间等信息，被包装的样品中应附上操作说明书，以便即使样品和测定说明书分离了，两者仍可对照。

7.3.1.2 标准评估与验证结果处理

标准验证结果的处理为精密度评估和针对浓度的精密度评估回归分析，精密度评估采用方差分析，方差分析可以采用两种选择，即单侧方差和双侧方差，前者主要用于单样系统，后者主要用在召集人进行样品均匀性试验，但当样品组为 CRMs，则均匀性试验就不必要了。结果数据分析可按下列步骤进行：(1)以临界检验确认并处理离群值和其他不规则数据，测试模型的稳定性；(2)分别计算每一浓度等级的精密度和平均值的初值；(3)建立精密度和平均值的最终值，包括建立精密度和浓度之间的关系；(4)精密度评估和其他参照的对比(Howirtz 曲线、SC2 总曲线或同一分析师其他 SC2 分析)；(5)正确度测试。根据每一浓度等级，计算重复性方差(repeatability variance，S_d^2)、实验室间方差(between laboratory variance，S_L^2)、再现性方差(reproducibility variance，$S_R^2 = S_d^2 + S_L^2$)、平均值(mean，m)。统计分析主要步骤见图7-1。

A 分析结果列表和符号使用

a 单元(cell)

一般对某一实验室在某一水平的数据集合成为一个单元。在理想状态下，一项有 p 个实验室在 q 水平下的实验结果可组成 pq 单元表，每个单元表包括用于计算重复性和再现性标准偏差 n 次重复检测值，但是这种理想状态不经常出现，因为结果中常会产生多余、丢失、离群数据。

b 多余数据(redundant data)

有时，实验室会报送比要求报送数还要多的结果数据，在这种情况下，必须了解报送多余数据的原因和确认数据的正确性，如果没有异常，可在报送的数据中随机抽取规定的数据数用作评估。统计师可以使用所有的报告的数据，但必须考虑所有参与实验室不同重复检测数的影响，根据统计推论，统计师可决定所有结果都被使用而无统计学显著影响。

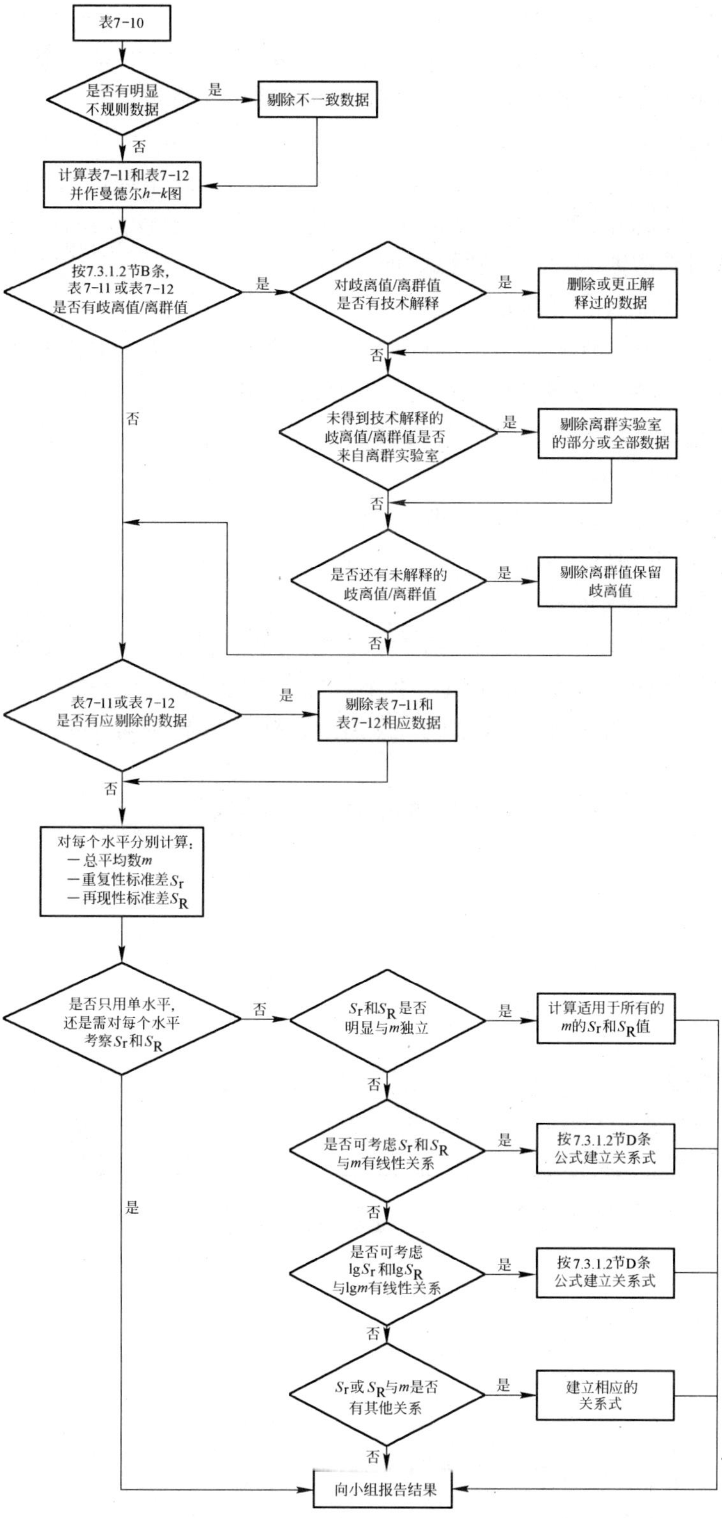

图 7-1 统计学分析主要步骤流程

c 缺失数据(missing data)

在另外一些情形,一些检测结果可能被缺失,例如,由于一个样品的缺失或测量的失误,部分数据空缺的单元会被用作计算,而完全数据空缺的单元将被忽视。

d 离群值(outliers)

一些原始测试结果,或源于该原始测试结果所形成的表单中数据,如果与其他同一表单的可比数据相差较大,同时该表单数据被认为与其他数据相矛盾,则离群值是不可避免,可以考虑与缺失数据类似的方法进行数据处理。

e 离群实验室(outlying laboratory)

当在同一实验室不同水平情况下出现一些无法解释的反常实验结果,则该实验室可被认为离群实验室,实验室内方差越高,在此等级情况下的测试结果系统误差就越大,如此离群实验室的部分或全部数据被舍弃是合理的。

f 错误数据(erroneous data)

显然,错误数据应当被追查原因并改正,或舍弃。

g 平衡均匀水平测试结果(balanced uniform-level test results)

在理想状态下,p 个实验室以 $i(i=1,2,\cdots,p)$ 表示,每一水平(ij 结合)n 次重复试验每次测试 q 等级以 $j(j=1,2,\cdots,q)$ 表示,给予一个总的 pqn 实验结果,由于缺失值、偏差测试结果、离群实验室、错误数据存在,理想状态不一定总能达到。在这些条件下,h ~ j 给出的符号和 c 规定的程序允许有不同数目的测试结果,统计分析推荐表单样例见表 7-10 ~ 表 7-12。

表 7-10 原始数据整理推荐表单

实验室	水平								
	1	2	…	…	j	…	…	$q-1$	q
1									
2									
⋮									
i					y_{ijk}				
⋮									
p									

表 7-11 单元平均值整理推荐表单

实验室	水平								
	1	2	…	…	j	…	…	$q-1$	q
1									
2									
⋮									
i					$\bar{y}_{ij}$				
⋮									
p									

表 7－12 单元内离散度整理推荐表单

实验室	水平								
	1	2	…	…	j	…	…	$q-1$	q
1									
2									
⋮									
i					s_{ij}				
⋮									
p									

h 原始测试结果(original test results)

原始测试结果可以表单形式表示,见表 7－10,表中 n_{ij} 为实验室 i 在水平 j 试验单元测试结果数目;y_{ik} 为测试结果任意一个($k=1,2,\cdots,n_{ij}$);p_j 为至少报告一个 j 水平测试结果的实验室数目(在去除离群值和错误值后)。

i 单元平均值(cell means)

表 7－11 为单元平均,它应当比测试结果多计一位有效数字。

$$\bar{y}_{ij} = \frac{1}{n_{ij}}\sum_{k=1}^{n_{ij}} y_{ijk} \tag{7-1}$$

j 单元离散度(measures of cell spread)

从 h 和 i 可导出:

$$s_{ij} = \sqrt{\frac{1}{n_{ij}-1}\sum_{k=1}^{n_{ij}}(y_{ijk}-\bar{y}_{ij})^2} \tag{7-2}$$

或相当于:

$$s_{ij} = \sqrt{\frac{1}{n_{ij}-1}\left[\sum_{k=1}^{n_{ij}}(y_{ijk})^2 - \frac{1}{n_{ij}}\left(\sum_{k=1}^{n_{ij}} y_{ijk}\right)^2\right]} \tag{7-3}$$

试验这些关系式,在计算中应保留足够的小数位数,每一中间值需要保留的位数至少为原始数据的2倍。如果单元 ij 只包含两个测试结果,单元内标准差为:$s_{ij} = |y_{ij1} - y_{ij2}|/\sqrt{2}$,因此为了简单,若所有单元都只包含两个测试结果,则可用绝对差替代标准差,标准差应比表 7－10 中结果有效数多一位。若 n_{ij} 小于 2,在表 7－12 中应当插入一个破折号。

k 更正和剔除数据(corrected or rejected data)

一些数据根据不同方法检验可能经过更正或予以剔除,因此用于最后确定精密度和平均值 y_{ijk},n_{ij}及 p_j 可能与表 7－10～表 7－12 中的原始测试结果不同。所以,在报告精密度和正确度的最终值时,如果有更正和剔除数据应予以指出。

B 测试结果的一致性和离群值

在统计处理之前,WG 召集人必须核对数据中可能出现的物理或化学离群值,也就是大相径庭的数据,离群值产生的原因可能是对分发给各实验室说明书的误解或给予了错误的样品。ISO 5725-2 建议首先观测数据,在测试开始前,有助于检测贯穿于所有样品同时测定一致的离群值。为达到这一目的，建议使用曼德尔一致性统计（Mandel's consistency statistics），h 和 k。其他两种试验也应被考虑，一种是每个实验室方差对比测试，观测它们是否相似。重要性在于用作推导精密度评估公式假设是非常相似的，假如不相似，评估有可能偏倚，结论为方法比实际有更好或更差的精密度，鉴于此目的的试验称为柯克伦（Cochran's）试验。另一种应用于多实验室间数据试验称为格拉布斯（Grubbs' test）试验，该试验是用作一个实验室内单个结果测定，它可进行实验室平均值的移位，也可比较每个平均结果，以这种方式，可将特殊实验室标为小组一致意见的偏离。该试验与柯克伦试验不同，是一种双侧试验，它允许检测高值，也可检测低值。这尤其重要，因为一个离群值可以引起实验室平均值的突变，同时可能引起平均值离散于所有组参与者得出的一致结果。柯克伦试验目前还在本规则应用，但有可能被布雷斯科特（Prescott's）试验替代，布雷斯科特试验可作为柯克伦试验的备选，存在于将来有可能修订的委员会技术报告。

a 检验一致性图示法

该方法需使用曼德尔 h 和 k 统计两个测量度，它同时也被描述为测量方法的变异，这对实验室评估很有帮助。

对于在此水平下的每个实验室通过单元偏倚（在此水平下单元平均减去总平均）除以单元平均标准差，可计算实验室间一致性统计 h：

$$h_{ij} = \frac{\bar{y}_{ij} - \bar{\bar{y}}_j}{\sqrt{\frac{i}{(p_j - 1)} \sum_{i=1}^{p_j} (\bar{y}_{ij} - \bar{\bar{y}}_j)^2}} \qquad (7-4)$$

式中，$\bar{\bar{y}}_j$ 是总平均，可使用下式计算：

$$\bar{\bar{y}}_j = \frac{\sum_{i=1}^{p} n_{ij}\bar{y}_{ij}}{\sum_{i=1}^{p} n_{ij}} \qquad (7-5)$$

将 h_{ij} 的值，按实验室每单元序列，以每一水平为一组作图（每个实验室以不同水平不同组检验），见图 7－2。

计算实验室内一致性统计 k 值，首先计算共享单元内标准偏倚：

$$\sqrt{\frac{\sum s_{ij}^2}{p_j}} \qquad (7-6)$$

然后计算每个水平内的每个实验室：

$$k_{ij} = \frac{s_{ij}\sqrt{p_j}}{\sqrt{\sum s_{ij}^2}} \qquad (7-7)$$

将 k_{ij} 值，按实验室每单元序列，以每一水平为一组作图（每个实验室以不同水平不同组检验），见图 7－3。

检验 h 和 k 图，可以发现一些特殊的实验室，它们的结果明显不同于其他实验室，这表明单元内方差一致偏高或偏低，同时/或一些极端的单元平均跨越了许多水平。假如这种情况出现，应当联系这些特殊实验室以确认产生这些差异特征的原因，同时统计专家可在这些已发现问题的基础上进行：

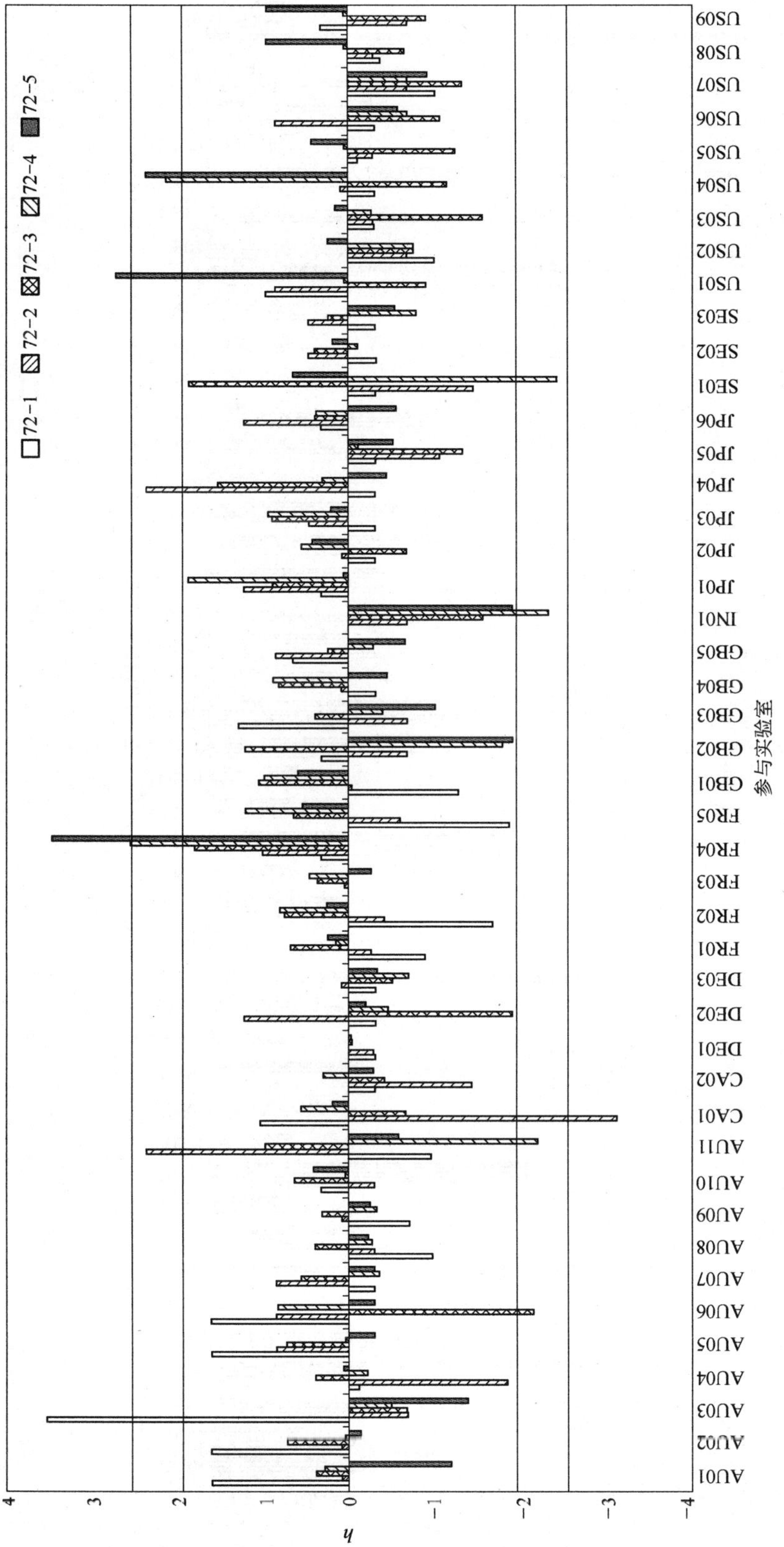

图 7-2 SC2范例——*h*图

曼德尔一致性统计*h*值；分析：铜；方法：火焰原子吸收光谱

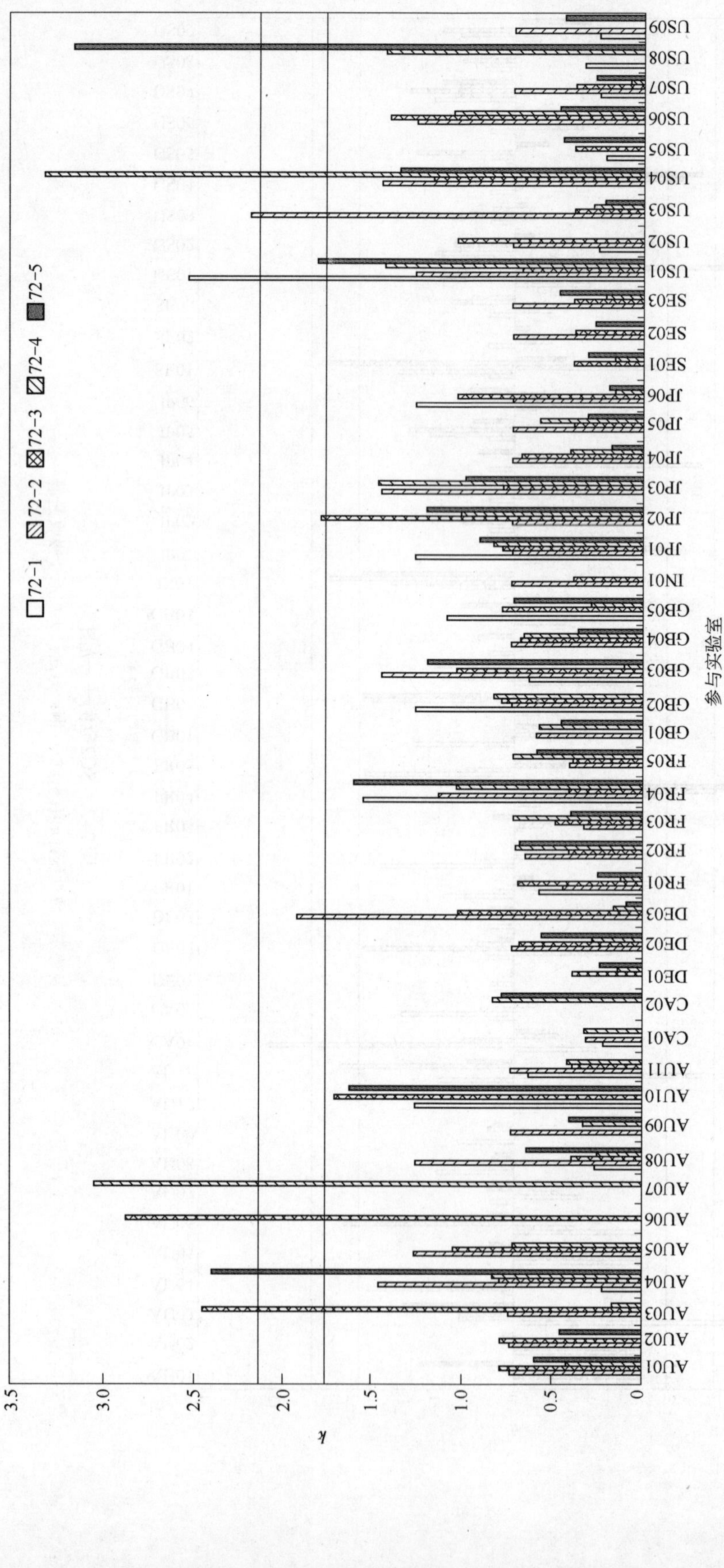

图 7-3 SC2范例——k图

曼德尔一致性统计k值；分析：铜；方法：火焰原子吸收光谱

（1）暂时保留这些实验室数据；

（2）要求该实验室重新进行这些测试(如有可能)；

（3）剔除该实验室数据。

h 图有不同的模式,任何实验室在不同的水平的实验 h 值都有可能是正或负的,单个实验室 h 值都为正值,或都为负值,给出正值的实验室数大约等于给出负值的实验室,尽管第二种模式可指出一个共同实验室偏差源的存在,但这些模式都是正常的,不需要进一步调查。然而,如果一个实验室所有 h 值都是一种符号,而其他实验室的 h 值都是另一种符号,那么原因就要被查究,同样,假如一个实验室 h 值是极端的,而且表现出非常依赖某些系统试验水平,也需要审究其原因,表 7－13、表 7－14 给出的 h 图绘制的临界线,这些临界线用作指导数据中的检验模式。

表 7－13 显著水平为 1%的曼德尔 h 和 k 统计量临界值

p	h	k								
		n								
		2	3	4	5	6	7	8	9	10
3	1.15	1.71	1.64	1.58	1.53	1.49	1.46	1.43	1.41	1.39
4	1.49	1.91	1.77	1.67	1.60	1.55	1.51	1.48	1.45	1.43
5	1.72	2.05	1.85	1.73	1.65	1.59	1.55	1.51	1.48	1.46
6	1.87	2.14	1.90	1.77	1.68	1.62	1.57	1.53	1.50	1.47
7	1.98	2.20	1.94	1.79	1.70	1.63	1.58	1.54	1.51	1.48
8	2.06	2.25	1.97	1.81	1.71	1.65	1.59	1.55	1.52	1.49
9	2.13	2.29	1.99	1.82	1.73	1.66	1.60	1.56	1.53	1.50
10	2.18	2.32	2.00	1.84	1.74	1.66	1.61	1.57	1.53	1.50
11	2.22	2.34	2.01	1.85	1.74	1.67	1.62	1.57	1.54	1.51
12	2.25	2.36	2.02	1.85	1.75	1.68	1.62	1.58	1.54	1.51
13	2.27	2.38	2.03	1.86	1.76	1.68	1.63	1.58	1.55	1.52
14	2.30	2.39	2.04	1.87	1.76	1.69	1.63	1.58	1.55	1.52
15	2.32	2.41	2.05	1.87	1.76	1.69	1.63	1.59	1.55	1.52
16	2.33	2.42	2.05	1.88	1.77	1.69	1.63	1.59	1.55	1.52
17	2.35	2.44	2.06	1.88	1.77	1.69	1.64	1.59	1.55	1.52
18	2.36	2.44	2.06	1.88	1.77	1.70	1.64	1.59	1.56	1.52
19	2.37	2.44	2.07	1.89	1.78	1.70	1.64	1.59	1.56	1.53
20	2.39	2.45	2.07	1.89	1.78	1.70	1.64	1.60	1.56	1.53
21	2.39	2.46	2.07	1.89	1.78	1.70	1.64	1.60	1.56	1.53
22	2.40	2.46	2.08	1.90	1.78	1.70	1.65	1.60	1.56	1.53
23	2.41	2.47	2.08	1.90	1.78	1.71	1.65	1.60	1.56	1.53
24	2.42	2.47	2.08	1.90	1.79	1.71	1.65	1.60	1.56	1.53
25	2.42	2.47	2.08	1.90	1.79	1.71	1.65	1.60	1.56	1.53
26	2.43	2.48	2.09	1.90	1.79	1.71	1.65	1.60	1.56	1.53
27	2.44	2.48	2.09	1.90	1.79	1.71	1.65	1.60	1.56	1.53
28	2.44	2.49	2.09	1.91	1.79	1.71	1.65	1.60	1.57	1.53
29	2.45	2.49	2.09	1.91	1.79	1.71	1.65	1.60	1.57	1.53
30	2.45	2.49	2.10	1.91	1.79	1.71	1.65	1.61	1.57	1.53

注：p 为给定水平的实验室数；

n 为给定水平每个实验室的测试重复数。

表 7-14 显著水平为 5%的曼德尔 h 和 k 统计量临界值

p	h	k								
		n								
		2	3	4	5	6	7	8	9	10
3	1.15	1.65	1.53	1.45	1.40	1.37	1.34	1.32	1.30	1.29
4	1.42	1.76	1.59	1.50	1.44	1.40	1.37	1.35	1.33	1.31
5	1.57	1.81	1.62	1.53	1.46	1.42	1.39	1.36	1.34	1.32
6	1.66	1.85	1.64	1.54	1.48	1.43	1.40	1.37	1.35	1.33
7	1.71	1.87	1.66	1.55	1.49	1.44	1.41	1.38	1.36	1.34
8	1.75	1.88	1.67	1.56	1.50	1.45	1.41	1.38	1.36	1.34
9	1.78	1.90	1.68	1.57	1.50	1.45	1.42	1.39	1.36	1.35
10	1.80	1.90	1.68	1.57	1.50	1.46	1.42	1.39	1.37	1.35
11	1.82	1.91	1.69	1.58	1.51	1.46	1.42	1.39	1.37	1.35
12	1.83	1.92	1.69	1.58	1.51	1.46	1.42	1.40	1.37	1.35
13	1.84	1.92	1.69	1.58	1.51	1.46	1.43	1.40	1.37	1.35
14	1.85	1.92	1.70	1.59	1.52	1.47	1.43	1.40	1.37	1.35
15	1.86	1.93	1.70	1.59	1.52	1.47	1.43	1.40	1.38	1.36
16	1.86	1.93	1.70	1.59	1.52	1.47	1.43	1.40	1.38	1.36
17	1.87	1.93	1.70	1.59	1.52	1.47	1.43	1.40	1.38	1.36
18	1.88	1.93	1.71	1.59	1.52	1.47	1.43	1.40	1.38	1.36
19	1.88	1.93	1.71	1.59	1.52	1.47	1.43	1.40	1.38	1.36
20	1.89	1.94	1.71	1.59	1.52	1.47	1.43	1.40	1.38	1.36
21	1.89	1.91	1.71	1.60	1.52	1.47	1.44	1.41	1.38	1.36
22	1.89	1.94	1.71	1.60	1.52	1.47	1.44	1.41	1.38	1.36
23	1.90	1.94	1.71	1.60	1.53	1.47	1.44	1.41	1.38	1.36
24	1.90	1.94	1.71	1.60	1.53	1.48	1.44	1.41	1.38	1.36
25	1.90	1.94	1.71	1.60	1.53	1.48	1.44	1.41	1.38	1.36
26	1.90	1.94	1.71	1.60	1.53	1.48	1.44	1.41	1.38	1.36
27	1.91	1.94	1.71	1.60	1.53	1.48	1.44	1.41	1.38	1.36
28	1.91	1.94	1.71	1.60	1.53	1.48	1.44	1.41	1.38	1.36
29	1.91	1.94	1.72	1.60	1.53	1.48	1.44	1.41	1.38	1.36
30	1.91	1.94	1.72	1.60	1.53	1.48	1.44	1.41	1.38	1.36

注：p 为给定水平的实验室数；

n 为给定水平每个实验室的测试重复数。

假如一个实验室的 k 图上多个值都很大，就要查找原因，这表明这个实验室的重复性要比其他实验室差，一个实验室因对数值的连续修约或测量灵敏度差会导致 k 值偏小。表 7-13、表 7-14 给出的 k 图绘制的临界线，这些临界线用作指导数据中的检验模式。

当按实验室分组的 k 图或 h 图表明某个实验室在临界线附近有好几个 k 值或 h 值，就应当探究相应的按水平分组的图。按实验室分组的图中某个值似乎比较大，但实际上在同一水平上比，其他实验室的值与它还是有一致性。如果，与其他实验室的值相差很大，也要查究原因。

b 检验离群值的数值方法

对离群值检验建议采用方法为:(1)应用柯克伦检验和格拉布斯检验以判别歧离值(straggler)和离群值(outlier),如果检验统计量小于或等于5%的临界值,则该检验项目为正确值,如果检验统计量大于5%的临界值或小于、对于1%的临界值,则该检验项目为歧离值,且用单星号标出,假如检验统计量大于1%的临界值,则该检验项目为统计离群值并用双星号标出;(2)是否歧离值和/或离群值能用技术错误解释,可从测量时的失误、计算错误、转录试验结果时的简单书记错误或错误样本的分析等展开研究。当错误是属于计算或转录原因时,应用正确的值来替代可疑值,当错误是属于错误样本分析时,应用正确的单元结果替代。如此更正后,应当再重复进行一次歧离值和离群值检验。如果不能用技术错误解释以致不能替换这些可疑测试结果时,应将这些值作为真正的离群值予以剔除,真正的离群值属于不正常实验结果;(3)当一个来自离群实验室的歧离值和/或统计离群值不能被解释和被拒收时,除非有足够的理由,否则歧离值应作为正确值被保留,而统计离群值则被剔除;(4)当表7-10单元的数据按上述程序被剔除时,则来自表7-12的数据也将被剔除,反之亦然。

柯克伦检验和格拉布斯检验是两种不同类型的检验,柯克伦检验是对实验室内变异的试验,应当首先使用,假如有必要进行重复检验,就应当采取任何必要的措施。格拉布斯检验是对实验室间变异的检验,当 $n>2$ 且柯克伦检验怀疑一个实验室内较高的变异来自某个测试结果时,格拉布斯检验也可用来对该单元的数据进行检验。

布雷斯科特检验有很好的检验特性,它可以替代柯克伦检验,替代检验的内容有:(1)在一个实验室产生的单个值中,对于同一给定分析师相同样品重复试验一个、两个或三个离群值检验;(2)当对比给定样品所有参与实验室产生的平均值时的一个、两个或三个离群值检验;(3)当每瓶被分析的样品需要重复试验时,在一瓶样品内的一个、两个或三个离群值检验。该检验首先被应用于三个离群值检验,假如没有离群值被检测到,则应当至少检验两个离群值,假如都没发现,则至少一个离群值被检验。计算步骤如下:

首先数据应按升序分类:

x_1、x_2、x_3、…、x_p

假如有 p 个值,则计算平均:

$$\bar{x} = \frac{1}{p}\sum_{i=1}^{p} x_i \tag{7-8}$$

计算残差:$r_i = x_i - \bar{x}$;

计算平方残差:r_i^2;

计算平方残差和:$SSR_T = \sum_{i=1}^{p} r_i^2$。

按照平方残差的降序大小分类,值 x_i 对应于三个最大的平方残差被检验,将给定最高、次高、第三高平方残差分别设为 $x^{(1)}$、$x^{(2)}$、$x^{(3)}$,计算对应于 $x^{(1)}$、$x^{(2)}$、$x^{(3)}$ 三个残差的和:

$$SR_3 = \sum_{i=1}^{3} r^{(i)} = \sum_{i=1}^{3} (x^{(i)} - \bar{x}) \tag{7-9}$$

计算三个最高平方残差的和:

$$SSR_3 = \sum_{i=1}^{3} (r^{(i)})^2 = \sum_{i=1}^{3} (x^{(i)} - \bar{x})^2 \tag{7-10}$$

仅取两个最高残差，以相同方式计算 SR_2 和 SSR_2，计算：

$$S_3 = SSR_{\mathrm{T}} - SSR_3 - \frac{SR_3^2}{(p-3)} \tag{7-11}$$

$$S_2 = SSR_{\mathrm{T}} - SSR_2 - \frac{SR_2^2}{(p-2)} \tag{7-12}$$

$$S_1 = SSR_{\mathrm{T}} - (r^{(1)})^2 - \frac{(r^{(1)})^2}{(p-1)} \tag{7-13}$$

$$D_1 = S_1/SSR_{\mathrm{T}} \tag{7-14}$$

$$D_2 = S_2/S_1 \tag{7-15}$$

$$D_3 = S_3/S_2 \tag{7-16}$$

假如 $D_3 \geqslant \lambda_3(0.05)$ 和 $D_3 \geqslant \lambda_3(0.01)$，则 $x^{(1)}$、$x^{(2)}$、$x^{(3)}$ 全为离群值；
假如 $D_3 \geqslant \lambda_3(0.05)$ 和 $D_3 < \lambda_3(0.01)$，则 $x^{(1)}$、$x^{(2)}$、$x^{(3)}$ 为歧离值；
假如 $D_3 < \lambda_3(0.05)$，则用 D_2 检验两个离群值；
假如 $D_2 \geqslant \lambda_2(0.05)$ 和 $D_2 \geqslant \lambda_2(0.01)$，则 $x^{(1)}$、$x^{(2)}$ 全为离群值；
假如 $D_2 \geqslant \lambda_2(0.05)$ 和 $D_2 < \lambda_2(0.01)$，则 $x^{(1)}$、$x^{(2)}$ 为歧离值；
假如 $D_2 < \lambda_2(0.05)$，则用 D_1 检验一个离群值；
假如 $D_1 \geqslant \lambda_1(0.05)$ 和 $D_1 \geqslant \lambda_1(0.01)$，则 $x^{(1)}$ 为离群值；
假如 $D_1 \geqslant \lambda_1(0.05)$ 和 $D_1 < \lambda_1(0.01)$，则 $x^{(1)}$ 为歧离值；
假如 $D_1 < \lambda_1(0.05)$，则在这组数据中无离群值和歧离值；
对于 j 为 1、2、3 和 α 为 0.01 或 α 为 0.05 的临界值 $\lambda_j(\alpha)$ 如表 7－15 所示：

表 7－15　用 D_1、D_2、D_3 顺序检验临界值 λ_1、λ_2、λ_3 的三个离群值的最大值

n	$\alpha = 0.01$			$\alpha = 0.025$			$\alpha = 0.05$			$\alpha = 0.10$		
	$\lambda_1(\beta)$	$\lambda_2(\beta)$	$\lambda_3(\beta)$	$\lambda_1(\beta)$	$\lambda_2(\beta)$	$\lambda_3(\beta)$	$\lambda_1(\beta)$	$\lambda_2(\beta)$	$\lambda_3(\beta)$	$\lambda_1(\beta)$	$\lambda_2(\beta)$	$\lambda_3(\beta)$
15	－375	－430	－455	－410	－455	－470	－445	－495	－505	－490	－540	－555
16	－390	－450	－470	－430	－485	－500	－465	－520	－540	－510	－565	－580
17	－405	－470	－495	－445	－505	－530	－490	－540	－565	－530	－585	－605
18	－425	－490	－515	－465	－530	－555	－510	－560	－590	－550	－605	－625
19	－440	－515	－535	－485	－550	－580	－525	－585	－610	－570	－625	－645
20	－455	－530	－560	－500	－570	－600	－545	－605	－630	－585	－640	－660
25	－535	－620	－655	－580	－645	－680	－610	－675	－705	－650	－705	－730
30	－605	－670	－710	－635	－695	－735	－665	－725	－755	－695	－750	－770
35	－650	－705	－745	－675	－730	－770	－700	－760	－785	－730	－780	－805
40	－680	－735	－775	－705	－760	－790	－730	－785	－810	－755	－805	－825
45	－705	－765	－795	－730	－780	－810	－755	－805	－825	－780	－825	－845
50	－725	－785	－820	－755	－800	－825	－770	－820	－840	－795	－835	－855

c　柯克伦(Cochran)检验

假设针对实验室间而言，实验室内的方差很小，然而经验表明情况并非总是如此，为此需要对假设的有效性进行检验。给定 p 个由相同 n 次重复测试结果计算的标准偏差 S_i，柯克伦检验统计量 C 为：

$$C = \frac{s_{\max}^2}{\sum_{i=1}^{p} s_i^2} \tag{7-17}$$

式中，S_{max} 为这组标准偏差的最大值。按7.3.1.2的B节b进行评估，柯克伦检验的临界值见表7－16，采用表类型为不同水平表7－12。

表7－16 柯克伦检验临界值

p	n = 2		n = 3		n = 4		n = 5		n = 6	
	1%	5%	1%	5%	1%	5%	1%	5%	1%	5%
2	—	—	0.995	0.975	0.979	0.939	0.959	0.906	0.937	0.877
3	0.993	0.967	0.942	0.871	0.883	0.788	0.834	0.746	0.793	0.707
4	0.968	0.906	0.864	0.768	0.781	0.684	0.721	0.629	0.676	0.590
5	0.928	0.841	0.788	0.684	0.696	0.598	0.633	0.544	0.588	0.506
6	0.883	0.781	0.722	0.616	0.628	0.532	0.564	0.480	0.520	0.445
7	0.838	0.727	0.664	0.561	0.568	0.480	0.508	0.431	0.466	0.397
8	0.794	0.680	0.615	0.516	0.521	0.438	0.463	0.391	0.423	0.360
9	0.754	0.638	0.573	0.478	0.481	0.403	0.425	0.358	0.387	0.329
10	0.718	0.602	0.536	0.445	0.447	0.373	0.393	0.331	0.357	0.303
11	0.684	0.570	0.504	0.417	0.418	0.348	0.366	0.308	0.332	0.281
12	0.553	0.541	0.475	0.392	0.392	0.326	0.343	0.288	0.310	0.262
13	0.624	0.515	0.450	0.371	0.369	0.307	0.322	0.271	0.291	0.243
14	0.599	0.492	0.427	0.352	0.349	0.291	0.304	0.255	0.274	0.232
15	0.575	0.471	0.407	0.335	0.332	0.276	0.288	0.242	0.259	0.220
16	0.553	0.452	0.388	0.319	0.316	0.262	0.274	0.230	0.246	0.208
17	0.532	0.434	0.372	0.305	0.301	0.250	0.261	0.219	0.234	0.198
18	0.514	0.418	0.356	0.293	0.288	0.240	0.249	0.209	0.223	0.189
19	0.496	0.403	0.343	0.281	0.276	0.230	0.238	0.200	0.214	0.181
20	0.480	0.389	0.330	0.270	0.265	0.220	0.229	0.192	0.205	0.174
21	0.465	0.377	0.318	0.261	0.255	0.212	0.220	0.185	0.197	0.167
22	0.450	0.365	0.307	0.252	0.246	0.204	0.212	0.178	0.189	0.160
23	0.437	0.354	0.297	0.243	0.238	0.197	0.204	0.172	0.182	0.155
24	0.425	0.343	0.287	0.235	0.230	0.191	0.197	0.166	0.176	0.149
25	0.413	0.334	0.278	0.228	0.222	0.185	0.180	0.160	0.170	0.144
26	0.402	0.325	0.270	0.221	0.215	0.179	0.184	0.155	0.164	0.140
27	0.391	0.316	0.282	0.215	0.209	0.173	0.179	0.150	0.159	0.135
28	0.382	0.308	0.255	0.209	0.202	0.168	0.173	0.146	0.154	0.131
29	0.372	0.300	0.248	0.203	0.196	0.164	0.168	0.142	0.150	0.127
30	0.363	0.293	0.241	0.198	0.191	0.159	0.164	0.138	0.145	0.124
31	0.355	0.286	0.235	0.193	0.186	0.155	0.159	0.134	0.141	0.120
32	0.347	0.280	0.229	0.188	0.181	0.151	0.155	0.131	0.138	0.117
33	0.339	0.273	0.224	0.184	0.177	0.147	0.151	0.127	0.134	0.114
34	0.332	0.267	0.218	0.179	0.172	0.144	0.147	0.124	0.131	0.111
35	0.325	0.262	0.213	0.175	0.168	0.140	0.144	0.121	0.127	0.108
36	0.318	0.256	0.208	0.172	0.165	0.137	0.140	0.118	0.124	0.106
37	0.312	0.251	0.204	0.168	0.161	0.134	0.137	0.116	0.121	0.103
38	0.306	0.246	0.200	0.164	0.157	0.131	0.134	0.113	0.119	0.101
39	0.300	0.242	0.196	0.161	0.154	0.129	0.131	0.111	0.116	0.099
40	0.294	0.237	0.192	0.158	0.151	0.128	0.128	0.108	0.114	0.097

注：*p* 为给定水平的实验室数；

n 为每个单元的测试重复数。

柯克伦的准则严格应用在所有标准差都是在重复性条件下，且由相同数目（n）的测试结果计算得出的情形。实际由于数据的缺失或剔除，测试结果数可能不同，然而假定在正常组织的试验中，每个单元测试结果的不同所造成的影响是有限的，且可以忽略不计，柯克伦准则中所用的 n 可取为多数单元中的结果数。

柯克伦准则所检验的仅对一组标准差中的最大值，因此是单侧离群值检验。当然，方差不齐也包含某些标准差相对偏小，然而小的标准差值很大程度受原始数据修约程度的影响，因而并不可靠。另外，似乎也没有理由拒绝一个比其他实验室精密度都要高的数据，因此柯克伦准则是合理的。在国际评估中，小方差可引起负偏倚，这里有些步骤有所不同，但保留在这里主要为了方法能与 ISO 5725-2 相一致。

对于采用表 7 - 12 的临界检验，有时揭示一个特定实验室的标准差全部或大多数水平下都比其他实验室要低，这可能由于他们有较好的技术和设备，也可能修改了或不恰当地应用了标准测量方法。如果发生这种情况，应当进行讨论或决定是否进行更详细的调查。

如果最大标准差经检验判断为离群值，应当剔除该数据并对余下的数据再次进行柯克伦检验，此过程可以重复进行，但是当分布为近似正态的假定没有处罚满足时，这样有可能导致过度拒绝。重复应用柯克伦检验，仅在没有同时检验多个离群值的统计检验中使用。因为柯克伦检验不是为同时检验多个离群值而设计的，因此在下结论时要格外小心。当有两个或三个实验室标准差都比较高，尤其是在不同水平内得出的结果，由柯克伦检验得出的结论应该仔细核查。另外，如果在一个实验室的不同水平下发现多个歧离值和／或统计离群值，这表明该实验室的室内方差非常高，来自该实验室的全部数据都要被拒绝。总之，少于 40% 的原始数据将利用该技术而剔除，检验表明假如必须连续剔除多个数据，则所有数据要被退回，并将此情况报告小组。

d　格拉布斯检验

格拉布斯检验内容如下：

（1）一个离群观察值情形。给定一组数据 x_i，$i = 1,2,\cdots,p$，将其值按顺序排列成 $x_{(i)}$，然后检验是否最大的观察值是离群值，计算格拉布斯统计值，G_p。

$$G_p = (x_{(p)} - \bar{x})/s \tag{7-18}$$

其中：

$$\bar{x} = \frac{1}{p}\sum_{i=1}^{p} x_i \tag{7-19}$$

$$s = \sqrt{\frac{1}{p-1}\sum_{i=1}^{p}(x_i - \bar{x})^2} \tag{7-20}$$

而为检验最小观察值是否为离群值，计算检验统计量：

$$G_1 = (\bar{x} - x_1)/s \tag{7-21}$$

按 7. 3. 1. 2 节 B 条 b 款进行评估。

（2）两个离群值观察值情形。为检验最大的两个值是否为离群值，计算格拉布斯检验统计量 G：

$$G = s_{p-1,p}^2 / s_0^2 \tag{7-22}$$

其中：

$$s_0^2 = \sum_{i=1}^{p} (x_{(i)} - \bar{x})^2 \tag{7-23}$$

$$s_{p-1,p}^2 = \sum_{i=1}^{p-2} (x_{(i)} - \bar{x}_{p-1,p})^2 \tag{7-24}$$

$$\bar{x}_{p-1,p} = \frac{1}{p-2}\sum_{i=1}^{p-2} x_{(i)} \tag{7-25}$$

为检验最小的两个观察值的显著性，计算格拉布斯检验统计量 G：

$$G = s_{1,2}^2 / s_0^2 \tag{7-26}$$

其中：

$$s_{1,2}^2 = \sum_{i=3}^{p} (x_{(i)} - \bar{x}_{1,2})^2 \tag{7-27}$$

$$\bar{x}_{1,2} = \frac{1}{p-2}\sum_{i=3}^{p} x_{(i)} \tag{7-28}$$

表 7 - 17 为格拉布斯检验统计量的临界值。

表 7 - 17　格拉布斯检验临界值

p	一个最大值或一个最小值		两个最大值或两个最小值	
	上 1% 点	上 5% 点	下 1% 点	下 5% 点
3	1.155	1.155	—	—
4	1.496	1.481	0.0000	0.0002
5	1.764	1.715	0.0018	0.0090
6	1.973	1.887	0.0116	0.0349
7	2.139	2.020	0.0308	0.0708
8	2.274	2.126	0.0563	0.1101
9	2.387	2.215	0.0851	0.0492
10	2.482	2.290	0.1150	0.1864
11	2.564	2.355	0.1448	0.2213
12	2.636	2.412	0.1738	0.2537
13	2.699	2.462	0.2016	0.2836
14	2.755	2.507	0.2280	0.3112
15	2.806	2.549	0.2530	0.3367
16	2.852	2.585	0.2767	0.3603
17	2.894	2.620	0.2990	0.3822
18	2.932	2.651	0.3200	0.4025
19	2.968	2.681	0.3398	0.4214
20	3.001	2.709	0.3585	0.4391
21	3.031	2.733	0.3761	0.4556
22	3.060	2.758	0.3927	0.4711
23	3.087	2.781	0.4085	0.4857
24	3.112	2.802	0.4234	0.4994
25	3.135	2.822	0.4376	0.5123
26	3.157	2.841	0.4510	0.5245
27	3.178	2.859	0.4638	0.5360
28	3.199	2.876	0.4759	0.5470

续表 7 - 17

p	一个最大值或一个最小值		两个最大值或两个最小值	
	上 1% 点	上 5% 点	下 1% 点	下 5% 点
29	3.128	2.893	0.4875	0.5574
30	3.236	2.908	0.4985	0.5672
31	3.253	2.924	0.5091	0.5766
32	3.270	2.838	0.5192	0.5856
33	3.286	2.952	0.5288	0.5941
34	3.301	2.965	0.5381	0.6023
35	3.316	2.979	0.5469	0.6101
36	3.330	2.991	0.5554	0.6175
37	3.343	3.003	0.5836	0.6247
38	3.356	3.014	0.5714	0.6316
39	3.369	3.025	0.5789	0.6382
40	3.381	3.036	0.5862	0.6445

注：p 为给定水平的实验室数。

（3）格拉布斯检验的应用。当分析精密度测试时，格拉布斯检验可用于以下情形：

给定 j 水平的单元平均值见表 7 - 11，在此情形

$$x_i = \bar{y}_{ij} \tag{7-29}$$

$$p = p_j \tag{7-30}$$

式中，j 固定。对一个水平的数据，对样本平均值应用一个离群值情形的格拉布斯检验，若其中最大的或最小的单元平均值经检验为离群值，则将其剔除；对剩下的单元平均值重复进行同样检验。看另一个极端值（若前一个检出的为最大值，则第二次检验最小值）是否为离群值。此时不要用对两个离群观察值的格拉布斯检验。当前一检验结果没有一个单元值为离群值时，再进行对两个离群观察值的格拉布斯检验。

柯克伦检验表明某个单元标准差有问题，对该单元单个测试结果。

C 总平均值和方差的计算（单侧方差）

实验设计如同 ISO 5725-2，这是一个单则分类表，相关因子是“实验室”，有一个实验室随机效应的模型，所示方差分析表不被用作检测它们差别，而是评估它们平均值之间的方差。随机效应模型假设参与罗宾试验（Round-robin trial）的实验室是所有可能使用分析方法的样品，因此，对于所有可使用标准方法的实验室结果是有效的，而且不仅仅限于精密度试验期间参与的实验室。

分析方法包括 m 的评估和每个不同水平的精密度估计，计算结果对应每个 j 值列在一个表中。

方法使用的样品应该是均匀的，例如在使用有证参考物料（CRMs）时，在预备阶段中的化学分析方法的其他国际间试验应在工作组欲开展精密度试验之前就已被开展。对于预备阶段化学分析方法的国际间试验，由于 CRMs 价格较贵而被节约使用，所以常常使用参与者自制的样品，但这样的样品需要有足够的均匀度。本方法为预防偶然因素也提供了一种双侧检验方法，这种检验需要两瓶或更多瓶的相同样品被发送到各参与实验室，样品分装或两瓶样的可变性被用作测量样品的偏倚。不同瓶样品之间的变化（同一样品重复检测评估）可被看作均匀性的极限。

测试最终结果是对于每个样品、每一分析师的所有结果的总平均，包括相应精密度测量、实验室内标准偏差、实验室间标准偏差。

a 基本数据

用于计算的基本数据列于表7－10～表7－12，分别为原始测试结果、单元平均值、单元离散度。

b 非空白表

如同7.3.1.2节B条b款叙述的那样，对于特定水平，用于计算的非空白单元数在表7－11和表7－12中应总是相同，一个特殊情况是，由于数据缺失表7－10中某个单元可能只包含一个测试结果，尽管此时表7－11不空，但表7－12中的单元有可能为空白，在这种情况下，可以进行下例处理：

（1）剔除这一单侧测试结果，从而使表7－11和表7－12同时成为空白单元；

（2）如果认为该数值不应该缺失，将在表7－12相应的位置用一条横线（－）替代。

由于空白单元数可随水平而不同，因此 p_j 下标应为 j。

c 总平均 $\hat{m}$ 的计算

对于水平 j，总平均值估计为：

$$\hat{m}_j = \bar{\bar{y}}_j = \frac{\sum^{p} n_{ij}\bar{y}_{ij}}{\sum\limits_{i=1}^{p} n_{ij}}$$

d 方差的计算

对于每个水平计算三个方差，即重复性方差、实验室间方差、再现性方差：

（1）重复性方差：

$$s_{dj}^2 = \frac{\sum\limits_{i=1}^{p}(n_{ij}-1)s_{ij}^2}{\sum\limits_{i=1}^{p}(n_{ij}-1)} \tag{7-31}$$

（2）实验室间方差：

$$s_{Lj}^2 = \frac{s_{sj}^2 - s_{dj}^2}{\bar{\bar{n}}_j} \tag{7-32}$$

其中：

$$s_{sj}^2 = \frac{1}{n-1}\sum_{i=1}^{p} n_{ij}(\bar{y}_{ij}-\bar{\bar{y}}_j)^2 = \frac{1}{p-1}\left[\sum_{i=1}^{p} n_{ij}(\bar{y}_{ij})^2 - (\bar{\bar{y}}_j)^2\sum_{i=1}^{p} n_{ij}\right] \tag{7-33}$$

$$\bar{\bar{n}}_j = \frac{1}{n-1}\left[\sum_{i=1}^{p} n_{ij} - \frac{\sum\limits_{i=1}^{p} n_{ij}^2}{\sum\limits_{i=1}^{p} n_{ij}}\right] \tag{7-34}$$

对于 $n_{ij} = n = 2$ 特殊的情况，可使用以下简化公式：

$$s_{dj}^2 = \frac{1}{2p}\sum_{i=1}^{p}(y_{ij1}-y_{ij2})^2 \tag{7-35}$$

和

$$s_{Lj}^2 = \frac{1}{p-1}\sum(\bar{y}_{ij}-\bar{\bar{y}}_j)^2 - \frac{s_{dj}^2}{2} \tag{7-36}$$

由于受到随机误差影响，当计算结果 s_{Lj}^2 出现负值时，该值应为零。

(3) 再现性方差：

$$s_{Rj}^2 = s_{dj}^2 - s_{Lj}^2 \tag{7-37}$$

D 双侧方差分析

当每个参与实验室收到两瓶或多瓶相同样品时，必须执行以下程序，并独立得出样品均匀性。

a 不同种物料的布局设计

不同种物料的布局设计可见表 7－18，p 个参与实验室被提供在 q 水平下的 t 瓶样品，每瓶样品得出 k 个检测结果（范例中 $k=2$），这样，范例中的每个单元包含 4 个检测结果（两瓶样品每瓶两个结果）。不同种物料的设计的数据以 y_{ijtk} 表示，其中，下标 i 代表实验室数（$i=1,2,\cdots,p$）；下标 j 代表水平数（$j=1,2,\cdots,q$）；下标 t 代表瓶数（$t=1,2,\cdots,g$）；下标 k 代表测试结果数（$k=1,2,\cdots,n$）。

表 7－18 原始数据整理推荐表

实验室	瓶 号	水平 1		水平 2			水平 j			水平 q	
		1	2	1	2		1	2		1	2
1	1										
	2										
2	1										
	2										
i	1										
	2										
p	1										
	2										

b 用不同种物料实验的统计模型

对于一个不同种物料实验，其基本模型如 ISO 5725-5 所介绍：

$$y_{ijtk} = m_j + B_{ij} + H_{ijt} + e_{ijtk} \tag{7-38}$$

式中 m_j—— 在特定水平下（$j=1,2,\cdots,q$）的总平均值；

B_{ij}—— 在特定水平下（$j=1,2,\cdots,q$）特定实验室（$i=1,2,\cdots,p$）重复性条件下实验室偏差分量；

H_{ijt}—— 对于 t 瓶水平 j 实验室 i 获得的不同样品之间的变异；

e_{ijtk}—— 在重复性条件下，t 瓶水平 j 实验室 i 获得的测试结果（$k=1,2,\cdots,n$）随机误差。

假设各瓶样品之间的方差是随机的，不依赖实验室而依赖实验的水平，以便 H_{ijt} 有一个零期望值和一个方差：$\mathrm{var}(H_{ijt}) = \sigma_{Hj}^2$。

对于每实验室两瓶样品的普通情形，每瓶两个测试结果（$g=n=2$）定义：

(1) 对于实验室 i 水平 j 样品瓶 t（$t=1$ 或 2）样品平均值、测试间结果范围为

$$y_{ijt} = (y_{ijt1} + y_{ijt2})/2 \tag{7-39}$$

$$w_{ijt} = |y_{ijt1} - y_{ijt2}| \tag{7-40}$$

（2）对于实验室 i 水平 j 单元平均值、测试间结果范围为

$$y_{ij} = (y_{ij1} + y_{ij2})/2 \tag{7-41}$$

$$w_{ij} = |y_{ij1} - y_{ij2}| \tag{7-42}$$

（3）对于水平 j 总平均、单元平均标准偏差为

$$y_j = \sum_{j=1}^{q} y_{ij}/p' \tag{7-43}$$

$$s_{yj} = \sqrt{\sum_{j=1}^{q}(y_{ij}y_j)^2/(p'-1)} \tag{7-44}$$

式中，总和为实验室（$i = 1,2,\cdots,p$）值之和。

c　不同种物料实验数据的统计分析

在通常情况下，当某一水平的两瓶样品被分送到每一实验室时，则每瓶样品须得出两个平行试验结果。将数据集合到表 7－18 中，每实验室每水平的每个集合给定表中一个单元，包含 4 个测试结果。使用式 7－39 ～ 式 7－44：（1）计算测试间结果范围并将它们填入表 7－19；（2）计算各瓶间范围并将它们填入表 7－20；（3）计算单元平均值并将它们填入表 7－21。以正值记录数据范围（也就是忽略标记）。

表 7－19　各试验之间结果范围推荐表

实验室	瓶　号	水平 1	水平 2		水平 j		水平 q
1	1 2						
2	1 2						
i	1 2						
p	1 2						

表 7－20　样品间范围推荐表

实验室	瓶　号	水平 1	水平 2		水平 j		水平 q
1	1						
2	1						
i	1						
p	1						

表 7－21 单元平均值作表推荐表

实验室	瓶 号	水平 1	水平 2		水平 j		水平 q
1	1						
2	1						
i	1						
p	1						

假如表 7－18 中单元少于 4 个测试结果(因为样品瓶损坏或数据按离群值检验被剔除),则既不将公式用作通常情况,又不忽视单元中所有数据,首选选择前者,选择后者浪费数据,但允许使用简单公式。

对于 j 水平的实验,计算:

(1) 表 7－19j 例的测试间结果范围平方和(超过 p' 实验室和超过 2 瓶样品之和):

$$SS_{rj} = \sum_{i=1}^{p}\sum_{t=1}^{2} w_{ij}^2 \qquad (7-45)$$

(2) 表 7－20j 例的各瓶间结果范围平方和(超过 p' 实验室之和):

$$SS_{Hj} = \sum_{i=1}^{p} w_{ij}^2 \qquad (7-46)$$

(3) 表 7－21j 例的单元平均的平均值和标准偏差,使用式 7－43 ～ 式 7－44。

使用表 7－19 ～ 表 7－21 和统计计算检验数据的一致性和离群值,假如数据被拒收,重新计算统计量。

计算重复性标准偏差 s_{dj} 和重现性标准偏差 s_{Rj}:

$$s_{dj}^2 = SS_{rj}/(4p') \qquad (7-47)$$

$$s_{Rj}^2 = s_{yj}^2 + (SS_{rj} - SS_{Hj})/(4p') \qquad (7-48)$$

假如给定 $s_{Rj} < s_{dj}$,则设 $s_{Rj} = s_{dj}$。

计算各瓶间测量方差的标准偏差估计 s_{Hj}:

$$s_{Hj}^2 = SS_{Hj}/(2p') - SS_{rj}/(8p') \qquad (7-49)$$

可以执行一个显著性试验观察各瓶间的方差是否有统计显著性,然而这并不是分析的必需部分,使用如此试验判断各瓶间方差是否可被忽视是不正确的(以便每单元测试结果被处理,似乎它们全来自同瓶样品),这将在重复性标准偏差评估引入一个偏倚,因为发现各瓶间方差是否具有满意显著性不能证明方差是否可以忽视。

研究 s_{Rj} 和 s_{dj} 是否依赖总平均 y_i 和,假如依赖,则确定函数关系。

d 详细审查一致性和离群值数据

使用 h 和 k 统计量检验数据一致性。

为核对单元平均值的一致性,计算 h 统计量:

$$h_{ij} = (y_{ij} - y_j)/s_{yj} \qquad (7-50)$$

将这些统计量以图示表示不一致的实验室,通过按水平序列图示统计量,并以实验室为单位分组。

为核对瓶间范围的一致性，计算 k 统计量：

$$k_{ij} = w_{ij} / \sqrt{SS_{Hj}/p'} \tag{7-51}$$

将这些统计量以图示表示不一致的实验室，通过按水平序列图示统计量，并以实验室为单位分组。

为核对测试间结果范围的一致性，计算 k 统计量：

$$k_{ij} = w_{ij} / \sqrt{SS_{rj}/2p'} \tag{7-52}$$

将这些统计量以图示表示不一致的实验室，通过按水平序列图示统计量，并以实验室为单位分组。

这些图的解释在"检验一致性图示法"讨论比较深入，假如一个实验室报告偏倚数据，然后大多数实验室 h 统计量（以源于单元平均数的图表表示）将以相同方向并是大数值。假如一个实验室没有运行同水平内重复性条件（允许无关因子增加瓶间方差）下的检验，然后异常大的 k 统计量将在图中（图源自于样品间的结果）显示，假如一个实验室重复性比较差，然后异常大的 k 统计量将在图中（源于测试间结果范围）显示。

可使用柯克伦检验和格拉布斯检验判断数据是否为歧离值和离群值，也可使用布雷斯科特检验替换格拉布斯检验。

为检验在测试间结果范围的歧离值和离群值，计算每一水平 j 的柯克伦统计量：

$$C = w_{max}^2 / SS_{rj} \tag{7-53}$$

式中，w_{max} 为 j 水平测试间结果范围 w_{ijt} 的最大值。

为使用表 7－16 的临界值，将 $p = p'$ 填入表中行左边空白页边和 $n = 2$ 的列中。

为检验单元平均值的歧离值和离群值，计算每水平 j 下的单元平均值格拉布斯统计量。算式与式 7－53 相同，只是将 SS_{rj} 改为 SS_{Hj}。

这些图的解释在"格拉布斯检验"讨论比较深入，一个不同种物料试验中，应用这些试验的结果应当按下面顺序操作：(1) 柯克伦检验应当应用于测试间结果范围，假如决定应用，以试验为基础，测试间结果范围是离群值并被剔除；(2) 给定离群范围的两个结果应当从重复性标准偏差和再现性标准偏差计算中剔除（但单元的其他结果应当被保留）；(3) 应用柯克伦检验于瓶间范围；(4) 应用格拉布斯检验于单元平均值。假如瓶间范围确认是离群值，或单元平均值为离群值，导致如此离群值的结果将被剔除，然后剔除所有从重复性和再现性标准偏差得来的合适单元的结果。

e　不同种物料计算设计总公式

在每一水平下的统计量按以下计算。

(1) 总平均值（i、t、k 项之和）

$$m_j = \sum \sum \sum y_{ijtk} / n_j \tag{7-54}$$

式中，n_j 为包含在总和中测试结果数。

(2) 每 i 个实验室效应（t、k 项之和）

$$B_{ij} = \sum \sum (y_{ijtk} - m_j) / n_{ij} = \text{每瓶平均值} - \text{总平均值} \tag{7-55}$$

式中，n_{ij} 为包含在总和中测试结果数。

(3) 每 i 和 t 的样品瓶效应（k 项之和）

$$H_{ijt} = \sum (y_{ijtk} - m_j - B_{ij}) / n_{ijt} = \text{每瓶平均值} - \text{实验室平均值} \tag{7-56}$$

式中，n_{ijt} 为包含在总和中测试结果数。

（4）每 i、t 和 k 的残差

$$z_{ijtk} = y_{ijtk} - m_j - B_{ij} - H_{ijt} = \text{测试结果} - \text{每瓶平均值} \tag{7-57}$$

（5）瓶样品平方和（i 项之和）

$$SS_{Lj} = \sum n_{ij} B_{ij}^2 \tag{7-58}$$

（6）瓶样品平方和（i、t 项之和）

$$SS_{Hj} = \sum n_{ijt} H_{ijt}^2 \tag{7-59}$$

（7）重复性平方和（i、t、k 项之和）

$$SS_{rj} = \sum \sum \sum z_{ijtk}^2 \tag{7-60}$$

（8）自由度

$$V_{Lj} = p_j' - 1 \quad V_{Hj} = g_j - p_j' \quad V_{rj} = n_j - g_j$$

式中 p_j'——至少报告一个测试结果的实验室数；

g_j——至少报告一个测试结果的样品瓶数；

n_j——测试结果总数。

（9）每 i 项的因子（t 项之和）

$$n_{ij} = \sum n_{ijt} \tag{7-61}$$

$$k_{ij} = \sum n_{ijt}^2 \tag{7-62}$$

（10）因子（i 项之和）

$$K_j = \sum n_{ij}^2 \tag{7-63}$$

$$K_j' = \sum K_{ij} \tag{7-64}$$

$$K_j'' = \sum K_{ij}/n_{ij} \tag{7-65}$$

（11）计算重复性标准偏差 s_{dj}、样品瓶间标准偏差 s_{hj}、实验室间标准偏差 s_{Lj}、再现性标准偏差 s_r：

$$s_{dj}^2 = SS_{rj}/V_{rj} \tag{7-66}$$

$$s_{Hj}^2 = (SS_{Hj} - V_{Hj} \times s_{rj}^2)/(n_j - K_j'') \tag{7-67}$$

$$s_{Lj}^2 = [SS_{Lj} - (K_j'' - K_j'/n_j) \times s_{Hj}^2 - V_{Lj} \times s_{dj}^2]/(n_j - K_j/n_j) \tag{7-68}$$

E 精密度值与平均水平 m 之间的函数关系式建立

建立过程如下：

（1）并非总能假定在精密度与 m 之间存在某种确切的函数关系。物料的非均匀性是引起测试结果变异的不可分割的部分时，只有这种非均匀性是水平 m 的确切函数才可作上述假定。对于不同成分或来自不同生产过程的固体材料，确定的函数关系更不一定存在。对精密度与 m 之间是否存在某种关系必须在应用如下方法前做出决定：如果关系不存在，可对每种所考察的物料分别确定精密度值。

（2）以下的推理和计算程序既能用于重复性标准偏差，也能用于再现性标准偏差，为简明起见，这里仅对重复性标准偏差进行讨论。考虑以下 3 种类型的关系式：

Ⅰ：$s_d = bm$（通过原点的直线）；

Ⅱ：$s_d = a + bm$（截距为正的直线）；

Ⅲ：$\log s_d = c + d\log m$ 或 $s_d = Cm^d$；$d \leqslant 1$（指数关系）。

在大多数情况下，这类关系式中至少有一个能给出满意的拟合。如果不能，统计专家应寻求另外的解决方法。为避免混淆，上述关系式中的常数 a、b、c、C 和 d 可用不同的下标来区别，例如对重复性记为 a_d、b_d…；对再现性，记为 a_R、b_R… 等。为简化起见，本章中这些下标均被省略。基于同样理由，S_d 也被简写为 S，而将下标留给水平标号 j。

（3）通常，$d > 0$，因而对关系式 Ⅰ 和 Ⅱ，当 $m = 0$ 时，有 $s = 0$。从实验角度看，这似乎不能接受。因此，当报告精密度数据时，必须明确表示所建立的关系仅适用于实验室间精密度试验所覆盖的水平范围内。

（4）当 $a = 0$，$d = 1$ 时，上述三个关系等同，故当 $a \approx 0$，$d \approx 1$ 时，两个或所有三个拟合关系式实际上是等价的。在此情况下，宜采用关系式 Ⅰ，因此它允许以下简单陈述："当两个测试结果的差大于（$100b$）% 时，就应该怀疑这两个结果。"用统计语言表示就是：对所有水平，变异系数是一个常数（$100s/m$）%。

（5）如果在 s_j 对 $\hat{m}_j$，或 $\lg s_j$ 对 $\lg\hat{m}_j$ 的图中，散点分布接近一条直线，手工画出的直线即可以给出一个较为满意的解，但最好使用数值拟合方法。

（6）从统计学观点来看，拟合一条直线是很复杂的，因为 $\hat{m}_j$ 和 s_j 都是估计值，都有误差。但因为斜率 b 通常很小（小于 0.1 阶或更小），因此 $\hat{m}$ 的误差影响很小，s 估计误差是主要的。

对回归直线参数的更好估计是使用加权回归，因为 s 的标准误差与 $s_j(\hat{s}_j)$ 的预测值成正比。加权系数应与 $1/(\hat{s}_j)^2$ 成比例，其中 $\hat{s}_j$ 是水平 j 的预测的重复性标准差，然而，$\hat{s}_j$ 与需要计算的参数有关。为求使残差的加权平方和最小的估计值，严格的数学步骤相当复杂。建议使用已证明在实际中是满意的迭代方法。

对迭代的 N 步，令加权系数 $W_j = 1/(s_{Nj})2$，$N = 0,1,2,\cdots$，依次计算以下各量：

$$T_1 = \sum_j W_j \qquad (7-69)$$

$$T_2 = \sum_j W_j\hat{m}_j \qquad (7-70)$$

$$T_3 = \sum_j W_j\hat{m}_j^2 \qquad (7-71)$$

$$T_4 = \sum_j W_j s_j \qquad (7-72)$$

$$T_5 = \sum_j W_j\hat{m}_j s_j \qquad (7-73)$$

对于关系式 Ⅰ（$s = bm$），则 $b = T_5/T_3$

对于关系式 Ⅱ（$S = a + bm$），则：

$$a = \left[\frac{T_3T_4 - T_2T_5}{T_1T_3 - T_2^2}\right] \text{和}\ b = \left[\frac{T_1T_5 - T_2T_4}{T_1T_3 - T_2^2}\right]$$

对于关系式 Ⅰ，将 $s_j = b\hat{m}_j$ 代入加权系数 $W_j = 1/(\hat{s}_j)^2$ 即可得到如下的表达式：

$$b = \frac{\sum_j s_j/(\hat{m}_j)}{q}$$，这里不需要进行迭代。

对于关系式 Ⅱ，将由单侧方差分析得到的 s 值作为初始值 $\hat{s}_{0j}$。令

$$W_{0j} = 1/(\hat{s}_{0j})^2 \quad (j = 1,2,\cdots,q)$$

计算 a_1 和 a_2,导出:$\hat{s}_{1j} = a_1 + b_1\hat{m}_j$,用 $W_{0j} = 1/(\hat{s}_{0j})^2$ 重复上述计算,可以得出:$\hat{s}_{2j} = a_2 + b_2\hat{m}_j$。

若对加权系数 $W_{2j} = 1/(\hat{s}_{2j})^2$ 再次重复上述同样步骤,所得结果的变化将很有限,从 W_{0j} 到 W_{1j} 对消除权数的误差是很有效的,因此 $\hat{s}_{2j}$ 可看作最终结果。

(7) $\log s$ 的标准误差依赖于 s,所有 $\log s$ 关于 $\log\hat{m}$ 的非加权回归是适宜的。

(8) 对于关系式 Ⅲ,相对计算公式是:

$$T_1 = \sum_j \lg\hat{m}_j \tag{7-74}$$

$$T_2 = \sum_j (\lg\hat{m}_j)^2 \tag{7-75}$$

$$T_3 = \sum_j \lg s_j \tag{7-76}$$

$$T_4 = \sum_j (\lg\hat{m}_j)(\lg s_j) \tag{7-77}$$

因此:

$$c = \left[\frac{T_2T_3 - T_1T_4}{qT_2 - T_1^2}\right]$$

$$d = \left[\frac{qT_4 - T_1T_3}{qT_2 - T_1^2}\right]$$

F 精密度评估

a 总精密度曲线

此部分介绍工作组在开发国际标准时进行适宜的精密度评估。在国际间实验获得的精密度评估数据应当与 TC102/SC2 出版的方法定义的总精密度曲线进行比较。任何分析的允差以重复性和再现性表示:

$$s_d = 0.0216c^{0.6691} \tag{7-78}$$

$$s_R = 0.0579c^{0.6353} \tag{7-79}$$

式中,c 为浓度(质量分数)。

这意味着国际间试验中,对于不同标准偏差(重复性 s_d、再现性 s_R),被工作小组分析的样品结果常低于以上公式在代入浓度后的评估值。

这些等式可利用 SC2 以往出版的文件数据计算得出,如文件 2N1417。但推导这些等式所使用的数据必须经过过滤。首先,铁的数据非常重要,从铁相关文件得来的数据精密度测量值大大低于所有观察到的余值趋势,这表明这些方法不能遵循精密度一般“法则”,对此可以有多种解释,但数据解析会导致这些数据形成其他成分的结论,不同于 SC2 标准测定余下分析值。同样原因对金属铁 MFe 和 Fe(II) 也如此。对于结合水(CW) 和吸湿水(HW) 也可从余下数据提取相应的数值,当与其他方法对比时,该方法的精密度不高。总之,这些方法正在修订,期望得到更好的精密度。其他被忽略的数据点则源于 XRF(熔珠法) 技术,最低浓度点为 Ni、Pb、Zn,两个最低点为 As、Cu、Co 和 Mg。对于 Ba,所有数据被拒收,对于 Sn,仅最高浓度被保留。这些从 XRF 数据去除的解释是该方法包含一系列元素以便更好地评估铁含量(通过干扰效应校正),因此不能成为定量分析,尤其在最低浓度时的痕量元素被检测的情形下。

国际试验统计分析的第一步应当评估获得数据的精密度，此时不能符合允差要求的方法应当被舍弃或为进一步方法改进而进行研究，以确保精密度测量的提高。对于某些情形，这也许是评估精密度的仅有方法，这使得原先没有被批准的方法开发用作定量分析成为可能。

万一一些其他分析方法被技术委员会批准，应当使用下述技术对新方法进行对比。在铁测定的特例中，如下评估应被执行。

b 对相同分析物采用其他 SC2 方法比较

对于两个精密度关系的比较（对相同分析物两种不同分析方法得出的精密度公式的比较），被使用的途径应假设在回归分析的测试，对每个不同的化学分析方法进行精密度评估与浓度的回归，然后借助变量在结合两套数据后进行另外的回归，变量被编号以便对于不同数据点确认分析方法。

两种方法的结果放在一起，如下模型被调整：

$$\sigma_d = \beta_0 + \beta_{1c} + \beta_{2x} + \beta_{3x} + \varepsilon \quad (7-80)$$

式中，σ_d 为精密度值（两种方法放在一起的重复性标准偏差），c 代表浓度矢量，x 为变量极限值（或虚拟值），编码为：

$$x = \begin{cases} 0, \text{假如观察值来自方法 1} \\ 1, \text{假如观察值来自方法 2} \end{cases}$$

用此模型，被测试的假设为：

$$H_0: \beta_2 = \beta_3 = 0$$

$$H_1: \beta_2 \neq 0 \quad \text{和/或} \quad \beta_3 \neq 0$$

为检验假设，来自回归方差分析表的平方和被使用。该测试计算遵循先前描述的运算法则。

（1）简单模型参数矢量的计算。

$$\sigma_d = \beta_0 + \beta_{1c} + \varepsilon \quad (7-81)$$

对于方法 1 和方法 2 的集合是否具有相关性（对于 s_d 和浓度 c），当对于 σ_d 真正值是未知的，在误差（ε）已知情况下，可以用估计值 s_d 替代。对于误差为未知，则能在回归计算后被 e 评估。该模型被最小加权平方调整，正如“精密度值与平均水平 m 之间的函数关系式建立”的模型Ⅱ所述。在调整后，需要计算残差平方和。首先需要计算残差 e。它们从等式 7－82 获得。

$$e = s_d - b_0 - b_1 c \quad (7-82)$$

式中，$\boldsymbol{b} = (b_0, b_1)^T$，为回归参数 $\beta = (\beta_0, \beta_1)^T$ 的评估矢量。

误差（残差）平方和：

$$RSS_H = \sum_i (e_i)^2 = \sum_i (s_{di} - b_0 - b_1 c_1)^2 \quad (7-83)$$

（2）等式 7－87 全模型参数计算。全模型参数可在正常最小加权平方评估值找到：

$$\boldsymbol{b} = (X^T V^{-1} X)^{-1} X^T V^{-1} s_d \quad (7-84)$$

式中，$\boldsymbol{b} = (b_0, b_1, b_2, b_3)^T$ 为全模型参数评估矢量；

$\boldsymbol{X}$ 为数据矩阵，以下式例举：

$$x = \begin{bmatrix} 1 & c_1 & x_1 & c_1x_1 \\ 1 & c_2 & x_2 & c_2x_2 \\ 1 & c_3 & x_3 & c_3x_3 \\ \vdots & \vdots & \vdots & \vdots \\ 1 & c_n & c_n & c_nx_n \end{bmatrix} = \begin{bmatrix} 1 & c_1 & 0 & 0 \\ 1 & c_2 & 0 & 0 \\ 1 & c_3 & 0 & 0 \\ \vdots & \vdots & \vdots & \vdots \\ 1 & c_n & 1 & c_n \end{bmatrix}$$

式中,列 c_j 包括两种被比较方法的浓度,第三列包含由 0′s(方法 1) 和 1′s(方法 2) 构成极限变量,第四列包含第二、第三列元素的产物;

V^{-1} 为方差矩阵的倒数,包含每个样品的估计方差倒数,其结构如下:

$$V^{-1} = \begin{bmatrix} 1/\hat{s}_{d1}^2 & 0 & \cdots & 0 \\ 0 & 1/\hat{s}_{d2}^2 & \cdots & 0 \\ \vdots & \vdots & \vdots & \vdots \\ 0 & 0 & \cdots & 1/\hat{s}_{dn}^2 \end{bmatrix}$$

元素 $\hat{s}_{di}^2$ 为在矢量 b 计算后,从等式 7 - 80 计算所获得的 s_d 平方。

s_d 为从两种分析方法集合而来的矢量。

在所有矩阵表达式中,T 为转置矩阵矢量和矩阵,上标(-1) 矩阵表示倒数。

以上得到的全模型残差平方和计算如下:

$$RSS = \sum_i (e_i)^2 = \sum_i (s_{di} + b_0 + b_1c_i - b_2x_i - b_3c_ix_i)^2 \qquad (7-85)$$

(3) 假设检验 H_0。对于测试以上给予的 H_0 假设,按以下统计量计算:

$$F = \frac{(RSS_H - RSS)/q}{RSS/(n-p)} \qquad (7-86)$$

式中 q—— 进行的测试数(在这些对比中,该值为 2);

n—— 在分析方法 1 和分析方法 2 的合成结果中所用数据对数;

p—— 全模型参数(总是为 4)。

用给定值带入:

$$F = \frac{(RSS_H - RSS)/2}{RSS/(n-4)} \qquad (7-87)$$

此统计量应当遵循($q,n\text{-}p$) 自由度的 Fisher-Snedecor 分配。假如 $F > F_{(0.95,q,n-p)}$,则 H_0 被拒收,在精密度方面,方法 1 和方法 2 被认为是不同的。

假如两个方法对比得出的精密度曲线没有遵循模型 Ⅱ 和模型 Ⅲ(见 7.3.1.2 节 E 条第(2) 项),回归计算应当以同样方法进行,使用 s_d 的对数和 c 替代,用变换的值进行线性回归,在这种情形下,1′s 的对角线组成的矩阵 V 可从表达式中省略。

(4) 当精密度以浓度常数为特殊情况时的计算。万一 s_d 不依赖浓度 c,两种方法可借助于简单 F 检验来检验两个方差的比。

可计算统计量:

$$F = \frac{s_{d1}^2}{s_{d2}^2} \qquad (7-88)$$

从 Fisher-Snedecor 表分别查得自由度 f_1、f_2,这些自由度为分别评估 s_{d1}、s_{d2} 的相应自由度(对于方法 1 和方法 2)。

以上表明 s_d 的计算对于 s_L 或 s_R 相当有效。

G 正确度评估

a 标准测量方法的正确度检验包括两种运算法则

运算法则如下：

(1) 包含在ISO 5725-4(1994) 同一时间相同样品的适宜分析的程序。该程序不考虑接受参考值的不确定度。

(2) 包含在ISO/TC102/SC2 N 1437E 23 页程序。该程序为通过评估测试得到的平均值与被工作组使用的所有样品接受参考值的比较。

在以下不同的情形,这两种算法均非常有效：

(1) 当对比被研究的测试方法获得的平均值和有证参考物料的接受参考值；

(2) 比较测试方法获得的平均值与使用另一测试方法获得的平均值(如当比较用原子吸收和 X 荧光光谱测定钙,提供两个工作组相同样品每种方法的结果)；

(3) 当用原始化学分析方法分析时,对比由工作组获得的一种测试方法的平均结果与使用样品的接受参考值(或通过确定方法,或一个绝对方法,无论何种无偏倚参考值被接受,它们都具有高精密度)；

(4) 两个不同实验室是否使用相同的标准方法,取决于是否分析同样多的样品。

b 首步运算可按以下步骤汇总(ISO 5725-4 所示)

应用精密度评估的计算结果并保留每个样品 s_R、s_d 和 m(最终总平均) 的结果。同样保留每个实验室运行的测定数(n) 和剔除离群值后的实验室数(p)。

让 μ 以符号表示样品接受参考值(这是一个 CRM 的认证值或利用原始化学分析方法分析样品所获值)。

计算：

$$\gamma = \frac{s_R}{s_d} \tag{7-89}$$

$$A = 1.96\sqrt{\frac{n(\gamma^2 - 1) + 1}{\gamma^2 pn}} \tag{7-90}$$

$$\hat{\delta} = m - \mu$$

对于工作组建立的结果和接受参考值($\hat{\delta}$) 之间的区别,接受参考值为样品分析方法偏差的平均值,95% 置信区间为 $\hat{\delta} - As_R \leqslant \delta \leqslant \hat{\delta} + As_R$。假如置信区间为0,则分析方法有偏倚的结论就不能作出。这非常重要,当使用这个运算法则时,核对实验室数和重复测试数是否完全遵循 ISO 5725-4 的相关内容。为了求证,核对是否 $\frac{\hat{\delta}}{As_R} \geqslant 1.84$;假如这个不等式不能成立,需要出示更多的数据并加入该测试项目。

总之,$1.5 \leqslant \gamma \leqslant 3.0$。为检测 s_R 的半值偏倚,当 n 变化时,实验室(p) 最小数和 γ 值之间的关系式见图 7－4。当期望检测的 s_R 偏倚等于 1 时,与 s_R 偏倚为半值时的情形相同(见图 7－5)。事实上,1 为这两个极端值之间的某处,因此这些图可帮助设计偏差检测方法应用的实验。

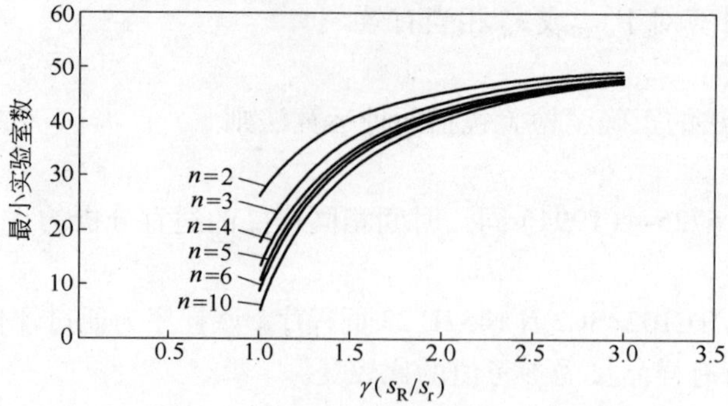

图 7 – 4 正确度测试的最小实验室数 —— 测试偏差 = $s_R/2$

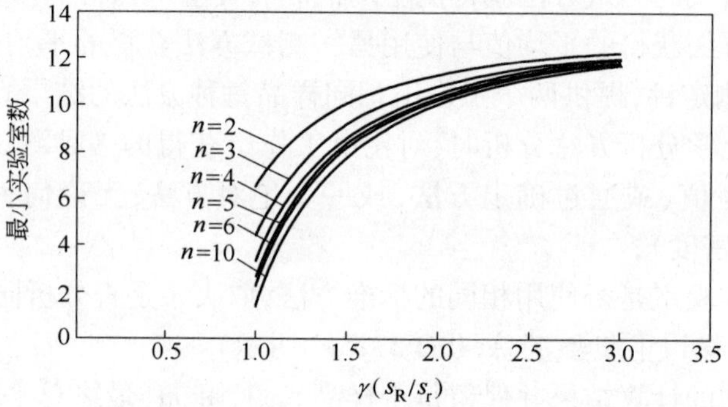

图 7 – 5 正确度测试的最小实验室数 —— 测试偏差 = s_R

c 第二步运算

第二步运算是采用回归程序，因此能一起处理所有样品，并产生两个不同种类的偏差的估计值：一个固定的和附加偏倚，可用直线的截距估计；一个比例的和乘法倍数偏倚，可用斜率估计。第二种方法的数学模型描述如下：

让 n 成为分析样品数，每个样品已知接受参考值。让 Y_i 为第 i 个样品用所研究的新标准方法获得的结果。与新方法有关的误差可用实验室间精密度测试结果评估，一旦给定实验室间标准偏差（σ_L）和实验室内标准偏差（σ_d）则平均方差可从下式得出：

$$\lambda_i = \frac{\sigma_{L_i}^2 + \sigma_{d_i}^2/n_i}{p_i} \tag{7-91}$$

对于第 i 个样品，n_i 代表每个参与的实验室对于那个样品的重复测试数，p_i 为参与实验室数。

对于 X_i 值，同样可通过等式 7 – 78 计算平均值的标准误差（或方差），除了在某些情况下使用 CRM 而采用在 CRM 证书告知的方差（实验室间和实验室内）。另外，假如样品用其他方法分析，数值可来自实验室间结果，该给定结果为接受参考值的平均值；假如确定的方法被用作获得接受参考值，则与之有关的误差也必须被估计。例如，通过重复试验。对于 k_i 值（x_i 值的方差）用采用确定方法时每个样品的重复试验方差评估。

这样，模型最终为：

$$Y_i = \alpha + \beta x_i + e_i$$
$$X_i = x_i + u_i$$

式中，e_i 和 u_i 分别为具有零均值和零方差的独立标准偏差。

一旦随机误差(u_i)消除，这里 x_i 则代表从参考方法测得的“真”值或 CRM 认证值。因为这些数值为未知，就不得不对它们进行评估。评估技术有对 x_i 值给定 α 和 β 初始值评估的迭代计算，例如 $\alpha = 0$ 和 $\beta = 1$。x_i 值的估计值称为 $\hat{x}_i$。

计算顺序如下所述：

$$\hat{x}_i = \frac{\lambda_i x_i + k_i\beta(Y_i - \alpha)}{\lambda_1 + \beta^2 k_i} \tag{7-92}$$

$$C_i = \frac{1}{k_i} + \frac{\beta^2}{\lambda_i} \tag{7-93}$$

$$W_i = \frac{1}{C_i k_i \lambda_i} = \frac{1}{\lambda_i + \beta^2 k_i} \tag{7-94}$$

$$\bar{X}_W = \frac{\sum_{i=1}^{n} W_i X_i}{\sum_{i=1}^{n} W_i} \tag{7-95}$$

$$\bar{Y}_W = \frac{\sum_{i=1}^{n} W_i Y_i}{\sum_{i=1}^{n} W_i} \tag{7-96}$$

$$\hat{\beta} = \frac{\sum_{i=1}^{n} W_i \hat{x}_i (Y_i - \bar{Y}_W)}{\sum_{i=1}^{n} W_i \hat{x}_i (X_i - \bar{X}_W)} \tag{7-97}$$

$$\hat{\alpha} = \bar{Y}_W - \hat{\beta}\bar{X}_W$$

用从式 7-103 和式 7-104 给定的 α 和 β 新结果，代回到式 7-98 并进行迭代直至收敛。

这里执行的假设试验认为是基本假设。

$$H_0:\begin{pmatrix}\alpha\\ \beta\end{pmatrix} = \begin{pmatrix}0\\ 1\end{pmatrix} \tag{7-98}$$

对两个参数 α 和 β 需要一个置信区间的评估以便能进行测试，这可从下例计算获得：

$$K = \frac{1}{n}\sum_{i=1}^{n} \frac{W_i}{C_i} \tag{7-99}$$

$$\bar{X}_W = \frac{\sum_{i=1}^{n} W_i \hat{x}_i}{\sum_{i=1}^{n} W_i} \tag{7-100}$$

$$SS_W = \sum_{i=1}^{n} W_i (\hat{x}_i - \bar{x}_W)^2 \tag{7-101}$$

$$\sigma_{\beta\beta} = \frac{1}{SS_W}\left(1 + \frac{nk}{SS_W}\right) \tag{7-102}$$

$$\sigma_{\alpha\beta} = \sigma_{\beta\alpha} = -\frac{\bar{x}_W}{SS_W}\left(1 + \frac{nk}{SS_W}\right)^2 \quad (7-103)$$

$$\sigma_{\alpha\beta} = \frac{1}{\sum_{i=1}^{n} W_i} + \frac{\bar{x}_W^2}{SS_W} + nk\left(\frac{\bar{x}_W}{SS_W}\right)^2 \quad (7-104)$$

$$\boldsymbol{\Omega}_n(\theta) = \begin{pmatrix} \sigma_{\alpha\alpha} & \sigma_{\alpha\beta} \\ \sigma_{\beta\alpha} & \sigma_{\beta\beta} \end{pmatrix} \quad (7-105)$$

假如 $\hat{\theta} = \begin{pmatrix} \hat{\alpha} \\ \hat{\beta} \end{pmatrix}$和 $\hat{\theta}_0 = \begin{pmatrix} 0 \\ 1 \end{pmatrix}$,则统计量 W,可由下式 7 - 106 得出,遵循自由度为 2 时 x 平方的分配。

$$W = n(\hat{\theta} - \theta_0)^T \boldsymbol{\Omega}_n^{-1}(\hat{\theta})(\hat{\theta} - \theta_0) \quad (7-106)$$

式中,$\boldsymbol{\Omega}_n(\hat{\theta})$ 为式 7 - 105 获得的估计值;$\boldsymbol{T}$ 为转置矩阵矢量。

假如该方法的计算使用矩阵,则 W 很容易计算,假如不使用,则如下表达式可使用:

$$W = n\zeta\{\sigma_{\beta\beta}\hat{\alpha}^2 - 2\sigma_{\alpha\beta}\hat{\alpha}(\hat{\beta} - 1) + \sigma_{\alpha\alpha}(\hat{\beta} - 1)^2\} \quad (7-107)$$

式中

$$\zeta = (\sigma_{\alpha\alpha}\sigma_{\beta\beta} - \sigma_{\alpha\beta}^2)^{-1} \quad (7-108)$$

假如 $W > x_2^2$,则 H_0 被拒收。

对于直线参数(α,β) 置信区间的建立,上述表达式可根据下式重新安排:

$$n\zeta[\sigma_{\beta\beta}(\alpha - \hat{\alpha})^2 - 2\sigma_{\alpha\beta}(\alpha - \hat{\alpha})(\beta - \hat{\beta}) + \sigma_{\alpha\alpha}(\beta - \hat{\beta})^2] \leqslant x_{0.95,2}^2 \quad (7-109)$$

该式定义为参变数空间一个椭圆。假如点$(\alpha_0,\beta_0) = (0,1)$,在5% 显著水平下,以上不等式为满意,则可得出在 95% 置信度的结论,两种方法或两个实验室,或两套结果,是相等的。不等式右侧的 x^2(卡方) 分配值可约为 6,然后 95% 的置信区间将建立。

然而,假如 H_0 被拒收,有必要测试是否有一个固定的或附加的偏差(通过$\hat{\alpha}$ 估计),或偏差是否成比例 / 乘法倍数(通过$\hat{\beta}$ 估计),或两者都有。

对附加偏差的测试,通过上式 7 - 109 中 $\alpha = 0$,将表达式转换为以下等式:

$$n\zeta[\sigma_{\beta\beta}\hat{\alpha}^2 - 2\sigma_{\alpha\beta}\hat{\alpha}(\beta - \hat{\beta}) + \sigma_{\alpha\alpha}(\beta - \hat{\beta})^2] - 6 = 0 \quad (7-110)$$

该式为 β 的二次多项式。多项式的根给出 β 的置信区间,这意味着假设 $\alpha = 0$,不能在 95% 置信水平被接受。

同样,用 $\beta = 1$ 替代 $\alpha = 0$,则:

$$n\zeta[\sigma_{\beta\beta}(\alpha - \hat{\alpha})^2 - 2\sigma_{\alpha\beta}(\alpha - \hat{\alpha})(1 - \hat{\beta}) + \sigma_{\alpha\alpha}(1 - \hat{\beta})^2] - 6 = 0 \quad (7-111)$$

现在,一个 α 的二次多项式等式成立了,它的根将给出 α 的95% 置信区间,假如没有根,则假设 $\beta = 1$(无乘法倍数偏差存在) 不能被接受。

通常,图对观察这里描述的对比结果很有帮助,或更能理解假设试验,对于它的效应,这里给出一些建议:

(1) X-Y 图(见图 7 - 6)。在此图中,Y 值对应于 X 值放置,评估直线$(\hat{\alpha},\hat{\beta})$ 在数据中是有阶层的。作图也有利于确定相同图中的线。这条线给出等式 $Y = X$(也就是给定的参数$(\alpha_0,\beta_0) = (0,1)$)。

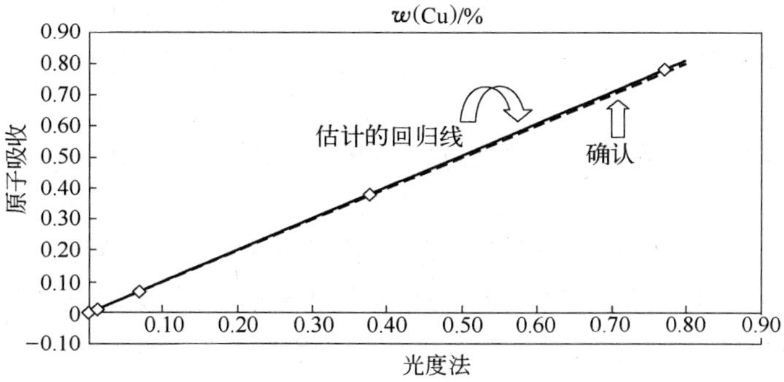

图 7－6 X-Y 图例举

(2) 差分图(见图 7－7)。两种比较方法的不同对应于它们的平均值在这种图中被表示。

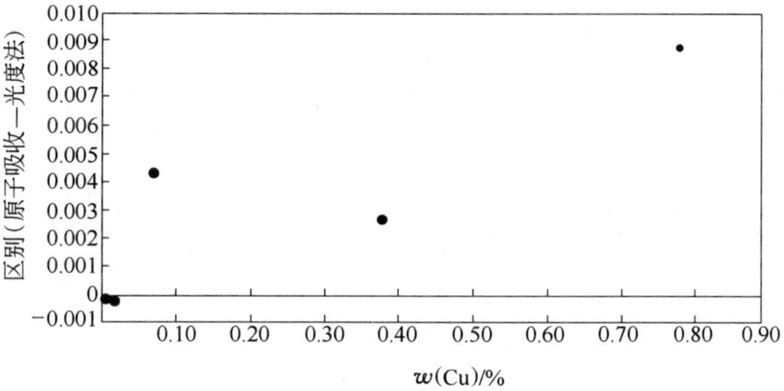

图 7－7 差分图例举

(3) 回归残差(见图 7－8)。此图对评估使用的精密度值是否真实或对检测离群值,或被使用的数学模型中的缺漏值(直线模型)非常有用。残差计算如下:

$$r_i = \sqrt{W_i}(Y_i - \hat{\alpha} - \hat{\beta}X_i) \qquad (7-112)$$

正因为如此,被回归权重标准化的残差依赖每一点的方差,此图可显示这些残差逆对预测值 $\hat{Y}_i$:

$$\hat{Y}_i = \hat{\alpha} + \hat{\beta}X_i \qquad (7-113)$$

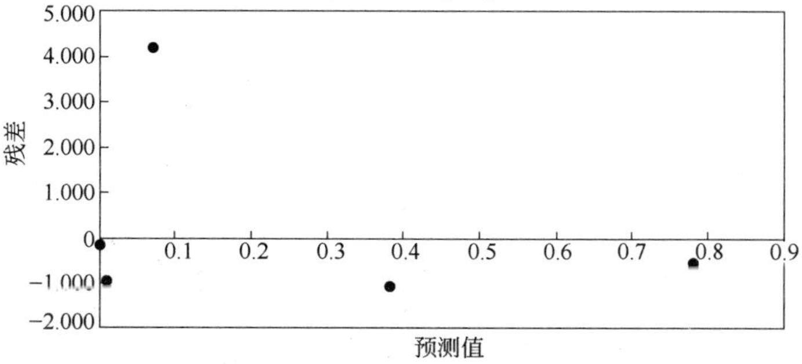

图 7－8 标准化残差图例举

标准化残差刻度内范围(- 3,3) 之外的点是可疑的,因为这里每一处不同代表一个零均值的标准偏离和单位标准偏差,因此,标准化残差平方和应当遵循($n-2$) 自由度的 x 平方(卡方) 分配。

(4) 对直线两种参数的置信区间(见图 7 - 9)。此图为假设测试图,它包括式 7 - 111 的椭圆和理想点(0,1)。当用来对比的结果在条件下意义上不相同(也就是没有偏差),这理想点(确认点,对应于 X-Y 图中的确认线) 落入置信椭圆包围的区域内。

图 7 - 9 所给例举来源于铁矿中铜的两种检测方法标准化数据,即在 ISO/TC102/SC2 内的光度法(ISO 5418-1 : 1973) 和原子吸收光谱法(ISO 5418-2,不包括 ISO 4693 : 1973)。给定数据与精密度评估产生的原始数据有关。

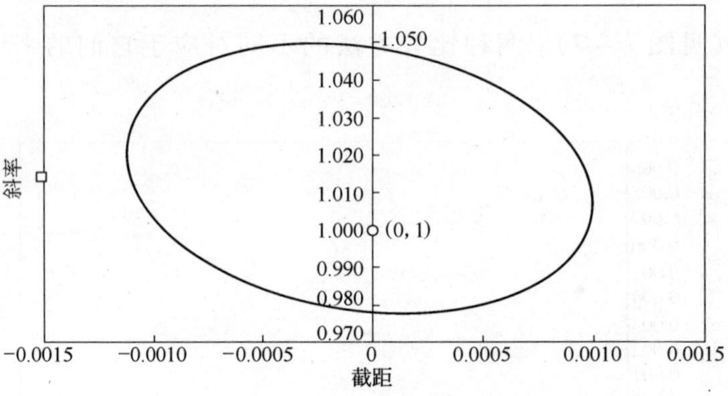

图 7 - 9 参数置信椭圆例举

d 用作回归比较样品数的测定

核对是否在国际试验中使用的样品数对确保良好精密度非常重要,这可以借助一些文献介绍的方法进行。

(1) 按照每一参数规定期望检测的偏差。

$$\Delta_a = \alpha_1 - \alpha_0$$

式中,α_1 为当假设 H_1 是真时的直线截距,$\alpha_0 = 0$。同样,可计算:

$$\Delta_b = \beta_1 - \beta_0 = \beta_1 - 1$$

对此,有必要规定期望检测的可选择假设。

(2) α 和 β 分别导致 Ⅰ 类和 Ⅱ 类误差的可能性,例如,$\alpha = 0.05$ 和 $\beta = 0.1$ 通常可被接受。

(3) 在 H_0 下,
$$w_{i0} = (\lambda_i + \beta_0^2 k_i)^{-1} = (\lambda_i + k_i)^{-1} \tag{7 - 114}$$

(4) 同样,在 H_1 下,
$$w_{i1} = (\lambda_i + \beta_1^2 k_i)^{-1} \tag{7 - 115}$$

(5)
$$C_{i0} = \frac{1}{k_i} + \frac{1}{\lambda_i} \quad 和 \quad C_{i1} = \frac{1}{k_i} + \frac{\beta_1^2}{\lambda_i} \tag{7 - 116}$$

(6)
$$\hat{x}_{i0} = \frac{\lambda_i x_i + k_i Y_i}{\lambda_i + k_i} \quad 和 \quad \hat{x}_{i1} = \frac{\lambda_i x_i + k_i \beta_1 (Y_i - \alpha_1)}{\lambda_i + \beta_1^2 k_i} \tag{7 - 117}$$

(7) 计算如下 H_0 和 H_1 的所有公式,为符号表示的简单化,仅 H_0 被表示,而 H_1 可用 1 替代 0 表示。

$$\bar{X}_{W0} = \frac{\sum_{i=1}^{n} W_{i0} X_i}{\sum_{i=1}^{n} W_{i0}} \tag{7-118}$$

$$\bar{Y}_{W0} = \frac{\sum_{i=1}^{n} W_{i0} Y_i}{\sum_{i=1}^{n} W_{i0}} \tag{7-119}$$

$$k_0 = \frac{1}{n} \sum_{i=1}^{n} \frac{W_{i0}}{C_{i0}} \tag{7-120}$$

$$\bar{X}_{W0} = \frac{\sum_{i=1}^{n} W_{i0} \hat{X}_{i0}}{\sum_{i=1}^{n} W_{i0}} \tag{7-121}$$

$$SS_{W0} = \sum_{i=1}^{n} W_{i0} (\hat{X}_{i0} - \bar{X}_{W0})^2 \tag{7-122}$$

$$S_{b0}^2 = \frac{1}{SS_{W0}} \left(1 + \frac{nk_0}{SS_{W0}}\right) \tag{7-123}$$

$$S_{a0}^2 = \frac{1}{\sum_{i=1}^{n} W_{i0}} + \frac{\bar{X}_{W0}^2}{SS_{W0}} + nk_0 \left(\frac{\bar{X}_{W0}}{SS_{W0}}\right) \tag{7-124}$$

$$S_{b0} = \sqrt{S_{b0}^2}$$

$$S_{a0} = \sqrt{S_{a0}^2}$$

(8) 假如 $\Delta_b > t_{\alpha/2} S_{b0} + t_\beta S_{b1}$ 和 $\Delta_a > t_{\alpha/2} S_{a0} + t_\beta S_{a1}$，则实验室间使用的样品数 n 对所需检测偏差是足够的。如果这里两个条件中的一个不满意，则更大数量的样品就要被检测。在这种情况下，实验室间测试则不能声明已经结束，而另一轮新样品试验就要进行。为建立新的替换数 n，使用等式7－114 ～ 式7－122 相同的统计计算，并使用不同 n 值和式7－123、式7－124 计算一系列结果。实验至所选 n 值使上述不等式为真实。

为使探究最优 n 变得更容易，推荐下述算法：

(1) 建立一个称作 $\boldsymbol{n}$ 的矢量，设定其从 $\boldsymbol{n} = 3$ 至规定 $\boldsymbol{n}$ 最大值为第一步，如：使 $\boldsymbol{n}$ 最大值为 100。

(2) 计算上述 $\boldsymbol{n}$ 的每个值，在式7－123 和式7－124 中保持其他统计量为常数。

(3) 计算：

$$st1 = \Delta_b - t_{\alpha/2} s_{b0} - t_\beta s_{b1} \tag{7-125}$$

$$st2 = \Delta_a - t_{\alpha/2} s_{b0} - t_\beta s_{a1} \tag{7-126}$$

(4) 以 $st1$ 对 $\boldsymbol{n}$ 作图，并以 $st2$ 对 $\boldsymbol{n}$ 作图。

(5) 两个图同时获得正值的最小 $\boldsymbol{n}$ 为所选 $\boldsymbol{n}$。

对于此项算法，有必要对已完成的实验室间测试中获得的数据进行处理，这项测试由工作组组织，或也可以从以往相同分析的数据提取（在评估或计划评估的相同浓度范围内测试)。假如最终测试获得的精密度值相似于这些计算使用的精密度,将提供接近足够的评估值(见图7-10)。

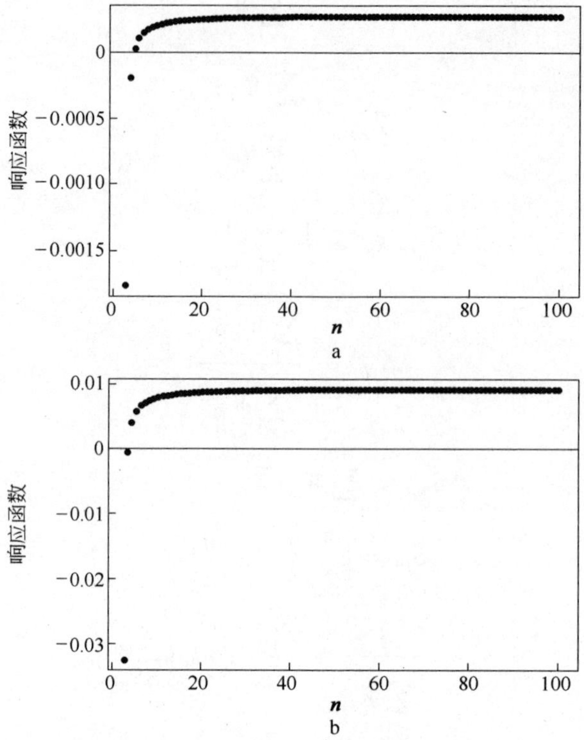

图7-10 铜的光度法和原子吸收法之间,0.0008%铜的固定偏差(α_1)和1.2%(2%)的比例偏差(β_1)的测定

a—偏差试验样品数与截距的关系;b—偏差试验样品数与斜率的关系

在上述例举中可见,$\boldsymbol{n}=3$ 足够测试给定的多重偏差,$\boldsymbol{n}=4$ 足够附加偏差。注意,结果依赖于选定可测偏差,当进行这种评估时,需小心处理,因为按照使用的实验方法,为达到合理的结果,可测偏差必须被选择。

7.3.1.3 标准评估与验证的统计程序

为帮助项目负责人和召集人计划他们开发新SC2化学分析标准方法,本部分给出一些如何协调提交文件的统计程序,工作的组织如TCR4所介绍。这里给定的统计工具有助于标准化程序两个阶段的组织和处理,即预备阶段(被SG)和准备阶段(被WG)。

A 预备阶段

在此阶段,如TCR4所述,小组需进行两种类别的工作,首先为方法开发的初始研究,其次为进行首次实验室间标准化试验。

a 初始研究

这一步骤通常为尚未完全开发的候选方法,一些研究必须进行并进行评估:

(1) 在指定矩阵所选分析物测试方法的选择和规范;

(2) 精密度测量;

(3) 测试水平初次评估(对于低等级测定);

(4) 当精密度和方法所选工作范围浓度之间存在关系时，首先决定是属于哪一种关系，再执行初步评估。通常，工作可由一个实验室进行，所以仅评估重复性标准偏差即可；

(5) 作为初次研究的精确度、回收率试验、消除损失的替换方法、处理干扰等其他研究；

(6) 以国内水平，使用实验室间试验评估精密度。

b 注意事项

进行以上工作的基本工具为方差分析方法（使用实验设计）。提交的文件为这种研究提供可能，但通常7.3.1.2节给定的规定对于所候选方法的完善度评估很有帮助（也就是在不同实验中的分析物变化的影响、曲线校正、试剂等，为进一步深入研究这些变量如何影响方法的性能，更完整的计划见ISO 5725-3）。

为了评估仪器分析方法的灵敏度，通过所得校正曲线进行完整分析的方式没有在此涉及。假如校正程序被合适地操作，精密度也许需要通过斜率测量。对于评估检测水平，ISO可提供一个完整的指南，见ISO 11843相关部分。

对于精密度和浓度之间关系的研究，7.3.1.2节相关部分已经规定了获得这些公式的计算方法。用不止一种模型进行研究有助于确定那个更优。因此，就容易获得两者之间的关系。

假如精密度用CRMs测试，此阶段没有必要使用很多，使用两个或三个CRMs不足以用如7.3.1.2节G条c款所述回归程序测试精密度，因此7.3.1.2节G条b款所述方法应当使用。

在首次国内实验室间试验的精密度评估可使用如7.3.1.2节D条c款所述双样系统得到，如此阶段为核对精密度就不必要使用CRMs，所获的评估值可用7.3.1.2节F条a款所述的总SC2曲线估计。

对于首次国际实验室间测试，可同样应用上段程序。假如方法在国内的评估良好，则就需要进行国际间方法标准化试验，该试验会使所评估方法有许多改进。在成功地进行国际间标准化试验评估后，就可准备开始准备阶段的工作，如否，则需再次尝试其他标准化试验，使改进的方法可改进精密度或精确度问题，以便准备下一阶段的工作。

B 准备阶段

本段说明精密度试验的必要性，TCR4描述了此试验的方法选择。基本上，有4种选择，以两种情形分类，如下所述：

a 使用相同样品评估精密度和正确度

假如工作组选择此项选项，TCR4有两种备选，试验采用CRMs或不使用。

(1) 无CRMs的测试。在准备阶段，一个正确度的测试是强制的，除非小组决定预先将此方法不作为仲裁方法目的。在一个新方法批准前，即使是非仲裁方法，一个ISO标准也不能有任何极端偏倚。一些精密度试验，甚至间接的试验，都应当被尝试。

在此选择，WG可以试验RMs用于试验，应当遵循7.3.1.2节D条c款所述双样系统评估精密度。为了评估正确度，同样的RMs应当使用原始的分析化学方法通过相关实验室进行重复性分析。对于原始方法，相关实验室进行的重复性试验通常计算7.3.1.2节G条c款所述的方差（k_i）。候选方法的方差按式7－91计算。

在 7.3.1.2 节 G 条 c 款使用的结果为已经提及的方差 k_i 和 λ_i 以及不同值 X_i（原始或参考方法获得的平均值）和 Y_i（候选方法获得的平均值）。

（2）使用 CRMs。7.3.1.2 节 C 条 c 款所述计算的单样系统应当被使用。对于正确度评估，7.3.1.2 节 G 条 b 款方式可使用，但最终结论应当按 7.3.1.2 节 G 条 c 款作出。

b 不同于正确度评估的一系列样品的精密度评估

在这种情形下，RMs 应当被用作使用双样系统精密度评估（计算方式见 7.3.1.2 节 D 条 c 款）。

对于正确度试验，CRMs 是最好的选择。每个方差可用式 7－91 获得，但这里公式的结果也被称为 k_i（参考值方差）。

当处理从候选方法获得的 CRMs 结果时，λ_i 可通过式 7－91 计算。CRMs 的 X_i 值为供应商提供的认证值。7.3.1.2 节 G 条 c 款所述的回归 Y_i 值为候选方法所得的平均值。

作为选择，其他样品可以作为正确度试验分析。假如它们不是 CRMs，它们应当通过原始化学分析方法分析。在此情况，它们应当用候选方法和用原始参考方法进行重复分析。对于候选方法，重复试验应用作核对是否结果符合用作精密度评估的 RMs 获得的精密度方程式。假如它们可接受，重复试验计算的平均结果应当代入源于精密度试验得出的公式，并在使用的样品中得出方法的 S_L 和 S_d。这些结果可代入公式 7－91 得出方差 λ_i。

对于原始方法，重复试验可被用作评估所选样品方法的方差。在 7.3.1.2 节 G 条 c 款所述的结果为已经提及的方差 k_i 和 λ_i 以及不同值 X_i（原始或参考方法获得的平均值）和 Y_i（候选方法获得的平均值）。

应当注意描述的最终可选择方案（使用 RMs 用作精密度推导和其他 RMs 用作正确度评估，通过原始参考方法替代使用 CRMs 进行评估）与使用同样 RMs 精密度推导和正确度评估效果相同。

C 最终报告

负责处理由 SG 和 WG 提供的数据统计师应当完成一个完整的报告，该报告必须具有以下信息：

（1）测量方法程序的操作者、监督者提供所观察的全部信息；

（2）离群值的剔除和处理的原因；

（3）总平均值（X）、重复性（R_d）、允差（P）、再现性（R）、重复标准偏差（σ_d）、实验室间标准偏差（σ_L）、再现性标准偏差（σ_R），假如有可能，建立总平均值与 6 个精密度测量值之间的函数关系。

（4）精密度估计值的评估形成 SC2 方法总精密度曲线，假如有可能，对同样分析物其他方法得出的精密度进行比较。

（5）当 CRMs 认证值与参考方法（通常为化学原始方法）对比时，可对测试方法正确度进行评估。

（6）方法有效性范围信息。任何方法的下限应当给出 20% 的最大再现性相对标准偏差。假如，工作组测试的最低等级给出很高的值，统计师应当通过插值将统计量（RSD_R）对浓度进行回归和测定。最低限相当于 20%，精密度测试方法的范围要符合相关原理，不能包括离群的浓度，即使校正曲线（仪器分析）允许这样做也不行。原因是校正曲线只能保障分析物浓度的正确评估,而不能获得精密度。

(7) 方法分类(方式仲裁方法)。

7.3.2 铁矿石 ISO 标准评议意见处理

ISO 标准作为国际上协调一致的产物,投票意见固然重要,但任何评议意见也不能忽视。评议可以来自研究组或工作组成员,也可以来自各成员国;可以是书面提交,也可以口头提出。由于 ISO 是一个松散型国际性技术组织,因此技术委员会和分技术委员会对于来自各方各层的评议意见采取相对宽松的态度,同时营造良好的环境,使各种评议意见的表达没有任何障碍,目的就是让各成员国能充分表达意见,遵循透明与公开,最后形成基本统一的意见,使得相应 ISO 标准能顺利出版。

7.3.2.1 评议意见提出

可以这么说,TC102 的相关评议提出和接受类似于"沙龙",各成员国专家可以充分表达自己的意见,而且在标准制定、修订的各个阶段都可以提出评议,只不过评议的接受和采纳程度有所不同,相关指南和程序也对一些技术性评议和编辑性评议的接受、采纳有所规定。

A 评议意见的提出

评议意见的提出形式可以多样化,既可书面提出,也可以口头提出,目前采用比较多的以电子邮件形式。可以在标准制定、修订的任何一个间段提出,也可以在 TC102 相关会议中提出。口头提出以会议期间居多,书面提出的相关文件除直接发给项目召集人外,TC102 要求也要同时发给分技术委员会秘书处。

B 评议意见的种类

评议意见多数为技术性意见,有些为编辑性意见,当然也有其他原因的意见。提出评议的专家根据自己的经验或根据自己实验的结论,对标准的制定、修订提出建设性意见,目的就是为了让所制定的标准更符合科学,或者更符合各成员国共同利益。但也有一些成员国专家为了达到某种目的,提出的评议带有一定的偏向性。在标准制定、修订的各个阶段,每一个版本的草案和编制说明,或进展报告、验证报告、试验结果等,都需要在成员国范围内征集评议意见,各成员国可以对召集人提交的文件进行评议,也可以对其他成员国提出的评议进行评议,当然每个成员国国内部分首先要统一意见,因为每个成员国提出的评议往往代表某个国家的意见。在预备阶段、准备阶段、工作组草案阶段、委员会草案阶段提出的评议以技术性意见偏多,在委员会草案阶段、征询意见阶段、送审阶段、报批阶段则以编辑性意见偏多,但到 DIS 及以后各阶段,原则上不能再提出技术性意见,因为相关技术性意见在前几个阶段应该已经提出或处理,这项原则的目的是要求提出评议的专家对自己提出的评议要有严肃性,并要求处理评议的人员以认真负责的态度对应评议意见,也是为了对标准制定、修订人员劳动的尊重,减少评议提出的随意性,加快标准开发速度与效率。TC102 要求,如果对任何一个项目进展的投票为反对票,就必须附上提出反对原因的评议意见。一般在需要进行进展投票的项目草案和相关报告发布、流转后的规定时间内,尤其是在进行国际间协调试验后,评议意见的提出会形成高峰。或在 TC102 会议及其分技术委员会会议期间提出的评议,有其能进行面对面探讨、争论的优势,它能当场解决一些问题,能快速达成统一意见,在会议之外的评议虽然提出与答复时间周期长,但有充足的时间进行论证和实践。

C 投票评议

TC102 每个成员国对评议都非常重视,一般每个成员国收到秘书处发来的投票单,或相关草案文件后,都会组织技术力量对文件进行分析、试验、验证,然后提出评议意见,这也是一个国家的一种主权表征,如果放弃评议就等于放弃主权,也等于放弃国家利益。对于我国,铁矿石标准化工作人员应当以国家利益为重,积极主动评议其他国家制定的 ISO 标准,发出中国的声音,提出中国的利益诉求。

D 评议意见提出的时机

首先,项目召集人在完成相关文件后,在工作组或研究组内充分征求评议意见,将技术性意见尽可能在预备或准备阶段解决是标准能否顺利开发的关键。其次,尽可能要求工作组或研究组内其他国家的专家在 TC102 会议之前提出评议,这可使召集人有时间处理评议意见、提出对策。

E 评议意见受理

召集人可以直接接受来自小组内各成员专家的评议,也可直接接受来自其他成员国专家的评议,有些评议意见由 TC102 秘书处或由分技术委员会秘书处会转发。但一般情况下,秘书处转发的评议材料会统一发给各成员国对应的组织,如我国 TC102 对应的组织为 SAC/TC317,其秘书处设在冶金工业信息标准研究院,因此要及时向相关组织索要其他专家对你召集的小组制定、修订标准的评议。

F 评议意见的管理

对于各国的评议,无论它出于什么目的,都要接受。为遵循公开与透明原则,无论何种形式的评议,无论是对还是错,召集人都要整理成文字材料,并编入召集人相关报告,注明出处。有些重要的评议由分技术委员会秘书处进行编号,一些零散评议由召集人编成汇总材料后送分技术委员会秘书处进行编号。为控制编号数,一般在一个会议周期间,一个项目的评议文件编号数量尽可能少。每份评议都将在相关会议中进行讨论,并将讨论后形成的统一意见形成决议,每份有编号的评议都将留作 TC102 的历史记录与档案,同时也成为 TC102 的成果的一种形式。

G 我国对 TC102 评议要求

由我国召集的项目,在收集评议时,除要遵循 ISO 及 TC102 相关程序和规定外,还要遵守我们国家相关部门对参加国际标准化活动的一些规定。一般情况下,由我国召集的项目除 TC102 设立的研究组或工作组外,在国内也设立一个由 SAC/TC317 全国铁矿石与直接还原铁标准化委员会或 ISO/TC102 中国工作委员会协调的工作小组,或由相关部委或行业协会协调设立的工作小组,任何评议的管理都要经过国内统一的管理部门。

7.3.2.2 评议意见的答复

评议意见的答复可以是书面,也可以是口头答复。其实,评议的提出和答复类似于我国的科研项目完成进行鉴定时的答辩,尤其是口头答复。在会议期间的书面评议和口头评议的答复,多以召集人或小组成员口头为主,但有些评议需要实验数据支持,就要等会后进行实验验证后再给予书面或口头答复。如果能做到以下 6 点,则一项评议意见的答复是成功的。

A 认真对待

每位标准制定、修订项目的召集人或负责人要认真对待来自各成员国的评议意见，正确处理与吸收来自共同利益的意见，对能否推动标准制修订的进展有着相当大的作用，有些成员国就是因为召集人不采纳意见又不作任何解释，就会对标准的进展投反对票，阻挠标准的顺利开发。国际标准是各成员国利益协调一致的产物，无论是仲裁标准还是非仲裁内控标准，只要是 ISO 组织出版的 ISO 标准，就应该考虑到各成员国的利益诉求，不能对任何一个成员国有忽视，更不能有歧视。虽然我们参与国际标准化活动也带有维护我国国家利益的目的，但忽视了其他成员国的利益，就有可能会得不偿失。考虑到不同技术人员思考技术问题角度的不同，及掌握信息不一致，项目召集人在标准制修订或研究开发中设计的方法有技术缺陷，或在标准草案中的内容结构、用词、语法等存在编辑性纰漏，通过国际上一大批高水平专家的智慧，可共同为标准草案的质量把关。因此，国际标准的制修订不像我国的国家标准，在出版标准的前言列出标准制订人员姓名及参与单位的名称。ISO 认为国际标准是各小组专家、各级技术委员会共同的成果，它注重的是各成员国及专家对 ISO 的贡献。

B 实验论证

评议的答复是很严肃的事，不能随意，也不能敷衍了事，在国际标准化舞台上，注重的是科学依据，结果数据是最大的权威，因此要养成以数据服人的良好习惯。任何对于你所召集项目的评议，不要太着急进行答复，除非你手头上刚好拥有能充分说明问题的数据。对于事先未作准备的答复应该先进行科学论证，这里实验非常重要。在预备阶段国内或国际间验证试验中，一些标准草案的问题会暴露比较多，参与验证或评议的专家提出的意见会汇总到召集人处，此时召集人必须组织相关力量进行求证，有些求证可以直接引用一些国际上公认的参考文献，但有些求证就要用试验证明。如，中国召集的一项国际协同试验中，荷兰专家以认真负责的态度，反复对标准草案进行试验，在试验过程中陆续提出评议，有些评议经过召集人组织的试验论证后，认为非常正确，因此及时对草案进行修正，使草案能在下一个阶段能更加顺利。我国在参与 TC102 活动初期，由于没有经验，提交的评议或对评议的答复只是给出大概的、定性的结论，由于依据不充分，意见常不被对方所采纳，也曾经造成诸多被动。另如，中国提出的砷测定标准草案，在 2005 年澳大利亚会议，日本专家以充实的材料说明该版草案的问题，中国专家根据日本提出的意见，重新修订草案，在修订的草案中设计了新的方案，同时用大量的实验数据证明修订草案方法的可行性，因此受到各国专家的一致肯定。如果你所需要评议的文件恰好是你以前研究过的课题，那么课题的实验数据和结果就是非常好的求证和答复的依据。千万不要凭不可靠、纯经验性的结论对评议进行答复，因为这不仅不会使对方理解，而且还会引起对方对你不尊重。

C 仔细甄别

虽然 TC102 要求提出的评议科学、公平，但收集到的实际评议中不乏粗浅的、随意的、甚至带有过分强调自己利益而忽视他人利益的意见，因此对已接受的评议意见要进行仔细甄别。对于随意的、缺乏科学性的评议，要有殷实的理论依据指出评议的不合理性，或者婉言说明评议考虑问题欠周到之处，做到有理、有利、有节；有些专家由于不全面了解背景材料，可能会提出一些已经解决的问题，此时需要耐心解释，并提供相关材料；对于带有自身目的而不符合ISO原则的评议，则要以不亢不卑的态度，明确指出评议意见的不公正性，尤其要仔细判别披着技术外衣，其实内含损他目的的评议；对于那些实在是过分粗浅的评议，可以不去理睬。因为标准制定、修订领域是一个高技术领域，参与活动的人员一般都是各成员国在该行业的资深专家。在TC102相关会议中，有时就一个问题，相关成员国代表面对面讨论得非常激烈，相关意见争执不下，此时更应该有清醒的头脑，及时发现对方评议的破绽。对对方提出的评议暂时不能给出解释的，就不要勉强同意对方的观点，要明确表明先搁置争议，待实验验证后再给予答复，而且要主动承担和组织实验，积累实验数据提出反驳，因为此时的程序也类同司法程序中的反证。

D 合理采纳

在评议意见中也不乏好的建议和佐证召集人提交草案、文件的正确性的验证，大多数成员国技术专家凭着严谨的态度及为ISO贡献的愿望，会提出一些建设性的评议，这些评议是宝贵的意见，它将对标准草案的完善作用非常大。这些评议基本上集中在标准草案第一稿发布后，或第一次国内协调试验、尤其是第一次国际协同试验后，由于第一次标准化条款确认的协同试验与第二次精密度协同实验的参与实验室不一定完全相同，不同的实验室从不同的角度也会提出一些评议，这些评议的意见的合理部分应该被吸收到标准草案中。笔者在组织国际间协同实验，也遇到过一些非常尽职的专家，在试验过程中他给我所召集的项目提出的不仅仅是问题，还不断给予解决问题的方法，使我能在制定草案时各方面因素都能周到考虑。有些专家虽然提出了问题，而且还提出了如果不重视该问题的后果，使我能避免在标准制修订后期会遇到的阻碍，提高成功制定标准的几率。

E 积极沟通

相关评议意见进行面对面的沟通只能在两年一度的TC102会议及分技术委员会会议上进行，其余只能通过信函沟通，ISO要求参与标准化活动的专家应具有利用电子形式沟通或网络操作能力。沟通的方式有：(1)通过技术委员会或分技术委员会秘书处，首先要与相关秘书处秘书建立联系，通过秘书处沟通的文件会有很好的管理，并且发布范围广；(2)直接与评议提出人沟通，评议的答复既快捷又方便；(3)与小组成员进行沟通，及时联络，其效果与开网络会议相当；(4)对特定的领域，可以指定专家进行联络沟通，可以寻求解决问题的权威方法；(5)会议沟通。前4种沟通方式基本上以电子邮件为主，沟通越多，了解越多，理解就越充分，评议意见与答复就越容易被接受。积极沟通也会带来情感交流，增强各成员国专家之间的友谊，容易营造和谐的合作氛围，毕竟大家为了一个共同的利益，处于一个共同的平台上，为了寻求共赢的目标进行合作。通过积极沟通，可以在ISO这个国际舞台展示专家自身的学术风采，满足成就感。另外，会议沟通的优势也相当明显，曾经在铁矿石表观密度测定ISO标准制修订中，巴西专家和日本专家为了一个条款细节通过电子邮件争执得不可开交，导致SC3秘书处也无法协调，于是SC3秘书建议在加拿大魁北克会议进行面对面地交流，最终通过现场幻灯展示、与会代表沟通探讨，使得意见达成一致，巴西和日本专家握手言和。ISO官方网站是TC102相关资料和信息的权威发布载体，也可以通过秘书处向ISO官方网站上传文件，以求在国际范围内进行公示。

F 及时反馈

ISO标准的制修订程序各阶段有着严格时间限制，评议意见或答复如不及时就会影响标准制定、修订进度。因此，即使有些评议需要实验验证，但也不能拖太长的时间，评议产生了，要尽快安排实验或组织相关文字材料。除进度影响之外，如果经常性反馈不及时，或对评议专家的意见不理不睬，就会使对方逐渐失去对项目支持的兴趣，毕竟 ISO 标准化活动的参与是自愿行为，它的组织是松散型组织，没有强制约束力。然而，ISO 以及 TC102 相关导则、技术委员会报告规定，为了使出版的标准能兼顾各成员国的利益，要求参与国际协同实验的国家和实验室必须达到一定的数量，如果召集人没有能力使参与国家和实验室达到这一数量，或者不能主导项目小组专家的参与热情，你所召集的项目就有被取消的危险，导致白白耗费先前的工作和精力。

7.4 相关表格与规范引用范例

7.4.1 相关表格

本部分介绍 TC102 活动所使用的常用表格，熟悉这些表格对于参与 T102 相关活动非常重要，这些常用表格可分为三个类别，分别为投票相关表单、项目相关表格、机构与人员相关表格。目前，ISO 组织已经推行网上投票、审查，因此大量的表格已经用网页代替，剩下的还在使用的报告已经不多了。

7.4.1.1 投票单

TC102 涉及投票的常用表格有 6 种，主要用于技术规范和技术报告草案、新领域技术活动、新工作项目、委员会草案、征询意见草案、标准系统复审等议案同意与否的投票单。投票单的模板可见附录 C。

A 技术规范和技术报告草案

技术规范（DTS）和技术报告（DTR）草案投票（Vote on draft technical specification or technical report），内容包括技术规范和技术报告的编号、标题、投票期限、所属 ISO 技术委员会和分技术委员会、秘书处、投票国、投票人签名等基本信息，该表是技术委员会或分技术委员会要求 P 成员国对是否同意出版技术规范和技术报告进行投票，如果选择不赞成，还需要在投票单上说明理由，然后投票单返回技术委员会或分技术委员会秘书处。

B 新领域技术活动

新领域技术活动议案投票（Vote on proposal for new field of technical activity，即 Form 2），内容包括编号、标题、投票期限、投票国、投票人签名等基本信息，该表是中央秘书处要求各国对是否同意该议案进行投票，如果一个新技术委员会成立，还需询问各成员意愿的问卷调查，该表可附附件，然后投票单返回 ISO 中央秘书处。

C 新工作项目议案

新工作项目议案投票（Vote on new work item proposal，即 Form 5），内容包括编号、标题、投票期限、投票国、投票人签名等基本信息，该表是技术委员会或分技术委员会要求 P 和 O 成员国对是否同意该新工作项目进行投票，如果选择不赞成，还需要在投票单上说明理由，如果选择赞成，则还需推荐共同参与项目的专家，然后投票单返回技术委员会或分技术委员会秘书处。投票结束后，秘书处须采用“新项目议案投票结果表（Result of voting on new work item proposal，即 Form 6）”对投票结果进行列表和统计。

D ISO委员会草案投票

ISO委员会草案投票(Vote on ISO/CD,即Form 8),内容包括编号、标题、投票期限、技术委员会和分技术委员会、秘书处、投票国、投票人签名等基本信息,该投票单是技术委员会或分技术委员会要求P成员国对是否同意将所附委员会草案CD接受为征询意见草案DIS进行投票,如果选择不赞成,还需要在投票单上说明理由及其评议,然后投票单返回技术委员会或分技术委员会秘书处。

E ISO征询意见草案及报批稿投票意见及报告

ISO征询意见草案投票报告(Report of voting on ISO/DIS,即Form 13),该报告主要将DIS投票结果形成预备报告和最终报告,在投票结束后3个月内返回中央秘书处。原先对于DIS投票有"国际标准ISO/DIS草案投票单(Vote on draft international standard ISO/DIS,即Form 10)",但该投票单目前被ISO官方网站以电子形式网上投票所代替。目前,ISO将报批稿投票和标准复审也实行网上操作,因此原先的"ISO/FDIS投票单(Vote on ISO/FDIS,即Form 17)"已取消。

F 国际标准系统复审

目前国际标准系统复审(Systematic review of international standards, 即Form 20)由于被ISO官方网站以电子形式网上投票,因此表格已经被取消。但系统复审的结果还是以表单形式,ISO标准系统复审结果(Result of systematic review of ISO standard, 即Form 21),内容包括相关TC和SC、编号、日期、期限、标题、意见结果、下一步动作、今后程序、专家、其他相关信息、建议周期、目标日期、秘书签字,要求委员会秘书处在6个月复审期内在P和O成员国流转后完成文件。

7.4.1.2 项目表格

TC102涉及项目的常用表格有6种,主要用于提案表、文件封面、数据处理、项目延期等。表单的模板可见附录C。

A 议案表

议案表主要包括:

(1)新项目提案(New work item proposal,即Form 4)。内容包括提交日期、提案人、秘书处、编号、标题、提案项目的范围、目的意义、出版种类、建议开发周期、准备阶段需求、提案项目负责人、提案人签名、TC或SC秘书处评议、流转时间、投票结束时间、TC或SC秘书签名、表格填写说明;

(2)ISO/DIS解释报告(Explanatory report ISO/DIS,即Form 8A)。内容包括TC或SC、秘书处、P成员投票情况(将CD升格为DIS)、备注,该表由技术委员会或分技术委员会秘书处负责提交中央秘书处,同时附上委员会草案。

B 文件封面

文件封面主要包括:

(1)技术规范或技术表格草案(Draft technical specification or technical report,即DTS/DTR封面单);

(2)工作组草案(Working draft,即WD封面页);

(3)委员会工作文件封面页(Cover page for committee working documents,即ISO通常封面页);

（4）委员会草案(Cover page of committee draft,即 Form 7)。

这些封面页基本上包含文件编号、标题、TC 或 SC、秘书处、版权声明,要求 P 或 O 成员流转及投票要求、评议、免责警告声明等。

C 数据处理

市场数据表(Marketing data form)主要为 DIS 阶段的 ISO 标准市场调查数据和信息,信息涉及最终用户、潜在最佳销售和出版利润。

D 项目延期

项目限止日期延期申请(Project limit date extension request)用于 TC 或 SC 秘书处申请项目限制日期延期,至少在自动取消日期前 2 个月内完成并返回。

7.4.1.3 机构与人员相关表格

TC102 涉及机构与人员相关表格有 5 种,主要用于人员任命、新机构成立议案、会议日程草案、相关内容修改、评议和秘书处表格模板。表单的模板可见附录 C。

A 人员任命

人员任命主要包括:

（1）工作组召集人/项目负责人(WG convener/project leader);

（2）分技术委员会长期主席(Subcommittee permanent chairman);

（3）技术委员会长期主席(TC permanent chairman/appointment)。

B 新机构成立议案

新机构成立议案主要包括:

（1）新领域技术活动议案(Proposal for a new field of technical activity,即 Form 1)。该表主要用于新技术委员会成立,内容包括主题、范围、目的意义、工作项目、其他成员体承担相似工作调查、联络组织、评议、中央秘书处评议。

（2）新分技术委员会成立决议(Decision to establish a subcommittee,即 Form 2)。该表完成后需要提交 ISO 中央秘书处,内容与上述(1)类似。

C 会议日程草案

会议日常草案(Notice of meeting/draft agenda)包括编号、日期、TC/SC 名称、秘书处、会议名称、会议内容。

D 相关内容修改

ISO 技术委员会名称与范围更改(Modification of the title and scope of an ISO technical committee)主要涉及 TC 工作范围的改变与相应名称更改。

E 评议和秘书处报告模板

评议和秘书处报告模板(Template for comments and secretariat observations)主要用于相关评议、报告汇总。

7.4.2 规范引用范例

以我国首次向 ISO/TC102 提出的新标准提案“铁矿石—砷含量检测—氢化物发生原子吸收光谱法”为例,具体说明参与国际标准制修订的过程。

7.4.2.1 项目立项的目的意义

我国参加 TC/102 活动后一段时间,参加 TC/102 铁矿石标准国际会议及国际标准制修订活动基本上以学习为主，早期由包钢、首钢和宝钢分别提出在铁矿石磷含量及名词术语标准中重要修改意见。直至 2003 年的瑞典基律纳会议，我国才在参与铁矿石标准制定或修订工作方面有实质性进展，在那次会议上我国代表团向 TC102 提交了由宁波检验检疫局提出的“铁矿石—砷含量的测定—氢化物发生原子吸收光谱法”新标准提案，该提案 SC2 成立了工作组 WG46。

铁矿石中伴生的砷不仅在钢铁冶炼中会影响钢铁产品的品质，而且也会污染环境、危害人们的身体健康，因此必须严格控制入炉铁矿石砷含量。ISO 标准原先有 ISO7834—1989《砷含量测定—钼蓝分光光度法》，但该标准使用有机试剂、萃取分离等手段，操作步骤繁琐，有机试剂污染环境，检测下限为 0.0001%。而“铁矿石—砷含量的测定—氢化物发生原子吸收光谱法”可方便地将待测元素砷与基体分离并富集，消除基体干扰；不使用有机试剂，克服了有机试剂对环境的污染；是一种先进的自动化在线分析技术；操作方便，分析灵敏度高，检出下限为可达 0.0001% 以下，同时线性范围宽。

自 2002 年起，宁波检验检疫局为解决进口铁矿石中低含量砷的检测问题，开始策划“铁矿石—砷含量的测定—氢化物发生原子吸收光谱法”ISO 新标准提案。由于该提案直接提供了标准草案及编制报告，因此跳过了预阶段而直接成立工作组（WG46），该工作组由巴西、日本、荷兰、中国、波兰、南非、英国相关专家组成。TC102/SC2 将此项目交中国负责，召集人为宁波检验检疫局应海松，该项目形成的工作组草案第一稿（项目编号 ISO/WD17992）与召集人工作进展报告于 2005 年提交 TC102/SC2，并于 2005 年在澳大利亚佩斯举行的 TC102 第 12 次年会上作了报告，文件编号分别为 N1687E 和 N1686E。鉴于日本代表在佩斯会议对该提案提出的两个意见，同时也为了避免在标准制修订关键性阶段后期出现不必要的停滞，而影响标准开发进程，因此根据新的 TCR4 规定的程序，N1687E 注册为 ISO/PWI 17992，项目回到预备阶段，WG46 工作交与新成立的 SG18 继续对该标准方法进行研究，仍由中国的应海松任召集人，成员为巴西、日本、中国、波兰、乌克兰相关专家。经过项目召集人的努力，标准工作组草案（第二稿），内容吸收了日本、荷兰专家的意见及建议，草案于 2007 年在加拿大魁北克会议前提交 TC102，该版草案受到与会各国专家一致认可，会议决议标准制定进入委员会草案（CD）阶段，同时执行国际间精密度试验。SC2 要求待精密度统计完成后跳过 WD 阶段直接进入委员会草案投票。进入 DIS 阶段后，TC102 编辑委员会及中央秘书处将介入标准的制定程序。

“铁矿石—砷含量的测定—氢化物发生原子吸收光谱法”新标准提案是我国首次在铁矿石标准领域向 TC102 提出的新标准提案，也是我国技术专家首次在 TC102 承担项目召集人。

7.4.2.2 项目主要任务

A 进展步骤

进展步骤如下：

（1）2003 年 2 月宁波检验检疫局通过 ISO/TC102 中国工作委员会向 TC102/SC2 提出新标准提案，提案包括标准草案和编制说明。2003 年 5 月瑞典基律纳会议对该提案进行讨论，2003 年 2 月至 2003 年 5 月为新项目立项投票（N1541），2003 年 7 月公布投票结果（N1604），结果显示有 17 个 P 成员国参与了投票，其中 9 个 P 成员国投赞成票，总点数达 167 点。成立 WG46，由宝钢郭洪涛承担召集。

(2) 2004 年初召集人改为宁波检验检疫局应海松，在 2005 年 6 月向 TC102/SC2 提交工作组草案(N1687)，即 ISO/WD 17992，以及召集人报告(N1686)，由于日本在 2005 年澳大利亚佩斯会议上对该草案提出评议，WG46 休眠，工作交于 SG18，召集人为应海松。

(3) 2007 年 8 月，向 TC102/SC2 提交工作组草案第二稿(N1826)和召集人报告(N1820)，该草案得到与会代表一致同意，TC102/SC2 决议将项目进展到 CD 阶段，要求召集人开展国际间精密度协同实验。

(4) 在 2008 年底前完成国际国内的协同试验，收集数据并完成再现性、标准偏差和重现性、标准偏差等统计分析，完成委员会草案，跳过 WD 阶段申请注册 ISO/CD 17992。

(5) 在 2009 年底完成征询意见，完成征询意见稿，争取投票通过，并申请注册 ISO/DIS 17992。

(6) 2010 年底完成 ISO/FDIS 17992，并完成发布出版。

如果在推进过程中遇到问题，则至少在 2010 年 3 月底前进入征询意见阶段。

任务最终形成国际标准：ISO/FDIS 17992 铁矿石—砷含量的测定—氢化物发生原子吸收光谱法。标准适用于测定砷含量 0.00005% (m/m) ~ 0.04% (m/m) 范围内的天然铁矿、铁精矿和造块，包括烧结产品。氢化物发生与原子吸收联用在国际上有一定的普及率，同时低含量砷的检测在国际上又备受重视，因此该国际标准的研制在国际上有一定的支持率。

B 项目的技术路线及难点

该 ISO 标准的研制是以宁波检验检疫局立项课题"流动注射—氢化物发生原子吸收法测定铁矿中砷、锑、铋含量"，项目任务检测方法的关键性技术已经解决，标准研究内容主要针对 TC102 各成员国提出的意见和建议及国际间实验室验证发现的问题做进一步分析与方法改进，研究方法的再现性和重现性，完成相应的委员会草案、征询意见草案及批准稿。

项目技术线路为：试样用酸进行溶解，蒸发至干，残渣用过氧化钠和碳酸钠碱熔处理，试液采用碘化钾做预还原剂，抗坏血酸做掩蔽剂，调节酸度并适当稀释，用硼氢化钠还原，通过氢化物发生器产生砷化氢，随载气进入石英管原子化，原子吸收在波长 193.7 nm 处测定其中砷的吸光度，将测得的试液的吸光度与砷标准溶液的吸光度相比较，得出试液中砷元素的含量。主要创新点为利用氢化物发生技术大大提高了砷检测的灵敏度、检出下限，提高了铁矿石中砷含量检测的适用性，提高了自动化检测水平、减少了对环境的污染。但该项目也有几个技术难点。

a 溶样时砷的损失

在溶样时砷必定会有所损失，标准方法设定溶样及残渣处理的条件使砷的损失为最小且不同含量砷的损失率恒定，这样才能使标准方法的线性、线性范围、检出限等为最佳。

b 须对铁矿石中砷的附存形式进行研究

为解释铁矿石在预烘干、样品溶解、残渣处理等砷的附存形式，须对砷在铁矿石中的矿物结构进行分析。

c 氢化物发生器装置差异

由于目前国际上存在多种类型的氢化物发生器，各种发生器的试验条件差异较大，因此规定几种能兼顾国际上多种商品化氢化物发生器的仪器配置是标准能否成功的关键。

7.4.2.3 国内外技术现状、发展趋势及国内现有工作基础

A 国内外技术发展趋势与现状

把氢化物发生作为一种在线分析技术应用于原子吸收、ICP、原子荧光等,我国的方肇伦院士在理论和应用上起到了关键性的推动作用,虽然氢化物发生器的商品化仪器在国外推广得比较成功,但中国在其中起到的作用是令人自豪的。目前原子吸收的基本技术变化不大,国际上普及率也非常高。但氢化物发生装置有多种,如间隙式发生器、连续进样发生器、流动注射连续进样发生器等,但归根到底可分为两种,即间隙式和连续式,原子化加热装置有两种,即火焰加热和电加热。

目前国内外铁矿石中砷的测定标准有:

GB/T 6730.45—2006 铁矿石 砷含量的测定 砷化氢分离－砷钼蓝分光光度法;

GB/T 6730.46—2006 铁矿石 砷含量的测定 蒸馏分离－砷钼蓝分光光度法;

ISO 7834:1989 铁矿石—砷含量测定－钼蓝分光光度法;

ISO 9516-1:2003 铁矿石—不同元素的 X 射线荧光光谱测定法—第 1 部分:综合程序;

JIS M8226:1997 铁矿石—砷含量的测定方法(参考 ISO 7834,钼蓝光度法);

BS 7020-13:1989 铁矿石分析—第 13 部分:砷含量的测定方法:分光光度分析法(英国标准);

NF A20-430:1988 铁矿石—砷含量测定—钼蓝分光光度测量法(法国标准);

KS E3024:2001 铁矿石—砷含量的测定方法(韩国标准);

ГОСТ23581.8:1979 铁矿石、精矿、烧结矿和球团矿—砷含量测定方法(前苏联标准);

CNS 5376-19:2003 铁矿石—砷定量法(我国台湾地区)。

上述标准基本上采用 Ag-DDTC、砷钼蓝光度法技术,ISO 有一项采用 X 荧光技术。这些标准检测上限为 0.5%,检测下限为 0.0001%,除 X 荧光法外,其余都存在上述缺陷。因为根据这些技术的局限,低于 0.0001% 只能采用其他技术,如石墨炉原子吸收技术、氢化物发生与原子吸收或与 ICP 联用、ICPMS 等。由于 ICP、ICPMS 目前在国际上普及率不高,X 荧光技术线性范围不好,因此用原子吸收是普遍能接受的方法,但用原子吸收测定砷的最佳分析线处在近紫外区(小于 230 nm),在常规火焰中会产生严重的背景吸收,使信噪比严重下降。当然,采用较低温度的 H-Ar 扩散焰可降低背景吸收,但这种火焰蒸发能力差,未能完全解离盐粒和分子,也会产生较大的背景吸收。用石墨炉测定这些元素则基体干扰、灰化损失比较重。而利用氢化物发生技术测定了砷,由于砷以砷化氢形式与背景相分离,在火焰中的干扰就明显降低了。

B 国内现有工作基础

宁波检验检疫局已经完成与本标准相关的科研项目“流动注射—氢化物发生原子吸收法测定铁矿中砷、锑、铋含量”,该课题获质检总局的成果登记。相应的行业标准和 GB 标准的制定和修订已经完成。

7.4.2.4 技术、经济效益

该标准的完成将对我国在进口铁矿石中低含量砷控制、维护我国的环境安全及人们身体健康安全发挥重大作用,同时减少我国钢铁企业对进口钢铁原料有害成分处理成本,维护我国钢铁企业的经济利益,促进我国钢铁工业的发展。在我国成为世界铁矿石进口大国后,我国应该在铁矿石国际市场有话语权,在国际制标领域也应该有话语权,铁矿石化学分析标

准是体现经济利益的技术手段，我国加入 WTO 后应积极参与国际标准化活动，要让国际铁矿石矿业界感觉到在向中国输入铁矿石时不得不考虑中国的立场与利益，我国的铁矿石制标能力与水平应与我国的钢铁生产大国、铁矿石生产与进口大国相称。

任务实施单位宁波检验检疫局铁矿检测中心与宝钢一起积极参与铁矿石国际标准化活动，该标准的制定将在我国钢铁行业起到示范作用。通过参与国际标准化活动和参与本标准的制定，可以培养一批国际标准制定和修订的技术骨干力量，形成一个人员梯队，而且任务的实施将不会因人员变动而中止，同时随着铁矿石检测新技术、新方法的研究与应用，将会陆续推出新的国际标准提案，推陈出新，淘汰技术落后的标准，使我国引领铁矿石国际标准的先进制定技术。

8 国际标准制定和修订与我国创新型经济

8.1 参与国际标准化活动的重要性

在知识经济时代，技术标准成为国际技术竞争的重要形式，随着自主创新观念的确立，我国在技术标准化过程中也融入了自主创新的元素。随着贸易国际化的日益增强，标准也日趋国际化，为遵循 WTO 原则，世界上众多发达国家都以国际标准为基础制定本国标准，许多国家的国内标准等同采用了国际标准。因此，谁掌握了国际标准的制定、修订权，谁的技术成为标准，谁就掌握了市场主动权。通过参与国际标准制定、修订已是众多国家维护国家利益的重要手段。

8.1.1 我国目前在其他领域的国际标准化活动

介绍我国在其他领域的国际标准化活动，可为我国相关行业参与 ISO/TC102 铁矿石标准化活动提供相应的借鉴。

8.1.1.1 我国参与国际标准化活动总体情况

A 国际标准的制定和修订

在 ISO 现行出版的 17000 多项标准中，由我国起草并获得批准的，加上由我国主持起草正在走程序的 ISO 标准共计 50 多项，只占千分之三。现有 ISO/IEC 共 19455 项国际标准中，我国提出的国际标准草案共计已有 100 多项，其中有 60 项已经批准为正式的国际标准。我国参与制定的国际标准也不到 500 项。这与我国目前贸易大国的地位、现状极不相称。在中国 20000 多项现行国家标准中，有 6500 多项是采用国际标准转化而来，转化率近 40%。

B 国际标准化活动

我国政府对参与 ISO 国际标准化活动十分重视，要求各单位在自己的领域内，积极为参与 ISO 活动创造条件并争取承担更多的 ISO 技术委员会和分技术委员会工作，扩大我国在国际标准化领域的影响。但我国自 20 世纪 80 年代至 2002 年先后只承担了 6 个秘书处的工作，所占 ISO 下设秘书处的比率不到 1%，这也和我国大国的地位很不相称。国家标准委在 2002 年提出实质性参与国际标准制定、修订后，目前承担 ISO/IEC 技术委员会及分技术委员会秘书处已增至 26 个（到 2007 年底），占总数的 2%，担任 TC 和 SC 主席、副主席有 14 个，在我国召开的 TC、SC 会议明显增加，每年我国约承办 20 个国际标准会议，为我国有关行业参与 ISO/IEC 活动提供了机会。我国也组织了 ISO 的 11 个技术委员会和分会、IEC63 个技术委员会和分会共 148 人次的出国会议报名及组团工作；在我国组织召开了 5 个国际标准化组织技术委员会会议，加大了我国参与国际标准化活动的力度。

C 参与投票情况

为促进我国标准化工作与国际接轨，近几年，我国积极参与国际标准化活动，随着改革开放的不断深入,我国在参与国际标准化活动的深度和广度上有不同程度的拓展。在2006年,共对ISO/IEC开展国际标准投票3582项,投票率达到83%。

8.1.1.2 我国主导参与国际标准制定、修订及承担技术委员会秘书处工作

A ISO/TC54 精油技术委员会工作

由检验检疫系统起草完成的国际标准有四项,分别为:《桂油》(ISO 3216: 1997)、《八角茴香油》(ISO 11016: 1999)、《中国型脂松节油》(ISO 21389—2004)和《中国型冬青油》(ISO 21390—2005)。另外,由国家认监委组织,福建局和甘肃局承担的《中国型白兰花油》、《中国苦水玫瑰油》两项国际标准草案制定和修订,经讨论顺利进入最终国际标准FDIS草案阶段。同时,我国新提交的《中国型玳玳花油》国际标准项目将纳入国际标准ISO 3517: 2002 "Oil of neroli"的修订工作。

B ISO/TC34 食品技术委员会工作

我国是ISO/TC34/SC4谷物与豆类分技术委员会秘书国,秘书处设在国家粮食局标准质量中心(国际标准处),目前我国承担《小麦》、《稻谷潜在出米率测量方法》两项国际标准制定、修订。

C ISO/TC89 木基板材技术委员会工作

由中国林业科学研究院承担《细木工板》和《装饰单板贴面人造板》两项人造板国际标准制定、修订。

D ISO/TC227 弹簧技术委员会工作

2007年10月30日《热卷螺旋压缩弹簧技术条件》新标准提案注册为标准预案(PWI),并由机械科学研究总院王德成担任项目负责人。《钢板弹簧技术条件、试验方法》已进入DIS阶段。

E 中国标准化研究院参与国际标准制定和修订项目

中国标准化研究院担任ISO/TC184工业自动化系统与集成委员会SC4工业数据分技术委员会秘书处,具体承担《紧固件数据字典》ISO 13584 - 511: 2006《工业自动化系统与集成— 第511部分:通用机械系统与部件—紧固件参考字典》国际标准制定与修订,该项目是该院首次承担的国际标准制定项目;担任ISO/TC172光学与光学仪器技术委员会秘书处,SC7眼科光学和仪器分技术委员会秘书处,该院王莉茹第一次担任工作组组长起草的ISO国际标准项目是《角膜接触镜用焦度计的校验镜片》,已于2005年11月发布,目前正在进行中的是《焦度计》国际标准制修订。

F ISO/TC17 钢技术委员会工作

我国冶金工业信息标准研究院承担ISO/SC 17盘条与钢丝、ISO/TC 17/SC 15钢轨及紧固件和ISO/TC 132(铁合金)、ISO/TC 5黑色金属管与管件等技术委员会秘书处工作,出版了由我国主持起草的ISO 16650《软管增强钢丝》等三个国际标准;向ISO中央秘书处提交了两个最终国际标准草案(FDIS),两个国际标准草案(DIS);正在开展将我国《制丝用非合金钢盘条》等7项标准转化为国际标准的工作。

G IEC/TC61 家用或相似电器安全技术委员会工作

由海尔集团提出并承担召集的防电墙热水器技术标准提案已顺利走完了所有的审定程序,成功地从中国国家标准升级为国际标准。海尔的另外两项技术标准提案——《家用和类似用途电器的安全:洗衣机的特殊要求》和《家用和类似用途电器的安全:电解槽的特殊

要求》也被审定通过,将于不久发布。

H 电器工业方面国际标准化活动

我国承担了IEC/TC7架空导线、IEC/TC28高压绝缘配合两个国际秘书处工作。上海电器科学研究所的包革教授出任IEC/ACOS安全顾问委员会高层专家,广州电科院承担IEC/TC32C小熔断器秘书处工作,由蔡军任秘书。2006年3月国家继电器质量监督检验中心主任李亚萍博士当选IEC/TC95量度继电器和保护设备技术委员会主席,是我国专家首次担任IEC组织的技术委员会主席,也是IEC自成立以来第一个女主席。2006年10月,西安高压电器研究所副所长苟锐锋又成功当选为IEC/SC22F(输配电系统电力电子技术)的主席。东北大学的姜周华教授为我国承担的两项IEC/TC27电渣重熔炉国际标准项目召集人,他还把我国电渣重熔冶炼优势技术的国家标准上升为国际标准,以姜周华教授为主共制定了5项国际标准,他也曾获IEC1906贡献奖。

I IEC/TC110平板显示器技术委员会

我国有2项平板显示器标准提案被接纳,由清华大学和维信诺公司代表中国参与并负责有机发光显示技术(OLED)系列标准中的IEC 62341-6《光学及光电参数测试方法》标准的制定工作。

J 其他

信息产业部组织制定的TD-SCDMA第三代移动通信标准,已被国际电信联盟(ITU)接收为国际标准之一。我国正在制定的国际标准草案有《电子探针分析标准样品技术导则》和《波长色散谱仪器参数测定分析导则》。中关村有17项国际标准在研或已向ISO/IEC提交提案,其中8项牵头。在国际毛纺组织(IWTO)第73届年会上,鄂尔多斯羊绒集团就《羊毛、羊绒及其绒毛混纺针织物起球性能测试方法》发表提案,大会通过了由鄂尔多斯羊绒集团承担的该项国际标准研究的项目确认,现该项标准正在由英国、澳大利亚、中国等12个国际实验室进行测试验证。在ISO/TC176第24届年会,中国标准化研究院中标认证中心主任李铁男被全票推选为该委员会副主席。我国还承担了ISO/TC 38纺织品技术委员会工作秘书国,秘书处设在江苏阳光集团。

8.1.1.3 我国参与国际标准制修订遭遇的困难

A 企业实际参与力度不够

我国参与TC102活动,其实质性参与铁矿石标准制定、修订活动的仅检验检疫系统和宝钢及其TC102国内技术归口单位。虽然对于铁矿石国家标准的制定、修订,我国钢铁行业众多企业有参与热情,但对于国际标准的制定、修订参与积极性和主动性却不高,主要原因在于:大部分钢铁企业参与国际标准化活动没有历史与传统,在参与TC102相关活动中排斥了广大技术人员,企业领导层引导不够,标准研发周期长,经济效益不明显,大部分钢铁企业检测技术更新速度不快,落后于国际先进水平。最主要的是企业领导层和技术人员参与国际标准制定、修订活动的意识不强烈,钢铁企业所属的钢研院所和检测中心广大技术人员的时间被繁重的日常工作牵制,没有精力顾及国际标准化工作。其他行业重点是缺乏自主知识产权,即使一时获得技术优势,却不能长期保持有利的竞争地位。以企业为主体参与国际标准制定、修订的机制没有完全建立。由于我国参与国际标准化工作少,也影响了对技术信息、标准信息和市场前景的了解。

B 缺乏参与国际标准化活动的复合型专家

国际标准制定、修订是一项系统工程,从技术的研发、标准制定、推广到国际化进程等整个环节对标准化技术人员提出了很高的要求。参与国际标准化活动的技术人员既要熟悉国际标准的各个程序,还要精通所涉及行业的技术,包括及时跟踪和研究国际同类技术的标准的最新信息,另外还要掌握国际标准竞争的游戏规则和较高的外语沟通能力。我国这种能参与国际标准制定的复合型专家数量太少,国外参与国际标准化活动的技术人员多数为资历深厚的老专家,而且多数是有第三国工作经历的国际型专家,在语言上优势明显,从事国际标准化时间长,对国际标准制定、修订经验丰富。

C 在国际标准化活动中缺乏话语权

话语权就是软权力,由于我国目前属准标准化后发国家,受到技术、资金、语言障碍等因素的制约。目前我国在ISO的TC和SC中,只承担了很少的秘书处的工作,在ISO贡献率排第六,如入选前五名尚需承担增加50个以上的TC、SC秘书处,而发达国家却基本上控制了ISO、IEC主席和副主席的领导职位,英、美、法、德四国承担的秘书处数就占了总数的65%左右,而我国担任过的ISO或IEC高层职位仅1人,即不到1%。每年在世界各地举办的近2000个国际标准技术会议,我国参加的仅为100个,仅占5%。ISO和IEC现有标准制定约3100个(ISO有2287个,IEC有800个)工作组中,我国承担召集的不到30个,占总数不到1%。我国参加ISO/IEC的TC和SC总数的96%,投票率也达到93%以上,但提出意见的不到5%。对于大多数领域,我国目前还处在国际标准的跟踪、学习、转化的阶段,这使我国在相关领域的国际标准化活动中处处受到制约,而发达国家,甚至是一些曾经发展速度比较快的国家,如巴西、韩国等也都积累了丰富的标准化市场经验和掌握了相关领域的标准制定、修订主导力。

D 国际标准化活动的经费制约

即便是在发达国家,许多从事技术标准制定与基础研究的研究机构,也是由政府财政支持的公共性研究机构,更何况国外一些大型企业对标准化工作的重视,因此资金来源不成问题。如对TC102铁矿石国际标准的开发,我国一直没有一个有自我研发能力的科研机构。由于我国公共技术标准研究机构的弱化,对形成我国政府、企业、研究机构三位一体的技术标准开发联合体系,对提高我国国际标准的开发、制定能力都非常不利。目前我国对国际标准制定、修订的经费提供体系还不完善,对国际标准的制定、修订的经费申请没有像自然科学基金那样有常设机构和经常性的资金来源,国内相关企业、政府机构由于本行业和本系统的一些科研制标规章基本上没有设计国际标准制定、修订的资金资助规定,因此这些对国际标准制定、修订感兴趣的单位虽然积极从事国际标准制定、修订,但资金一直没有保障。而相比之下,美国仅每年对标准科学研究院的政府拨款就达7亿美元。

E 国际标准资源的稀缺性

国际多边组织从布雷顿森林体系到其崩溃后的多边贸易协定,国际经济从模式上来说,已趋基本稳定。ISO组织自成立后60年中,所制定的ISO标准系列已经非常成熟,成系列的标准制定目前已不多见,近几年所开发的标准主要是技术的发展带来的原标准修订或零散的新标准制定,因此到目前为止标准制定、修订留下的机会不多了。就如TC102,在近十几年来,5个SC已撤并为3个,铁矿石国际贸易的供求体系已经稳定,供方主要以澳大利亚、巴西、印度为主,需方主要以中国和日本为主。美国虽然是ISO主要创始国,但由于美国的铁矿石国内市场基本上能满足自给自足,铁矿石国际贸易对他影响不大,美国认为铁矿石标准有 ASTM 已经足够,由此失去了参与 ISO 标准制定的兴趣,因此目前美国已经退出 TC102。另外如 TC69,由于铬矿石 ISO 标准制定和修订多年没有新进展,ISO 取消了 TC69。TC102 铁矿石系列标准的内容已经变化不大,这些年来其他国家提出的新标准提案已日趋减少,换句话说,在铁矿石系列方法技术中,能够用来提升为 ISO 标准的资源已经不多了,留下来的是属于难度大的。

F 国际标准竞争的不和谐

由于我国个别领域对国际标准化重视度的提高,并急欲在国际标准上有所建树,引起其他国家的敏感和对抗。在中国标准化掘起过程中,也同样存在“中国威胁论”。一些国际大公司控制了大部分国际标准的制定、修订权,对中国提出的国际标准议案百般阻挠,更不用说共同合作了。国际标准制定、修订的完成需要各国合作,国际标准领域也存在帮扶政策,要求标准化发达国家帮助标准化欠发达国家提高参与国际标准化活动的能力,这类似于国际贸易的普惠制原则,但往往一些标准化强国却不承担义务。技术壁垒的矛盾长期存在,也导致我国参与国际标准化活动开展不顺利。另外,我国国内部分单位在参与国际标准制定、修订的公益性活动中存在较强的功利动机,我国内部的制标权存在互相竞争,各部门的利益调和一致尚待完善。过去,我国技术标准的战略过于独立,并急于在标准事务中突出中国标准地位,也造成了其他国家的一些危机感和抵触。

8.1.2 创新型经济与国际标准

我国的标准化发展战略分为三步走,一为完善本国标准体系,二为引进国际先进标准作为我国标准,三为将我国标准提升为国际标准。其中第二步为 2007 年、2008 年正在做的采标工作,目的是将我国标准与国际接轨,使产品的技术标准与检验标准与国际一致,增强我国出口产品抵御技术壁垒的能力;而第三步则是标准强国的关键一步,它体现了标准强国和主导世界产业的策略,是我国从目前的产业大国走向产业强国的重要一步,但这一步需要创新经济的支持。

8.1.2.1 创新型国家建设对标准化工作的要求

随着国民经济和经济全球化进程的加快,我国的标准化工作面临新形势和新挑战。标准创新需要大幅度提高科技创新能力,形成日益强大的竞争优势。中国前三十年的经济发展主要依托了资源,在当前资源短缺与进一步发展产生矛盾时,提出建设创新型国家是可持续发展的动力之源。科技、标准与经济相互作用,密不可分。标准作为科技融入经济的重要载体,起着极其重要的作用。我国参与国际标准化活动,就是将中国创新元素以标准的形式注入国际经济。标准集多种技术与专利于一身,是创新的结晶,中国下一轮经济的发展将离不开标准创新。国家标准委为加快我国标准化工作的步伐,实施标准化战略,实现我国标准化水平的跨越式提升,确定了我国今后 10 年的标准化发展目标。计划以我国标准为基础制定国际标准和重点参与制定的国际标准达到 2000 项,采标达 90% 以上,我国承担国际标准化 TC、SC、WG 的比例达 10%。

8.1.2.2 我国国际标准化工作适应创新型经济的措施

推行国际标准是当前世界经济发展的重要趋势。从商品贸易到生产协作、技术转让、资金融通、信息交流和服务等多方面的国际化,使国际标准成为当今世界各国在上述领域中进行竞争的尺度。谁的产品和服务符合国际标准，谁就会获得国际认可，就可能拥有国际市场。为此，各国均争先恐后地使自己国家的标准符合国际标准，或直接采用国际标准。因此，主导制定和以本国标准为基础编制国际标准，就可将本国技术附带在国际标准上在国际上进行推销，或提高该国进口产品的门槛，实施贸易保护。尤其是作为秘书国来领导国际标准起草，则有可能利用其地位为本国的产品和服务赢得许多机会。因此在ISO中争当秘书国的竞争十分激烈。国际标准是国际公认的技术规则，但在客观上往往形成对一国的技术性贸易壁垒。能作为ISO相关技术委员会和分技术委员会的秘书国，必须是技术先进和标准规范完善的国家，目前主要由一些发达国家垄断。国际标准化工作如何适应我国的创新型经济，首先在技术上需要培育自身的创新能力，因为自主创新是建设创新型国家的本质，也是标准化工作的战略基点，关键技术的创新研究是标准的战略基础，利用原始创新、集成创新，将涵盖新技术的标准推向世界。其次在组织上，通过努力争取在某些领域争得一席之地，承担一些秘书处的工作。第三要善于运用游戏规则，实施"走出去"战略，变客场为主场，将自己置身于国际标准化组织的各项活动中。

8.1.2.3 参与国际标准化活动对创新型国家建设的促进

标准化是技术进行产业化的前提，标准化方法其实就是将技术进行简化、统一化、通用化、系列化、组合化和模块化。随着国际标准化的不断深入，迅速扩大市场的需求不断增强，便于放低成本制造、技术复制的模块型产品逐渐成为趋势。采用什么样的技术标准化，决定了该产业的国际竞争的生命周期和利益分配。国际标准化进程加速了技术标准的文件化和开放性，使产品结构向模块型发展，通过标准单元的多次重复利用，大大提高了技术利用的效率，也加快了国际标准在全球实施的效率，反过来又会促进一个产业的快速发展。参与国际标准化，将我国的创新技术在国际上推广，将我国从世界最大的OEM制造工厂提升为世界工业标准提供者，会大大加快我国经济可持续发展，促进创新型国家的建设。

8.1.2.4 标准组合创新的超前意识

产业竞争与标准竞争关键在于创新竞争，创新竞争要超前。标准化从一开始就在国际范围内进行协调，能避免国际技术壁垒。一个产业需要多项标准组合，而组合后的标准功能应该大于标准单元，标准组合也是一种标准在创新，而且这种组合后的标准技术还有其不易被复制的特点，以组合形式形成标准化过程的产业，技术拆分比较难，可以提高标准化深层次的竞争力。模块化在产品发展的后期会带来价格的竞争，此时组合创新就显得非常重要，它可以保持对核心技术的控制，可以继续技术研发，从而给予产品第二次生命。组合创新关键在于意识超前，在国际上还没有反应时，你如果抢先了，先把它规范化、标准化，就会抢占市场制高点。发达国家之所以发达，就是抢先在相关国际组织争夺国际标准制定、修订权，其白热化程度绝不亚于商品市场的竞争。发达国家将标准战略不仅仅局限于国内企业发展战略，而是国家发展战略的重要组成部分，甚至视标准为一种主权，创新型国家的建设离不开政府对重要标准的干预与控制，政府应该在基础标准、质量标准、检验标准等起到主导作用。目前，一些重要的国外公司和标准组织已经抢先开始向中国标准进行渗透，而我们也必须抢先在国际标准进行渗透。

8.1.2.5 国际标准是科技创新的原动力

虽然采标可以突破国外技术壁垒，但制定国际标准更是强国、应对新形势下面对国际挑战的原动力，只有提高参与国际标准制定、修订的能力与水平，中国的企业才能真正融入世界经济潮流，真正体现中国的科技创新能力。我国加入 WTO 后，随着关税壁垒的大幅度降低，更为隐蔽的非关税壁垒正在日益增加，而将技术标准作为非关税壁垒，是 WTO 允许采用的原则。许多发达国家都积极从技术进步这一生产力发展的源头上下工夫，形成一国的技术标准，并将其上升到国际标准。其实我国的许多技术水平已经达到国际一流，但因种种原因无法上升到国际标准，我们迫切需要突破这一困局。另外，国际标准没有终身制，虽然某一领域在一段时间内，某国起到了主导作用，但人才、环境、产业的变化及其技术的进步，又会使原有标准变得落后，此时我国作为标准制定、修订后发国家要紧紧抓住这个机遇，在他们不与时俱进的时候，我们反而抢占先机，标准的更替预示着市场的升级。谁掌握国际标准，谁就掌握市场控制权和竞争的主动权。

8.1.3 国际标准与利益之争

一流企业定标准，二流企业做品牌，三流企业卖产品，中国的企业如果仅仅满足于产品制造和销售，势必永远处于产业链的下游而受制于他人。商务部近日公布的信息称，由于标准的差异，中国目前在国际贸易中的损失每年已高达上百亿美元。

8.1.3.1 标准是国家利益争夺的焦点

A 企业核心竞争力与利益得失

企业的核心竞争力由核心的产品、专业的技术优势和技术创新能力所构成。企业的核心竞争力重点体现在技术的创造、运用、发展、扩散和保护的能力之上。传统的竞争是通过获取先进的技术完善自己的产品，从而打败对手。而现代高新技术领域的竞争是通过建立自己的标准实现对外获得主导权，对内获得产业和联盟的掌控权。传统的通过保密合同等方式保护的技术，可以通过逆向工程的方法获取。但是，通过标准和知识产权战略，逆向工程获取的技术，也在受保护之列，由此技术得到严密保护，技术的收益也得到最大发挥。标准比技术高一个层次，技术只影响产品，而标准却影响整个产业。标准是技术的组合，更是技术创新的框架和体系。没有掌握国际标准中的主动权，国家技术创新体系将陷于被动。典型的例子是日本未能实现将其成功的第二代移动通信标准和高清晰度电视标准转化为国际标准，不仅导致大量投资的浪费，而且造成日本在国际移动通信和高清晰度电视领域的落后被动局面。

B 国家标准战略与国家利益

在实践中，我们深深认识到：在国际市场上，标准不仅是规范产业和经济发展的秩序，而且也是产业生存的保障。标准对内可以促进产业、分工和贸易的发展，对外意味着技术壁垒和产业壁垒。标准对垂直链条意味着产业利益分配的工具，对横向竞争者意味着产品差异化降低。标准涉及知识产权，是公共利益和私人利益的融合物。技术专利化—专利标准化—标准许可化是标准运作的基本模式。标准是新的企业和国家的核心竞争力来源，标准的利益分配，涉及标准的拥有者、管理者和使用者，涉及企业利益、产业利益和国家利益。随着标准时代的到来，发达国家纷纷从技术战略发展到标准战略，从技术立国到知识产权立国。中国标准制定、修订制度还存在不足，在一定程度上限制了中国标准化和有关产业的发展。中国制定标准化战略时，不仅仅需要考虑制定防守型国际标准，而且更应考虑制定战略进攻层面的国际标准。

C 贸易技术壁垒与利益保护

a 利用技术壁垒

近些年,各国制定和采用的技术法规和标准的数量急剧增加。由于各国在维护国家安全、保护人类健康以及保护环境等方面,受工业化程度、科学技术水平的差异以及自然条件、自然资源等限制的影响,导致各国的法规、标准不尽相同。生产厂和出口商为了使产品符合不同的国外技术法规和标准,花费巨大,因此一些企业,特别是中小型企业对国外市场望而却步。由于这种人为制造的技术壁垒是隐含在技术法规、标准和合格评定程序中,可以起到关税所不能起到的作用,因此这种技术壁垒是目前货物贸易中最主要、最隐蔽,也是最难对付的贸易壁垒。贸易技术壁垒是由于各国或地区对技术法规、标准、合格评定程序以及标签标志制度等技术要求的制定或实施不当,而给国际贸易造成的不必要障碍。

b ISO 和 WTO 原则

众所周知,在国际贸易中,各国之间的游戏规则,过去主要依靠关税设置准入门槛。如今随着贸易的全球化,即加入 WTO,各国之间的贸易门槛尺度转变为由标准而定。它属于联合国系统以外的非政府性国际机构,其制定的国际标准是自愿执行的技术文件。WTO 是联合国系统以外的非政府间国际经贸组织,制定的协定、协议是强制执行的法律法规。ISO 和 WTO 的性质、作用、职能虽各不相同,但却有共同的宗旨和目的,那就是推动社会进步,促进国际经济繁荣,便利国际贸易发展,最终提高人民的生活水平。

c 采用国际标准

为使国际贸易自由化和便利化,各国在技术法规、标准、合格评定程序以及标签、标志制度等技术要求方面开展国际协调,遏制以带有歧视性的技术要求为主要表现形式的贸易保护主义,最大限度地减少和消除国际贸易中的技术壁垒,为世界经济全球化服务。贸易技术壁垒协定(WTO/TBT 协定)以协调技术要求为目的,突出论述了实现技术协调的两项基本措施:采用国际标准和实施通报制度。采用国际标准是指技术法规、标准和合格评定程序的制定要以国际标准为基础,在尽可能广泛的基础上对技术法规、标准和合格评定程序进行协调。实施通报制度是指当各成员国制定与国际标准不一致的技术法规和合格评定程序时,要向 WTO 秘书处通报。因此,采用国际标准是打破和减少技术性贸易壁垒的最基本的措施。近几年,国家将采用国际标准工作作为一项既定的技术经济政策,对采用国际标准工作给以经验总结和具体布置,并提出了有关具体要求。

8.1.3.2 铁矿石标准与铁矿石贸易利益

铁矿石贸易与其他贸易一样,只不过近几年显露出来的铁矿石价格之争是属于显利益之争,而铁矿石标准制定、修订之争则是隐利益之争,而且这种利益还不仅仅在铁矿石本身。

A 铁矿石标准的直接利益

与其他行业一样,铁矿石标准也存在直接利益,虽然这些利益不像一般产品技术标准那样,是通过标准推出新产品和形成新市场来获得利益。但铁矿石标准可以通过设置铁矿石本身的产品标准的技术壁垒或通过方法标准直接获取利益。有两个例子可以说明:(1)在铁矿石国际标准系列中至今尚未像钢铁牌号那样有产品规格与质量标准,也就是说,铁矿石出产时的等级、含量与指标的要求、有害元素的限定等,目前国际上铁矿石交易一般都按买卖双方的合同约定,近几年对于中国来说,铁矿石是卖方市场,铁矿石资源紧张导致按合同约定的贸易方式对中国的钢铁企业极为不利,价格的大幅度攀升使得我国利益大为受损,甚至我国的一些钢铁企业被迫吃进质量低劣的铁矿石，这就有必要制定一系列有关铁矿石规格和质量的国际标准以规范国际铁矿石市场，如果此类标准出台将大大影响铁矿石的价格；(2)铁矿石的方法标准主要是指验收铁矿石质量的检测标准，包括全铁含量和其他杂质元素、物理指标、水分粒度等，这些检测项目涉及到价格调整，关系到最终的贸易结算，因此铁矿石输出国和铁矿石输入国在此类国际标准的制定、修订过程中也竞争激烈。从理论上讲，方法标准中绝对准确的元素含量分析是不存在的，现有的方法多少有正或负的偏差，因此各国都付出大量精力在研究和选择质量验收国际标准上做文章，都希望选择有利于自己的验收标准，这就导致买卖双方直接的利益得失。

B 铁矿石标准的间接利益

铁矿石标准的间接利益主要涉及安全环保、资源节约和贸易壁垒。在安全环保方面，目前各国对铁矿石标准的制定、修订都推崇安全环保的方法，在 TC102 会议上讨论的最多也是用安全环保的方法替代危险污染的方法。而快速检测标准的开发，可以缩短检测周期，这可使买卖双方在短时间内可以完成结算，企业可从资金的加快流转获得利益。检测方法的简单化可以为钢铁企业和质量验收机构减少对检测设备的投资。随着科技进步，使一些正确度高，而且精密度高、检测快速、方法简单的标准出台有了可能。铁矿石是一种不可再生的有限资源，铁矿石标准如粒度及物理试验方法等的制定有利于钢铁企业改进铁矿石加工工艺、提高资源的利用率，最大程度节约资源，从单位数量的资源中获取尽可能高的利润。当然，上述因标准产生的技术壁垒也会导致贸易关系人产生的大量利益得失。

C 铁矿石标准带来其他行业的利益

铁矿石标准的制修订已经不仅仅是铁矿石生产和使用领域的市场，从每次 TC102 国际会议受一些分析仪器生产商赞助并推广仪器介绍可见一斑。也就是说，从在标准制修订过程中选择何种仪器设备，甚至可在标准中暗含某一类设备的何种品牌、型号作为规范性要素，这可以带动一个产业，或加速某种仪器在国际范围内的推广，或利用其在国际标准中设置的壁垒使某种型号的仪器制造厂商获得巨大利益。如顺序式 X 荧光光谱仪，目前国际上仅有的生产厂商仅有荷兰、德国、美国、日本等四五家厂商，该仪器在铁矿石杂质元素检测的国际标准被采用，大大促进了该仪器的发展，也使这几家垄断企业获利丰厚。另外如铁矿石机械取制样的采用，即 ISO 3082 的制定，取消船舱手工取样，迫使一次性投资几百万美元一套的机电一体化大型成套设施应用到铁矿石检验，近几年国际上众多铁矿和钢铁公司在实验室将机器人应用于粒度、水分的自动化测试，甚至应用到全自动制样、样品前处理、化学分析等，确实为自动化控制行业带来了诸多利益。第 7 章提及的日本在 ISO 4689 - 3 的成功制定，帮助日本崛场公司生产的红外碳硫仪提高与美国、德国同类产品的竞争力创造了条件。

D 铁矿石标准的社会效益

社会效益主要指通过参与国际标准制定和修订，主导国际标准制定和修订，来提高一个国家在铁矿石标准制定和修订领域的影响力和国家地位。以往参与国际标准化活动的中国代表，由于参与铁矿石标准制定和修订深度不够，因此也不受其他国际的专家重视，但近几年随着我国参与力度的加大，在 TC102 相关会议中发出的声音增多，而且我国参与活动的代表个人能力和技术水平的提高，给予 ISO 的贡献增多，已经赢得了国际上广大铁矿石专家的尊重。只有多为国际标准化做贡献，才有希望提高对国际标准化的影响力和控制力。中国在国际标准化活动中产生的影响力是中国在国际上整体影响力的组成部分，国家的综合实力是以在各个领域的实力作为依托。中国现在正从一个大国走向强国,随着中国综合国力的快速增强,中国已经全方位、多领域、深层次地参与到包括国际标准化在内的全球化事务,并且对全球事务产生影响。中国综合实力的增长,国际地位与国际影响力的提高,使得一些大国不断调整对华政策,从而提高民族自信,我国和谐发展的道路将越来越平坦。

8.2 参与国际标准制定和修订的建议

8.2.1 实质性参与国际标准化活动的措施

国际标准对我国标准化的作用至关重要,它直接关系到国家经济利益和经济安全,关系到我国履行入世承诺,也关系到全面提高我国经济水平和对外开放水平。

8.2.1.1 参与国际标准的竞争策略

中国参与国际标准的竞争策略,首先应解决中国技术标准对国际市场的适应性,通过提高我国在国际标准化舞台上的地位,改变经济大国、标准弱国的形象。策略实施的重点是:通过有效采用国际标准和国外先进标准,提高我国产品和技术进入国际市场的能力,采用国际标准必须了解和熟悉国际标准的内容和形成过程,将适合我国国情的国际标准为我所用,并结合我国的国情进行合理转化;通过实质参与国际标准制定,将更多的中国标准转化为国际标准,使国际标准更多地反映我国的技术要求;利用我国相关领域的优势和特色领域的实力主导制定国际标准,在重要技术领域建立与国际标准化组织和先进国家更加紧密的业务联系,紧密跟踪国际标准的制定过程,做到早期参与和及时介入,阻止不利于我国利益的内容写入标准条款,使国际标准充分体现我国重点领域的技术要求和经济利益,确保我国重点领域在国际经济竞争中的优势;尽可能多地参加一些国际标准化活动,争取在各级国际标准化工作机构中多担任一些领导职务。以往中国在国际市场上遭受的损失是很大的,而且在国际标准制定中发出的声音很微弱。面对经济全球化的挑战,中国只有奋起直追,才能逐渐改变现状。

8.2.1.2 扩大国际影响和提升国际标准化活动能力

实质性参与国际标准化活动也是标准化领域的国际交流与合作。广泛参与国际标准化活动包括参加国际标准化组织管理工作和技术工作,使我国标准化管理人员和技术专家走上国际标准化活动舞台,在了解和学习国际上标准化工作先进经验的同时,将我国的技术观点和优势标准带到国际上,将我国的专家能力展现在世人面前,扩大我国的影响。通过参与国际标准制定活动,结识国际同行专家,考察同行企业,开阔眼界,取得经验。增强自身国际标准化活动能力。集中优势资源,积极跟踪和重点参与国际标准和国际技术规则的制定,扩大我国在国际标准化活动舞台的影响,努力实现从被动采用国际标准到实质性参与国际标准化活动的战略转变,为提升我国标准化工作的整体水平做贡献。

8.2.1.3 推进我国实质性参与国际标准化工作的措施

A 加强领导,统一管理

我们应切实加强对参与国际标准化活动的领导。各级政府、各有关部门应高度重视国际标准化工作,做到认识到位,政策到位,工作到位,共同推进参与国际标准化活动的各项工作。各有关部门和行业主管部门要按照国家有关法律法规,认真履行职责,做好国际标准化工作。各地应依据国家参与国际标准化活动的发展规划,制定本地区国际标准化的工作计划，特别是在联系和动员企业参与国际标准化活动方面应该有所作为。要建立长效有序的国际标准化工作机制，有条件、有优势的地区和部门要把国际标准化工作纳入标准化工作的总体规划，并作为推动经济发展和对外贸易的重要手段，保障国际标准化工作各项任务的落实。加强对参与国际标准化活动的统一管理。结合我国标准化管理体制和国际标准化工作的新情况，加快制定参加国际标准化活动的管理规定，完善相应的管理办法，加强对参与国际标准化工作的规划管理，推动国内全方位参与国际标准化活动。

B 加强研究，建立国际标准化信息渠道

我们应加强对国际标准化活动的研究，完善我国国际标准化发展战略。要加快我国实质性参与国际标准化活动战略研究。学习国外开展国际标准化活动的成功经验，研究符合国际惯例的通行做法。结合我国的具体情况，重点研究国际标准与技术性贸易措施的关系，探索国际标准化的理论和发展趋势，不断提升我国参与国际标准化工作的理论水平，尽快制定适合我国经济和社会发展的国际标准化发展战略。要加快国际标准化工作信息的收集、整理、加工和整合，构建统一、权威、便捷的国际标准化信息平台，建立标准化管理部门与各地方、各部门、企业之间的信息固定传递渠道和工作联系渠道，使国内各部门能够及时有效地了解国际标准化信息和参与国际标准化活动。向全社会大力宣传国际标准化工作和参与国际标准化活动的重要意义。通过向社会宣传、普及国际标准化知识和各国标准化工作情况，为国内各方面了解和参与国际标准化活动营造有利环境。增强生产者、经营者、管理者和消费者的标准化意识。

C 创新国际标准化工作机制

抓紧研究和确定我国参与国际标准化活动的重点领域的评估方法并确定优先领域次序，根据需要和支持能力组织国内有关方面对口参加国际标准制定工作，做到集中优势资源，提高参与活动的有效性。建立以国内技术对口单位和企业为主体的国际标准的紧密跟踪制度，对国际标准的内容和进展情况及时准确掌握，为合理转化国际标准和积极参与国际标准制定做好前期准备工作。

D 推动和支持企业实质性参与国际标准化活动

企业是经济活动的主体，也是标准化工作、包括实质性参与国际标准化活动的主体。要动员和带领企业投身国际标准化活动，让企业充分认识到自身是标准化活动的最终受益者。对企业参与国际标准化活动要进行分类指导，对已经有工作基础的企业要重点组织和关注；对尚未入门的企业要积极引导和动员。建立企业参与国际标准化活动的渠道。充分发挥企业在参与国际标准化工作中的积极性。

E 加快国际标准化人才队伍建设

加快国际标准化人才队伍建设，制定国际标准化活动专家队伍培训规划与培养机制，编写国际标准化活动培训教材，包括各专业的参考资料，开展人员培训工作，采取集中与分散相结合的方式，对全国专业标准化技术委员会和企业国际标准化工作人员开展国际标准化工作程序和外语能力教育培训，尽快培养一支有国际标准化知识、懂专业技术和较高外语交流能力的队伍，提高我国参与国际标准化活动人员的综合能力和水平。同时建立我国国际标准化专家参加国际标准化活动动态管理系统，利用信息手段提高队伍的管理水平。

F 加大国际标准化活动经费投入

对涉及国家安全、人身健康、卫生、环境、贸易和与国民经济建设影响大的国际标准化活动,各方面要大力支持,加大经费投入。坚持政府推动与市场运作相结合的工作模式,逐步建立以政府投入为导向、企业投入为主体的多元化支持参与国际标准化活动的机制。各部委也要对本系统的科技经费投入机制涵盖国际标准制定、修订的经费资助。建立国际标准化活动奖励制度,引导全国专业标准化技术委员会和企业自觉参与国际标准化活动,开创国际标准化工作的新局面。

8.2.2 我国标准与国际标准制定、修订程序的异同

了解我国标准与国际标准制定、修订程序的异同,有助于我国企业标准化工作人员更好掌握参与国际标准化活动的技巧。

8.2.2.1 组织机构异同及工作依据

ISO 工作的正常运行主要靠其技术工作导则(Directives)的保证。该导则是 ISO 也是 IEC 对国际标准起草工作的一套完整的管理系统。在 ISO 下设的技术委员会(TC)确定该领域的标准编制课题,同时提交该课题立项调研报告(类似我国的可行性报告),经成员国投票认可后,按照导则要求将该项目的工作内容按规定的阶段进度进行,每个阶段的工作,都有非常具体的内容、计划和保证完成的措施。为了更形象地表明这些阶段之间的关系,有一个按矩阵排列的阶段流程图对各阶段进行周期控制。导则的附录中列有用于国际标准各相应阶段的表格,如新技术活动领域的建议表及其投票单、新工作项目建议表及其投票单、委员会草案及其投票单、国际标准草案和最终国际标准草案投票单等等。这些就构成了导则格式化的内容。我国的国家标准制定、修订的组织机构分三级,国家标准化委员会(SAC)和全国标准化技术委员会(TC)及其下属分技术委员会(SC),我国国家标准的制定、修订除国家发布的法律法规外,还有国家标准委发布的一些规范,我国也有类似 ISO/IEC 导则的《国家标准制定程序的阶段划分及代码》,即 GB/T 16733,其阶段控制基本上采纳了 ISO 导则相应阶段。

8.2.2.2 项目的管理体制异同

ISO 标准项目的管理体制分为三级:ISO 技术管理局(包括顾问委员会和总执行官办公室)、技术委员会(TC)和分技术委员会(SC)秘书处(包括主席和秘书)。在指定的领域与范围内,按 ISO 导则要求,在主席和秘书处的组织下有效地进行国际标准的编制和管理工作。ISO 的技术委员会和分技术委员会与我国的国家标准化委员会和全国标准化技术委员会很相似,我国国家标准委是我国国务院专设的标准化主管部门。ISO 的项目申报是由 P 成员国提出项目提案开始,成员国投票决定。而我国则是国家标准委每年下达编制下下一年度的国家标准计划,要求申请人网上申报,国家标准委将收到的项目申报按专业类别分别转各全国标准化技术委员会秘书处分别审核,再由国家标准委对上报的国家标准计划项目草案进行统一汇总、审查、协调,最终批准并发布项目任务。我国国家标准还分为推荐性和强制性国家标准。

8.2.2.3 标准进度控制异同

ISO 分技术委员会和工作组应向技术委员会作阶段性工作报告或通过定期会议控制进度,ISO 总执行官办公室随时检查工作的进展情况,并向技术管理局提供阶段性报告。每个项目每个阶段的工作周期都有规定。如无特殊理由,技术管理局根据秘书处提供的信息可做出取消或保留项目的决定,如同意保留应随后修改工作进度。我国国家标准制定、修订的

进度也有严格规定(见 GB/T 16733),国家标准的项目小组需定期向全国标准化技术委员会秘书处报告项目进度。

8.2.2.4 批准程序异同

国际标准批准程序和我国不同。前者是由P成员国投票决定,甚至一些关键的阶段也要进行投票,如:(1)任何一个要开发的标准项目,由技术委员会中P成员投票的简单多数确定,或至少5个积极参与开发该项目的P成员批准;(2)一个委员会草案(CD)进入国际标准草案阶段(DIS),必须满足以下条件:P成员的支持票超过2/3、反对票不超过总票数的1/4。而我国国家标准是由国家主管部门批准。国际标准经最后批准后,由ISO出版发行,版权归ISO所有,标准发布后,秘书处的工作就是对实施期间标准的修护和管理,如修订、复审、撤销等。我国国家标准发布后,版权归国家标准委所有,我国国家标准的修订申请与标准立项程序一样,但需要原国家标准制定单位负责重新立项。我国国家标准由国家质检总局和国家标准委联合发布。

8.2.2.5 标准编制原则

国际标准编制原则是:站在国际立场上充分协调和一致,这反映在国际标准编制各阶段的接受与否,唯一根据就是委员会或分委员会P成员的投票,由国际标准草案到最终国际标准草案,都需要类似的投票表决手续。从初期到高级阶段,投票中反映出来的标准中的问题,通过协商、讨论,逐个加以解决,以使国际标准充分体现协调一致的原则。我国国家标准的原则为在符合国家的有关方针、政策、法律、法规前提下,有利于合理开发和利用国家资源,推广科学技术成果;积极采用国际标准和国外先进标准,促进对外经济技术合作与对外贸易的发展;保障安全和人民的身体健康,保护环境;充分考虑使用要求,维护消费者的利益;做到技术先进、经济合理、安全可靠、协调配套。我国国家标准的制定单位、制定人需按贡献大小排位写入标准前言,由此突出标准制定者的贡献。而国际标准前言没有这部分内容,它强调的是各成员国的贡献。

8.2.3 进一步深化TC102参与度

8.2.3.1 竞争TC102/SC的主席与秘书

担任TC、SC主席,承担秘书处工作等不仅有利于提升我国的国家形象,而且更能证明国家的经济实力以及技术发展水平。所以,《国家标准化发展纲要》特别强调我国应当积极参与这方面的工作。此外,我国有关方面积极参与国际标准化工作,有利于我们更加全面地了解国际标准的制定及应用,对于促进行业、企业参与国际竞争具有实际意义。

A 原有的职位竞争

TC102的SC经过几十年的变动,目前分技术委员会已经集中到SC1、SC2、SC3三个,分别负责铁矿石取样、化学分析、物理测试,这三个领域的主席与秘书,分别由日本、澳大利亚、巴西、德国专家担任,三个SC的秘书处分别由日本、澳大利亚、巴西承担,TC102的主席和秘书及秘书处都由日本担任,占世界铁矿石贸易量最大的中国还没有占一席之地。目前情况,日本专家的后备力量相当强,他们在TC和SC1秘书的后备人选都有一定的梯队,人才培养机制也相当完善,原因是TC秘书处承担国有一定的控制权和日本参与TC102的机构为日本钢联、人员全从该单位调配多少有点关系。由于SC秘书处都各有所属,各SC秘书由秘书国指派,只有SC1、SC2、SC3三位主席,我们有进行竞争的可能。目前SC1、SC2、SC3两位澳大利亚与一位德国的主席职位已经担任多届，而且年事已高，不久他们将陆续退休，我国的铁矿石专家要尽早做好准备，因为能参与竞争的专家毕竟不是等闲之辈。

B 新成立SC职位竞争

由于TC秘书国日本至今没有退让的意思，三个分技术委员会主席、秘书与秘书处承担国多年来已经形成一定影响力，因此它们的地位具有一定的稳定性。分析权衡利弊，在近几年要想在TC和SC1、SC2、SC3中我国有所突破比较困难。因此，竞争新成立的SC职位才是一条有效之路。鉴于一些TC102活动老牌参与国都不想打破原有铁矿石贸易的利益格局，为了既得利益他们一般采取守住原来盘子的保守手段，因此近几年其他成员国也不会提出要建立新SC的提案。而我国目前是世界上最大的铁矿石贸易利益相关者，我们应该提出有利于我国利益的提案。随着中国对铁矿石需求量的增加，近几年来有关部门发现国际铁矿石市场已经不如以前那样规范有序了，铁矿石开采量的增加使原先质量管理不规范的印度矿出现了大量问题，像印尼、非洲一些铁矿石新产区因缺乏质量控制而让进口国忧心忡忡，甚至一些原先质量控制比较好的传统铁矿石生产国、公司也出现了质量问题，这就有必要对国际铁矿石生产与市场进行约束。国际标准的制定和修订也是要有市场的，如果没有这个需求也没有必要浪费标准资源。我国应该适时向ISO组织提出建立一个新的TC102下属分技术委员会，它所管理的内容应该是铁矿石质量、规格等标准，目的是让国际市场的铁矿石更加安全、环保、优质。但由于我国也想借此承担秘书国和担任相关职务的愿望，因此提出的时机要掌握好，要进行深入研究、策划和计划，我国必须在这几年准备好技术、语言都过关的人选，而且要落实好有实力的单位作为秘书处的具体承担者。

8.2.3.2 多参与和承担主导项目

多参与和承担主导项目工作，不仅可以使我国对ISO的贡献力提高，而且还可以在TC102增加我国的影响力，提高我国专家的知名度，为竞争相关职位奠定基础。以下为我国在下一步有能力提出并承担召集的项目方案。

A SC1项目

首先，我国下一步应该在铁矿石明水控制方面的ISO标准制定做出贡献。进口铁矿石在水分含量超过其饱和值时便会有游离水析出，习惯上称为明水现象。含明水的铁矿石，由于其在卸货、储存、转运等环节的损耗率大大高于不含明水的铁矿石，成为一种隐性亏吨，给铁矿石进口国造成利益损失。由于国际铁矿石需求量和运费的不断上升，由十年前每吨仅三四十美元上升到200美元以上，一些高品位细精粉铁矿石的到货价甚至已超过250美元。国际铁矿石供应市场高度垄断和卖方市场，使得国际铁矿石市场出现含明水的铁矿石。由于目前尚无技术手段可准确地将明水数量从到货量中扣除，所以数(重)量交割对买方来说存在不公平现象。例如，以中国一铁矿石进口口岸为例，2007年接卸的3900万t进口铁矿石中，存在不同程度明水现象的铁矿石有1000多万吨，这些含明水铁矿石主要来自巴西、秘鲁等南美洲国家，尤其是从巴西进口的卡拉加斯粉矿，其他国家如印度、加拿大、俄罗斯等也时有发现。含明水铁矿石在卸货、堆存、转运等环节中的损耗突出，这种经常出现明水现象的铁矿石的损耗率高达2%～2.5%，远远超出一般铁矿的0.4%。正因为目前对明水铁矿石的明水扣除尚存在技术问题，也导致一些国外供应商利用目前国际铁矿石市场卖方市场的有利地位，故意放任水分等质量指标的控制，谋取不当利益。对我国来说，全国2007年进口铁矿石为3.8亿t，今年预计约为4.1亿t，其中可能出现明水问题的进口铁矿石数量在1

~2亿t之间,如以1%的隐性亏吨保守推算,损失货值可高达20亿元人民币甚至更高。因此,由我国提出含明水铁矿石水分测定的技术方案,对取制样标准ISO 3082和交货批水分测定标准ISO 3087进行修订,或重新提出一个明水测定的新ISO标准提案,对维护铁矿石国际贸易的公正,有着积极的意义。

其次,虽然,2003年SC1的可视化粒度分析技术研究组(SG9)提供了一项报告说明在线可视化粒度分析系统进行标准化还为时太早,但该项报告没有说明另一种离线粒度测定技术的优越性,即激光粒度测定技术。激光粒度测定技术目前在纳米检测应用比较广泛,该仪器性能特点为:动态范围大、测量速度快、重复性较好、操作方便,是一种先进的精确粒度测定仪器。但基于该技术比较成熟的测量上限为2mm,因此它只能测定细精矿的粒度。现行测定细精矿粒度的方法主要采用ISO4701的干筛或湿筛,但该技术精密度与准确度都不能与激光粒度测定技术相比。中国应该对该技术进行前期研究,适时向TC102提出。

B SC2项目

除我国已经提出的《铁矿石—砷含量检测—氢化物发生原子吸收法》、《铁矿石—全铁含量测定—电位滴定法》和《非完全氧化铁矿石灼烧减量测定》外,根据分析化学技术的发展,将一些新的仪器或已经在SC2应用仪器的新辅助设备引入SC2。

(1) 为满足对铁矿石微量元素的同时快速检测,可以考虑ICP-MS的应用。ICP-MS是一种具有高灵敏度、低检测限、宽动态范围、多元素同时分析的先进元素分析仪器,利用该技术可快速同时测定低含量的砷、铬、镉、铅、汞等微量元素,其线性范围可达到0.0001%~0.1%。

(2) 在铁矿石中,对于As、Hg、Cd、Pb、Bi含量的测定,有些ISO已有标准,但方法步骤繁琐。为遏制铁矿石飞速的涨价,以合理的技术壁垒保护我国利益,制定铁矿石中有害元素的检测标准是非常必要的。用原子荧光光谱法测定铁矿石中砷、汞、镉、铅、铋,具有样品前处理简单、多元素同时测定、分析结果准确、分析速度快等优点。该提案也可适时提出。

(3) 采用热重法测定铁矿石灼烧减量被一些发达国家推崇,但至今尚未有成员国提出开发此项标准,利用热重法测定铁矿石灼烧减量,可以使该指标的检测自动化,提高检测效率。

(4) 虽然铁矿石微波溶样项目SG8已于2005年终止,但并不是该项目没有意义,主要原因在于项目召集人由于工作变化而不能继续进行下去。其实这项工作在中国有一定基础,宝钢在前几年完成铁矿石微波溶样用于杂质元素的测定,宁波检验检疫局完成了铁矿石微波溶样应用于全铁滴定。如果微波溶样顺利完成,可以大大促进ISO铁矿石原子吸收、ICP等标准方法的检测速度。这些都可以继续开展这项工作的理由,合适时候我国可以提出承担召集。

(5) 在TC102开发的铁矿石原子吸收标准中,尚未应用石墨炉技术,随着标准对低含量元素检测的要求,原先的火焰技术将不能满足需要,采用石墨炉技术至少可将现行原子吸收元素测定标准的检测下限向下延伸两个数量级。

(6) 利用离子色谱技术检测氟和氯离子,TC102现有可溶性氟和氯离子的测定标准分别为ISO 4694和ISO 9517,都采用离子选择性电极法,该方法对高低含量都比较灵敏,且线性范围宽的离子色谱技术将是极好的快速同时测定氟和氯离子的技术。

(7) 汞的测定是TC102所开发的ISO标准缺项,除上述原子荧光方法、冷原子吸收外还有消解法，这种方法原理简单经典，国际市场上相关自动化检测仪器有多款型号，推广容易。

C SC3 项目

SC3 项目如下：

（1）为稳定球团矿造球过程和获得足够强度的生球，铁矿细精矿必须达到足够细的粒度。比表面积是表示铁矿石粉状程度的指标，粒度越细化，矿粉的比表面积越大，表面之间的分子作用力加大，有利于矿粉颗粒之间的相互作用，也有利于固体质点在高温条件下向相邻晶格中扩散，促进再结晶。应该指出的是，对球团整个生产过程来说，精矿的粒度也并不是越细越好，粒度过细，造成脱水困难，因而需要干燥，带来工艺复杂化；粒度过细必然加大磨矿过程的能量消耗。因此，粒度过细反会使生产的费用增大，经济收益减少。目前 ISO 铁矿石标准中尚没有检测该指标的标准，但其他行业检测粉末、多孔物质比表面积的方法很多，常见方法有勃氏法（透气法）、电镜法、碘吸附法、CTAB（溴化十六烷三甲基铵）法、统计吸附层厚度法（STSA）以及低温氮吸附法等。其中低温氮吸附法测定的表面积为粉末的总表面积，包括氮分子可进入粉末体的任何开孔表面积。相对于其他测试方法，能更真实地反映物质的比表面积。目前氮吸附法测定粉末比表面积的仪器已经商品化、自动化。

（2）球团矿孔隙率是衡量球团矿物理性能的重要指标之一。铁矿石球团孔隙率高，有利于还原气体向内扩散，有利于还原反应的进行。孔隙率的测定一般是通过测定表观密度和真密度后计算得出。部分进口的球团矿贸易双方要求检测孔隙率指标。目前，球团矿孔隙率的检测尚无国际标准可依。巴西 SAMARCO 公司检测球团矿孔隙率借用的是日本工业标准系列的水泥标准。国内部分钢铁公司参照采用的是 GB/T 2999—2002《耐火材料颗粒体积密度试验方法》和 GB/T 5071—1997《耐火材料真密度试验方法》检测球团矿孔隙率。这项标准的提出与召集，中国具备一定条件。

（3）促进 ISO 几项还原标准的整合。ISO 几项还原标准如：ISO 4695、ISO 4691-1、ISO 4691-2、ISO 4698、ISO 7215 等，因为这几项标准的还原气流量、配比等有所不同，造成还原炉的结构、控制的不同，减少了设备的兼容性，导致设备投资的增加。

D 其他领域

其他领域如下：

（1）对含非铁矿类物质进行矿物分析。有些国际贸易铁矿石中夹杂熔渣、浮渣（包括钒渣等）、氧化皮及其他废料；贱金属及其制品的废碎料，即铸铁废碎料、不锈钢废碎料、其他合金钢废碎料、镀锡钢铁废碎料，包括车、刨、铣、磨、锯、锉、剪、冲加工过程中产生的钢铁废料，未列明钢铁废碎料（含废铁轨、废钢轨等）、供再熔的碎料钢铁锭；尾矿、垃圾矿、冶金渣、烧结碎粒、钢铁工业废弃物等非铁矿类矿物的定性、定量分析。铁矿石非铁矿类物质矿物分析方法目前尚无相关国际标准。因为矿物鉴定不像元素分析那样其结果具有稳定性，矿物鉴定需要鉴定人员丰富的经验，不同人鉴定目光不同，其鉴定结果也会有较大的不同，但可以把鉴定程序规定下来，设定几个鉴定关键点，统一鉴定目光，提高鉴定的准确性。矿物鉴定也不像金相鉴定有标准的金相图库，矿物铁矿需要应用人员自己建立，目前未见铁矿石标准矿物图库作为商品化产品，更无非铁矿类夹杂物矿物标准图库。标准图库的建立会大大提高鉴定人员的鉴定能力，缩短与丰富经验人员的技术水平差距。此方法可推荐为非仲裁方法，或推荐为技术报告。

（2）铁矿石与其他矿物一样，除含有所需的有益物质外，还含有各种各样的有害物质，主要有害物质为铅、镉、铬、砷、汞、氟、放射性物质等，这些有害物质对环境造成的污染和破坏应引起足够的重视。铁矿中含有有毒有害物质，既有对冶炼过程有害的，即破坏冶炼设备，降低冶炼效率，也有在冶炼过程中破坏环境以及降低生铁和其他成品性能的。为了防止含有有害物质的铁矿石在国际上流通，需要建立铁矿有毒有害限量系列国际标准。

(3) 铁矿的品质规格标准是规定铁矿石质量等级的标准，就中国进口的铁矿石而言，近几年，铁矿石国际价格也一路攀升，而铁矿的品质却明显下降，水分、粒度、二氧化硅、三氧化二铝、铁含量不符合同率大幅度增加，降低了铁矿冶炼的经济价值，这使铁矿石输入国的经济利益受到损害。因此在目前的形势下，建立铁矿石质量规格评价标准系列非常重要。

8.3 我国参与 TC102 的成果

直至 2003 年的瑞典基律纳会议，我国才在参与铁矿石标准制定、修订工作方面有实质性进展，在那次会议上我国代表团向全会及 4 个分技术分会提交了多份新标准提案、评估报告、投票意见，之后我国参加的历次 TC102 会都有新材料提交，已经对铁矿石国际标准的制定、修订产生很大影响。

8.3.1 我国提出的新标准提案

在近几届 TC102 年会，除提出修订意见外，其他国家提出新标准提案已经不多，我国适时在这个阶段提高了参与度，积极为 TC102 的检测技术发展做出贡献，同时也积极在该领域发出中国的声音，维护中国利益。

8.3.1.1 我国承担召集的 TC102 项目

目前我国承担和已承担完成的项目有三项，处在程序中的还有两项，但尚未完成任何 ISO 标准。

A 铁矿石—砷含量的测定—氢化物发生原子吸收光谱法

2002 年起，宁波检验检疫局以原完成的课题为基础，为解决进口铁矿石中低含量砷的检测问题，开始策划《铁矿石—砷含量的测定—氢化物发生原子吸收光谱法》ISO 新标准提案，该研究项目也同时申报了质检总局的 SN 行业标准制定、修订（项目编号 B196—2002）和国家标准（计划编号为 20072401 - T - 605），这两项标准的制定已经完成。目前 ISO 标准的制定、修订已进入 CD 阶段，于近期提交委员会草案。计划在 2010 年出版该标准。

B 铁矿石—全铁含量的测定—电位滴定法

2007 年加拿大会议，我国再次提出《铁矿石—全铁含量的测定—电位滴定法》新标准提案，会议通过现场投票决议立项，成立研究组 SG20，草案已注册为 PWI，召集人为宁波检验检疫局技术专家应海松。鉴于国际标准在近几年正在进行标准整合，为满足各国使用的需要，容许同一元素不同方法并存，鼓励采用自动化高、精密度高的技术。

全铁含量对铁矿石烧结和炼铁都有着直接的影响，国际贸易合同中把全铁含量的约定放在规格要求的第一位，并根据全铁含量进行价格调整，如规定一个合同约定值，则大于合同约定值的每增 1%，按一定倍数单价增值，低于的则按一定倍数单价降值，如低于约定的极限阈值则退货。现行的铁矿石中全铁含量测定国际标准有：ISO 9507—1990《铁矿石—三氯化钛—重铬酸钾容量法测定全铁量》。标准原理基本上为：试样用酸或碱分解，然后残渣处理，用还原剂还原，再用氧化剂氧化过剩的还原剂，以相关物质为指示剂，用氧化剂标准溶液滴定,借此测定全铁量。

电位滴定技术是一种经典化学与现代电子相结合的产物,发展已有多年,其商品化仪器技术也已十分成熟,尤其是数据微处理技术引入电位滴定,更使其如虎添翼。与化学分析相比,电位滴定测定铁矿中的全铁能成倍缩短检测周期,并大大提高该类检测的自动化程度。目前电位滴定在铁矿石全铁测定尚无相关标准,但该技术在国外钢铁相关企业却有应用。如分别采用 $Ce(SO_4)_2$、$K_2Cr_2O_7$、K_2MnO_4 为滴定剂的自动电位滴定法、采用络合技术的自动电位滴定等。

本 ISO 标准的研制是以宁波检验检疫局立项课题"微波溶样—自动电位滴定法测定铁矿中全铁量"为基础,本任务检测方法的关键性技术已经解决,方法技术线路为:该方法试样的分解可选择酸分解、熔融—酸化、熔融—过滤,用氯化亚锡溶液试液预还原,溶样结束后,使三价铁全部还原为二价铁,调整好酸度、温度等,加三氯化钛,用重铬酸钾滴定过量三氯化钛,并继续滴定二价铁至终点,以重铬酸钾的消耗量计算确定铁含量。下一步的研究内容主要为针对 TC102 各成员国提出的意见和建议作进一步分析与改进,并开展国际间实验室验证活动,分析统计与评估各实验室返回数据,研究方法的再现性和重现性,完成相应的委员会草案、征询意见草案及批准稿。在 2010 年底完成征询意见,完成征询意见稿(DIS)并被注册。

C 非完全氧化铁矿石灼烧减量的测定

铁矿石灼烧减量的测定(工作组为 WG33A),已进入委员会草案,编号为 ISO/CD11536。它规定了测定全氧化铁矿灼烧减量的方法,但该方法它不适合以下矿:(1)含金属铁的加工矿;(2)硫含量高于 0.2% 的天然或加工矿;(3)磁铁矿含量大于 0.97% 的天然或加工矿。在 2003 年的 TC102 瑞典基律纳会议,中国代表向 SC2 正式提交了宁波检验检疫局应海松提出的用 FeO 校正测定磁铁矿灼烧减量的方案,会议各国代表们对此进行了认真讨论。大会形成决议,决定成立一个研究组 SG17 来研究中方提出的非全氧化铁矿中灼烧减量的问题,本课题的提出是为了解决中国越来越多的进口磁铁矿的灼烧减量的测定问题,目前正在制定的灼烧减量的检测标准不适用于磁铁矿。该项目在前一个轮次由澳大利亚任实际召集人,参加国有澳大利亚、巴西、日本、瑞典、中国。2005 年澳大利亚提交了比较详尽的技术报告。天津检验检疫局谷松海在 2003 年后参与了 ISO/TC102/SC2/WG33A 的工作,目前各国尚无铁矿的灼烧减量标准,就该测定与国际上多家实验室进行了系统比对,交换检测方式,并与日本提出的一套方案进行了比对。该项目第二个轮次的召集人为中国天津检验检疫局谷松海,2007 年谷松海汇总了自己和澳大利亚 Fritz 博士的意见,将完成的召集人报告提交 SC2,SC2 决议该项目任务完成,SG17 撤销。虽然该项目没有单独形成一项 ISO 标准,但它的内容已经并入 WG33,即成为 ISO/CD11536 的重要组成部分,这也是我国第一次为 ISO 标准的制定做出的贡献。

8.3.1.2 我国提出未能立项的项目

《铁矿石—砷含量的测定—氢化物发生原子荧光光谱法》提案由辽宁检验检疫局提出,由中国代表在 2003 年的 TC102 瑞典基律纳会议向 SC2 正式提出,提交的提案被注册为 ISO/PWI 198042。基律纳会议形成决议要求各 P 成员对该提案进行投票,但到 2003 年底有效投票期内,除中国外尚无其他 P 成员国投赞同票,因此该项目还尚未成立相关技术组,原因是原子荧光技术在国外推广很少,无法进行协同实验,国外也无相关技术专家参加。但该类仪器在我国却应用十分广泛,仪器价格也不贵,在ISO标准中采用这项技术有利于我国利益。曾参加瑞典基律纳会议的本系统的中国代表欧阳昌俊建议,把原子荧光光谱法与氢化物发生原子吸收法合并向TC102提出,但由于氢化物发生原子吸收法已经立项,两个项目目前已很难合并。由于项目参与者未达到5个国家,项目提出后也无任何进展,项目于2007年加拿大魁北克会议被取消。建议该项目可以待原子荧光在国际上普及后再次提出。

8.3.2 我国提出的项目评议

除我国参与TC102早期提出的一些评议外,2003年后有宁波检验检疫局、天津检验检疫局、宝钢提交的评议意见都受到与会各国代表的高度重视。

8.3.2.1 我国提出的有文件编号的项目评议

A 早期

由于我国恢复参加ISO/TC102时间比较晚,自1982年以来,我国参加ISO/TC102铁矿石标准国际会议及国际标准制修订活动基本上以学习为主,早期由包钢和首钢在铁矿石磷含量测定方法标准起草中提出了一些重要的修改意见,在参加讨论名词术语标准时,宝钢对粉矿的粒度界限值提出了重要修改意见,即将粉矿的上限和块矿的下限定为10.0~6.3mm,并写入了术语标准,从而为国家节省了大量外汇。

B 铁矿石—硫含量的测定—高频燃烧红外法(ISO/DIS4689-3)

《ISO4689-3铁矿石—硫含量的测定—高频燃烧红外法》,是由日本提出并作为召集的一个硫测定新标准,该标准草案在2003年前进入DIS阶段。宁波检验检疫局应海松以其主持的课题为实验依据,针对ISO/DIS4689-3,通过中国代表在瑞典会议提交了一份评估报告(文件编号为N1554),该报告指出该DIS的一些不完善之处并根据中国国情提出了对该草案的修改意见,内容涉及拓展范围、对含水铁矿的技术处理方法、含水铁矿定义、样品处理、仪器结构、坩埚预处理等。因为标准对仪器结构的要求是根据日本生产的仪器而规定的,非常有利于日本,该DIS无法解决杨迪矿、罗布河矿含有大量的针铁矿问题,而我们提出的评议建议的方法是可以解决的。国际标准正式出版发布后,一般要经过5年的试用期。在试用期,允许各成员国提修改意见,并对采纳的修改以附件的形式单独出版,该附件属于原标准的重要组成部分,与原标准一起构成新的该技术标准。由于FDIS一旦被接受,所有意见都留待修订时考虑,因此下一步工作是:在5年修订期内,再收集数据进一步向TC102提出,以便形成有利于我国的相关技术附件或修改意见。宁波检验检疫局在系统内15家实验室帮助下,已经积累了相关数据。

C 酸溶法—电感耦合等离子光谱法铁矿石多元素的测定

ISO/WD22682.2(文件编号N 1543 E)是由巴西承担召集WG45的工作组草案,内容为酸溶法—电感耦合等离子光谱法铁矿石多元素的测定。2003年,宁波检验检疫局应海松通过中国代表在瑞典会议提交了一份对该草案的评估报告,内容涉及试剂、分析谱线、光谱干扰、磷标准物质的选用等。

D 铁矿石—硫含量的测定—高频燃烧红外法(ISO/DIS 4689-2)

宁波检验检疫局在2003年提出一份简单评议,内容涉及对该DIS提到的瓷舟进行预灼烧和氮气纯度的建议。

E ISO 10835 的修订(WG9)

就 ISO 10835 的修订,中国宝钢于 2003 年提交的评议建议采用 HBI 钻屑制样方法(文件编号:SC1 N 932E),工作组建议中国继续开展 HBI 的钻屑制样和破碎制样方法的比较研究,补充有关数据后在 SC1 下次会议上提交。

F 三氯化钛还原法(WG 39)

中国宝钢对 ISO/CD 2597-2 进行了验证,2003 年提交的评议指出:熔融坩埚的容量至少 50 mL,较小的容量可能由于样品溅出而导致偏差。

G 微波溶样(SG 8)

项目召集人为南非,2003 年中国宝钢对 SG8 提供的评议建议用盐酸、氢氟酸、双氧水溶解的方法。

H X 荧光压片法

对于 X 荧光压片法,宝钢于 2003 年提交的评议表明,宝钢通过该单位的课题研究,提出该方法的精密度存在的问题,建议该方法尚需进一步的研究和数据积累。

I ISO 3086 修订

中国专家提交的评议介绍了偏差实验实例,SC1 接受了中国关于对皮带式取样方法的解释,并同意将中国的实例写入 ISO 3086。

J 其他

宝钢还于 2003 年分别向 SC1 和 SC2 提交对铁矿石取制样标准,以及改进 EDTA 滴定铝方法的评估试验报告。

8.3.2.2 我国提出的无文件编号或口头提出的项目评议

A 热裂指数(WG7)

中国宝钢于 2005 年佩斯会议对该项对应的标准草案非技术内容(报告形式)有一建议,因各国在实验室管理方面的差异,虽经解释,但未被会议代表所理解和采纳。

B 比表面积

2007 年的加拿大魁北克会议,巴西专家向 SC3 提出了一项新的标准提案(N1030),即比表面积测定,提案方法采用勃氏法,中国代表应海松当即提出评议,认为比表面积测定方法采用低温氮吸附法更有利于提高检测的精密度,同时向 SC2 提交了书面说明。

8.3.3 我国参与的 TC102 项目

我国参与的 TC102 项目如下:

(1) ISO/TC102/SC2/SG9 工作。天津检验检疫局和宁波检验检疫局分别从 2001 年 10 月和 2005 年 10 月起参加该组工作,以考察各实验室应用标准测试结果的一致程度。

(2) ISO/TC102/SC1/WG3 工作。该组承担 ISO 3082 铁矿取样标准的修订工作。该标准目前仅含自动取样,未包括手工取样。为体现我国大多港口没有自动取样设施的特点,天津检验检疫局谷松海积极与该组召集人联系,参与该项目组工作,与召集人多次进行了技术探讨。

(3) ISO/TC102/SC2/WG40A 工作。该组负责计算法测定全铁含量。天津检验检疫局谷松海在该方面进行了大量的工作,并已经将研究成果形成评议,提交 SC2。

(4) 针对巴西在瑞典会议提出的球团矿抗压强度测定 ISO 4700 存在的问题,山东检验检疫局做了一些工作，如分别就不同产地的样品、不同厂家的仪器、不同检测单位进行检测数据对比。

（5）ISO/TC102/SC1/WG3 工作。2003 年瑞典会议提出提前对 ISO 3082 进行修订，并要求 SC1 秘书处就此分发新工作项目提案。同意参加该项目的国家有：澳大利亚、巴西、加拿大、中国、德国、日本、韩国、南非等。

（6）ISO/TC102/SC1/WG9 工作。涉及 ISO 10835 的修订，中国宝钢参与。

（7）ISO/TC102/SC1/SG7 工作。即取制样精密度数据的收集和分析。该研究组的任务是收集和分析各成员国提供的铁矿石取制样精密度数据，召集人是巴西的 M. Castilho 先生。由于 SC1 成员提交的数据较少，SG7 的工作进展不大，但会议期间，日本和澳大利亚提交了数据。中国参加了该研究组，但此次没有提供数据。会议经过讨论认为，该研究组的工作比较重要，应继续开展工作，会议重申了此项工作的重要意义：1）为 ISO 3082 的修订提供基础性数据；2）研究取制样精密度与铁矿石品位之间的关系；3）研究取样精密度与矿石的矿物组成之间的关系。为此，会议要求各位与会代表回国后呼吁本国的铁矿石的生产商或消费者提供取制样精密度数据，并要求研究组召集人每隔六个月对收集到的精密度数据更新发布一次。

（8）ISO/TC102/SC2/WG43A 工作。即 X 荧光光谱法的粉末压片测定技术。N1722E 是《铁矿石—铁、硅、磷、铝、锰、钛、钙、镁使用粉末压片 X 射线荧光光谱法》ISO/WD 16879. 2 的工作组草案，N 1719E 是 WG 43A 的召集人报告。上次会议决议 WG43 继续开发 ISO/WD 16879 作为一个非仲裁方法，之后，澳大利亚和巴西对此进行了评估，澳大利亚、巴西、中国提供了测试样品，根据新的 TCR4，工作组将重新安排试验。本次会议决议 WG43 继续开发 ISO/WD 16879 作为一个非仲裁方法。澳大利亚、巴西、加拿大、中国、瑞典同意参加。中国宝钢周星参与。

（9）ISO/TC102/SC2/SG16 工作。XRF 法测定钠的研究工作移交给新成立的研究组 SG16，召集人为澳大利亚的 Norrish 先生，参加成员有：澳大利亚、巴西、加拿大、中国、韩国、南非和瑞典。中国宝钢周星参与。

（10）ISO/TC102/SC2/WG45 工作。ICP 法测量微量元素。2005 年佩斯会议决定再给 2 年的时间以便将 ISO/WD 22682 制定为国际标准，该工作组成员有：澳大利亚、巴西、中国、日本、荷兰和南非。

（11）ISO/TC102/SC2/SG13 工作。直接还原铁和热压铁块中微量元素的测定。2005 年佩斯会议决定再给 SG 13 两年时间继续研究测定直接还原铁和热压铁块中微量元素，以及建立标准化方法的可能性。参加成员国有：澳大利亚、巴西、中国、南非和瑞典。

（12）ISO 10203、ISO 10204 的修订。由于日本反对 ISO 10203 及 ISO 10204，即钙、镁原子吸收法的应用范围修改，ISO10203 钙原来范围为 0. 01% ~10. 0%，修订版为 0. 07% ~4. 5%；ISO 10204 镁原先为 0. 01% ~3. 0%，修订版为 0. 25% ~3. 5%，我国代表也认为钙、镁下限不应改高，该两项标准应用范围尚需进行进一步确认。会议决定成立一个新工作组 WG48 对该两项标准的应用范围进行研究，日本 Akiyoshix 先生承担召集，日本、澳大利亚、加拿大、中国、巴西、瑞典参加。

（13）ISO/TC102/SC3/ WG7 工作。即热裂指数测定。项目召集人报告了项目进展情况，建议考虑粒度的配比并通过相关试验计划推进，澳大利亚、德国、巴西、日本、中国（宝钢)同意参加相关试验计划,会后相关国家代表对试验计划的初步框架进行了讨论。

(14) ISO/TC102/SC3/SG15 工作。重量测量的定义,由于现行标准中关于重量的定义表述存在不一致的情况,会议经讨论决定,建立一新的研究组 SG15,澳大利亚作为项目召集人,对此问题进行研讨,为将来 SC3 标准修订中涉及的重量测量的定义进行梳理,中国宝钢周星同意参加此项目的工作。

(15) ISO/TC102/SC3/ SG15 工作。ICP 法测定微量元素。宝钢周星参与,原项目编号 WG45 取消,重新成立 SG。

(16) ISO/TC102/SC2/WG40 工作。计算法测定全铁含量。天津检验检疫局谷松海参与。

(17) ISO/TC102/SC2/WG42 工作。XRF 法测定氯含量。黄岛检验检疫局丁仕兵参与。

(18) ISO/TC102/SC2/WG48 工作。钙和镁的测定。湖北检验检疫局陈建华参与。

(19) ISO/TC102/SC2/SG15 工作。XRF 法测定总铁含量。中国宝钢周星参与。

(20) ISO/TC102/SC2/SG19 工作。还原铁的测定。宁波检验检疫局应海松参与。

(21) 水分测定。天津检验检疫局谷松海参与。

(22) 比表面积测定。宁波检验检疫局应海松参与。

(23) ISO/TC102/SC1/SG10 工作。机械取样系统校核的技术报告,中国参与。

(24) ISO/TC102/SC1/SG11 工作。在线水分分析方法,中国参与。

(25) ISO/TC102/SC1/SG9 工作。粒度发布直观筛分技术评述,中国参与。

8.4 我国制定国际标准的历史转折

目前,我国的标准化工作越来越受到国家、社会以及企业的高度重视和支持,也越来越受到国际社会的广泛关注,呈现出大好的形势。国务院标准化管理部门已经提出我国标准化发展目标的两个阶段是:(1) 在 2010 年实现基本建成重点突出、结构合理、适应市场的技术标准体系,使我国标准化工作达到中等发达国家水平;(2) 争取到 2015 年实现标准总体水平达到国际先进水平,家用电器、能源、汽车等重点领域技术标准的水平达到国际领先水平,形成龙头企业积极跟踪和参与国际标准、国家标准制定、修订工作的机制。对此,要求各承担 ISO/IEC 主席、秘书处单位和中高级管理机构成员要积极做好相关的标准化工作,在我国于 2008 年 9 月成为 ISO 常任理事国后,进一步扩大影响。要依托承担国际标准化工作的条件提升我国标准化工作在国际上的地位。我国将在近几年实现制定国际标准的历史转折。

8.4.1 国家层面一些政策措施出台

8.4.1.1 《国民经济和社会发展第十一个五年规划纲要》

十届全国人大四次会议 2006 年 3 月 14 日表决通过了关于《国民经济和社会发展第十一个五年规划纲要》的决议。我国国民经济和社会发展第十一个五年(2006~2010 年)规划纲要根据《中共中央关于制定国民经济和社会发展第十一个五年规划的建议》编制,主要阐明国家战略意图,明确政府工作重点,引导市场主体行为,是未来五年我国经济社会发展的宏伟蓝图,是全国各族人民共同的行动纲领,是政府履行经济调节、市场监管、社会管理和公共服务职责的重要依据。该纲要每篇每章大多涉及各行各业的标准化工作，我国的第十一个五年规划把标准化建设提高到相当高的程度。

8.4.1.2 《国家中长期科学和技术发展规划纲要(2006~2020年)》

于2005年国务院发布的《国家中长期科学和技术发展规划纲要(2006~2020年)》第八条"若干重要政策和措施"中的第四款"实施知识产权战略和技术标准战略"说明：将形成技术标准作为国家科技计划的重要目标。政府主管部门、行业协会等要加强对重要技术标准制定的指导协调，并优先采用。推动技术法规和技术标准体系建设，促使标准制定与科研、开发、设计、制造相结合，保证标准的先进性和效能性。引导产、学、研各方面共同推进国家重要技术标准的研究、制定及优先采用。积极参与国际标准的制定，推动我国技术标准成为国际标准。加强技术性贸易措施体系建设。

8.4.1.3 《标准化"十一五"发展规划》的发布

国家标准委于2006年下发关于印发《标准化"十一五"发展规划》的通知，"十一五"是我国改革和发展的重要战略机遇期，也是标准化事业实现跨越式发展的关键时期。《标准化"十一五"发展规划》规划了未来五年我国标准化工作的发展重点。该规划鼓励自主创新，加大自主知识产权标准研制力度，提高我国产品和产业的国际竞争力。遵循世界贸易组织的规则，积极采用国际标准，加快与国际接轨的步伐。努力将我国优势技术提升为国际标准，力争实现从"国际标准本地化"到"国家标准国际化"的转变，全面提升我国的综合竞争力。规划提出到2008年，相关联国际标准的采标率达到60%；到2010年，相关联国际标准的采标率达到85%。规划还提出加大参与国际标准化工作力度。积极参与国际标准制修订工作，鼓励以我为主提出国际标准新提案。"十一五"期间，将自主提出50项国际标准新工作项目提案，重点参与500项与我国产业密切相关的国际标准制修订工作。加大国际标准化人才培养力度，显著提高我国实质性参与国际标准化活动的能力，建设一支1000人的国际标准化专家队伍，争取承担更多的国际标准化组织技术委员会、分会的主席、秘书处和工作组召集人，选拔10名左右精通外语的人才，争取在ISO、IEC等国际及区域标准化组织的高级管理层中连续担任职务，争取承担国际标准化组织秘书处数量的比例占到总数的6%。到"十一五"末，我国标准化工作基本达到中等发达国家的水平。

研究建立国际突破的新机制，尽快把龙头企业纳入到国际标准化工作系统，引导有实力和有积极性的企业提出国际标准新项目，力争将我国优势技术领域的标准制成为国际标准，推动龙头企业参与国际标准化组织技术委员会工作。开展国际标准关联度研究，对事关我国经济和科技发展的国际标准进行系统的比较分析，找出我国标准的差距并提出解决方案，推动采用国际标准的工作。加强对国外TBT制修订及实施动态分析，对可能影响我国的国外TBT实施提供预警，对国际标准、主要贸易对象国制修订技术法规或强制性标准进行评议，保证我国企业利益。加强检测方法标准体系建设，重点解决由于检测方法不一致而出现的检测结果不一样的问题。

积极采用国际标准和国外先进标准，积极推动我国标准转化成为国际标准，积极参与国际标准化组织的活动。采取有力措施，大力提高我国对ISO等国际标准化组织的贡献率。吸纳外国技术专家参与标准制定。实施标准化人才培养工程，建立和完善标准化培训教育制度、标准化人才培养选拔制度。重点抓好技术委员会组成人员的培训工作，建立国家级专家人才库，在全社会范围内培养优秀中青年技术和管理人才，使其具有比较全面的国际标准化工作知识和较高的英语交流能力,能够独立参与国际标准化工作;研究和制定培养我国担任国际标准化组织高层领导职务人才的规划,有目的地培养并提供锻炼机会,选拔其中的优秀代表争取担任 ISO/IEC 高级领导职务。

8.4.2 标准科技加大投入

8.4.2.1 征集 2004~2006 年国际标准化工作项目

为加快我国标准化工作与国际接轨,推动我国实质性参与国际标准化活动,紧密跟踪和先期介入国际标准的制定、修订工作,合理有效转化国际标准,国家标准委于 2003 年 12 月发出国际函[2003]105 号"关于征集 2004 年—2006 年国际标准化工作项目的通知",并对符合条件的项目给予补助性支持。征集的目的是:(1)支持我国各方面实质性参与国际标准制定工作,使国际标准化工作更好地为我国标准化工作和社会主义市场经济建设服务,有利于扩大我国标准在国际标准化舞台的影响和作用;(2)国际标准化工作项目应符合世界贸易组织/技术性贸易壁垒协定(WTO/TBT)要求,突出体现我国加入 WTO 后促进对外贸易、破除和跨越技术性贸易壁垒,保护我国的技术经济利益;(3)国际标准工作项目的确立应符合国家重点产业发展政策和市场的需求情况,做到重点突出、立项合理,集中有限力量重点开展国际标准化项目;(4)鼓励 ISO、IEC 国内技术对口单位引导和带领企业参与国际标准化活动,采用国家鼓励和企业支持相结合的方法扩大参与国际标准化活动的领域和范围。这是我国首次大范围征集国际标准化工作项目。

8.4.2.2 "十一五"国家科技支撑计划关键技术标准推进工程

为促进我国技术标准整体水平的提高,满足我国科技和经济发展的需要,通过推动技术标准战略的有效实施,有针对性地解决技术标准当前突出、紧迫和带有全局性的问题,我国质检总局科技司于 2007 年 8 月发出质检科函[2007]62 号通知要求开展"十一五"国家科技支撑计划关键技术标准推进工程重大项目"国际标准研制"课题任务申报。"关键技术标准推进工程"项目于 2007 年 1 月 19 日得到科技部正式批复,列入"十一五"国家科技支撑计划作为重大项目实施。项目组织部门为国家质量监督检验检疫总局和国家标准化管理委员会。"国际标准研制"是"关键技术标准推进工程"项目的重要课题之一,旨在通过对我国产业发展具有重大影响、具有相对优势的技术领域深入研究分析,开展国际标准研制,持续增强我国主导制定国际标准的能力,力争在国际标准中实质性地反映我国的技术和经济利益,有力支撑"十一五"国民经济和社会发展的战略需求。项目组织部门委托中国标准化研究院作为课题承担单位。为做好该课题下设若干具体国际标准研制任务申报工作,充分发挥社会各方面的积极性,促进科技资源优化配置,申报按照"公开、公平、公正"的原则选择任务并确定承担单位。目前,项目首批课题的国拨经费已下达,研究工作全面启动实施。目前该单位已经征集了 30~40 项我国承担的国际标准,同时有 80 多项标准进入项目候选。中国标准化研究院还将计划在 2008 年再次向国家科技部申请提出"国际标准研制"课题的培育性项目,进一步加大参与国际标准的基础研究与参与力度,同时扩展我国参与国际标准制修订的深度与广度。

为做好项目组织管理工作,促进相关各方的沟通了解,保证课题的顺利实施,项目组织部门国家质检总局和国家标准委组织召开了项目工作会议。科技部、国家质检总局、国家标准委以及项目相关行业部门卫生部、国家安监总局的有关领导出席了会议,项目首批课题承担单位中国标准化研究院、中国科技促进发展研究中心、中国计量科学研究院、中国环境科学研究院、清华大学、中国安全生产科学研究院、中国疾控中心职业卫生与中毒控制所以及各课题主要参加单位的代表近百人参加了会议。国家标准委领导对项目的实施提出了四点希望:首先,项目组织单位应加强管理和指导,课题承担单位高度重视,按照总体目标,落实、完成好预定任务;其次,应通过课题任务的实施,与其他国家科技计划项目的实施进行有效沟通和协调,带动人才队伍建设,为"人才、专利、技术标准"三大战略的实施提供技术储备力量;第三,应通过项目实施,进行机制探索,特别是在标准制定方面,带动企业参与,形成能起到示范作用的产学研结合的良好模式;第四,通过项目滚动实施进行动态管理,不断深入推进。

在国家层面,"十五"期间,科技部投资2亿元,联合发改委、国家标准委等部门,已经开展中国的"重要技术标准战略"专项等课题的研究,并同时选择了19个重点城市和22个重大重要企业开展了技术标准的试点和示范工作。目前,这些研究已经接近尾声。

8.4.2.3 标准化公益性行业科研专项项目

国家标准委于2008年6月,再次向全社会征集2009年标准化公益性行业科研专项项目,其中《2009年度标准化公益性行业科研专项项目申报指南》中的第二条"重点支持项目类别说明"第二款"国际标准相关研究"指出,标准化公益性行业科研专项项目中国际标准申报的重点支持方向为:以增强我国主导制定国际标准的能力,增加国际标准话语权和国际影响力,提升我国技术标准的国际竞争力为目的,在我国具有相对优势、特色领域,或已取得一定工作进展,有实力承担国际标准制定任务的领域,开展国际标准制修订及相关研究。

8.4.3 基层参与力度加大

我国制定的《国家标准化发展纲要》提出的目标是,到2020年实现标准总体水平达到国际先进水平。为了完成这一宏伟目标,企业必须首先有所作为。我国企业要想提高核心竞争力,在国际市场上立于不败之地,就要把自己打造成标准的建立者,立足于技术标准战略,把技术标准战略的制定与管理纳入到企业技术创新管理机制之中。

8.4.3.1 强化企业参与国际标准化活动的培训

国家标准委为推动企业参与国际标准化活动,近几年举办多次"企业参与国际标准化活动培训班",国家标准委领导多次亲临会场为培训班上作报告。近几年也多次举办"国际标准化知识英语高级培训班"和"国际标准化综合知识培训班",为提高参与国际标准化活动的企业技术人员的技术水平,发挥了巨大的作用。

8.4.3.2 企业以自主创新竞争国际标准的意识加强

标准是企业核心竞争力之源,标准的利益分配涉及企业利益、产业利益。随着标准时代的到来,发达国家纷纷从技术战略发展到标准战略,从技术立国发展到知识产权立国。中国作为资源消耗大国、生产大国,当前多方面的经济指标在世界上都有举足轻重的位置,我国制造业的发展取得了举世瞩目的成就。但是,我国企业已经认识到,我国制造业的技术标准管理落后于发达国家。大量的技术标准掌握在国外企业手中,国外企业凭借技术标准获得了最大的利益。现代技术标准的背后,归根结底是一国企业的自主创新能力。而谁掌控了技术标准,谁就占有了广大的市场份额。技术标准之争,本质上就是要争夺专利技术适用的市场。我国一些重点企业已经开始将企业的技术标准转化为法定标准，通过法律的强制实施达到技术的推广；通过企业的市场运作，使自己的技术、产品占据大部分市场，从而使自己的技术标准成为事实上的行业通用标准。另外，我国的一些地方政府也纷纷加大辖区内企业参与国际标准化活动的支持力度，制定了一些鼓励政策，如企业承担召集一个国际标准与承担一个 TC 或 SC 秘书处，就奖励 20 ~ 40 万元人民币，参与国际标准制定则奖励 10 ~ 20 万元人民币等。

8.4.3.3 设立研究技术标准和技术壁垒的专业人才库

为应对重大贸易技术壁垒，我国非常需要一大批熟悉 WTO/TBT 的专门人才，对于符合 WTO/TBT 有关协议，需要组织相关专业人才研究该国采用的标准，并为企业相关人员提供标准培训和技术服务；而一旦发现发达国家利用技术壁垒措施，恶意阻碍我国产品出口，就要组织相关专业人才，充分利用 WTO/TBT 关于组织机构、磋商和争端的解决条款，争取正当权益。2007 年我国国家标准委和其他相关部门征集我国企业专门从事国内外标准及标准化工作研究和真正懂得贸易技术壁垒相关规则的人才，将我国企业和科研院所、大专院校的高素质专家收集到“参与国际标准化活动人才库”，建立 WTO/TBT 对外评议专家人才库。

8.4.3.4 加强技术标准的国际交流与合作

提高技术标准的管理能力和增加在国际技术标准制定上话语权，需要加大对外开放的力度，更多地参与技术标准领域的国际交流与合作。我国的一些企业及国家标准化组织技术委员会技术对口单位已经在国际标准制定、采标、应用等方面积极开展国际合作，组织召开国际研讨会，及时获取信息，这样我国在国际标准化领域才不会孤立无援。通过参加国际标准的制修订工作，及时了解国际上相关产业发展的最新动向，促进将我国企业技术标准纳入国际标准。通过积极参与国际标准的起草，将我国企业有优势的产业相关标准推荐为国际标准。通过积极开展与国外的交流与合作，已经与各成员国增进了理解。我国一些重点企业在对国外先进标准、国外技术壁垒和市场准入程序进行研究的基础上，沉着应对和突破进口国的技术壁垒，许多企业将参与技术标准的国际交流与合作作为一项长期任务来抓，为促进我国企业对外贸易市场多元化格局的发展做出了贡献。我国专家通过铁矿石 ISO 标准化活动，已结识一批国际同行专家，通过双方你来我往的交流，增加了共识。

8.4.3.5 企业在技术标准战略设计方面观念已开始转变

在新的竞争条件下，企业必须把标准战略与企业的市场战略、技术战略放在同等的高度来对待。新产品的开发方面应注重市场、技术和标准战略的结合，建立以市场需求为导向、技术创新为手段、知识产权为核心、技术标准为屏障的战略思维和布局，从而能够不断增强或提升企业的核心竞争力。在企业技术标准战略研究方面，企业首先应该积极和全面地参与国际标准化活动与国际标准的制定，分析和研究国际标准，了解和采用能够适合中国国情的国际先进技术标准。对国内较先进的技术标准或具有产业优势的技术标准，应充分利用参与国际标准制定、修订、研讨等机会，使之融入国际标准之中。我们应正确认识标准的地位和作用，尤其企业在技术标准战略设计方面观念已开始转变。当前，我国在技术与技术标准领域虽然还不占优势，但我国经济一直处于高速增长时期，经济规模不断增加，在市场容量上占有较大优势。我国企业充分利用有利条件，实施以市场换技术、以市场换技术标准的战略，充分利用我国的市场优势，换取国际上标准制定的话语权。根据我国目前的市场容量来看，在未来可预期的相当一段时间内，任何一个渴望增加贸易额的国家都会对我国潜在的市场感兴趣。因此,我们一定要充分利用巨大市场容量这一优势,控制那些不采用我国制定的标准的产品进入我国市场。通过这样的战略,相信我们在国际标准制定工作中的地位会不断提高。

8.4.3.6 已经敢于说“不”

由于遭遇不公正待遇,2005 年 2 月,我国出席 ISO/IEC 法兰克福第一联合技术委员会第六分会的 WAPI 代表团中途退出会议。这是我国在国际标准问题上态度较激烈的一次。在 TC102 会议,无论是技术层面还是利益层面,我国代表也多次对我国钢铁企业有负面影响议案、草案提出反对意见,充分表达我国的话语权,也将我国专家的能力展现在世人面前。

8.4.4 我国国际标准化工作展望

8.4.4.1 基础已奠定

中国经济发展迅速,有关机构数量增多,是中国成为制定国际标准的重要基础。中国需要采用国际标准,以提高国际贸易竞争的能力,包括提高国内产品和服务在国际市场上的竞争力。至 2007 年底,中国已承担了 18 个技术委员会和分技术委员会秘书处的工作,中国还是 546 个技术委员会和分技术委员会的积极成员。此外,中国还积极参与合格评定委员会、发展中国家事务委员会以及消费者政策委员会等 ISO 三个政策委员会的活动。在管理层,目前中国参加了 ISO 技术管理局工作,于 2008 年 1 月第六次成为 ISO 理事会成员,并于 2008 年 9 月成功进入 ISO 常任理事国。国家标准委代表中国是 ISO 体系中一个积极而活跃的成员。近年来,中国提交到 ISO 以及相关国际标准化组织的国际标准提案也有大幅度的提高。中国的参与对于 ISO 及国际标准化十分重要。中国参与 ISO 活动将进入非常好的时期,ISO 也欢迎中国提高参与 ISO 活动的程度。

8.4.4.2 中国时代的到来

以往我国多数企业由于没有意识到标准的重要性,因此付出了高昂的代价。现在,国家鼓励企业成为标准的制定主体,使企业的前期研发、投入都能够纳入标准中,有利于作为自主创新主体的企业步入良性循环。我国企业积极参与国际标准的制定,尤其是在国际空白领域以及我们的优势领域,正积极体现出我国对 ISO 的作用。在中国政府的积极引导下,国家标准委按照《标准化“十一五”发展规划》,正按部就班在各个方面展开我国标准化工作。过去我国曾以市场换技术,甚至让出了部分市场,但我们并没有获得研发能力的重大突破。党的十七大已经提出,要落实科学发展观,建设创新型国家,在“十一五”期间我国将以国际市场带动技术,以创新将标准技术引入国际,努力将我国从“制造大国”提升为“技术强国”。在国际标准化舞台上,中国越来越活跃,从被动采标到积极参与制标,逐步实现角色转换。有媒体认为,中国制定的标准将把握未来几年的十大技术趋势,中国将不再满足于低成本为他人制造产品,而是逐渐扮演全球标准制定者的角色。中国正以在国际标准化活动积极参与的态势,以强有力的动能进军国际标准化各个领域。我们期待,国际标准化将迎来中国时代。

附　录

附录 A　项目开发阶段表

表 A－1　项目状态代码

STAGE	SUB-STAGE						
	00 Registration	**20** Start of main action	**60** Completion of main action	**90** Decision			
				92 Repeat an earlier phase	**93** Repeat current phase	**98** Abandon	**99** Proceed
00 Preliminary stage	**00.00** Proposal for new project received	**00.20** Proposal for new project under review	**00.60** Review summary circulated			**00.98** Proposal for new project abandoned	**00.99** Approval to ballot proposal for new project
10 Proposal stage	**10.00** Proposal for new project registered	**10.20** New project ballot initiated	**10.60** Voting summary circulated	**10.92** Proposal returned to submitter for further definition		**10.98** New project rejected	**10.99** New project approved
20 Preparatory stage	**20.00** New project registered in TC/SC work programme	**20.20** Working draft (WD) study initiated	**20.60** Comments summary circulated			**20.98** Project deleted	**20.99** WD approved for registration as CD
30 Committee stage	**30.00** Committee draft (CD) registered	**30.20** CD study/ballot initiated	**30.60** Comments/ voting summary circulated	**30.92** CD referred back to Working Group		**30.98** Project deleted	**30.99** CD approved for registration as DIS
40 Enquiry stage	**40.00** DIS registered	**40.20** DIS ballot initiated: *5 months*	**40.60** Voting summary dispatched	**40.92** Full report circulated: DIS referred back to TC or SC	**40.93** Full report circulated: decision for new DIS ballot	**40.98** Project deleted	**40.99** Full report circulated: DIS approved for registration as FDIS
50 Approval stage	**50.00** FDIS registered for formal approval	**50.20** FDIS ballot initiated: *2 months.* Proof sent to secretariat	**50.60** Voting summary dispatched. Proof returned by secretariat	**50.92** FDIS referred back to TC or SC		**50.98** Project deleted	**50.99** FDIS approved for publication
60 Publication stage	**60.00** International Standard under publication		**60.60** International Standard published				
90 Review stage		**90.20** International Standard under periodical review	**90.60** Review summary dispatched	**90.92** International Standard to be revised	**90.93** International Standard confirmed		**90.99** Withdrawal of International Standard proposed by TC or SC
95 Withdrawal stage		**95.20** Withdrawal ballot initiated	**95.60** Voting summary dispatched	**95.92** Decision not to withdraw International Standard			**95.99** Withdrawal of International Standard

表 A－2 项目开发选择简图

Project stage	Normal procedure	Draft submitted with proposal	"Fast-track procedure" 1)	Technical Specification 2)	Technical Report 3)	Publicly Available Specification 4)
Proposal stage (see 2.3)	Acceptance of proposal	Acceptance of proposal	Acceptance of proposal	Acceptance of proposal		Acceptance of proposal
Preparatory stage (see 2.4)	Preparation of working draft	*Study by working group* 5)		Preparation of draft		Approval of draft PAS
Committee stage (see 2.5)	Development and acceptance of committee draft	*Development and acceptance of committee draft* 5)		Acceptance of draft	Acceptance of draft	
Enquiry stage (see 2.6)	Development and acceptance of enquiry draft	Development and acceptance of enquiry draft	Acceptance of enquiry draft			
Approval stage (see 2.7)	*Approval of FDIS* 6)	*Approval of FDIS* 6)	Approval of FDIS 6)			
Publication stage (see 2.8)	Publication of International Standard	Publication of International Standard	Publication of International Standard	Publication of Technical Specification	Publication of Technical Report	Publication of PAS

Stages in *italics*, enclosed by dotted circles may be omitted.

1) See F.2.
2) See 3.1.
3) See 3.3.
4) See 3.2.
5) According to the result of the vote on the new work item proposal, both the preparatory stage and the committee stage may be omitted.
6) May be omitted if the enquiry draft was approved without negative votes

附录 B　项目开发阶段图

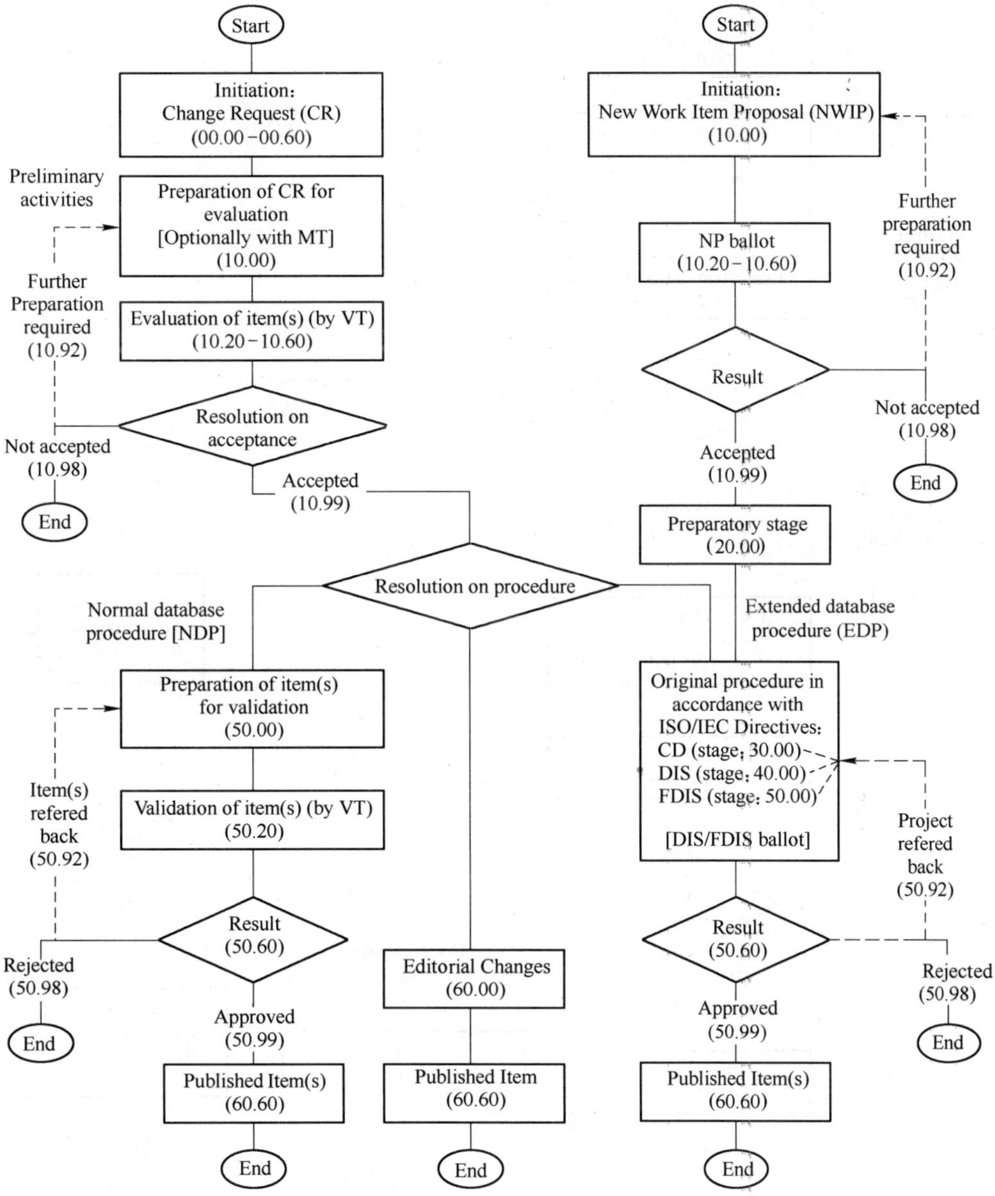

CR:　Change Request
VT:　Validation Team
MT:　Maintenance Team
NDP: Normal Database Procedure
EDP: Extended Database Procedure

NP:　New Work Item Proposal
CD:　Committee Draft
DIS:　Draft International Standard
FDIS: Final Draft International Standard

图 B－1　新标准开发和现行标准的维护

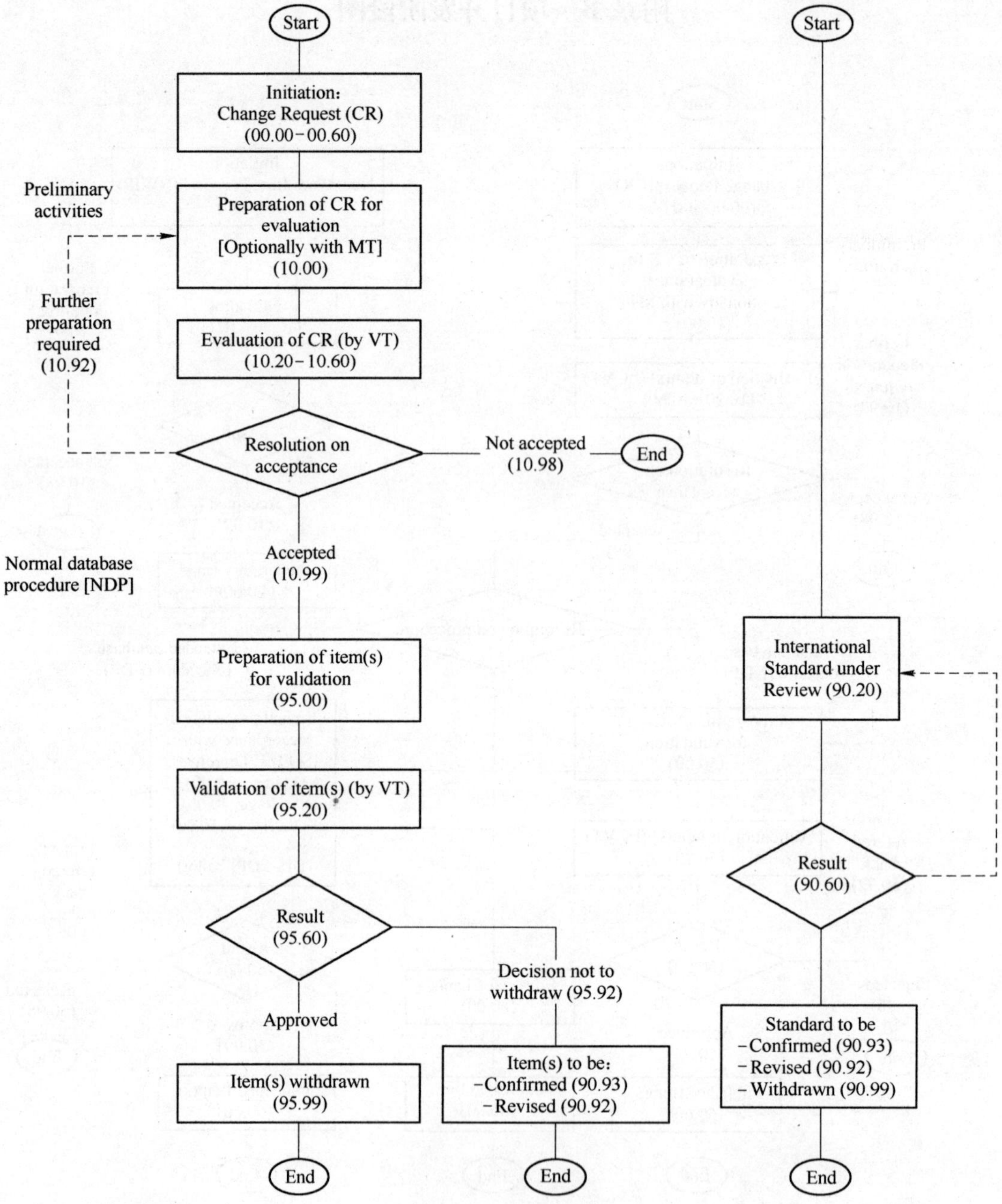

CR: Change Request
VT: Validation Team
MT: Maintenance Team
NDP: Normal Database Procedure
EDP: Extended Database Procedure

NP: New Proposal
CD: Committee Draft
DIS: Draft International Standard
FDIS: Final Draft International Standard

图 B－2 现行标准的系统复审及撤回

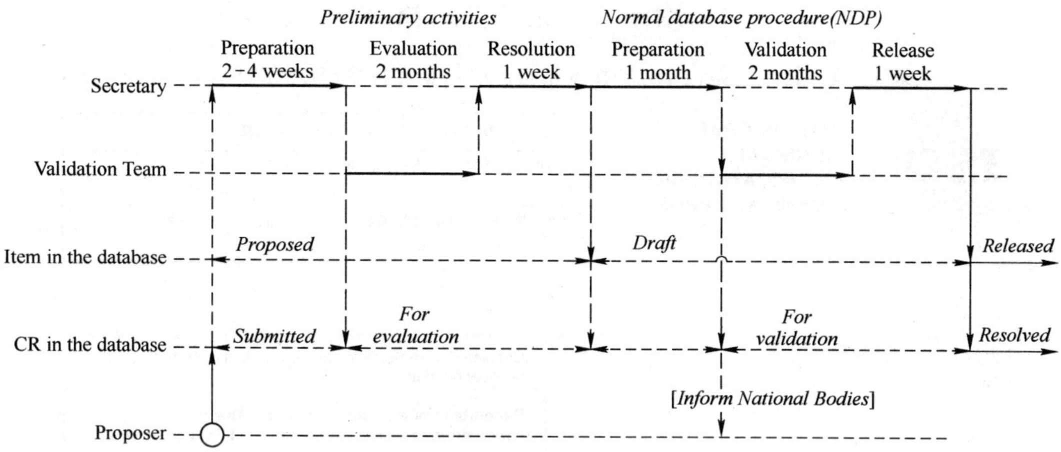

图 B-3 数据库形式标准开发与维护流程图

附录C 常用表格

表C-1 技术规范(DTS)和技术报告(DTR)草案投票(DTS/DTR Vote)

VOTE ON DRAFT TECHNICAL SPECIFICATION OR TECHNICAL REPORT

VOTE ON PROPOSED ISO/DTS or ISO/DTR	
Date of circulation	Reference number
Closing date for voting	**ISO/TC /SC N**

ISO/TC /SC Title Secretariat	Circulated to P-members of the committee for voting on publication of the draft **P-members of the technical committee or subcommittee concerned have an obligation to vote.**

Please send this form, duly completed, **to the Secretariat indicated above.**

ISO/DTS or DTR Title

☐ **We agree to the publication of the draft**

☐ with comments (editorial or other) appended

☐ **We do not agree to the publication of the draft**

The reasons for our disagreement are the following (use a separate page as annex, if necessary)

☐ **We abstain**

P-member voting	
Date	Signature

DTS/DTR Vote

Version 99.1E/A Williams

表 C－2 新领域技术活动议案投票(Form 2)

VOTE ON PROPOSAL FOR NEW FIELD OF TECHNICAL ACTIVITY	
Date of circulation	Reference number
Closing date for voting	ISO/TS/P

Please send this form, duly completed, to the ISO Central Secretariat **IN MS WORD ONLY**

Subject

☐ **We believe globally relevant International Standards can be developed in this field and agree to the subject proposed being dealt with by ISO.**

☐ We agree to the committee scope proposed

☐ We suggest that the committee scope be modified as follows:

☐ **We do not agree to the subject proposed being dealt with by ISO.**

The reasons for our disagreement are the following:

☐ **We abstain/have no interest**

If a new technical committee is established,

☐ We approve the proposed work program detailed in the ISO/TS/P.

☐ We disapprove the proposed work program detailed in the ISO/TS/P.

☐ We are willing to undertake the secretariat (see 1.9 and annex D of part 1 of the ISO/IEC Directives)

☐ We wish to participate actively in the work (P-member)

☐ We wish to be kept informed of the progress of work (O-member)

☐ We do not wish to be either P- or O-member

Standards, regulations and other relevant documentation existing in our country are listed hereafter, and where necessary any remarks concerning their application are given (attach a separate page as annex, if necessary).

☐ An annex is attached to this form.

Member body:
Date:
Name:

FORM 2 (ISO) v.2007.1

表 C-3 新工作项目议案投票(Form 5)

VOTE ON NEW WORK ITEM PROPOSAL	
Date of circulation	Reference number **ISO/TC / SC N**
Closing date for voting	
Member body voting	

ISO/TC / SC Title Secretariat	Circulated to P-members of the committee for vote and to O-members for information. **P-members of the technical committee or subcommittee concerned have an obligation to vote.**

Please send this form, duly completed at all points, to the Secretariat indicated above (not to ISO Central Secretariat). **MS Word is advised.**

NOTE 1
All P members of the committee must vote and complete all questions on this form or their votes may be invalidated and not counted in the decision on this proposal.

Title of proposal	
English title	
French title (optional)	

1 We agree that a globally relevant International Standard on this subject is feasible and therefore agree to the addition of the proposed new work item to the program of work of the committee:

☐ Yes (If "Yes", please check one of the following):

☐ a. We agree to the addition of the proposed work item as a preliminary project (stage 0).

☐ b. We agree to advance this item for further development of a working draft within a working group (stage 20).

☐ c. We accept the attached draft document as a working draft for further development within a working group (stage 20).

☐ d. We agree to the circulation of the attached draft document as a Committee Draft (CD)

☐ e. We agree to the circulation of the attached draft document as a Draft International Standard (DIS)

NOTE 2
The latter three options above are applicable only in those cases where an additional vote for adoption of a draft is indicated by the committee secretariat on the ISO Form 4 under the section "Voting information".

Please now complete sections 2, 3 and 4 below and submit vote.

☐ No. Please submit technical reasons under section 3 below and submit vote.

☐ Abstention/Have no interest

续表 C－3

Vote on new work item proposal

2 Relevant documents

Standard(s), regulation(s), and other relevant documentation existing in our country, with any remarks concerning their application if necessary and consequences for global relevance, as well as copyright information on these documents, are attached:

☐ Yes

☐ No

If "Yes", please give references here, or as a separate annex:

3 Comments

Please submit any additional comments that you wish to make, either immediately below or indicate immediately below that you have attached an annex providing additional comments.

4 Participation

We are committed to participate actively in the development of the project, at least by commenting on working drafts:

☐ Yes

☐ No

NOTE 3
All P-members voting "Yes" above must nominate an expert or this vote will not be counted.

NOTE 4
P-members voting "No" above may nevertheless nominate experts.

Name(s) and contact information of nominated expert(s)

☐ **An annex is attached to this form**

Member body voting	
	Name
Date	

表 C－4 新项目议案投票结果表(Form 6)

ISO

RESULT OF VOTING ON NEW WORK ITEM PROPOSAL

Date	ISO/TC / SC **N**
Title of TC/SC concerned	

To be completed by the secretariat and sent to the ISO Central Secretariat and to all P- and O-members of the TC or SC concerned, with a copy to the TC secretariat in the case of a subcommittee.

Proposal ISO/TC /SC N Circulation Deadline

Title (new title if appropriate; French title to be indicated in all cases, even when no French version is envisaged)

English title

French title

Results (the compilation of results is given as an annex)

The following criteria for acceptance have been met:

☐ Approval by a simple majority of the voting P-members

☐ 5 or more P-members voting approval have agreed to participate in the development of the project and have nominated an expert

In the light of results, the proposal is therefore:

☐ **Approved** (all approval criteria met)

☐ **Not approved** (one or more approval criteria not met)

Associated draft

☐ no draft was associated with this ballot. A first draft is expected by (give date)

☐ the associated draft is adopted as a working draft (WD)

☐ the associated draft is approved as a Committee draft (CD)

☐ the associated draft is approved as the proposed Draft International Standard (DIS)

Further procedures (attribution to TC/SC/WG, Project Leader, development procedure, meetings, etc.)

☐ The project is to be first registered as a Preliminary Work Item (stage 00.60)

☐ The project is to be immediately registered as an active work item

Other:

Experts (give details below, or as a separate annex)

Documents to be considered (give details below, or as a separate annex)

Proposed development track ☐ 1 (24 months) ☐ 2 (36 months - default) ☐ 3 (48 months)

Note: Selection of a development track will automatically associate default target dates with critical stages. If you envisage that you can advance a project quicker than the default target dates you may indicate your preferred earlier target dates in the field "Target date for submission". ***Important!*** *Quoting earlier target dates implies a commitment to meeting these dates* ***If you do not want to change the defaults to earlier dates do not put anything in the "Target date for submission" fields.***

Target date for submission:	as a CD:	as a FDIS:
	as a DIS:	for publication:

Secretariat **Secretary**	**Registration by the Central Secretariat** Date Allocated project number

☐ **Other information, comments, etc. appended**

续表 C－4

Compilation of the results of voting on ISO/NP

Member body	Member status	Feasible to develop a Globally Relevant Standard			Accepted for Stage 0	Accepted for Progressing to WD	When a draft has been attached: Accepted as a WD	When a draft has been attached: Accepted as CD	When a draft has been attached: Accepted as DIS	Comments enclosed	Participation	· Expert(s) nominated	no reply (optional)
	P/O	Yes	No	Abst.	Y/N	Y/N	Y/N	Y/N	Y/N	Y/N	Y/N	Y/N	
Totals (P-members only)													

Abstentions and incomplete votes are not counted

Total of P-members voting (x):

表 C-5 ISO 委员会草案投票(Form 8)

ISO

VOTE ON ISO/CD	
Date of circulation	Reference number ISO/TC / SC N
Closing date for voting	

ISO/TC / SC

Title

Secretariat

Circulated to P-members of the committee for voting on registration of the draft as a DIS.

P-members of the technical committee or subcommittee concerned have an obligation to vote.

Please send this form, duly completed, to the Secretariat indicated above (not to ISO Central Secretariat).

ISO/CD

English title

French title

☐ **We agree to the circulation of the draft as a DIS**

☐ with comments (editorial or other)

☐ **We do not agree to the circulation of the draft as a DIS**

The reasons for our disagreement are the following (use a separate page as annex, if necessary)

Comments

☐ **See enclosure**

☐ **We abstain**

Member body voting

Date Name

FORM 8 (ISO)
Version 2001-07

Page 1 of 1

表 C－6　ISO 征询意见草案投票报告(Form 13)

REPORT OF VOTING ON ISO/DIS	
Closing date of voting	ISO/TC　　/SC
Secretariat	

A report shall be returned to ISO/CS no later than 3 months after the closing date of voting on the DIS, whether or not comments have been reviewed and/or a new text has been prepared.

☐ **Preliminary report**
(submitted in those cases where comments are still to be considered and/or a decision has not yet been taken, or where it is decided that the nature of comments indicates a need for further consultation and/or reversion to a previous project development stage. To be followed by a 'Final report'. Any preliminary report is for ISO/CS for information, and is not circulated to member bodies)

☐ **Final report**
(submitted either immediately, when all comments have been reviewed and a decision can be taken, or following a 'Preliminary report'. The final report is circulated by ISO/CS to member bodies, and is distributed with any associated DIS or FDIS text)

1　Result of the voting

The above-mentioned document was circulated to member bodies with a request that the ISO Central Secretariat be informed whether or not member bodies were in favour of registration of the DIS as a Final Draft International Standard or for publication in the case of unanimous approval.

The vote closed on the date indicated above. The replies listed in annex A have been received.

2　Comments received

3　Observations of the secretariat

See annex B　(if appropriate)

4　Decision of the Chairman

Preliminary report　(no annexes required)

☐ The comments are under review and/or a decision on further procedure has not yet been taken

☐ The project is to revert to the Preparatory Stage (a new working draft will be developed)

☐ The project is to revert to the Committee Stage (a new committee draft will be developed)

Final report

☐ Having received 100% approval from the member bodies voting, the DIS is approved for direct publication without change other than editorial (no FDIS vote)
(Option not applicable to projects progressing under the Vienna Agreement)

☐ A revised text is to be submitted to ISO/CS for the approval procedure (FDIS vote)

☐ A revised text is to be submitted to ISO/CS for a further enquiry (DIS) vote

Remarks　(e.g. observations on how comments were reviewed, date by which a decision is to be taken, date when a text is expected)

Enclosures

☐ **Annex A**

☐ **Annex B**

Signature of the Secretary	Signature of the Chairman
Date	Date

FORM 13 (ISO)
Version 2001-07

Page 1 of 1

表 C－7 ISO 标准系统复审结果(Form 21)

ISO

RESULT OF SYSTEMATIC REVIEW OF ISO STANDARD		
Date	ISO/TC /SC	N
Title of TC or SC concerned		

This document is to be completed by the committee secretariat and circulated within 6 months of the termination of the review period to (1) all P- and O-members, organizations and committees in liaison, (2) the ISO Central Secretariat, (3) the TC secretariat in the case of review in an SC.

Review	ISO/TC	/SC	N	Circulation	Deadline

Reference number and title of International Standard

ISO

English title

French title

Results (the compilation of results is given as an annex)

The following criteria have been met

1 A simple majority of voting P-members has proposed the following action:

a ☐ withdrawal **b** ☐ revision/amendment **c** ☐ confirmation (with or without correction)

2 ☐ Has been adopted/is intended to be adopted (with or without change), or is used "per se", by at least 5 P-members

3 ☐ No changes other than corrections are proposed by any P-member

In the light of results, the following action is proposed:

☐ **Withdrawal** [criteria 1 a met]

☐ **Revision** [criteria 1 b & 2 met – see Note] ☐ **Amendment** [criteria 1 b & 2 met – see Note]

Note: The choice between revision and amendment is essentially based on an assessment of whether or not the changes are limited (amendment) or if they require the redevelopment the whole document (revision). To be determined by the committee secretariat.

☐ **Confirmation** [criteria 1 c, 2, & 3 met] ☐ **... with a Technical Corrigendum**

☐ **No final decision can yet be taken** for the following reason(s) (indicate when decision is expected):

☐ **Other** (Please describe, e.g. division into Parts, combination with another IS, conversion to another deliverable type)

Further procedures (attribution to TC/SC/WG, Project Leader, development procedure, meetings, etc.)

☐ The proposed amendment/revision is to be registered as a Preliminary Work Item (stage 00.60)

Other:

Experts (give details below, or as a separate annex)

Other associated information (e.g. documents to be considered. Give details below, or as a separate annex)

Proposed development track ☐ 1 (24 months) ☐ 2 (36 months - default) ☐ 3 (48 months)

*Note: Selection of a development track will automatically associate default limit dates with critical stages. If you envisage that you can advance a project quicker than the default limit dates you may indicate your preferred earlier target dates in the field "Target date for submission". **Important!** Quoting earlier target dates implies a commitment to meeting these dates **If you do not want to change the defaults to earlier dates do not put anything in the "Target date for submission" fields.***

Target date for submission:	as a CD:	as a FDIS:
	as a DIS:	for publication:

Secretariat	Date	Signature of the TC or SC Secretary

表 C-8 新项目提案(Form 4)

ISO

NEW WORK ITEM PROPOSAL	
Date of presentation	Reference number (to be given by the Secretariat)
Proposer	**ISO/TC / SC N**
Secretariat	

A proposal for a new work item within the scope of an existing committee shall be submitted to the secretariat of that committee with a copy to the Central Secretariat and, in the case of a subcommittee, a copy to the secretariat of the parent technical committee. Proposals not within the scope of an existing committee shall be submitted to the secretariat of the ISO Technical Management Board.

The proposer of a new work item may be a member body of ISO, the secretariat itself, another technical committee or subcommittee, or organization in liaison, the Technical Management Board or one of the advisory groups, or the Secretary-General.

The proposal will be circulated to the P-members of the technical committee or subcommittee for voting, and to the O-members for information.

See overleaf for guidance on when to use this form.

IMPORTANT NOTE: Proposals without adequate justification risk rejection or referral to originator.
Guidelines for proposing and justifying a new work item are given overleaf.

Proposal (to be completed by the proposer)

Title of proposal (in the case of an amendment, revision or a new part of an existing document, show the reference number and current title) English title French title (if available)	
Scope of proposed project	
Concerns known patented items (see ISO/IEC Directives Part 1 for important guidance) ☐ Yes ☐ No If "Yes", provide full information as annex	
Envisaged publication type (indicate one of the following, if possible) ☐ International Standard ☐ Technical Specification ☐ Publicly Available Specification ☐ Technical Report	
Purpose and justification (attach a separate page as annex, if necessary)	
Target date for availability (date by which publication is considered to be necessary)	
Proposed development track ☐ 1 (24 months) ☐ 2 (36 months - default) ☐ 3 (48 months)	
Relevant documents to be considered	
Relationship of project to activities of other international bodies	
Liaison organizations	**Need for coordination with:** ☐ IEC ☐ CEN ☐ Other (please specify)
Preparatory work (at a minimum an outline should be included with the proposal) ☐ A draft is attached ☐ An outline is attached. It is possible to supply a draft by The proposer or the proposer's organization is prepared to undertake the preparatory work required ☐ Yes ☐ No	
Proposed Project Leader (name and address)	**Name and signature of the Proposer** (include contact information)

FORM 4 (ISO) v.2007.1

Page 1 of 1

续表 C－8

New work item proposal

Comments of the TC or SC Secretariat
Supplementary information relating to the proposal
☐ This proposal relates to a new ISO document;
☐ This proposal relates to the amendment/revision of an existing ISO document;
☐ This proposal relates to the adoption as an active project of an item currently registered as a Preliminary Work Item;
☐ This proposal relates to the re-establishment of a cancelled project as an active project.
Other:
Voting information
The ballot associated with this proposal comprises a vote on:
☒ Adoption of the proposal as a new project
☐ Adoption of the associated draft as a committee draft (CD)
☐ Adoption of the associated draft for submission for the enquiry vote (DIS or equivalent)
Other:

Annex(es) are included with this proposal (give details)

☐

Date of circulation	Closing date for voting	Signature of the TC or SC Secretary

Use this form to propose:

a) a new ISO document (including a new part to an existing document), or the amendment/revision of an existing ISO document;

b) the establishment as an active project of a preliminary work item, or the re-establishment of a cancelled project;

c) the change in the type of an existing document, e.g. conversion of a Technical Specification into an International Standard.

This form is not intended for use to propose an action following a systematic review - use ISO Form 21 for that purpose.

Proposals for correction (i.e. proposals for a Technical Corrigendum) should be submitted in writing directly to the secretariat concerned.

Guidelines on the completion of a proposal for a new work item

(see also the ISO/IEC Directives Part 1)

a) Title: Indicate the subject of the proposed new work item.

b) Scope: Give a clear indication of the coverage of the proposed new work item. Indicate, for example, if this is a proposal for a new document, or a proposed change (amendment/revision). It is often helpful to indicate what is not covered (exclusions).

c) Envisaged publication type: Details of the types of ISO deliverable available are given in the ISO/IEC Directives, Part 1 and/or the associated ISO Supplement.

d) Purpose and justification: Give details based on a critical study of the following elements wherever practicable. *Wherever possible reference should be made to information contained in the related TC Business Plan.*

1) The specific aims and reason for the standardization activity, with particular emphasis on the aspects of standardization to be covered, the problems it is expected to solve or the difficulties it is intended to overcome.

2) The main interests that might benefit from or be affected by the activity, such as industry, consumers, trade, governments, distributors.

3) Feasibility of the activity: Are there factors that could hinder the successful establishment or global application of the standard?

4) Timeliness of the standard to be produced: Is the technology reasonably stabilized? If not, how much time is likely to be available before advances in technology may render the proposed standard outdated? Is the proposed standard required as a basis for the future development of the technology in question?

5) Urgency of the activity, considering the needs of other fields or organizations. Indicate target date and, when a series of standards is proposed, suggest priorities.

6) The benefits to be gained by the implementation of the proposed standard; alternatively, the loss or disadvantage(s) if no standard is established within a reasonable time. Data such as product volume or value of trade should be included and quantified.

7) If the standardization activity is, or is likely to be, the subject of regulations or to require the harmonization of existing regulations, this should be indicated.

If a series of new work items is proposed having a common purpose and justification, a common proposal may be drafted including all elements to be clarified and enumerating the titles and scopes of each individual item.

e) Relevant documents and their effects on global relevancy: List any known relevant documents (such as standards and regulations), regardless of their source. When the proposer considers that an existing well-established document may be acceptable as a standard (with or without amendment), indicate this with appropriate justification and attach a copy to the proposal.

f) Cooperation and liaison: List relevant organizations or bodies with which cooperation and liaison should exist.

表C-9 ISO/DIS 解释报告(Form 8A)

ISO

EXPLANATORY REPORT RAPPORT EXPLICATIF	ISO/DIS
ISO/TC /SC	Secretariat

This form should be sent to the ISO Central Secretariat, together with the English and French versions of the committee draft, by the secretariat of the technical committee or subcommittee concerned.

Ce formulaire doit être envoyé au Secrétariat central de l'ISO en même temps que les versions anglaise et française du projet de comité, par le secrétariat du comité technique ou du sous-comité concerné.

The accompanying document is submitted for circulation to member body vote as a DIS, following consensus obtained from the P-members of the committee.

Le document ci-joint est soumis, pour diffusion comme DIS, au vote comité membre, suite au consensus des membres (P) du comité obtenu.

on

☐ at the meeting of / à la réunion du TC /SC — see resolution No. / voir résolution nº — in / dans le — document

☐ by postal ballot initiated on / par un vote par correspondance démarré le

	Number	Countries
P-members in favour: Membres (P) approuvant le projet:		
P-members voting against: Membres (P) désapprouvant:		
P-members abstaining: Membres (P) s'abstenant:		
P-members who did not vote: Membres (P) n'ayant pas voté:		

Remarks/Remarques

I hereby confirm that this draft meets the requirements of part 2 of the ISO/IEC Directives
Je confirme que ce projet satisfait aux prescriptions de la partie 2 des Directives ISO/CEI

Date

Name and signature of the secretary
Nom et signature du secrétaire

表 C－10 技术规范或技术表格草案(DTS/DTR cover sheet)

ISO

DRAFT TECHNICAL SPECIFICATION OR TECHNICAL REPORT

Proposed ISO/DTS or ISO/DTR	
Date	Reference number **ISO/TC /SC N**
Supersedes document	

WARNING: This document is not approved. It is distributed for review and comment. It is subject to change without notice.

ISO/TC /SC Title Secretariat	Circulated to P- and O-members, and to technical committees and organizations in liaison for: ☐ discussion at [venue/date of meeting] ☐ comments by [date] ☐ approval for publication as a Technical Specification or Technical Report (as indicated below) by [date] (P-members vote only: ballot form attached) **P-members of the technical committee or subcommittee concerned have an obligation to vote.**

Title (English)

Title (French)

Proposed Technical Specification ☐ or *Technical Report* ☐

Reference language version: ☐ English ☐ French ☐ Russian

Introductory note

DTS/DTR Cover Sheet
Version 99.1E/A Williams

表 C－11 工作组草案(WD cover page)

ISO **WORKING DRAFT**

WORKING DRAFT ISO/WD	
Date	Reference number **ISO/TC /SC N**
Supersedes document	

WARNING: This document is not an International Standard. It is distributed for review and comment. It is subject to change without notice and may not be referred to as an International Standard.

ISO/TC /SC Title Secretariat	Circulated to P- and O-members, and to technical committees and organizations in liaison for: ☐ information ☐ discussion at [venue/date of meeting] ☐ comments by [date] ☐ approval for registration as a CD in accordance with 2.4.9 of part 1 of the ISO/IEC Directives, by [date]

Title (English)

Title (French)

Source:

Project(s):

Status:

Additional information:

WD cover page
Version/V97.1

表 C-12 委员会工作文件封面页(ISO general cover page)

ISO

Date	Reference number **ISO/TC /SC N**
Supersedes document	

This document is still under study and subject to change. It should not be used for reference purposes.

ISO/TC /SC Title: Secretariat:	**REQUESTED ACTION** Circulated to P- and O-members, and to technical committees and organizations in liaison for: ☐ information ☐ discussion at [venue/date of meeting] ☐ comments by [date] ☐ voting (P-members only: ballot form attached) by [date] *P-members of the technical committee or subcommittee concerned have an obligation to vote.*

Title:

Source:

Project(s):

Status:

Additional information:

ISO general cover page
Version/V97.1

表 C－13 委员会草案(Form 7)

ISO

COMMITTEE DRAFT ISO/CD	
Date	Reference number ISO/TC / SC N
Supersedes document	

WARNING: This document is not an International Standard. It is distributed for review and comment. It is subject to change without notice and may not be referred to as an International Standard.

Recipients of this draft are invited to submit, with their comments, notification of any relevant patent rights of which they are aware and to provide supporting documentation.

ISO/TC / SC Title Secretariat	Circulated to P- and O-members, and to technical committees and organizations in liaison for: ☐ discussion at [venue/date of meeting] on ☐ comments by [date] ☐ approval for registration as a DIS in accordance with 2.5.6 of part 1 of the ISO/IEC Directives, by [date] (P-members vote only: ballot form attached) **P-members of the technical committee or subcommittee concerned have an obligation to vote.**

English title

French title

Reference language version: ☐ English ☐ French ☐ Russian

Introductory note

FORM 7 (ISO)
Version 2007-04

Page 1 of 1

表 C－14 市场数据表

Marketing Data Form	
Date	ISO/TC /SC
Secretariat	N

Marketing data for ISO Standards at DIS stage

Foreword

This electronic form has been created in an effort to improve the visibility of ISO deliverables to the end-users, to clearly identify those potential best sellers and high-profile publications and to support good collaboration between the ISO Central Secretariat, responsible committee secretariat and ISO member bodies.

The form is primarily concerned with the gathering and identification of deliverable-specific data, providing a better understanding of market expectations in order to perform targeted marketing actions. Explanatory endnotes are included at the end of the document.

The committee secretariat is asked to complete the electronic form in parallel to the DIS ballot, seeking guidance from the responsible project leader, convenor and other relevant experts, and to return it to the responsible ISO TPM prior to the closure of the ballot.

Note: Please feel free to attach any complementary information already available.

Marketing information

Applicable to all ISO deliverables (Standards and alternative publications):

Field	Description	
ISO project Number and full title		
Target publication date		
Description (Abstract/Scope) [1]		
Language availability [2]	☐ English only ☐ Bilingual (EN/FR)	☐ French only ☐ Other
Publication media [3]	☐ Paper ☐ Online database ☐ Other	☐ CD-ROM ☐ SGML, XML,
Publication content	☐ Pure text (including Figures and Forms) ☐ Text with software packages ☐ Software suites ☐ Other	
Market penetration [4]	☐ Future best seller ☐ High-profile document ☐ Industry-impacting document	
Market targets and expectations [5] (i.e.: Industrial (sub)sectors addressed by the document)		
Size of market estimate [6] (i.e. end-users, companies...)		
Targeted users [7]	☐ Engineers ☐ Developers ☐ Specific additional users →→	☐ Manufacturers ☐ Management
Purpose and value [8] (i.e. document usefulness)		

续表 C – 14

Related and competing standards and other documents [9]	
Contact(s) -- names and roles[10]	select: Other
Planned implementation support material [11]	
Potential derivative(s) from this publication [12]	Original concept proposal →→→ Handbook or compendium Implementation guide Custom collection (grouping of complimentary Standards) Interactive/Online CD-ROM Web-based application and database
Historical information [13]	
Remarks, suggestions and comments [14]	

Explanatory notes

[1] Include a general and concise non-technical description of the document's content that can be used for press releases, advertising, promotion material and sales and marketing support (could be existing Scope or Abstract).

[2] List envisaged translations, (e.g. German translations for Vienna Agreement documents).

[3] List all possible variations to de-facto "printed paper" media (e.g. using colour, photographs, product samples).

[4] Refer to the original project's proposal justification when considering how the industry will view and respond to the publication.

[5] In an attempt to facilitate and guide a potential marketing campaign, list all professional, commercial, consumer organizations and any other groups or associations, etc. having potential interest in the document. Include key contacts with their details.

[6] Consider all potential users as well as those affected by the document's use.

[7] If possible, specify the user type (i.e. Engineer//Mechanical) and include any additional information relevant to identifying additional potential users.

[8] Consider the following - information partially available from the NWIP justification (see ISO-Form 4):
What problem does the product solve?
What value does this document bring to users, end-users, and consumers?
Why is this document useful for the community?
Who will benefit from this document?

[9] List detailed information about related and competing Standards, (e.g. other ISO Standards, National or SDO adoptions, similar documents published by other workshops, consortia, MoU agreements).

[10] Include names, full contact details and role of key individuals having participated in the document's development (i.e. Project Leader, Convenor, industry experts...) and who can help in marketing the document.

[11] Consider explanatory guides, application manuals, statistical data reports and the possibility of using multi-part numbering to facilitate access to users.

[12] Consider products that could be derived from the publication, alone or in combination with other related standards, or any other potential products. Propose solutions or opportunities that may address particular market needs, including both vertical (same field and subject) and horizontal products.

[13] Include details about previous experience with former editions, other related standards, including success and failure stories if any.

[14] Consider and propose various marketing solutions best suited to this publication (e.g. ISO Focus article, Press release).

表 C－15 项目限止日期延期申请

PROJECT LIMIT DATE EXTENSION REQUEST	
Date	ISO/TC /SC
Secretariat	
ISO TPM	N

This form is to be used by committee secretariats when requesting a project limit-date extension.

The completed form shall be returned, at the latest 2-month prior to the automatic cancellation date, to the relevant ISO Technical Programme Manager (TPM) for review prior to it being forwarded to the ISO/TMB secretariat for consideration and decision.

Note 1: Requests for progressing to a larger development track timeframe (i.e.: from 'default' to 'extended') will be managed by TPM.

Note 2: This procedure applies to active projects under the 'development track' rules, and does not apply to projects under risk of cancellation under the two and five year rules.

Note 3: Reinstatement of an 'automatically cancelled' project is only possible subject to TMB approval. In such cases, the committee secretariat concerned shall provide justification for reinstatement as well as the result of a successful 3-month reinstatement ballot among committee P-members, applying the same criteria for justification and approval as for a NWIP as per 2.3 of the ISO/IEC Directives, Part 1.

For further information please refer to the explanatory notes on the Committee Work Programme at the following URL: http://www.iso.org/tc/CWPnotes

Project: ISO/-select-

Current development track: -select-

Limit dates:

	Current	Proposed
DIS		
FDIS		
IS		

Justification (to include committee resolutions and supporting documents as applicable):

表C-16 工作组召集人/项目负责人

ISO Central Secretariat

1, ch. de la Voie-Creuse
Case postale 56
CH - 1211 Genève 20
Switzerland

Telephone + 41 22 749 01 11
Fax + 41 22 733 34 30
E-mail central@iso.org

WG CONVENER/PROJECT LEADER
ANIMATEUR GT/CHEF DE PROJET

Your ref. ISO/TC
Our ref.

Date 2007-05-29

Please complete and return this form to the Central Secretariat as soon as possible
Veuillez compléter et renvoyer ce formulaire au Secrétariat central le plus tôt possible

Mr./Mrs./M./Mme
(Circle what is applicable/
Entourez ce qui convient)

Surname/Nom ____________________

First name/Prénom ____________________

Professional address/
Adresse professionnelle ____________________

____

____

____

____

Country/Pays ____________

Tel ____________________

Fax ____________________

E-mail ____________________

WG Convener/Animateur GT yes/oui ☐ no/non ☐

Project(s)/Projet(s) ____________________

____

Secretary of/Secrétaire de Name/Nom + Signature Date

ISO/TC ______ /SC _____ ____________________ ____________________

____

AAA/..\forms\Other forms and model letters

表 C－17 分技术委员会长期主席

ISO Central Secretariat

1, ch. de la Voie-Creuse
Case postale 56
CH - 1211 Genève 20
Switzerland

Telephone + 41 22 749 01 11
Fax + 41 22 733 34 30
E-mail central@iso.org

SUBCOMMITTEE PERMANENT CHAIRMAN

PRÉSIDENT PERMANENT DE SOUS-COMITÉ

Your ref.
Our ref. ISO/TC /SC

Date 2007-05-29

Please complete and return this form to the Central Secretariat as soon as possible
Veuillez compléter et renvoyer ce formulaire au Secrétariat central le plus tôt possible

Mr./Mrs./M./Mme
(Circle what is applicable/
Entourez ce qui convient)

Surname/Nom ______________________

First name/Prénom ______________________

Professional address/
Adresse professionnelle ______________________
____
____
____
____

Country/Pays ______________________

Term/Mandat 200 - 200...

Tel ______________________

Fax ______________________

E-mail ______________________

Secretary of/Secrétaire de ISO/TC /SC ______

Name/Nom + Signature ______________________
____

Date ______________________

AAA/..\forms\Other forms and model letters

表 C－18 技术委员会长期主席

ISO Central Secretariat

1, ch. de la Voie-Creuse
Case postale 56
CH - 1211 Genève 20
Switzerland

Telephone + 41 22 749 01 11
Fax + 41 22 733 34 30
E-mail central@iso.org

TC PERMANENT CHAIRMAN/APPOINTMENT

PRÉSIDENT PERMANENT DE TC/NOMINATION

Your ref.
Our ref. ISO/TC

Date 2007-05-29

Please complete and return this form to the Central Secretariat as soon as possible

Veuillez compléter et renvoyer ce formulaire au Secrétariat central le plus tôt possible

Mr./Mrs./M./Mme Surname/Nom ____________
(Circle what is applicable/
Entourez ce qui convient)

First name/Prénom ____________

Year of birth/Année de naissance ____________

Professional address/
Adresse professionnelle ____________

____

____

____

____

Country/Pays ____________

Term/Mandat 200 - 200.. E-mail ____________

Tel. ____________ Fax ____________

Present post/Poste actuel ____________

Present or former activities relevant to the work of the TC concerned/Activités actuelles ou antérieures en rapport avec le TC concerné	Articles or books in the field of the TC concerned of which the chairman is the author/Articles ou publications dont le président est l'auteur dans le domaine du TC concerné	Other relevant training and experience, e.g. training in ISO/IEC Directives, experience in chairing meetings/Autres formation et expérience pertinentes, telles que formation dans le domaine des Directives ISO/CEI, expérience dans la présidence de réunions

Secretary of/Secrétaire de Name/Nom + Signature Date

ISO/TC ____________ ____________ ____________

____

AAA/..\forms\Other forms and model letters

表 C－19 新领域技术活动议案(Form 1)

ISO

PROPOSAL FOR A NEW FIELD OF TECHNICAL ACTIVITY	
Date of proposal	Reference number (to be given by Central Secretariat)
Proposer	ISO/TS/P

A proposal for a new field of technical activity shall be submitted to the Central Secretariat, which will assign it a reference number and process the proposal in accordance with the ISO/IEC Directives (part 1, subclause 1.5). The proposer may be a member body of ISO, a technical committee or subcommittee, the Technical Management Board or a General Assembly committee, the Secretary-General, a body responsible for managing a certification system operating under the auspices of ISO, or another international organization with national body membership. Guidelines for proposing and justifying a new field of technical activity are given in the ISO/IEC Directives (part 1, annex Q).

The proposal (to be completed by the proposer)

Subject (the subject shall be described unambiguously and as concisely as possible)
Scope (the scope shall define precisely the limits of the proposed new field of activity and shall begin with "Standardization of ..." or "Standardization in the field of ...")
Purpose and justification (the justification shall endeavour to assess the economic and social advantages which would result from the adoption of International Standards in the proposed new field)
Programme of work (list of principal questions which the proposer wishes to be included within the limits given in the proposed scope, indicating what aspects of the subject should be dealt with, e.g. terminology, test methods, dimensions and tolerances, performance requirements, technical specifications, etc.) It is also possible to attach a detailed programme of work showing proposed work item titles.

FORM 1 (ISO)
Version/V2007.1

See overleaf

续表 C－19

Survey of similar work undertaken in other bodies (relevant documents to be considered: national standards or other normative documents)
Liaison organizations (list of organizations or external or internal bodies with which cooperation and liaison should be established)
Other comments (if any) Signature of the proposer

Comments of the Secretary-General (to be completed by the Central Secretariat)

Signature

表 C－20 新分技术委员会成立决议(Form 2)

VOTE ON PROPOSAL FOR NEW FIELD OF TECHNICAL ACTIVITY	
Date of circulation	Reference number
Closing date for voting	**ISO/TS/P**

Please send this form, duly completed, to the ISO Central Secretariat **IN MS WORD ONLY**

Subject

☐ **We believe globally relevant International Standards can be developed in this field and agree to the subject proposed being dealt with by ISO.**

☐ We agree to the committee scope proposed

☐ We suggest that the committee scope be modified as follows:

☐ **We do not agree to the subject proposed being dealt with by ISO.**

The reasons for our disagreement are the following:

☐ **We abstain/have no interest**

If a new technical committee is established,

☐ We approve the proposed work program detailed in the ISO/TS/P.

☐ We disapprove the proposed work program detailed in the ISO/TS/P.

☐ We are willing to undertake the secretariat (see 1.9 and annex D of part 1 of the ISO/IEC Directives)

☐ We wish to participate actively in the work (P-member)

☐ We wish to be kept informed of the progress of work (O-member)

☐ We do not wish to be either P- or O-member

Standards, regulations and other relevant documentation existing in our country are listed hereafter, and where necessary any remarks concerning their application are given (attach a separate page as annex, if necessary).

☐ An annex is attached to this form.

Member body:
Date:
Name:

表 C－21 会议日程草案

ISO

NOTICE OF MEETING / DRAFT AGENDA
CONVOCATION / PROJET D'ORDRE DU JOUR
Date
Reference
ISO/TC N

Title of / Titre du TC/SC

Secretariat / Secrétariat	MEETING / RÉUNION Meeting dates / Dates de la réunion
Host / Invitant	Place / Lieu Tel. : Fax :

P-and O-members are invited to inform the secretariat of the committee concerned, within one month of the receipt of this notice of meeting, of their intention to be represented at the meeting, the approximate number of their delegates and their need for interpretation.

Whenever possible, the names of delegates (or observers) and the name of the head of the delegation should also be sent to the secretariat of the committee concerned at least one month before the opening of the meeting.

Les membres (P) et (O) sont invités, dans un délai d'un mois à partir de la réception de la présente convocation, à faire connaître au secrétariat du comité concerné leur intention d'être représentés à la réunion, le nombre approximatif de leurs délégués et leur besoin en matière d'interprétation.

Dans la mesure du possible, une liste indiquant les noms des délégués (ou observateurs), ainsi que le nom du chef de la délégation, devrait également parvenir au secrétariat concerné un mois au moins avant l'ouverture de la réunion.

Parallel meeting(s) / Réunion(s) parallèle(s)

User Notes - Modified fields	Notes pour l'utilisateur
(to be omitted from circulated agenda) 1. The above is the basic text of an agenda. There will be occasions when this text needs to be modified/extended. See the following page for texts to use in case of: - late distribution of agenda - meeting venue not known - meeting venue notified later 2. This template is in English and French, which is the preferred option. Nevertheless, where the TC or SC approves, an agenda may be distributed in one language only (see *ISO/IEC Directives, Part 1, 1995: F.4.2)*	**(à supprimer pour les ordres du jour distribués)** 1. Ceci est le texte de base pour un ordre du jour. Il peut être modifié/reformé selon certaines circonstances. Voir Annexe 1 pour les textes à utiliser dans les cas suivants : - distribution tardive de l'ordre du jour - lieu de la réunion inconnu - lieu de la réunion communiqué plus tard 2. Le présent modèle de document est en anglais et en français selon les préférences de la majorité des comités. Toutefois, si le TC ou le SC approuvent, l'ordre du jour peut être distribué en une seule langue.(voir Directives ISO/CEI, *Partie 1, 1995: F.4.2)*

续表 C－21

This page to be omitted from circulated agenda /
Page à supprimer des ordres du jour distribués

User Notes - Modified fields - for use in the cases cited as replacements or enhancements for elements of the basic text	Notes de l'utilisateur - Champs modifiés - à utiliser dans les cas cités pour remplacer ou mettre en évidence des éléments du texte de base

Agenda circulated late Where notification is late (less than 4 months before the meeting date), P-members have the right to demand the postponement of the meeting. Consequently, in such cases the following text should be substituted for the basic text (copy and paste the text blocks).	**Ordre du jour distribué tardivement** Lorsque la communication du lieu de la réunion est tardive, (moins de 4 mois avant la date de la réunion), les membres P peuvent demander de reporter la réunion. Par conséquent,, dans ce cas, le texte suivant remplace le texte de base (copier coller les paragraphes du texte).

NOTE: Due to the late circulation of this document, the meeting will be held only if no P-member is opposed.	NOTE : Étant donné la distribution tardive de ce document, cette réunion n'aura lieu que si aucun membre (P) ne s'y oppose.

Meeting venue not known Where — to meet the rule for distribution of agendas — not all the details of the meeting location are available, the following text should be substituted for the basic text (copy and paste these text blocks).	**Lieu de la réunion inconnu** Afin de respecter les règles de la distribution des ordres du jour, si l'information concernant le lieu de la réunion n'est pas complète, le texte suivant remplace le texte de base (copier coller ces paragraphes du texte).

Secretariat / Secrétariat	MEETING / RÉUNION Meeting dates / Dates de la réunion
Host / Invitant	Place / Lieu . The exact address of the meeting place will be communicated later on. . L'adresse exacte de la réunion sera communiquée ultérieurement.

Meeting venue confirmed after agenda circulated When meeting details are confirmed after the agenda is distributed, a second (revised) version or a circular letter should typically be distributed giving the full details.	**Confirmation du lieu de la réunion après distribution de l'ordre du jour** Lorsque l'information concernant la réunion est confirmée après la distribution de l'ordre du jour, une deuxième version (révisée) ou une lettre circulaire doit être distribuée pour fournir tous les détails nécessaires.

续表 C－21

ISO/TC

DRAFT AGENDA/PROJET D'ORDRE DU JOUR

User Notes	Notes de l'utilisateur
(to be omitted from circulated agenda)	**(à supprimer de l'ordre du jours distribué)**
1. The following items maybe used directly as a model for the items to be included on an agenda, after deleting these user notes.	1. L'Annexe 1 peut être utilisé pour les questions à inclure dans un ordre du jour. L'Annexe 2 peut être utilisé directement en supprimant l'Annexe 1 et les détails fixes de l'Annexe 2..
2. Where required — for example as an alternative/additional model — ISO/CS can provide a copy in electronic format (MS Word) of the last agenda on its files.	2. Le Secrétariat Central de l'ISO peut fournir, sur demande, à titre de modèle alternatif ou additionnel, une copie en version électronique (MS Word) du dernier ordre du jour enregistré dans ses dossiers.
3. The text following contains fields (for use in MS Word 6) that can aid the completion of the text proposed. To use these fields: - make them visible using the command ALT/F9; - complete the entry - move to the next field using function key F11.	3. Le texte suivant contient des champs (à utiliser dans MS Word 6) qui peuvent compléter le texte proposé. Pour utiliser ces champs : - les rendre visibles avec la touche ALT/F9; - insérer l'information - passer au champ suivant en utilisant la touche F11.

Opening of the meeting ()	Ouverture de la réunion ()
Roll call of delegates	Appel des délégués
Election of the Chairman	Élection du président
Adoption of the agenda Doc. ISO/TC N	Adoption de l'ordre du jour
Appointment of the drafting committee	Désignation du comité de rédaction
Report of the Secretariat	Rapport du secrétariat
Status of all items of the programme of work and action to be taken	Statut de toute question inscrite au programme de travail et suite à donner

续表 C－21

Follow-up on work	Suivi des travaux
1. Confirmation or withdrawal of items on which no progress has been made	1. Confirmation ou suppression de questions pour lesquelles aucun progrès n'a été accompli
2. Up-date target dates for work in progress	2. Mise à jour des dates cibles pour les travaux en progrès
Work items on which no progress is being made - Status and action to be taken	Questions restées sans progrès - Statut et suite à donner
Items for future work	Questions pour les travaux futurs
Requirements concerning a subsequent meeting	Conditions requises pour la prochaine réunion
Any other business	Divers
Approval of resolutions	Approbation des résolutions
Closure of the meeting ()	Clôture de la réunion ()

* To be circulated

* A distribuer ultérieurement

表 C-22 ISO 技术委员会名称与范围更改

ISO

MODIFICATION OF THE TITLE AND SCOPE OF AN ISO TECHNICAL COMMITTEE MODIFICATION DES TITRE ET DOMAINE DES TRAVAUX D'UN COMITE TECHNIQUE
ISO/TC

Please complete and return this form to the ISO Central Secretariat
Veuillez compléter et renvoyer ce formulaire au Secrétariat central

Current title of the TC
Titre actuel TC

New title of the TC
Nouveau titre du TC

Current scope of the TC
Domaine des travaux actuel du TC

Proposed scope of the TC
Domaine des travaux proposé du TC

Rationale for the modification
Justification de la modification

Please attach an additional page if needed/ Veuillez joindre une page supplémentaire si nécessaire

Name and signature/Nom et signature Secretary of/Secrétaire de l'ISO/TC	Name and signature/Nom et signature Chairman of/Président de l'ISO/TC	Date

aj/Form__Modification_of_the_title_and_scope_of_a_technical_committee_.doc

Postal address	Office address	Telephone		Telefax	+ 41 22 733 34 30
Case postale 56	1, rue de Varembé	national	(022) 749 01 11	Telex	41 22 05 iso ch
CH-1211 Genève 20	Genève · Switzerland	international	+ 41 22 749 01 11	Telegrams	isorganiz

表 C–23　评议和秘书处报告模板

Template for comments and secretariat observations

Date:	Document:

1	2	(3)	4	5	(6)	(7)
MB[1]	**Clause No./ Subclause No./ Annex** (e.g. 3.1)	**Paragraph/ Figure/Table/ Note** (e.g. Table 1)	**Type of com-ment**[2]	**Comment (justification for change) by the MB**	**Proposed change by the MB**	**Secretariat observations** on each comment submitted

1　**MB** = Member body (enter the ISO 3166 two-letter country code, e.g. CN for China; comments from the ISO/CS editing unit are identified by **)

2　**Type of comment:**　**ge** = general　**te** = technical　**ed** = editorial

NOTE　Columns 1, 2, 4, 5 are compulsory.

ISO electronic balloting commenting template/version 2001-10

page 1 of 1

附录 D　精密度记录表格、报告模板

表 D－1　单瓶样系统试验建议表单

B.1 Suggested form for one-bottle system experiment

Group identification: ISO/TC 102/SC 2/	
Title:	

Method under testing:		
Document number: ISO/TC 102/SC 2		
Laboratory identification:	Date samples received:	
Element under testing:	Date of analysis - start: / /	
		- complete: / /

Sample identification	Replicate Number	Results * (%)	Remarks
	1		
	2		
	3		
	...		
	1		
	2		
	3		
	...		
	1		
	2		
	3		
	...		
* Results shall be reported with _____ significant figures.			

表 D－2 双瓶样系统试验建议表单

B.2 Suggested form for two-bottle system experiment

Group identification : ISO/TC 102/SC 2/	
Title:	

Method under testing:		
Document number: ISO/TC 102/SC 2		
Laboratory identification:	Date samples received:	
Element under testing:	Date of analysis - start: / /	
		- complete: / /

Sample identification	**Replicate Number**	**Results * (%)**		**Remarks**
		Bottle 1	**Bottle 2**	
	1			
	2			
	1			
	2			
	1			
	2			
...	***1***			
	2			

*** Results shall be reported with _____ significant figures.**

表 D－3　小组召集人/项目负责人报告模板

Pro-forma report sheet for group conveners/project leaders

A copy of this form, duly completed, is to be returned to the TC 102/SC 2 Secretariat at annual intervals. The report will then be circulated to SC 2 members.

1. Identification of group and relevant project

Group identification: ISO/TC 102/SC 2/
Tittle:
Convener:
Membership:
Date of previous report: / /
Project status at that date: (for project status codes, see annex F):
Current project status:

2. Activity since previous report

2.1. Samples circulated:

……

2.2. Drafts prepared:

……

2.3. Drafts circulated:

……

2.4. Test programmes commenced:

……

2.5. Test results returned: (report all original data)

……

2.6. Test results submitted to statistician:

……

2.7. Problems encountered:

……

2.8. Comments:

……

Date: / /　　　　**Signature:** ______________________________

参 考 文 献

[1]《钢铁生产知识》编写组. 钢铁生产知识. 北京:冶金工业出版社,1972:12.

[2] 石油工业标准化技术委员会秘书处. 石油工业国际标准化工作指南. 北京:石油工业出版社,2001:1.

[3] 国际标准化管理委员会. 国际标准化教程. 北京:中国标准出版社,2004:11.

[4] 王松青,应海松. 铁矿石与钢材的质量检验. 北京:冶金工业出版社,2007:5.

[5] 应海松,李斐真. 铁矿石检验技术丛书——铁矿石取制样及物理检验. 北京:冶金工业出版社,2007:8.

[6] 刘平均. 实施标准化战略建设创新型国家. 中国标准导报,2006,11:4 ~ 5.

[7] 毛文娟,魏大鹏. 我国技术标准战略实施的困难和政策建议. 新华文摘,2007,9:137 ~ 139.

[8] 郁竑. 积极参与国际标准制订是我国跨越贸易技术壁垒的重要对策. 上海金属,2003,1:8 ~ 10.

[9] ISO/IEC Directives, Part 1 Procedures for the technical work. 2001.

[10] ISO/IEC Directives, Part 2 Rules for the structure and drafting of International Standards. 2001.

[11] ISO/IEC Directives, Supplement—Procedures specific to ISO. 2001.

[12] ISO/TC102. TCR4, Work group and study group operating procedures of chemical analysis. 2007, 10.

[13] ISO/TC102. TCR5, Procedure for statistical evaluation of analytical data resulting from international tests for chemical analysis. 2007, 10.

[14] ISO/TC102. TCR12, Procedure for the classification of analytical as referee and non-referee for chemical analysis. 2007, 7.

[15] STD template for the preparation of normative-type documents, version 2. 1-Reference manual. 2003.

[16] User Guide to the electronic balloting of ISO. 2003, 4.

[17] ISO. ISO78-2, Chemistry-Layout for standards-Part 2: Method of chemical analysis. 1999.

[18] ISO. ISO78-3, Chemistry-Layout for standards-Part 3: Standard for molecular absorption spectrometry. 1983.

[19] ISO. ISO78-4, Layout for standards-Part 4: Standard for atomic absorption spectrometric analysis. 1983.

[20] ISO/TC102. BUSINESS PLAN. 2005.